KB018541

더미를 위한

와인 푸드 페어링

더미를 위한

와인 푸드 페어링

존 사보 지음
조윤경 옮김

더미를 위한
와인 푸드 페어링

발행일 2018년 5월 10일 초판 1쇄 발행
지은이 존 사보
옮긴이 조윤경
발행인 강학경
발행처 시그마북스
마케팅 정제용, 한이슬
에디터 권경자, 김경림, 장민정, 신미순, 최윤정, 강지은
디자인 최희민, 김문배, 이연진

등록번호 제10 - 965호
주소 서울특별시 영등포구 양평로 22길 21 선유도코오롱디지털타워 A404호
전자우편 sigma@spress.co.kr
홈페이지 http://www.sigmabooks.co.kr
전화 (02) 2062 - 5288~9
팩시밀리 (02) 323 - 4197
ISBN 978 - 89 - 8445 - 982 - 3 (04590)
978 - 89 - 8445 - 962 - 5 (세트)

이 도서의 국립중앙도서관 출판예정도서목록(CIP)은 서지정보유통지원시스템 홈페이지(http://seoji.nl.go.kr)와
국가자료공동목록시스템(http://www.nl.go.kr/kolisnet)에서 이용하실 수 있습니다.
(CIP제어번호: CIP2018011430)

* 시그마북스는 (주) 시그마프레스의 자매회사로 일반 단행본 전문 출판사입니다.

와인은

신이 인간을 사랑하고

인간이 행복하길 바란다는 것을 보여주는

변치 않는 증거다.

- 벤저민 프랭클린

와인이 우연히 발견된 이후 사람들은 음식을 먹을 때 와인을 곁들여왔다. 하지만 별다른 지식 없이도 음식과 와인의 페어링이 가능했다. 음식과 와인을 함께 섭취하던 초기에는 음식이든 와인이든 선택의 여지가 별로 많지 않았다. 구할 수 있는 것이면 뭐든 먹고 마셨다. 또한 와인을 다른 곳으로 운반하는 일도 쉽지 않았고 와인은 쉽게 상했다. 하지만 시간이 지나 와인을 쉽게 구할 수 있고 선택의 여지가 주어지자 특정한 와인과 음식을 함께 했을 때 유난히 맛이 좋다는 사실이 명확하게 드러났다. 초기 미식가들은 왜 이런 조합이 훌륭한 것인지 이해하려 애썼다. 그래야 또 다시 그렇게 훌륭한 조합을 경험할 수 있기 때문이었다. 그렇게 와인 푸드 페어링이라는 분야가 탄생했다.

그리고 세월이 흐르는 동안, 엄격한 규칙에 따라 정해진 페어링만 가능했다가 그다음엔 중구난방으로 음식과 와인을 제멋대로 페어링하는 방식으로 바뀌었다가 지금은 그 중간 수준의 합리적인 방식으로 바뀐 상태다. 그 어떤 원칙보다 호기심과 창의성이 중요한 방식이다. 『더미를 위한 와인 푸드 페어링』은 인간의 감각기관이 어떻게 작용하는지, 그리고 인간이 즐거움을 어떻게 경험하는지에 대한 이해가 그 어느 때보다 높아진 덕분에 탄생하게 되었다. 와인 푸드 페어링이 지닌 과학적, 쾌락주의적 측면 모두 오늘날 서로 지탱하고 조화를 이루며 공존한다.

더욱이 그 어느 때보다 선택할 수 있는 와인과 음식이 다양하게 존재하는 세상이 되었다. 따라야 할 전통적인 지역 페어링이 존재하는 것은 사실이지만 그것은 전통적으로 와인과 페어링하지 않던 음식, 또는 새로운 포도 재배 지역의 와인이나 낯선 품종과 페어링할 음식을 선택하는 모험을 감행할 때는 별 도움이 되지 않을 것이다.

이 같은 이유로 『더미를 위한 와인 푸드 페어링』이 간편한 참고도서 역할을 할 것이다. 과학, 경험, 영감, 그리고 끝없는 호기심을 바탕으로 생각할 수 있는 모든 가능한 각도에서 와인 푸드 페어링을 다룬 책이기 때문이다.

이 책에 대하여

이 책은 커다란 문제를 해결해야 했다. 어떻게 하면 복잡한 주제에 대한 실질적 정보를 최대한 광범위한 독자에게 전달할지였다. 이 책을 읽는 사람은 페어링에 첫 발을 딛는 초심자부터 뒤처진 지식을 따라잡고자 하는 숙련된 프로까지 다양할 것이기 때문이다. 음식과 와인 페어링을 주제로 한 책은 이미 많이 출간되었다. 하지만 이 책이 독특하고 유용한 까닭은 독자들이 각자 자신의 상황에 맞게 응용할 수 있다는 데 있다. 올바르게 페어링하기 위한 단 한 가지 전략을 지키라고 명령하는 대신 이 책은 음식과 와인으로 마법을 부릴 수 있는 방법을 소개할 것이다. 초심자든 소믈리에든 자신의 수준에 맞춰 사용할 수 있는 내용들이다.

와인에 대해서는 저장고만큼 깊은 지식의 소유자지만 주방에서는 초보에 불과한 사람도, 칼잡이 수준의 요리 실력의 소유자지만 코르크 따개 앞에서는 그저 무력한 사람도 이 책에서 페어링을 시작할 수 있는 비결을 찾을 수 있을 것이다. 또한 인간의 감각이나 쾌락의 심리학에 대해 상세한 지식을 파고들고자 하는 프로도 이 책에서 원하는 '지극히 사실적인' 정보를 얻을 수 있을 것이다. 아니면 오늘 저녁식사에 맞춰 어떤 와인을 마실지 당장 답이 필요한 사람도 있을 것이다. 사람들은 너무 배가 고프고 목이 마른 나머지 페어링 따위에 신경 쓸 여력이 없을 때도 있다. 이런 사람을 위한 정보도 이 책에 담겨 있다.

이 책이 차별화된 점 가운데 하나는 와인과 페어링하기 적합하지 않다고 여겨지던 음식을 특히 중점적으로 다뤘다는 것이다. 아시아, 중동, 라틴아메리카 음식이 와인과 함께 발전하지 않은 것은 사실이다. 또한 모든 올드 월드, 즉 유럽에서도 특정한 페어링이 만들어질 당시에는 구할 수 없어 페어링에 사용될 수 없었던 와인이 있었지만 세상은 변화했고 그 어느 때보다 다양한 스타일의 와인을 더 많이 구할 수 있게 되었다. 어떤 음식이든 현대의 드넓은 와인의 세계 어디엔가 페어링하기 적합한 와인을 찾을 수 있다. 마음만 활짝 연다면 찾아낼 것이 있다.

하지만 미리 말해둘 것이 있다. 이 책은 누군가를 계몽하려고 쓴 책이 아니다. 다시 말해 음식과 와인의 페어링이라는 주제에 대한 내용을 시시한 정도로 수준을 낮춰야 한다고 생각하지 않는다. 독자들도 알겠지만 더미 시리즈를 읽는 사람들은 바보가 아니다. 반대로 중요한 질문에 대한 답을 읽기 쉽고 체계적인 형식을 갖춰 직접적으로 듣기를 원하는 영리한 사람들이다. 와인과 음식의 세계는 불가사의한 것이 아니다. 그러므로 단순화할 것이 아니라 음식 및 와인과 관련한 다양한 것을 즐겨야 한다. 그리고 그 때문에 그토록 많은 사람이 둘의 조합에 매혹되는 것이다. 그러므로 이 책은 상세한 내용으로 단도직입적으로 뛰어들어 최대한 명확하게 독자들이 원하는 답을 전하도록 최선을 다할 것이다.

이 책에 사용된 규칙

의미와 형식을 명확하게 하기 위해 다음과 같은 규칙을 사용할 것이다.

- ✔ 새로 등장하는 용어는 고딕체로 표시했다. 하지만 그 의미를 모른다고 걱정할 필요는 없다. 바로 그 근처에 기본적인 정의를 제시했다.
- ✔ 수많은 목록에서 핵심 단어를 강조할 때는 볼드체를 사용했다.
- ✔ 이 책에서 소개한 웹사이트를 방문하고 싶다면 주소를 보이는 그대로 타이핑하면 된다. 웹사이트 주소가 다음 줄로 넘어가더라도 하이픈 같은 추가의 기호는 사용하지 않았다.
- ✔ 엄밀히 말해 풍미와 향은 같은 것이다. 책 전반에 걸쳐 이 두 용어를 교차해서 쓰거나 함께 썼다. 하지만 일반적으로 향은 직접 코로 맡은 냄새를 말하는 반면 풍미는 입안에 있는 비후 경로를 통해 맡은 냄새를 의미한다.

> 즉, 경로만 다르지 실제로 인간이 느끼는 '냄새'는 같다. 맛의 경우, 미뢰를 통해 인간이 감지하는 짠맛, 단맛, 쓴맛, 신맛, 그리고 감칠맛이라는 특정한 미각을 말하는 것이다.

처음부터 끝까지 모두 읽지 않아도 된다

다들 다양한 일상을 처리하느라 바쁠 것이다. 그러므로 글상자는 얼마든지 건너뛰어도 된다. 이 약간 어두운 색으로 칠해진 글상자 안에 담긴 정보들은 페어링을 이해하는 데 반드시 필요한 것은 아니고 그저 참고자료다. 하지만 그냥 지나칠 수 없을 정도로 흥미진진한 내용일 것이다.

독자에게 드리는 말씀

엄청난 양의 연구 조사와 심신을 기진맥진하게 만드는 실험을 하고 이 책을 쓰면서, 바로 다음과 같은 독자들이 이 책을 읽게 될 것이라고 생각했다.

- ✔ 자신이 섭취하는 먹을거리에 대해 신경을 쓸 것이다.
- ✔ 음식과 와인을 즐기고 적어도 가끔, 어쩌면 자주 이런 기회를 가질 것이다.
- ✔ 도전 정신과 열린 마음을 지니고 있으며 자신의 감각을 사용해서 실험할 열정이 가득하다.
- ✔ 새로운 풍미를 발견하는 일을 즐긴다.
- ✔ 음식과 와인을 함께 음미하는 일이 가식적이고 과시적인 일이라고 생각하지 않으리라고 믿는다. 하지만 그럴 수도 있다. 그리고 이 책을 사준 사람이 누구든 음식을 먹고 와인을 마시며 약간의 쾌락을 더 누리는 일이 그렇게 나쁜 생각은 아니라는 사실을 증명하고 싶었을 것이다. 그 누구에게도 해 될 일이 아니지 않은가.
- ✔ 샤르도네, 카베르네 소비뇽 등 적어도 몇 가지 품종에 대해서는 들어보았

고 전 세계 다양한 지역에서 다양한 스타일의 와인이 다양하게 생산된다는 사실을 안다.

✔ 정말 강한 열정을 지닌 사람은 이미 책장에 와인을 다룬 책이 꽂혀 있을 것이다. 어쩌면 완벽한 참고도서인 에드 매카시와 메리 유잉 멀리건의 『더미를 위한 와인』 최신판일지도 모른다.

이 책의 구성

이 책은 참고도서로서 디자인되었다. 독자들이 이 책을 주방 어딘가에 보관하고 어떤 와인을 마셔야 할지 궁금할 때마다 훑어보기를 바란다. 그리고 마침내 보조 바퀴를 떼어내고 나면 더 이상 읽을 필요가 없을 것이다. 이 책은 다음과 같이 구성되었다.

제1부

제1부는 이 책에서 앞으로 다룰 내용을 간략하게 다루며 시작한다. 그런 다음 감각이 생리학적으로 어떻게 작용하는지, 인간의 심리가 쾌락이라는 개념을 어떻게 이해하는지를 살펴볼 것이다. 또한 음식과 와인에 대한 사고방식을 바꿀 실질적인 실험 몇 가지를 소개할 것이다. 이를 통해 독자들은 더 자주 페어링이 주는 즐거움을 누리기 시작할 수 있을 것이다.

제2부

5개의 장으로 구성된 제2부는 충실한 내용을 담고 있으며 특정한 음식과 와인이 어울리는 이유는 물론 어울리지 않는 이유에 대한 기본 정보로 가득 차 있다. 기본적인 이론, 손쉽게 따를 수 있는 지침은 물론 프로처럼 와인을 서빙하는 방법 등 실생활에서 활용할 수 있는 최고의 정보를 모두 담았다.

제3부

제3부는 그야말로 방대한 와인 분야를 몇 가지 스타일로 나눠 소화하기 쉽게 만들었

다. 어떤 음식을 먹든 페어링할 와인을 고려할 때 이러한 와인 스타일을 기본 시작점으로 삼으면 된다. 언제나 일관되게 같은 스타일의 와인을 만드는 다양한 품종과 지역이 계속해서 반복되는 것을 막기 위해 이 책 전체에서 이 카테고리를 사용했다. 이는 하향식 접근 방식이다.

제4부

독자들은 제4부에서 각종 치즈는 물론 세계적으로 잘 알려진 각지의 다양한 전통 음식과 어울리는 최고의 와인, 그리고 이를 대체할 수 있는 와인을 찾을 수 있다. 먼저 와인이 생산되는 지역의 음식과 여기에 전통적인 로컬 페어링으로 곁들이는 와인을 소개할 것이다. 이는 해당 지역의 소믈리에가 제안할 만한 것들이다. 또한 음식문화의 영향, 조리법, 재료에 대해서도 다룰 것이다. 지중해, 북아메리카, 유럽 북부와 중앙, 남부, 아시아, 라틴아메리카, 중동, 북아프리카 음식을 살펴볼 것이다. 또한 치즈와 와인의 페어링에 대해서도 알아볼 것이다.

제5부

외식하기에 가장 좋은 장소를 찾거나 와인 목록을 읽는 법, 소믈리에를 대하는 법, 그리고 파티를 주최하는 법까지 실생활 속에서 중요한 문제들을 다루었다. 또한 관심 있는 사람이 있을 경우를 대비해서 소믈리에란 무엇인지, 어떻게 하면 될 수 있는지에 대해서도 따로 소개했다.

제6부

더미 독자들은 한결같이 이 부분을 가장 좋아할 것이다. 1개의 장에서는 와인 친화적인 음식을, 다른 1개의 장에서는 음식 친화적인 와인을 다뤘다.

아이콘 설명

책 전반에 걸쳐 가장자리에 특정한 유형의 정보라는 의미로 아이콘을 표시했다. 각

아이콘의 이름과 그 의미는 다음과 같다.

더미를 위한 팁

이 아이콘은 주어진 주제에 대해 권장한 내용을 실행하기 위한 실질적 제안을 의미한다.

체크포인트

이 아이콘은 다루고 있는 소재에 대해 고려할 때 생각하거나 행해야 하는 중요한 사항들을 의미한다.

경고 메시지

이 아이콘이 표시되었을 경우 주의를 기울여야 한다. 뭔가를 피해야 하거나 페어링을 망칠 수 있는 뭔가를 주시해야 하기 때문이다.

나아갈 방향

모든 더미 시리즈와 마찬가지로 이 책은 모듈 방식으로 구성되었다. 즉, 각 장이 독립적으로 구성되어 어떤 장의 정보를 이해하기 위해 다른 장을 먼저 읽을 필요가 없다. 다른 장에서 특정한 개념을 더 심도 있게 탐험했을 경우 교차 참조를 제공했다.

와인 푸드 페어링에 완전 초짜라면 처음부터 시작해야 할 수 있다. 하지만 이미 와인 병 좀 따보았고 정교하게 조율해서 와인을 선택하고 싶다면 이 책의 어느 부분에든 뛰어들 수 있다. 와인에서 시작하기, 음식에서 시작하기, 고전적인 로컬 페어링 살펴보기, 이러한 페어링이 효과가 있는 이유는 무엇인가, 감각 인지의 세계를 살펴보기, 또는 낯선 음식과 페어링할 와인을 찾을 수도 있다. 조금이라도 확신이 서지 않는 부분이 있을 때는 색인이나 표를 보고 원하는 주제를 찾아라.

이 책은 와인, 와인 제조, 음식, 조리 기술, 조리법 등에 대한 상세한 정보는 담고 있지 않다. 음식과 와인이 서로 어울리는 원인을 집중적으로 명확하게 밝히는 데 필요한 기본적인 내용만 다뤘다. 음식을 직접 만들어본 적이 없는 사람도, 와인에 대해 아는 거라고는 '발효한 포도즙'이 전부인 사람도 음식을 먹고 와인을 마시며 더 많은 즐거움을 누리는 데 유용한 정보를 엄청나게 많이 찾을 수 있다. 원하는 부분에서 바로 시작하라. 자신만의 여행을 떠나라. 그리고 그 과정에서 가장 관심이 가는 곳에서 발길을 멈춰라. 아마도 당신은 그곳을 반복해서 방문할 것이다. 그리고 음식과 와인의 세계에서는 그런 식으로 일이 이루어진다.

차례

제4부 전 세계 음식 및 치즈와 가장 잘 맞는 최고의 와인

제5부 친구들과의 파티 또는 전문가를 위한 페어링

제6부 이것만은 알아두자 : 와인과 음식 톱 10

음식과 와인의 마리아주 : 당신의 코는 알고 있다

"나는 퇴역 해군 장성, 베스트셀러 작가, 그리고 시답지 않은 기자 나부랭이에게 어울리는 것을 원합니다."

제1부 미리보기

- 제1부는 이 책에 어떤 내용이 담겨 있는지 소개하는 내용으로 꾸며져 있다. 그리고 독자들은 이를 시작으로 인간의 감각이 어떻게 작용하는지, 그리고 음식을 먹고 와인을 마실 때 이러한 감각을 어떻게 활용하는지 이해하게 될 것이다.

- 제1장은 그 모든 과정의 시작점으로서 이 책의 각 부와 장에서 배울 수 있는 내용을 맛보는 기회가 될 것이다. 그리고 제2장은 감각이 실제로 어떻게 작용하는지를 이해하고자 하는 사람, 바로 당신 내면의 쾌락주의자를 다룰 것이다. 복잡하게 생각할 것 없다. 그저 사람들이 어떻게 향을 맡고 맛을 음미하는지, 마음이 당신에게 어떤 속임수를 쓰는지, 이전의 경험이 당신의 기호에 어떻게 영향을 미치는지를 살펴보는 것이다. 이 책에는 방대한 정보가 담겨 있으므로 이를 살펴보려면 옆에 와인이라도 한잔 준비해야 할 수도 있다.

- 그리고 페어링을 위한 준비가 되었다면 제3장에서는 당신에게 음식과 와인에 대해 정식으로 소개할 것이다. 여기에서 소개한 실질적 실험을 시작으로 먹고 마시는 일에 대한 당신의 생각이 바뀔지도 모른다.

chapter

01

부분들의 집합보다 전체가 더 중요하다

제1장 미리보기

- 음식과 와인의 페어링이 중요한 이유를 짚어본다.
- 페어링의 기본적인 전략을 살펴본다.
- 와인의 유형을 이해하기 위한 기초를 다진다.
- 전 세계 진미와 여기에 어울리는 와인을 조사한다.
- 현실에서의 시나리오를 살펴본다.

사람들은 대부분 무의식적으로, 별 생각 없이 음식을 먹고 와인을 마신다. 와인은 영양 성분이 풍부한 먹을거리이자 사람들이 기분 전환을 하고 도락을 즐기는 수단이다. 하지만 함께 먹었을 때 음식과 와인이 어떻게 상호작용을 하는지에 대해서는 그리 깊이 생각하지 못한다. 물론 자신이 좋아하는 음식에 와인을 곁들여 먹는다고 잘못될 일은 전혀 없다. 하지만 음식과 와인을 잘 페어링하여 원래의 것 이상으로 탈바꿈하는 일을 경험하면 상황이 달라진다. 딱히 관심을 보이지 않던 사람도 음식과 와인의 훌륭한 조합을 경험하고 나면 어떤 일이 벌어지고 있는 건지, 어떻게 그런 일이 가능한지 궁금해질 수밖에 없을 것이다.

내 경우 어떤 음식과 와인이 어울리거나 어울리지 않는지 그리고 왜 그런지를 이해하려 하며 먹고 마시는 것에 조금 더 주의를 기울이면서 모든 일이 시작되었다. 그렇다고 강박적으로 집착하지는 않았고 단지 호기심이 생겼을 뿐이다. 그리고 음식과 와인의 페어링이란 어떤 맛이나 향 등 특정한 부분이 아니라 음식과 와인 전체를 조금 더 낫게 만드는 일이라는 것을 알게 됐다. 다행히 나는 페어링을 알게 된 지금도 별다른 선입견 없이 내가 좋아하는 음식을 먹고 와인을 마시지만, 가능할 때마다 그 마법 같은 조화를 탐닉하기도 한다. 아마 당신도 나처럼 행동하게 될 것이다.

제1장은 음식과 와인을 다각도로 바라보게 되는 시작점 역할을 할 것이다. 한 페이지씩 넘기다 보면 자신도 모르는 사이 가장 관심이 가고 자신에게 적합한 부분을 찾게 될 것이다.

와인과 음식의 페어링이 중요한 진짜 이유

와인 업계에 종사하는 사람이라고 해서 어떤 음식을 먹든 완벽한 와인을 찾으려고 법석을 떠는 것은 아니다. 심지어 완벽한 와인 페어링은 가식적인 일이라고 생각하는 사람도 있다. 그저 자신이 좋아하는 음식과 와인을 먹고 마시면 페어링이 된다는 것이다. 그리고 이는 사실이다. 음식과 와인의 마리아주(Mariage, 원래는 결혼이라는 뜻인데 음식과 술 등의 궁합을 일컫는 말로 쓰인다 – 역주)는 '죽음이 우리를 갈라놓을 때까지' 식의 관계가 아니다.

그렇다면 먹고 마시는 것에 대해 더 많이 알게 되어 잃을 것은 없지 않은가? 사람들은 더 맛있는 음식을 만드는 조리법이나 이렇게 만든 음식을 조금 더 맛있게 느끼게 해줄 와인을 찾으려 한다. 뭐든 조금 더 깊이 살펴보면 삶에 자그마한 기쁨을 더할 수 있고, 이것이 바로 행복을 추구하는 한 가지 방법이다. 어떤 음식과 와인을 함께 하면 감각에 마법을 부릴 수 있는지 밝혀내는 것 역시 같은 차원의 일이다. 그 방법은 간단하다. 음식을 먹으며 와인을 마시기만 하면 된다.

그렇더라도 기본적인 개념을 어느 정도 숙지하고 나면 더 적절한 와인을 선택할 수 있다. 실험을 거듭할수록 음식과 와인의 페어링에 대한 직관이 생길 것이기 때문이다.

좋은 페어링이 만들어지는 원인에 초점을 맞춰라

자신에게 맞는 음식과 와인의 페어링을 콕 집어내기 위해 셰프나 와인 생산자가 될 필요는 없다. 또한 소믈리에라도 모두 그럴 수 있는 건 아니다. 완벽한 페어링을 향한 여정을 시작하기 전에 당신에게 전할 좋은 소식이 있다. 절대적으로 완벽한 페어링 따위는 애초에 존재하지 않는다는 것이다. 그렇기 때문에 당신은 자신의 감각, 주로 후각과 미각이 어떻게 작용하는지, 사람마다 이런 감각이 어떻게 차이가 나는지, 그리고 왜 다른 사람에게는 별로인 페어링이 당신에게는 적합한지 이해할 수 있는 기본 지식을 갖춰야 한다.

또한 당신은 음식과 와인의 구체적인 구성 요소와 이러한 요소들이 어떻게 서로 작용하는지를 고려해야 한다. 몇 가지 기본적인 원리만 염두에 두면 당신은 음식이나 와인에 대해 개별적으로 판단하고, 어떤 요소 때문에 더 나은 조합이 만들어지거나 혹은 맛의 조화가 깨지는지에 초점을 맞출 수 있다. 음식과 와인의 페어링은 이게 전부다. 물론 가치가 있는 모든 일에는 어느 정도의 노력이 필요하고 페어링도 마찬가지다. 하지만 뉴턴의 방정식처럼 어려운 공부가 아니다. 공부에 필요한 숙제마저도 재미있다. 다음 단계에서는 페어링의 일반적인 원리와 전략을 상세히 다룰 것이다.

규칙? 무슨 규칙?

음식과 와인 페어링의 규칙을 설명한 책도 있고, 반대로 페어링에 규칙은 없으므로 그저 좋아하는 와인을 마시면 된다는 말도 있다. 내 생각은 이렇다. '레드 와인은 붉은 육류와, 화이트 와인은 생선과' 같은 오래된 페어링 규칙은 이제 조금 진부한 말, 즉 클리셰가 되었다. 이런 진부한 말도 처음에는 엄청난 통찰력에서 나온 개념이었지만 지나치게 자주 사용되고 시간이 지남에 따라 그 힘을 잃었다.

그리고 클리셰처럼 음식과 와인의 페어링 규칙 역시 음식과 와인이 보편화되며 그 의미가 희석되었다. 우리는 제6장에서 이러한 클리셰에 대한 진실을 다룰 것이다. 하지만 당시에는 페어링할 와인과 음식이 몇 가지에 불과했고, 이를 근거로 이런 훌륭한 말들이 탄생했다. 그런 만큼 그저 단순한 문제이던 것이 이제는 매우 복잡한 분야가 되었다는 사실을 알아야 한다. 생선 요리와 잘 어울리는 레드 와인이나 붉은 육류와 잘 어울리는 화이트 와인도 많이 존재한다. 더욱이 이제는 어떤 음식과 어떤 와인이 어울리는 이유도 밝혀졌다.

테크놀로지가 발전하고 세계적으로 와인 생산지가 증가함에 따라 이러한 규칙이 만들어지던 당시에는 존재하지 않던 유형의 와인도 탄생했다. 마찬가지로 음식도 끊임없이 변화했다. 특정 지역에서 사용하던 재료와 조리법을 이제 다른 지역에서도 활용하며 매일같이 새로운 음식이 개발되고 있다. 이러한 변화 속에서 진부한 규칙들은 더 이상 효력을 발휘하지 못한다. 그렇다고 완전히 무시하라는 말은 아니다. 단지 이런 규칙에만 의존하지 말라는 것이다. 그리고 그러한 규칙에서 벗어나는 예외를 발견하는 것이 페어링에서 가장 즐거운 대목이다. 내가 음식과 와인의 페어링에 대해 발견한 사실이 있다면 단 한 가지, 열린 마음을 지니라는 것이다.

감각에 의존하기

음식과 와인은 신체적 감각만으로 즐기는 것이 아니다. 물론 감각이 매우 중요하다는 사실은 변함이 없지만 실제로 심리적 측면도 강한 영향을 미친다. 이 내용은 제4장에서 다룰 것이다. 음식을 먹고 와인을 마시며 감각을 통해 어떤 것을 경험할 때 '좋다'는 느낌이 들 수 있다. 바로 이 '좋다'가 지니는 진짜 의미를 이해하면 다른 데 현혹되지 않고 자신이 좋아하는 것을 찾아낼 수 있다.

제2장에서 향을 맡고 맛을 보는 방법에 대해 상세히 다룰 것이다. 사람들은 향과 맛을 종종 혼동하므로 무엇보다 향으로 알아낼 수 있는 것과 맛으로 알아낼 수 있는 것의 차이를 알아볼 것이다. 또한 와인과 음식의 질감은 자칫 잘못하면 어울리지 않을 수 있는 만큼 이를 이해하기 위해 촉각에 대해 알아볼 것이다. 실제 내 경험에 비추어보면 질감은 모든 마리아주의 시작점이다. 향기와 풍미가 시너지 효과까지 만들어낸다면 금상첨화다. 마지막으로 칠레 고추의 타는 듯한 느낌, 와인의 거친 질감 등은 물론 이들이 미치는 영향을 줄이는 방법을 탐구할 것이다.

기본적인 전략 자세히 들여다보기

너무나도 많은 와인과 음식이 존재하므로 가능한 조합의 수도 엄청나다. 하지만 불필요한 잡음을 걷어내고 나면 당신이 감각을 사용하여 판단할 내용은 얼마 되지 않는다. 음식과 와인 사이의 상호작용을 충분히 이해하고 나면 당신은 더 많은 즐거움을 만끽할 수 있다. 사실 음식을 곁들여 와인을 마시는 데 필요한 것은 약간의 요령뿐이다. 하지만 먹고 마시는 동안 당신의 입안에서는 뭔가 역동적인 일이 벌어진다. 어떤 것을 함께 입에 넣느냐에 따라 맛과 식감이 달라진다. 제3장은 당신이 감각을 사용하는 일을 시작하기 위한 출발점이다. 음식과 와인이 동행할 때 가능한 결과를 발견해 낼 수 있는 실험들도 소개했다.

간단한 페어링 요령

음식과 와인을 페어링하는 데 절대적으로 옳은 방법은 없다. 미리 와인을 준비한 다음 여기에 맞는 음식을 내놓고 싶을 수도 있고, 메뉴를 먼저 정한 다음 여기에 적절한 와인을 찾을 수도 있다. 각각의 경우 취할 수 있는 간단한 접근 방법이 있다. 저녁 메뉴를 먼저 선택했을 때 적절한 와인을 찾을 수 있는 몇 가지 요령은 다음과 같다.

- ✔ 포도 품종은 생각하지 말고 메뉴에 가장 잘 어울리는 스타일의 와인을 찾는 데 집중하라.
- ✔ 서빙할 음식과 향의 강도와 바디감이 비슷한 와인을 찾아라.
- ✔ 음식의 가장 강한 맛, 즉 지배적 맛이나 질감이 무엇인지, 이를 가장 잘 보완하거나 이와 대조를 이루는 유형의 와인이 무엇인지 찾는다.
- ✔ 음식과 같은 풍미를 지닌 와인을 선택한다. 이런 와인은 음식을 보완하는 향과 맛이 있어서 자연스럽게 어울린다.

페어링에 대한 상세한 접근 방식은 제5장에서 다룰 것이다.

와인을 먼저 정한 다음 여기에 어울리는 음식을 선택하고자 한다면 다음 사항들을 고려해야 한다.

- ✔ 와인 유형의 프로파일을 파악한 다음 그 맛과 질감을 보완하고 좋은 방향으로 영향을 미치는 음식을 찾는다.
- ✔ 와인의 지배적인 향과 맛을 고려하여 이를 보완하거나 이와 대조되는 맛을 지닌 음식을 선택한다.
- ✔ 포칭(poaching, 끓는 물에 넣어 모양이 흐트러지지 않게 삶는 조리법-역주), 튀기기, 굽기

등 와인의 맛의 강도와 어울리는 재료와 조리법을 선택한다.

- ✔ 무거운 와인에는 맛과 향이 강한 소스를 듬뿍 곁들인 음식, 가볍고 상쾌한 와인에는 짜지 않거나 익히지 않거나 지방 함량이 낮은 음식처럼 바디감이 비슷한 음식을 선택한다.
- ✔ 지배적 맛과 질감이 와인의 장점을 손상시키는 음식을 피하라.

제4장에서는 조리법과 재료의 조합에 대해 이해하고 맛의 측면에서 어울리는 음식과 와인을 찾을 수 있게 될 것이다.

그 밖에 음식과 와인의 페어링에서 고려해야 할 유용한 조언은 다음과 같다.

- ✔ 로컬 페어링, 즉 지역의 음식과 그 지역의 와인을 짝지으라.
- ✔ 와인의 산도와 비슷한 산도를 지닌 음식을 선택한다.
- ✔ 와인이 음식 이상으로 달아야 한다.
- ✔ 맛과 질감을 보완하거나 서로 대조를 이뤄야 한다.

제6장은 당신이 즉시 수행할 수 있는 페어링 전략에는 어떤 것이 있는지 그 완성된 목록을 제공할 것이다. 또한 나는 페어링과 관련한 오래된 금언을 이용하여 고전적인 지역적 음식과 와인의 페어링이 탄생한 배경과 이들이 어울리는 원인에 대한 사례 연구 몇 가지를 소개할 것이다. 어떤 음식과 와인이 어울린다는 사실을 일일이 외우는 것보다 왜 어울리는지를 이해하는 것이 더 중요하다. 원인을 알아야 다른 음식과 와인의 조합에도 같은 원칙을 적용해서 제대로 된 페어링을 찾을 수 있기 때문이다. 이러한 기본적인 원칙을 따른다면 음식과 와인을 조합하는 데 크게 실패하는 일은 막을 수 있을 것이다.

와인의 숙성

어떤 와인을 지하 저장실에 보관해야 하는지, 어떤 와인은 생산한 지 얼마 안 되었을 때 마셔야 하는지 궁금증을 가져보았다면 당신은 다음 사항들을 고려해야 할 것이다. 앞으로 이를 와인의 숙성 가능성의 주요 요인이라고 부를 것이다.

- ✔ 산도
- ✔ 타닌/추출물 농도

- ✔ 당도
- ✔ 알코올 도수

각각의 수치가 높을수록 숙성 기간에 따라 맛과 향이 좋아지는 와인이다. 또한 이 요소들은 마개를 딴 다음 산패하지 않은 상태로 얼마나 오래 보관할 수 있는지를 판단하는 근거가 되기도 한다. 물론 와인이 변질되기 전에 다 마셔버리겠지만 어떤 경우에든 알아두면 좋은 정보다. 그리고 와인은 숙성 과정에서 대부분 맛과 향이 좋아지지만 그렇지 않은 경우도 있다. 그러므로 숙성에 따라 와인이 어떻게 변하는지 이해한다면 당신의 그 멋진 와인을 빛나게 해주기에 가장 적합한 음식을 선택할 수 있을 것이다. 어린 와인과 숙성된 와인은 각기 다른 음식과 어울린다. 이에 대한 내용은 제7장에서 다룰 것이다.

소믈리에처럼 서빙하라

훌륭한 음식과 와인의 궁합을 찾는 비결 가운데 하나는 먼저 훌륭한 와인을 장만하는 것이다. 그런 다음 그 와인을 더욱 즐길 만한 것으로 만들기 위해 당신이 할 수 있는 일은 뭐든 해도 된다. 소믈리에는 당신의 와인 감별법을 좋은 정도에서 훌륭한 수준으로 바꿀 수 있는 요령을 몇 가지 숨겨두고 있다(소믈리에라고 식초를 와인으로 되돌리는 기적을 일으키지는 못한다. 하지만 와인을 조금 더 잘 음미할 확률은 크게 높일 수 있다).

다음의 요령을 이용하여 당신과 손님 모두 와인을 조금 더 음미할 수 있다.

- ✔ 적절한 와인 잔을 사용한다.
- ✔ 와인의 유형에 따라 최적의 온도로 서빙한다.
- ✔ 어떤 와인을 어떻게 디캔팅(decanting, 원래 병에서 별도의 유리 용기에 와인을 옮기는 행위-역주)하는지 알아야 한다.
- ✔ 적합한 순서대로 다양한 와인을 서빙한다.

제8장에는 이러한 요령처럼 오랜 세월 음식과 와인을 페어링하고 와인을 서빙한 프로처럼 보이게 만들어줄 실용적인 정보가 다수 담겨 있다. 그리고 당신도 이 페어링을 조금 더 즐기게 될 것이다.

와인 이해하기 : 간단한 개요

적어도 페어링이라는 관점에서 와인을 이해하는 열쇠는 그 맛이 어떤지를 아는 것이다. 내가 말하는 것은 기본적인 미각 프로파일이다. 맛의 본질적인 뉘앙스는 그다음에 고려해야 할 사항이다. 그러므로 포도의 품종에 대해 가능하면 잊는 것이 좋다(물론 나도 안다. 당신은 포도 품종을 알면 모든 해답을 얻을 것이라는 말을 수도 없이 들었겠지만 그 모든 것을 기억에서 지워보라는 것이다). 또한 와인을 주인공으로 음식을 매치할 때는 와인의 스타일을 근거로 판단하는 것이 바람직하다. 이제 전 세계 와인을 맛볼 수 있는 시대이므로 당신은 곧 샤르도네나 소비뇽 블랑, 또는 카베르네 소비뇽 같은 품종의 포도로 생산된 와인이라도 모두 품질이 같지는 않으며, 오히려 재배 지역과 생산자가 포도의 품종보다 훨씬 많은 영향을 미친다는 사실을 알 것이다. 특정 스타일에 특화된 품종이 있는 것이 사실이지만, 그보다 바디감이 가벼운 라이트바디인지 무거운 풀바디인지, 크리스프하고 드라이한 느낌인지, 소프트하고 과일 향이 풍부한 맛을 지녔는지, 우드 숙성되었는지의 여부를 먼저 고려해서 적합한 매치를 찾아야 한다.

제3부에서는 광범위한 와인의 영역을 스타일 카테고리로 단순화하였다. 당신이 선택한 와인이 어떤 카테고리에 속하는지 알아야 음식과 와인을 제대로 페어링할 수 있다. 즉, 가지고 있는 와인에 대해 잘 모를 경우 페어링에 적합한지를 판단하기 위해 와인 판매상이나 소믈리에의 설명에 의존해야 한다는 의미다. 물론 집에서 마신다면 언제든 와인 병을 열어 식사 전에 맛을 보고 메뉴에 적합한 것을 페어링할 수 있다.

✔ **바디감이 가볍고 크리스프하며 린한 화이트 와인** : 크리스프(crisp)하다는 것은 적당한 산도를 지니고 단맛이 약하거나 거의 없다는 의미이고 린(lean)하다는 것은 산도가 높고 과일 향과 바디감이 낮다는 의미다. 여기에 속하는 화이트 와인은 레몬 즙이나 풋사과처럼 심심하고 타액 분비를 촉진한다. 또한 오크통에 저장되지 않으며 주로 기온이 낮은 지역에서 많이 생산된다. 소믈리에는 종종 이런 와인을 '미네랄 같은'이라고 표현하는데, 이는 석회석, 또는 젖은 암석 같은 맛을 낸다는 의미이며 와인의 세계에서는 꽤 경의를 표한 말이다.

- ✔ **향이 풍부하고 프루티하며 라운드한 화이트 와인** : 프루티(fruity)하다는 것은 포도의 신선한 향을 유지하거나 각종 과일의 맛과 향이 난다는 의미이며 라운드(round)하다는 것은 마셨을 때 입안에서 부드러운 느낌이 난다는 의미다. 향이 풍부한 화이트 와인은 대부분 이 카테고리에 속한다. 향이 풍부한 와인은 중간 바디감을 지녔고 알코올과 산도가 조화를 이루지만 때로 두드러지는 과일과 꽃 향과 맛 때문에 바디감이 더 강하거나 매끄럽고 엉취어스(unctuous, 달콤하고 풍부하며 점성이 강하고 풀바디를 지녔으며 알코올 함량이 높고 농축된 과일 향을 지녔다는 의미-역주)하다는 특징을 지니기도 한다. 머스캣/모스카토, 피노 그리, 또는 게부르츠트라미너를 염두에 두고 있다면 여기가 적절한 카테고리다.
- ✔ **미디엄바디의 크림같이 부드럽고 매끈하며 오크통에서 숙성한 화이트 와인** : 발효나 숙성 과정, 또는 두 가지 과정 모두 오크통에서 진행되는 전 세계 화이트 와인이 여기에 속한다. 오크통에서 발효되고 숙성되는 대표적인 와인은 샤르도네지만 일부 다른 포도 품종 와인이나 지역색이 있는 스타일의 와인 역시 나무통에서 숙성된다. 그리고 오크통에서 단맛을 내는 조리용 양념과 캐러멜 같은 향과 맛이 우러나 라운드하고 크림 같은 질감을 지닌다.
- ✔ **라이트바디의 브라이트하고 제스티하며 타닌이 낮은 레드 와인** : 브라이트(bright)란 알코올, 산도, 타닌, 당도 등이 조화로운 밸런스를 이루었다는 의미이고 제스티(zesty)는 신선하고 생생한 느낌을 준다는 의미다. 와인 세계에서 가장 다양한 음식과 페어링되는 종류로, 과일즙이 풍부하고 맛을 풍부하게 해주는 산도와 가벼운 바디감을 지니며 타닌 함량이 낮다(너무 거칠지도, 떫지도 않다). 가메와 피노 누아 같은 특정한 품종과 더불어 배럴 숙성을 거치지 않은 레드 와인은 대부분 여기에 속한다. 여기에 속하는 와인은 조금 차게 마시는 것이 맛과 향이 가장 좋다.
- ✔ **미디엄바디의 산도, 타닌/추출물 농도, 당도, 알코올 도수가 조화를 이루며 적당한 타닌을 함유한 레드 와인** : 제스티한 레드 와인보다 바디감과 맛의 강도가 강한 반면 산도, 알코올 도수, 타닌 농도가 너무 높지 않아 자체적으로 조화를 이루는 광범위한 레드 와인이 여기에 속한다.
- ✔ **풀바디의 딥하고 로부스트하며 터보차지되었으며 츄이한 질감이 있는 레**

드 와인** : 모든 맛과 향 등으로 가득 채운 와인을 터보차지되었다고 표현하며 츄이(chewy)한 질감이란 입안에 넣었을 때 진하고 점성이 강한 느낌을 말한다. 여기에는 아주 무거운, 즉 감칠맛이 나고 포도를 으깨서 강하게 맛을 냈으며 구조가 탄탄한 레드 와인이 포함된다. 이러한 와인은 주로 다양한 향과 맛을 지녀 복합적인 동시에 타닌이 만들어내는 츄이한 질감 때문에 숙성에 적합한 종류이기도 하다. 유럽 이외의 지역에서 생산된 뉴 월드 와인의 경우 충분히 잘 익고 포도 맛이 강하며 달아서 잼 같은 느낌을 주기도 한다. 유럽에서 생산된 올드 월드 와인의 경우 주로 그보다 세련미가 조금 부족하고 허브 향이 강하다. 또한 모두 배럴 숙성에 적합하다.

- ✔ **스파클링 와인** : 이산화탄소가 용해되어 거품이 나는 와인을 말한다. 이러한 와인은 샴페인처럼 완전히 발포성일 수도, 모스카토 다스티처럼 기포가 살짝 발생할 수도 있다. 스파클링 와인, 즉 발포 와인은 음식과 가장 잘 어울리고 다양하게 매치할 수 있는 유형의 와인이다. 제11장에서 스파클링 와인의 모든 제조법을 간략하게나마 다룰 것이다.
- ✔ **당도가 높은 레이트 하비스트 와인** : 일반적인 시기보다 늦게, 약간 과도하게 익었을 때 수확한 포도로 만드는 레이트 하비스트 와인은 모두 여기에 속한다. 그리고 보트리티스라는 이로운 곰팡이의 작용으로 만들어진 와인을 귀부 와인이라고 부른다. 또한 완전히 언 상태의 포도를 수확하는 아이스와인도 있다. 이러한 와인은 페어링에 이상적인 음식이 각각 다르다.
- ✔ **드라이 강화 와인과 스위트 강화 와인** : 여기에 속하는 와인의 독특한 점은 중성 알코올을 첨가하여 전체적인 도수를 약 15.5~20퍼센트 이상 높였다는 것이다. 그러므로 드라이한 와인일 수도, 달콤한 와인일 수도 있다.

제1부의 각 장에는 포도 품종과 재배 지역의 목록이 포함되어 있으며 이는 대부분이 책에서 소개하는 카테고리 안에 수용될 것이다. 하지만 와인의 세계에는 언제나 예외가 존재한다. 공식 아펠라시옹, 즉 포도 품종과 재배 장소, 제조 방식을 결합하여 이름이 붙여진 유럽 와인은 샤블리, 상세르처럼 어느 정도 일관된 유형을 유지한다. 이런 와인의 경우 숙제만 제대로 했다면 당신은 라벨만 보고도 어떤 와인 유형을 기대할 수 있을지 꽤 정확하게 알 수 있다. 하지만 라벨에 적힌 포도 품종은 당신이 손에 쥐고 있는 와인이 어떤 유형인지 알아내는 시작점에 불과하다.

때로 나는 와인에 대해 판에 박힌 패턴을 반복한다. 마음에 드는 와인을 찾아내면 이와 비슷한 와인을 최대한 많이 찾아낸 뒤 같은 종류만 계속 마시는 것이다. 물론 같은 유형의 와인을 마신다고 나쁠 건 없다. 하지만 그러다가 새로운 것을 만나면 와인의 세계가 얼마나 광활한지, 아직 발견하지 못한 것이 얼마나 많은지 새삼 깨닫게 된다. 기존과 다른 품종을 사용해서 내가 좋아하는 스타일로 만들어진 와인을 찾아내는 일은 새로운 친구, 즉 새로운 경험을 공유하고 뭔가를 배우며 즐거운 시간을 보낼 누군가를 사귀는 것만큼이나 흥분되는 일이다. 제1부에서 소개하는 와인 유형을 개인의 프로파일을 매치시키는 인터넷 데이트 서비스라고 생각하라. 어떤 카테고리에서든 마음에 드는 와인이 몇 가지 있다면 같은 카테고리에 적어도 '첫 데이트'를 해볼 만한 가치가 있는 와인이 몇 가지 더 있을 확률이 높다. 그리고 누가 아는가, 평생의 동반자를 찾을지.

나는 각각의 와인 유형별 카테고리와 어떤 유형의 재료와 조리법, 메뉴가 가장 잘 어울리는지에 대해 일반적인 페어링 지침을 제공할 것이다. 이를 위해 나는 시각적 도표를 만들어냈고, 이는 자유롭게 움직이는 일종의 의식의 흐름을 담은 것이다. 이 도표는 어떤 카테고리에 속하는 와인이 주어지고 여기에 어울리는 음식을 매치해 달라는 요청을 받았을 때 내가 어떤 과정을 거쳐 사고하고 판단하는지를 그린 시각적 지도와 같다. 내가 어떤 방식으로 사고하는지, 어떤 것을 고려하고 어떤 식으로 페어링을 진행하는지를 볼 수 있다. 특정한 음식들이 포함되기는 하지만 각각의 와인 유형에 무엇을 짝지을지 특정 짓는 것이 아니라 무엇을 페어링할지에 대해 어떤 식으로 판단해야 하는지를 알려주기 위한 것이다. 이 시각적 도표가 와인을 한 병 구한 다음 무엇을 함께 먹을지 궁금해할 때처럼 직관적이고 창의적인 사고를 당신의 머릿속에 일으키기를 바란다.

규칙 적용하기 : 전 세계 음식과 와인 페어링

와인을 곁들인 저녁식사에 친구들을 초대하려고 하는데 어떤 페어링이 적절한지 살펴볼 시간도, 굳이 그러고 싶은 마음도 없는 경우처럼 그냥 답만 필요할 때도 있다. 제4부에서는 표를 통해 여러 가지 와인 푸드 페어링을 제시했다.

이 표들은 전 세계 전통적인 메뉴와 더불어 여기에 가장 잘 어울리는 와인 목록을 담고 있다. 물론 각각의 음식에 어울리는 와인을 추천했지만 무작정 따를 필요는 없다. 명심하라. 가장 중요한 것은 와인과 음식의 유형이다. 또한 혹시 모를 예외까지 모두 해결하기 위해 나는 대체할 수 있는 와인 유형을 추천할 것이고, 어떤 음식과 어울리는 와인 유형은 보통 두 가지 이상이므로 각 음식의 특정한 페어링을 제공할 것이다. 당신이 이탈리아 레스토랑을 가든, 인도, 지중해식, 멕시코 레스토랑을 가든 당신이 접할 수 있는 상당히 많은 음식이 포함될 것이다. 각 장에서 다룰 음식을 보여주는 이 목록은 두 부분으로 나뉜다.

- ✔ **지중해** : 제13장
- ✔ **북아메리카** : 제14장
- ✔ **북유럽** : 제15장
- ✔ **동유럽** : 제16장
- ✔ **아시아** : 제17장
- ✔ **멕시코와 남아메리카** : 제18장
- ✔ **중동과 북아프리카** : 제19장
- ✔ **와인과 치즈** : 제20장

당신의 세상을 살펴보라

음식과 와인에 열광하는 누군가를 위해 매우 훌륭한 레스토랑을 선택할 책임을 맡았다면? 또는 제일 적합한 와인을 찾아달라는 요청을 받았다면? 아니면 다음 번 가족 모임을 주최할 사람으로 지목되거나 회사 파티, 술자리 등을 기획해야 한다면? 드디어 음식과 와인에 대한 이론을 접어두고 현실 속에서 자신이 처한 상황을 고려해야 할 때가 온 것이다.

외식을 하든 집에서 식사를 하든 당신은 직접 고른 와인을 마시며 얼마든지 즐거운 경험을 할 수 있다. 이제 외식할 때와 집에서 식사할 때에 대한 내용을 다뤄보자.

외식할 때

제대로 된 장소를 선택하기만 한다면 당신은 음식과 와인에 관해 기억에 남을 만한 경험을 얼마든지 할 수 있다. 다음 비결을 염두에 둔다면 당신은 자리에 앉기도 전에 그곳이 제대로 와인을 취급하는 레스토랑인지 아닌지 파악할 수 있을 것이다.

와인에 정통한 레스토랑인지를 알려주는 시각적 힌트를 찾아라.

- ✔ 테이블 위에 어떤 유형의 스템 웨어(굽 달린 유리잔 종류-역주)가 놓여 있는지 살펴보라.
- ✔ 와인이 어떻게 보관되고 있는지를 살펴보라.
- ✔ 와인 목록이 어떻게 제시되는지를 살펴보라.

또한 나는 소믈리에가 무엇을 염두에 두고 와인 목록을 갖추었는지를 파악할 비결도 알려줄 것이다. 이를 통해 당신은 어떤 와인을 주문할지, 당신이 좋아할 와인을 어디에서 찾을 확률이 높은지에 대한 힌트를 얻을 수 있을 것이다.

레스토랑을 정하고 나면 소믈리에에게 어떤 정보를 제공해야 하는지 알아야 한다. 소믈리에가 당신이 원하는 것을 파악해야 와인을 추천할 수 있기 때문이다. 반대로 음식과 와인을 통해 최고의 경험을 하기 위해 이들에게 어떤 질문을 해야 하는지도 알아야 한다. 제21장에서는 외식할 때의 가상 시나리오를 다룰 것이다.

집에서 식사할 때

멋진 모임의 주최자가 된다는 건 절대 달성하기 어려운 위업이 아니다. 행사를 주최하면서 가장 보람된 순간은 손님들이 감동하고 자신이 환영받고 제대로 대접받고 있다고 느낄 때다. 이런 순간 와인이 부족하다면 낭패겠지만 너무 많이 남아도 곤란하다. 게다가 정확히 무엇을 사야 한단 말인가? 물론 모임의 성격에 따라 달라진다. 친밀한 가족 모임에 내놓을 와인과 대규모 결혼식에서 대접할 와인을 선택할 때는 각각 다른 전략을 사용해야 한다. 파티를 주최하는 일에 대한 내용은 제22장에서 다룰 것이다.

chapter

02

인간은 어떻게 냄새를 맡고 맛을 보며 감촉을 느끼는가?

제2장 미리보기

- 음식과 와인의 냄새를 어떻게 맡는지 이해한다.
- 음식과 와인의 맛과 촉감을 어떻게 느끼는지 이해한다.
- 감각에 익숙해지는 현상 : 순응
- 감각이 주는 즐거움을 경험한다.

인간은 너무나도 당연하게 냄새를 맡고 맛과 촉감을 느끼지만 여기에 대해 깊이 생각해 본 사람은 거의 없을 것이다. 하지만 이런 감각은 실은 매우 신비로운 영역이다. 그리고 이 세 가지 감각이 결국 먹고 마시며 누릴 수 있는 경험이 아닌가. 그리고 바로 이 경험을 통해 우리는 최고의 순간을 만끽할 것이다. 인간이 자신을 둘러싼 주변 환경을 어떤 방식으로 해석하는지에 대해 이제 더 잘 이해하게 되었고, 그 덕분에 사람들이 어떤 것을 어떻게, 어떤 이유로 선호하는지 더욱 깊이 통찰하게 되었다. 과학자들은 어떤 신호가 어떤 경로로 전달될 때 인간이 기쁨을 느끼는지 밝히고 감각기관과 뇌 사이에 오고가는 메시지를 해독함으로써 감각과 뇌를 그 어느 때보다 깊이 탐구하고 있다.

물론 음식과 와인을 즐기기 위해 과학자가 될 필요는 없다. 하지만 인체라는 메커니즘이 작동하는 원리를 조금 안다면 자신의 기호에 맞게 적절한 페어링을 할 확률이 높아질 수 있다. 아니, 적어도 자신이 먹고 마시는 것에 더 호기심을 갖고 주의를 기울일 것이며, 그 과정만으로도 이미 더 많은 즐거움을 느낄 것이다. 이번 장에서는 미각과 후각, 촉각의 중요성에 대해 다룰 것이다. 개인마다 맛에 대한 예민함이 다른 이유가 무엇인지, 미각으로 인지하지 못하는 것을 후각으로 알아낼 수 있는 원인이 무엇인지를 살펴볼 것이다.

또한 적응, 즉 당신이 냄새와 맛에 익숙해져 더 이상 이를 알아차리지 못하는 현상에 대해서도 알아볼 것이다. 마지막으로 어떻게 사람들이 특정한 냄새와 맛에 대해 충동적으로 회피하거나 강박적으로 집착하도록 프로그램되는지를 설명할 것이다. 이는 기쁨을 추구하거나 위해를 피하려는 인간의 본능의 일부다. 이 사실을 깨닫기 전까지 나는 때때로 한 번씩 레어로 구운 뼈 있는 등심 스테이크에 숙성된 레드 와인을 먹고 싶은 충동이 이는 것이 전적으로 쾌락주의에 입각한 현상이라고 자책했다(그리고 나는 적어도 1,000번 이상 이를 탐닉해 왔다). 하지만 이 조합으로 느끼는 즐거움이 생존을 위한 원시적 본능을 충족시키기 위한 것이었다는 사실을 알고 나니 한결 마음이 편해졌다.

후각과 미각에 대한 기본 지식

표면적으로 보자면 미각과 후각은 비교적 간단한 역학에 의해 이루어지며, 두 가지 모두 화학적 감각이다. 청각 및 시각이 소리와 빛의 파장에 의해 촉발되는 감각인 것과 달리 미각과 후각은 주변을 둘러싼 분자 구조를 식별하는 감각이자 와인을 마시고 미식을 즐기는 사람들이 영원히 감사해야 할 감각이다. 미각과 후각은 기쁨의 원천이기도 하지만 해가 될 수 있는 물질이 체내에 지나치게 깊숙이 들어오기 전에 위험 신호를 보내기 위한 방어기제로서 진화했다. 이 두 중요한 감각에 대해 간략하게 살펴보자.

[미각에 대한 고대인의 시각]

고대 철학자들은 미각의 특성을 이해하기 위해 상당히 많은 시간을 쏟았다. 기원전 4세기 유쾌함의 가치를 매우 높게 평가하여 웃는 철학자라고 알려진 데모크리토스는 원자의 모양이 다르면 인간이 느끼는 맛이 달라진다는 사실을 증명하려 했다. 예를 들어 그는 음식의 들쭉날쭉한 원자 입자들이 혀를 자극하면 쓴맛을 일으키는 반면 부드러운 원자 입자들은 혀 위에서 쉽게 굴러가면서 단맛을 낸다고 생각했다.

플라톤 역시 데모크리토스와 같은 생각을 지녔다. 게다가 여기서 그치지 않고 물리적 세계의 자연과 나눈 대화를 그린 『티마이오스』에서 더욱 확장된 이론을 주장했다. 그리고 여기에 영향을 받은 아리스토텔레스는 『영혼론』에서 단맛, 신맛, 짠맛, 쓴맛, 네 가지 주요 맛을 설명했다. 자그마치 2,000년 이상이 지난 현대인도 그 이상을 밝혀낸 것은 극히 일부다.

- ✔ 후각은 인간이 멀리 떨어진 곳에서 공기 중에 떠도는 분자로부터 화학물질을 감지하는 데 사용된다. 이는 당신이 원을 그리며 와인 잔을 흔든 다음 코를 잔 입구에 대고 다양한 향을 들이마실 때마다 하는 일이다.
- ✔ 미각은 조금 더 직접적인 경로를 통해서만 감지할 수 있다. 식별할 물질을 미각기가 있는 입안에 넣어야 한다. 물론 미각은 인간이 음식을 삼키기 전에 활성화되어 바람직하지 않은 물질이 함유되어 있는지 감지하고, 이런 물질이 있을 경우 삼키지 않고 뱉을 수 있는 최후의 기회를 제공한다.

하지만 냄새를 맡아서 알 수 있는 것과 맛을 봐서 알 수 있는 것은 다르다. 이번 장에서는 촉각은 물론 후각과 미각을 살펴봄으로써 음식을 먹고 와인을 마실 때 이러한 감각들이 어떤 역할을 하는지 설명하고 특정한 맛, 향, 풍미의 의미를 명확하게 밝힐 것이다.

후각의 이해

코의 크기와 모양은 제각각일지라도 모든 사람은 기본적으로 같은 방식으로 냄새를 맡는다. 인간의 코 안쪽에는 섬모라는 털 모양의 작은 융기들이 나 있다. 그리고 이 섬모에 분포한 후각 뉴런을 통해 향을 감지한다. 이러한 후각 수용체에 닿으면 방향 분자들은 그 구조에 따라 각기 다른 전기 자극을 일으키고, 이 자극은 전하 메시지의 형태로 뇌의 후각 신경구로 전달된다. 이 메시지를 받은 뇌는 신호를 해독하고 그 결과 익숙한 것이든 이질적인 것이든 후각적 경험을 하게 되는 것이다.

이제 냄새 맡기, 전문 용어로 후각을 낱낱이 살펴볼 것이며, 여기에는 향이 인간의 코에 도달하는 다양한 방식, 다른 감각과의 차이점, 그리고 먹고 마실 때 후각이 가장 중요한 감각인 이유가 포함된다.

방향 분자의 경로 따라가기

냄새를 맡기 위해서는 두 가지 경로 가운데 하나를 통해 방향 분자가 뉴런에 도달해야 한다. 아니면 음식과 술을 같이 먹고 마실 때 종종 그러하듯 두 가지 경로를 모두 사용한다. 하지만 경로는 다를지라도 결국 인간이 느끼는 향은 비슷하다(감각의 질과 강도가 약간 다를 수 있다는 새로운 증거가 제시되기는 했다).

- ✔ **코를 통과하는 직접적인 경로** : 가장 명백한 경로는 환경에서 코로 직접 유입되는 것이다. 후각은 그 자체로 썩은 음식이나 상한 와인처럼 인체에 해가 될 것들이 지나치게 가까워지기 전에 식별하는 경고 메커니즘 역할을 한다. 물론 후각은 즐거움의 근원이기도 하고 음식과 와인의 경우 미각적 즐거움까지 누릴 것이라는 기대를 하게 만든다.
- ✔ **입을 통과하는 간접적인 경로** : 인체는 어떤 물질이 이미 입안에 들어온 상태에서 두 번째로 향기를 점검할 수 있다. 비후 경로라 불리는 입 뒤에 있는 개방부를 통해 입과 비강이 연결되며 후각 수용체는 모두 비강에 분포해 있다. 이미 입안에 들어온 무언가를 통해 경험하는 향은 풍미에서 아주 큰 부분을 차지하며 종종 맛과 혼동되기도 한다. 엄밀히 말하자면 풍미는 향기다. 하지만 나는 이 책에서 코를 통해 직접적으로 감지하는 냄새를 향(aroma)으로, 비후 경로를 통해 간접적으로 감지하는 냄새를 풍미(flavor)라고 칭할 것이다. 이제 연구가들은 후각과 미각이 서로에게 영향을 줄 수 있다고 믿고 있지만 알다시피 미각은 향, 냄새 맡기와 별개인 전혀 다른 감각이다.

모든 향에 주의를 기울여라

후각은 가장 원시적인 감각이다. 또한 수용 뉴런이 뇌, 정확히 말하자면 후각 신경구와 직접 연결되어 뇌로 향하는 신호가 기타 신경 구조를 통해 전달되거나 처리되지 않는다는 점에서 다른 감각과 다르다. 물론 인간이 인지하지 못하는 사이 일어나는 일이다.

인간은 동물에 비해 후각에 대한 의존도가 낮은 것처럼 보이지만 인간이 지닌 가장 예리하고 민감한 감각이 바로 후각이다. 최근 과학 문헌에서는 인간은 약 1만 종의 향을 식별할 수 있다는 주장이 제기되었다. 인간은 누구나 약 1,000종류의 수용체를 지니고 있고, 취기물질(odorant)에 의해 자극을 받으면 서로 조합되어 향을 식별한다. 이는 일정한 수의 알파벳을 조합하여 거의 무한대로 다양한 단어를 만들거나 음을 배열하여 너무나도 다양한 멜로디를 만들어내는 것과 매우 흡사하다.

하지만 그 종류가 너무도 많아 사람들은 대부분 자신이 맡은 향의 이름을 쉽게 떠올리지 못한다. 그렇더라도 와인이나 향수 전문가처럼 향을 인지하도록 훈련받은 사람이라고 해서 유난히 민감한 후각을 지닌 것은 아니다. 그저 냄새를 구분하고 그 향의 이름을 기억해 내는 데 더 유능할 뿐이다. 다양한 향을 구분하고 이를 기억해 내는 능력을 향상시킬 수 있는 방법은 주의를 집중해서 향을 맡는 일을 많이 경험하는 것이다. 즉, 연습이 가장 중요하다.

[향과 기억의 연결 : 과거로 이어지는 다리]

특정한 냄새를 맡으면 그 즉시 다른 장소나 시간으로 이동하여 그 이유를 궁금해할 새도 없이 깊은 감상에 빠질 때가 있다. 왜 이런 일이 일어나는지 궁금한 적이 없는가? 소설 『잃어버린 시간을 찾아서』에서 마르셀 프루스트에게 물결 모양 마들렌 쿠키와 한 잔의 차는 프랑스 콩브레에서 보낸 어린 시절로 그를 이동시키는 매개체였다. 내 경우는 피노 셰리의 향을 살짝만 맡아도 20대 초반 방문했던 스페인 남부의 타파스바(tapas bar, 스페인식 선술집-역주)로 즉시 돌아간다. 황소와 투우사의 춤을 바라보며 쏘는 맛이 있는 양젖 치즈 한 조각을 베어 먹고, 크고 아삭거리는 녹색 올리브를 입안에 털어 넣던 때를 떠올리는 것이다. 당신에게도 다른 곳, 다른 시간으로 데려가는 향이 있는가? 후각은 매우 강력하고 뭔가를 불러일으키는 힘이 강한 감각이며 사람들은 향을 맡으면 더욱 깊은 감정을 느끼고 과거로 돌아가기도 한다. 음식과 와인의 향은 최고의 기쁨을 선사하는 근원이 될 수 있다.

향과 와인 연결하기

앞서 언급했듯이 인간은 광범위한 종류의 향을 감지할 수 있다. 또한 맛은 와인이 입 안에 머물 때만 감지할 수 있는 것과 달리 향은 계속해서 맡을 수 있다. 그러므로 와인(그리고 음식)을 음미하는 데 있어서 가장 중요한 것은 맛이 아니라 향이다. 와인 테이스터는 와인의 향에 매우 주의를 기울인다. 테이스팅 과정에서 가장 핵심적인 과정이자 유형별로 와인을 차별화하는 중요한 요소가 바로 향이기 때문이다. 신경과학자들 역시 여기에 동의한다. 이들은 사람들이 맛이라고 인지하는 것 가운데 90퍼센트가 실제로는 냄새, 즉 향이며, 최고급 와인과 음식이 미각 하나만으로는 겨우 짐작이나 할 수 있을 정도로 놀라운 수준의 복잡함을 지닌 것이 향이다. 코감기에 걸렸을 때 먹고 마시는 일이 시큰둥해지는 이유도 여기에 있다. 향과 풍미를 감지할 수 없어 기본적인 미각만을 경험하기 때문이다.

아직도 음식과 와인의 풍미 프로파일 전체에서 향이 지니는 중요성을 믿기 힘들다면 간단한 실험을 한 가지 해보아라. 코를 막은 채 사과 한 개를 집어 들고 한 입 베어 물어라. 어떤 것이 느껴지는가? 후각 수용체로 접근하는 경로가 차단되었으므로 당신은 아무 냄새도 맡지 못할 것이다. 하지만 아직 맛을 보고 질감을 느낄 수는 있다. 사과의 달콤함, 특히 풋사과라면 신맛, 그리고 몇 가지 식감을 느낄 수 있을 것이다. 하지만 그 어떤 향이나 풍미도 느끼지 못할 것이다. 실제로 당신의 입에 있는 것은 새콤달콤하고 약간 푸석거리는 물질에 불과하여 사과라고 식별하기 어려울 수도 있다. 이제 막았던 코를 열어보라. 후각 뉴런이 다시 활동하며 사과의 향과 풍미가 밀려드는 것을 느낄 수 있을 것이다. 사과의 익숙한 '맛', 즉 익숙한 향과 풍미가 불현듯 나타날 것이다.

1만 가지나 되는 다양한 향을 맡는다는 것은 무리일지 몰라도 와인, 특히 최고의 와인은 풍부한 향을 담고 있다. 그냥 단순하게 생각하자면 달콤한 포도즙이 발효 과정을 거쳐 놀랄 정도로 복잡한 음료로 변신하는 것이다. 알코올과 이산화탄소와 더불어 발효를 일으키는 효모 역시 각양각색의 방향 분자를 만들어내고, 결국 수많은 독특한 향을 만들어낸다. 전문 와인 테스터가 한 잔의 와인을 설명하는 내용을 듣다 보면 이들이 기발한 시 만들기 자격증이라도 있는 것 같지만 실제로 이들의 말은 시가 맞다. 예를 들어 와인 한 잔에서 잘 익은 복숭아나 딸기, 바닐라, 갓 볶은 커피 콩, 또는 피망 향이 난다고 표현할 경우 실제로 이와 같은 방향 분자가 함유되어 있다. 이들의 설명은 느닷없이 나온 것이 아니다(물론 어쩌다 그런 경우도 있지만 말이다)!

인간은 어떻게 맛을 느끼는가

냄새를 맡을 때처럼 맛을 볼 때도 물리적인 접촉이 이루어져야 한다. 인간은 미뢰를 통해 맛을 감지하는데, 이는 주로 혀 위에 분포되지만 입천장이나 측면에도 존재한다. 미뢰에 접촉한 분자들이 맛에 따라 특정한 방식으로 미뢰를 자극하고 이렇게 만들어진 전기신호는 뇌로 보내져 인간이 인지할 수 있는 다양한 맛으로 해석되어 이를 느끼는 것이다. 후각과 마찬가지로 미각 메시지들은 보다 원시적인 뇌의 중앙 부위로 전달되며, 이 부위는 감정에 영향을 주고 추억을 불러일으킨다. 하지만 더 진화된 뇌 구역으로 전해지는 메시지도 있으며, 이는 의식적 사고에 영향을 주기도 한다. 후각이 매우 예민한 사람이 최대 1만 가지의 향을 인지할 수 있는 반면 미각은 아무리 예민한 사람도 정해진 종류의 맛만 느낄 수 있어 냄새에 비해 감정적으로 미칠 수 있는 영향이 적다. 현재 알려진 바로는 다섯 가지 맛이 존재하며 어쩌면 여섯 번째 맛이 존재할 수도 있다.

이제 다섯 가지 맛과 각각의 주요 근원, 인간이 맛을 인지하는 원리, 그리고 와인을 마실 때 사람들이 어떤 맛을 느끼는지 자세히 살펴볼 것이다.

다섯 가지 맛

인간은 미뢰를 통해 다섯 가지 맛을 감지할 수 있다. 아리스토텔레스는 이미 가장 먼저 밝혀진 네 가지 맛을 인지하고 이를 설명한 바 있다. 그리고 다섯 번째, 우마미(umami)라고도 불리는 감칠맛이 발견된 것은 그로부터 2,000년 뒤였다. 음식과 와인을 페어링하기 위해서는 이 다섯 가지 맛을 인지하고 구분해야 한다.

다섯 가지 맛은 다음과 같다.

- ✔ **단맛** : 두말할 것 없이 당신은 단맛을 익히 잘 알고 있을 것이다. 인체는 생물학적으로 단맛을 좋아하도록 프로그램되어 있다. 단맛을 지녔다는 것은 칼로리가 풍부한 음식이라는 의미이며, 이는 생존에 도움이 되기 때문이다. 엄밀히 말하면 단맛을 내는 천연 물질은 몇 가지로 분류할 수 있고, 대부분 글루코스(glucose, 포도당), 슈크로스(sucrose, 설탕), 프룩토스(fructose, 과당)처럼 오스(ose)로 끝난다. 가장 간단하게 정제 설탕을 만들 수 있는 것은 사탕수수와 사탕무다. 엄밀히 말해서 포도에 함유된 당은 대부분 포도당과 과당이며, 발효 과정을 거쳐 안정적이고 맛있는 음료로 만들 정도로 충분한 천연 당을 함유한 거의 유일한 과일이다. 다른 과일로 와인을 만들려면 설탕을 첨가해야 한다.
- ✔ **신맛** : 산의 종류는 매우 다양하며, 인간은 입안에 산이 존재할 때 신맛을 느낀다. 뭔가를 먹거나 마실 때 타액이 분비되기 시작하면 그 안에 다량의 산이 함유되었다는 의미다. 산이 체내에 들어왔을 때 이를 중화하기 위해 염기성인 타액이 분비되는 것이다. 새콤한 맛을 지닌 과일은 시트르산을, 유제품은 젖산을, 풋사과는 말산(malic acid)을 함유하고 있다. 타르타르산은 잘 익은 포도에 가장 많이 함유된 산이므로 와인에도 가장 많이 함유되어 있다.
- ✔ **쓴맛** : 많은 천연 화합물이 쓴맛을 지니고 있다. 진실, 갈등, 추위 등을 수식할 때 쓰다는 의미의 'bitter'를 사용한다는 사실만 생각해도 입안에서 사라지지 않는 불쾌한 맛이라는 사실을 알 수 있다. 쓴맛에 대한 민감도는 사람마다 다르다. 어떤 사람은 매우 민감한 반면 그렇지 않은 사람도 있지만 대부분 쓴맛을 불쾌한 것으로 인식한다. 자연적으로 생성되는 독성 물질 가운데 다수가 쓴맛을 지니고 있으므로 이는 진화학적 관점에서 당연한 일이다. 즉, 인간은 생물학적으로 쓴맛을 회피하도록 프로그램되었다는 의미다. 하지만 낮은 수준의 쓴맛은 음식과 와인 모두에 복합성을 더해주기도 한다. 쓴맛을 접하는 가장 흔한 방법은 커피와 차다. 여기에는 쓴맛을 내는 카페인이 함유되어 있어 사람들은 대부분 쓴맛을 중화시키기 위해 설탕을 첨가한다. 필스너와 IPA 같은 홉 맛이 강한 맥주, 무가당 카카오(초콜릿), 올리브, 감귤류 향미료, 마멀레이드 역시 쓴맛을 내며, 특정한 조리법, 특히 그릴에 굽는 방법으로 조리하면 음식이 타면서 쓴맛을 내기도 한다.

✔ **짠맛** : 우리가 흔히 아는 짠맛은 나트륨 때문에 만들어진다. 짠맛은 다른 맛을 더 강하게 만드는 마법 같은 능력을 지녔다. 짠맛이 없다면 대부분의 음식은 무미건조해진다. 또한 짠맛은 상하기 쉬운 음식을 보존하는 데 중요한 성분으로서 다량 첨가하여 육류 등을 보존 처리하는 용도로 사용하기도 한다. 음식과 와인 페어링의 영역에서 보자면 짠맛은 중요한 협력자다. 떫은맛이 강한 와인의 경우 이를 완화하는 역할을 하기 때문이다. 그러므로 음식에 적절한 양의 짠맛을 첨가하면 입을 오므릴 만큼 떫은 와인을 훨씬 부드럽고 매끄럽게 느껴지게 만든다.

✔ **감칠맛** : 우마미라고도 불리는 감칠맛을 가장 일반적으로 만들어내는 것은 글루탐산이며, 이는 글루탐산모노나트륨(MSG)에 가장 흔하게 발견할 수 있다. 감칠맛이 풍부한 식품으로는 우선 생선, 패류가 있다. 또한 치즈와 간장, 어간장(fish sauce)처럼 발효 및 숙성 과정을 거친 식품, 잘 익은 토마토와 배추 같은 채소, 다양한 버섯, 가다랑어 포, 구운 쇠고기도 감칠맛이 풍부하다. 감칠맛이 풍부한 식품은 서로 상승 작용까지 일으켜 개별적으로 먹을 때보다 더욱 풍부한 감칠맛을 낸다. 예를 들어 토마토 소스 파스타만으로도 맛있지만 여기에 파르미지아노 치즈를 약간 뿌리면 더 맛있어지는 원리와 같다. 토마토 소스와 숙성된 치즈가 만나서 두 배의 감칠맛을 내는 것이다. 뒤에 나오는 글상자 '우마미, 다섯 번째 맛인 감칠맛'에서 이 맛이 어떻게 세상에 알려지게 되었는지 알아보라.

지금까지 설명한 다섯 가지 가운데 하나가 지배적 맛인 음식의 전체 목록은 제3장에서 더욱 자세히 다룰 것이다.

[여섯 번째 맛?]

다섯 가지 맛의 존재는 이미 충분히 확립되었다. 그리고 여섯 번째 맛이 존재할 수 있다는 증거가 속속 제시되며 더 많은 미각 연구가들이 그 존재에 동의하고 있다. 그 여섯 번째 맛은 바로 지방, 정확히 말하자면 유리지방산의 맛이다. 연구가들은 이 독특한 맛이 지방이 입안에서 일으키는 미끈거리고 야들야들한 질감과 별개의 것이라고 생각한다. 사람들이 크림 소스, 기름에 튀긴 음식, 마블링이 잘 된 쇠고기에 끌리는 원인 가운데 지방의 '맛'도 있는 것일까? 또한 수많은 미각 연구가들은 앞으로 더 많은 맛을 발견할 수 있으리라고 생각한다. 그렇다면 음미할 맛이 더 늘어나는 것이다!

[제 몫을 하다]

과거에는 소금이 금만큼이나 가치 있는 것으로 여겨졌다. 실제로 영어 단어인 샐러리(salary)의 어원은 2,000년 전, 소금을 의미하던 라틴어 살(sal)이다. 소금은 식품을 보존하고 풍미를 높여주는 특성 때문에 매우 귀중한 물품이었으므로 화폐의 형태로 거래되기에 이르렀다. 로마 역사학자 플리니우스는 로마에서 군인들이 종종 소금으로 임금을 지불받았다고 기록했다. 결국 이 **살라리움**(salarium, 로마 제정기에 관리 · 수사학 박사 · 교사 등에게 황제 또는 지방 자치단체가 지불한 봉급-역주)은 어떤 형태로든 정기적으로 지불되는 급료를 의미하게 되었다. 열심히 일해서 급료를 받고 있다는 의미의 '제 몫을 하다(worth your salt)' 등의 표현에서 이 어원의 흔적은 여전히 존재한다.

미뢰는 입 전체에 분포되어 있다. 최근까지 과학 논문을 잘못 해석한 탓에 사람들은 혀끝은 단맛만, 입 가장 뒤쪽 부분은 쓴맛만 감지하는 식으로 입안의 특정 부분은 특정한 맛만 느낄 수 있다고 생각했다. 하지만 부단한 과학 연구 앞에 소위 '혀 지도(tongue map)'라는 허황된 개념은 무너지고 말았다. 미뢰는 입안 모든 구역, 즉 혀 전체는 물론 입천장과 볼 안쪽에 해당하는 구내의 측면, 그리고 인후 뒷부분까지 분포해 있다. 그리고 어느 부분이냐에 따라 민감도의 차이는 있지만 인간은 미뢰를 통해 다섯 가지 맛을 인지, 해석한다. 예를 들어 혀끝은 실제로 단맛에 가장 민감하지만 그렇다고 단맛만 느끼는 것은 아니다.

어떤 것을 좋아하는 이유

단맛을 지녔다는 것은 생존에 필요한 열량을 함유한 물질이라는 의미이므로 인간은 단맛을 좋아하도록 프로그램되었다. 감칠맛이 풍부하다는 것 역시 생존에 필수적인 영양소인 단백질과 아미노산이 존재하는 음식이라는 의미다. 실제로 사람들은 대부분 자연적으로 단맛과 감칠맛에 끌린다. 반면 신맛과 쓴맛에 대한 감수성과 내성은 개인마다 상당한 차이가 있다. 반면 독성 물질은 대부분 쓴맛을 지니고 있고 음식이 상했거나 과일이 덜 익어 칼로리와 영양가가 낮을 경우 신맛이 나므로 사람들은 유전적으로 이 두 가지 맛을 싫어하도록 프로그램되었다. 전문 조리사라면 누구나 알겠지만 산과 소금을 적절하게 사용하면 풍미를 증가시킬 수 있는 반면 둘 중 하나라도 과하게 사용하면 불쾌한 맛이 난다.

[우마미, 다섯 번째 맛인 감칠맛]

우마미는 일본어로 직역하자면 '맛있는 맛'이라는 의미다. 이는 1908년 다섯 번째 맛을 착상해 낸 일본 과학자 키쿠네 이케다가 만들어낸 용어다. 다시마 육수는 단맛, 신맛, 쓴맛, 짠맛으로는 설명할 수 없는 뛰어난 맛을 지니고 있고, 이케다는 그 원인을 규명하려 했다. 그리고 인간이 미뢰를 통해 다시마 육수에 풍부하게 함유된 글루타민을 감지한다는 사실을 밝혀냈다. 이는 사람들이 '맛있다'고 느끼는 맛이었다.

맛을 인지하는 능력은 사람마다 다를 뿐 아니라 차이가 많이 나는 것으로 밝혀졌다. 미각에 대한 감수성에 근거하여 기본적으로 사람들은 세 가지 테이스터로 분류할 수 있으며, 이때 기준으로서 가장 자주 사용되는 것은 쓴맛이다. 또한 어떤 테이스터에 해당되는지에 따라 선호하는 음식과 와인이 크게 달라진다.

- ✔ **슈퍼테이스터** : 이들은 특별히 뭔가를 갖추거나 하지 않아도 음식을 맛보고 와인을 테이스팅할 수 있다. 이들은 그런 능력을 지닌 채 태어난 사람들이다. 반면 평범한 사람은 수많은 만화책을 읽어 지식을 쌓아도, 맹렬히 푸시업을 해서 신체를 단련해도 슈퍼테이스터가 될 수 없다. 슈퍼테이스터들은 유전적으로 다른 사람보다 맛에 민감하게 프로그램된 사람들이다. 미뢰가 더 정교하게 조율되거나 민감한 것이 아니라 단순히 미뢰의 수가 많다. 하지만 슈퍼테이스터가 된다는 것이 하늘이 준 선물인 것만은 아니다. 쓴맛에 극도로 민감하여 다양한 음식을 즐기는 기쁨이 줄어든다는 의미이기 때문이다. 통계적으로 전체 인구 가운데 25퍼센트가 슈퍼테이스터로 분류된다.
- ✔ **논테이스터** : 전체 인구 가운데 25퍼센트 정도는 논테이스터로 분류된다. 의학적 정의에 따르면 논테이스터는 이러한 연구에 사용되는 PROP(프로필티오우라실, propylthiouracil)이라는 쓴맛의 화합물을 탐지하지 못한다는 의미다. 즉, 이들의 미뢰는 쓴맛을 감지하지 못하거나 여기에 덜 민감하다. 물론 논테이스터라고 해서 맛을 느끼지 못하는 것은 아니고 그저 인지 기준점이 높을 뿐이다. 즉, 더 많은 미각적 자극을 받아야 맛을 느낀다는 것이다. 여기에 속하는 사람들은 쓴맛만이 아니라 다른 미각에도 둔하다고 추

[자신이 슈퍼테이스터인지 알아보는 방법]

당신은 쓴맛에 얼마나 내성이 있는가? 설탕을 타지 않은 채 커피나 차를 마시는가? 쌉쌀한 맛이 나는 녹색 채소라면 사족을 못 쓰는가? 쓴맛을 지닌 식품에 대한 민감도에 따라 테이스터 상태가 달라진다. 엄밀히 말하자면 당신의 테이스터 지위는 6-n-프로피티오우라실이라는 쓴맛의 화합물을 감지하는 능력에 의해 측정된다. 어쨌든 이 화합물에 더 민감한 사람일수록 더 많은 미뢰를 지녔을 가능성이 높다. 하지만 슈퍼테이스터들은 쓴맛만이 아니라 단맛, 매운 음식의 타는 듯한 느낌, 그리고 크림 같은 질감에 더 민감하다.

예상했겠지만 와인 전문가의 시음을 보면 이들이 슈퍼테이스터일 가능성이 전체 인구와 비교했을 때 높다는 사실을 보여준다. 통계적으로 '미식가'가 슈퍼테이스터일 확률은 평균보다 높지 않다. 하지만 반드시 슈퍼테이스터만이 음식과 와인을 즐길 수 있다는 의미는 전혀 아니다. 논테이스터도 즐거움을 느낄 수 있다. 단지 다른 풍미의 조합을 좋아하는 경향이 있거나 강렬한 맛에 덜 민감하여 내성이 강할 뿐이다. 자신의 테이스터 상태가 궁금하다면 다음 사이트에서 테스트를 해보라. www.supertasting.com

측할 수 있는 증거도 있으므로 PROP 민감성을 전반적인 미각의 민감성을 보여주는 지표로 삼을 수 있다. 하지만 좌절할 필요는 없다. 과학적으로 논테이스터지만 매우 예리한 와인 테이스터인 사람들도 있다. 결국 훈련과 경험이 좌우하는 것이다.

✔ **미디엄테이스터** : 인구의 절반가량이 슈퍼테이스터와 논테이스터 사이에 분포한다. 이들은 미디엄테이스터, 또는 단순하게 테이스터로 분류된다. 미디엄테이스터는 쓴맛에 대해 슈퍼테이스터보다는 민감성이 덜 날카롭지만 논테이스터는 감지하지 못하는 쓴맛을 알아낸다는 의미다.

맛보기와 와인을 연결해서 생각해 보자

와인을 마실 때 모든 맛, 즉 신맛, 단맛, 쓴맛, 짠맛, 감칠맛을 모두 경험할 수 있다. 와인에서 이 다섯 가지 맛이 어떻게 드러나는지를 간략하게 다뤄보겠다.

입을 찡그리게 만드는 맛 : 신맛

산이 만들어내는 신맛은 와인의 주요 구성요소다. 신맛이 없다면 와인은 소프트하고 플래비(flabby, 맥이 없고 연약한 와인을 일컫는 말-역주)하며 금세 상할 것이다. 또한 산도는 풍미를 증가시키는 핵심 요소이므로 산도가 높은 와인은 음식과 함께 마시기에 가장 적합한 음료다. 와인 제조자들 역시 대부분 산이 숙성 능력이 있는 와인을 판가름하는 가장 중요한 요소라는 데 동의한다. 즉, 산이 많을수록 숙성에 적합한 와인이다.

대부분 몇 가지 다른 산들도 소량 존재하지만 와인에 함유된 산 가운데 가장 중요한 것은 **타르타르산**이다. 기후가 찬 지역, 즉 냉온대기후 지역에서 재배되는(포도밭 주변에서 야자수가 아닌 소나무가 자라는 모습을 상상해 보라) 포도는 자연적으로 산도가 높은 반면 기후가 따뜻한 지역, 즉 난온대기후 지역에서 생산되는 와인은 주로 산도가 낮다. 와인이 상하는 한 가지 원인은 **아세트산**을 다량 생산하는 특정한 세균의 활동이다. 아세트산이 많아지면 와인이 아니라 식초가 될 수밖에 없다. 모순이지만 다른 종류의 산 함량이 높으면 애초에 아세트산균이 와인을 상하게 만드는 일을 방지할 수 있다. 그러므로 가장 좋은 페어링을 위해서는 음식과 와인에 함유된 모든 산도를 반드시 고려해야 한다.

제3부에서 산도가 높은 와인과 낮은 와인의 특정한 사례, 그리고 이러한 와인들과 잘 어울리는 다양한 음식을 살펴볼 것이다.

포도에서 당도와 산도 사이에는 상당히 밀접하고 직접적인 관련이 있다. 포도가 익어갈수록 당 성분은 증가하는 반면 산도는 떨어진다. 그러므로 당도와 산도가 균형을 이루었을 때 수확하는 것이 관건이다. 와인에서 산도를 낮게, 또는 높게 조정하는 일은 전 세계 어디에서나 이루어진다. 난온대기후 지역에서는 와인의 안정성을 높이기 위해 산을 첨가하여 인위적으로 산도를 높여야 하는 경우도 있다. 와인의 신맛을 줄이는 가장 쉬운 천연적인 방법은 **말로락틱 발효**라는 과정을 거치는 것이다. 와인 제조자들은 자연적으로 박테리아가 설익은 와인에서 발견되는 고약한 말산(풋사과를 생각하라)을 더 부드러운 젖산(요거트를 생각하라)으로 전환되게 놔둔다. 이렇게 하면 더 매끄럽게 변하는 것은 물론 과일 향이 줄고 버터 같은 향과 풍미가 늘어난다. 레드 와인의 절대다수와 우드 배럴 발효를 거치는 화이트 와인 대부분이 말로락틱 발효를 거친다.

약간의 설탕 : 단맛

효모가 모든 당을 알코올로 변환하지 못할 때도 있다. 와인의 단맛은 주로 이렇게 불완전한 발효 때문에 생긴 당, 즉 잔여 당 때문에 만들어진다. 와인 용어로 이를 잔당(residual sugar)이라고 부른다. 단맛이 강한 스위트 와인을 나누는 가장 일반적인 카테고리 가운데 레이트 하비스트 와인이 있다. 이는 포도가 너무 많이 익어 효모가 모든 당을 발효할 수 없고, 그 결과 잔당이 존재하는 와인을 말한다. 잔당의 양은 주로 1리터당 3~4그램 정도로 거의 단맛을 느낄 수 없는 수준이지만 스위트 와인 가운데서도 가장 단 것의 경우 최대 400그램까지 함유하고 있다. 이는 40퍼센트 설탕 용액과 같은 수준이다!

물론 와인을 달게 만드는 인공적인 방법도 있다. 결코 인정하려 하지 않겠지만 많은 와인 제조자가 선호층을 넓히기 위해 신선한, 또는 농축한 포도 원액을 첨가하여 소위 말하는 '드라이 와인'을 스위트 와인처럼 만들어왔다. 어떤 경우든 와인의 당 함량은 어떤 음식과 가장 잘 어울릴지를 밝히는 데 중요한 역할을 한다. 특정한 스위트 와인, 그리고 이들과 잘 어울리는 다양한 음식에 대해서는 제12장에서 다룰 것이다.

드물지만 강렬하다 : 쓴맛

매우 쓴맛이 나는 경우는 다행히 드물지만 급이 낮은 와인은 쓴맛이 날 수 있다. 주로 폴리페놀에서 유도되는 와인의 쓴맛은 강하지는 않지만 풍미에서 중요한 요소로 작용한다. 폴리페놀은 식품의 색소, 그리고 떫은맛과 입을 찡그리게 만드는 질감의 원인이기도 한 타닌에 함유된 자연발생 화합물군이다. 머스캣과 게뷔르츠트라미너같이 향이 매우 풍부한 포도로 제조된 드라이 와인은 적당히 쓰지만 좋은 맛을 지니고 있다. 타닌은 특히 와인 제조자가 향이 풍부한 풍미를 많이 추출하기 위해 포도즙에 포도껍질을 더 오래 닿은 상태로 두었을 때 생성된다. 하지만 적절한 음식과 와인 페어링을 위한 한 가지 전략은 와인의 쓴맛을 그저 가볍게 무시하고 넘어가는 것이다. 쓴맛이 강한 와인의 예는 제3부에서 확인하라.

셰이커가 필요없다 : 짠맛

와인에서 소금도 미량 발견될 수 있다. 일부 와인은 정말로 상당히 짠맛을 지니기도 하지만 소금기가 있는 지하수를 포도 재배에 사용하는 지역의 경우 뿌리, 그리고 간접 살수가 사용되는 경우 잎을 통해 소금이 일부 흡수되어 포도에 축적될 수밖에 없다. 그 결과 와인에도 적지 않은 양의 소금이 함유되어 약하게나마 짠맛을 만들어낸다.

예를 들어 호주에서 가장 긴 강인 거대한 머레이 강은 완전벌채 때문에 숲이 사라지고 작물 재배를 위해 과도한 관개가 이루어진 탓에 지하수면이 상승하여 상당한 양의 소금을 함유하고 있다. 그 결과 머레이 강에서 물을 끌어다 재배하는 곳의 포도는 확실하게 짠맛이 나는 경우도 있다. 일반적으로 냉온대기후 지역에서 생산된 와인은 인공적으로 산도를 낮추기 위한 과정을 거치는데 이 경우에도 미량이지만 짠맛을 느낄 정도의 소금 성분을 함유한다. 온난대기후 지역에서 생산되어 산도가 높은 와인도 마찬가지다. 하지만 전체적으로 보았을 때 와인의 짠맛은 페어링에서 극히 미미한 역할만 한다.

감칠맛이 나는 와인

아직 최종 결론에 도달하지는 않았지만 연구가들은 특정 와인에서 상당량의 글루타민산과 아미노산을 발견했고 그 때문에 감칠맛이 난다고 생각한다. 시간을 충분히 두고, 게다가 제철에 완전히 익을 때까지 재배된 포도로 만든 와인, 그리고 보틀링 과정 전후로 상당한 기간 동안 숙성을 거친, 특히 샴페인처럼 발효가 끝난 뒤 사용된 효모 방에서 숙성된 와인은 군침 도는 감칠맛이 가장 진하다.

페어링에서 촉감은 중요한 역할을 한다

후각과 미각은 먹고 마시는 일에 있어서 중요한 부분을 차지하지만, 닿는 느낌, 즉 촉각도 중요한 역할을 한다. 와인 테이스터들은 어떤 와인을 입안에 넣었을 때 어떤 느낌인지, 점도나 질감은 어떤지 묘사한다. 이는 정말로 촉각에 반응하는 감각 수용체에 와인이 어떤 영향을 미치는지를 언급하는 것이다. 음식과 와인의 질감을 짝짓는 일은 훌륭한 페어링을 만드는 비결 가운데 하나다. 그리고 일반적으로 이는 음식을 사용해서 와인의 질감을 바꾸는 일에 해당된다. 다음 섹션에서 음식과 와인을 페어링할 때 왜 질감을 고려해야 하는지 상세히 다룰 것이다.

촉각을 이용하라

촉각은 주로 비유적인 표현으로 묘사된다. 벨벳 같다, 비단 같다, 크림 같다, 플러시

(plush, 벨벳보다 보풀이 좀 긴 비단·면·털 등의 옷감-역주) 같다 등의 표현이 와인을 설명할 때 자주 등장한다. 또한 매끄럽다, 부드럽다, 또는 그 반대의 의미로 하드하다, 거칠다, 츄이하다(chewy, 비정상적으로 진하고 바디감이 강하며 점성이 강하다는 의미-역주), 떫다 등의 수식어가 사용된다. 이러한 용어는 와인을 마시는 사람이 어떤 촉각적 경험을 했는지를 전달한다. 물론 질감은 음식을 먹는 데 있어서도 중요한 부분을 차지한다. 바삭거리는 껍질이 없다면 로스트 치킨이나 구운 돼지고기가 어떨 것 같은가? 입안을 가득 메우는 크림의 질감이 없다면 크림 버섯 수프는 어떨 것 같은가?

온도, 즉 칠리같이 매운 음식이 주는 화끈한 느낌이나 민트 같은 허브와 향신료가 주는 차가운 느낌 역시 촉감의 일부다. 음식과 와인을 어떤 온도로 내놓는지도 인간이 질감, 심지어 향과 풍미를 어떻게 인지하는지에 영향을 미치고, 그 결과 페어링에도 상당한 중요성을 지닌다.

질감을 감지하는 방법 : 3차 신경

질감, 그리고 코와 입안에서 발생하는 자극에 대한 인지는 대부분 3차 신경이 담당한다. 3차 신경 섬유는 코는 물론 미뢰 구조의 일부로 분포하며, 이 때문에 맛과 질감을 혼동하는 사람도 있다. 즉, 맛과 질감은 타닌을 인지할 때 쓴맛과 떫은 질감을 동시에 일으킬 때처럼 종종 서로 연관되고 겹친다.

와인에 함유된 타닌은 포도껍질과 줄기에서 나온다. 화이트 와인은 대부분 껍질을 제거한 채 제조되는 반면 레드 와인은 붉은색 색소를 추출하기 위해 껍질을 포도즙 원액에 담근다. 그 결과 화이트 와인이 레드 와인보다 타닌 함량이 훨씬 낮다. 타닌은 입안을 텁텁하고 건조하게 만든다. 이때 잡아당겨지고 수축되는, 또는 조여드는 듯한 느낌이 일어나며 이를 떫은맛이라고 부른다. 타닌은 타액의 단백질과 결합하는 성질이 있어 침이 입안에서 윤활유 역할을 하지 못하게 만든다. 음식을 먹고 와인을 마시느라 입안에서 혀를 움직일 때 이렇게 만들어지는 꺼칠꺼칠함을 느낄 수 있다.

타닌 외에도 3차 신경은 매우 다양한 자극제에 의해 활동을 일으킨다. 몇 가지만 예로 들자면, 스파클링 와인의 이산화탄소 거품이 만들어내는 톡 쏘는 느낌, 온갖 종류의 매운 고추, 후추, 생강, 머스터드, 서양고추냉이, 고추냉이, 심지어 양파와 마늘이 만들어내는 코가 얼얼하고 입이 화끈거리는 느낌 등이 있다. 알코올 역시 어느 정도 화끈거리는 느낌을 만들어내고 도수가 높은 증류주는 정말로 열을 만들어낼 수 있다.

칠리와 기타 매운 음식의 화끈거리는 느낌 해결하기

매운 칠리의 화끈거리는 느낌을 만드는 강력한 화학물질인 **캡사이신**은 미각을 즉시, 그리고 오랜 시간 무디게 만드는 막강한 힘을 지니고 있다. 주로 음식을 입에 넣은 다음 몇 초 정도 시간이 걸리지만 이 화끈거리는 느낌이 시작되면 인간의 미뢰는 단맛이나 쓴맛 같은 다른 맛에 대한 민감성이 떨어진다. 연구에 따르면 평소 칠리를 자주 먹는 사람들은 만성적으로 이러한 미각 감퇴를 겪지만 일반적인 경우 이러한 현상은 화끈거리는 느낌이 사라지는 것과 동시에 사라진다.

매운맛에 중독되었다는 말은 지어낸 것이 아니라 사실이다. 매운맛은 만족과 행복감을 일으키는 **엔도르핀** 분비를 일으킨다. 강도가 약할지 몰라도 이는 사랑을 나눌 때 느끼는 것과 비슷한 감정이다. 매운 음식에 익숙한 사람들은 화끈거리는 자극에 덜 민감하고 풍미에 다시 주의를 기울일 수 있는 반면 가끔 먹는 사람들은 입안의 통증이 너무 심해 다른 풍미나 맛을 즐길 정신이 없다.

이렇듯 미뢰가 무뎌지는 현상을 생각하면 어째서 아주 매운 음식에는 최고의 와인을 곁들이지 않는지 그 이유를 알 수 있다. 미뢰가 너무 둔해져서 훌륭한 와인이 주는 그 모든 미묘한 풍미의 차이를 즐길 수 없기 때문이다. 더욱이 알코올 농도가 높으면 매운맛이 주는 화끈거리는 느낌이 못 견딜 정도로 강해진다.

[매운맛의 화끈거림을 잠재우는 세계인의 방법]

매운 음식을 즐기는 문화에는 매운맛의 화끈거림을 식혀주는 독특한 치료법이 있다. 예를 들어 중앙 및 남아메리카에서는 옥수수전분을 사용한 음식을 일종의 '치료제'로서 언제나 매운 음식과 곁들인다. 헝가리에서는 빵, 만두, 밥, 감자 등 다양한 형태의 전분을 '소화기'로서 매운 **퍼프리카**와 항상 가까운 곳에 둔다. 인도 음식에서는 매운맛을 상쇄하기 위해 지방 함량이 높은 기(ghee, 정제 버터)가 사용된다. 또한 요거트와 오이, 다양한 향신료로 만들고 지방 함량이 높으며 신맛과 짭짤한 맛을 지닌 **라이타**(raita)를 매운 커리와 곁들여 낸다. 캡사이신은 지용성이므로 기나 라이타 같은 지방 성분이 매운맛을 희석하거나 가라앉히는 데 효과적이다. 필리핀에서는 스위트 파인애플이 사용된다. 그리고 아시아의 디핑 소스에서 미국 남부 스타일의 바비큐 소스까지, 전 세계에서 매운 음식의 열기와 균형을 맞추기 위해 설탕이 첨가된다.

[열기 측정하기]

단맛이 캡사이신의 매운맛을 상쇄할 수 있다는 단서는 통각의 강도를 측정하는 데 가장 널리 사용되는 스코빌 지수에서 발견되었다. 미국 화학자인 윌버 스코빌은 알코올로 캡사이신을 용해, 추출한 다음 설탕용액을 조금씩 추가로 첨가하며 시식인단이 3차 통각을 감지하기 시작하는 지점을 측정함으로써 다양한 물질의 상대적 열기를 분류한다는 개념을 창안했다. 가장 매운 칠리로 알려진 하바네로나 스카치 보네트는 35만 스코빌 단위까지 육박한다. 이는 캡사이신이 주는 통증을 느끼지 않으려면 이 고추들의 추출물을 35만 배 희석해야 한다는 의미다.

열기를 잠재우려면 다음을 시도해 보라.

- ✔ 전분(감자, 빵, 옥수수, 쌀밥, 콩)
- ✔ 지방(홀 밀크, 크림, 요거트, 올리브오일, 버터나 정제 버터, 치즈)

차가운 액체도 잠시나마 확실히 매운맛을 완화해 준다. 그래서 매운 음식을 먹을 때 자신도 모르게 손이 차가운 맥주로 향하게 되는 것이다. 하지만 이산화탄소 역시 타는 듯한 느낌을 악화시키므로 실제로 진정 효과는 오래가지 못한다. 물도 아무 쓸모가 없다. 캡사이신은 물에 녹지 않는 데다가 물을 타고 입 전체에 매운맛이 퍼지므로 고통은 잠시 사라졌다가 더 강렬하게 몰려올 것이다.

단맛은 그 자체로 모든 면에서 가장 효과적인 '소화(消火)' 방법이다. 신맛과 결합하여 차갑게 먹으면 그 효과는 더욱 높아진다. 신맛은 타액 분비를 일으켜 입안을 씻어내는 효과를 일으키기 때문이다. 이를 염두에 둔다면 가장 효과적인 소화용 와인은 알코올 도수는 중간이고 산도가 높으며 차갑게 서빙되는 오프-드라이, 또는 스위트 와인이다. 차갑게 서빙되는 독일산 리슬링 오프-드라이나 스위트 와인, 비오니에 진판델 와인처럼 달콤한 여운을 남기고 과일 향으로 가득 찬 비유럽 와인이라면 적절한 선택이 될 것이다.

반복적인 노출이 어떻게 풍미에 대한 인지를 둔하게 만들 수 있는가 : 순응

사람은 감각 순응(sensory adaptation)을 경험한다. 향수를 뿌린 뒤에 자신의 향수 냄새를 맡지 못하거나 흡연가가 자신에게서 담배 냄새가 나는 것을 모르는 것처럼 이는 반복된 노출 때문에 향, 풍미, 맛의 인지가 점차적으로 감소하여 발생하는 현상이다. 지속적으로 노출되어 더 이상 분별하지 못할 뿐 당신의 집에서도 독특한 냄새가 날지 모른다. 집에서 향이 강한 커리를 조리해 보라. 몇 시간 뒤에 당신은 더 이상 그 냄새를 맡지 못하겠지만 몇 분이라도 밖에 나가 그 냄새를 맡지 않은 다음 실내로 돌아오면 그동안 맡지 못했던 강력한 커리 냄새가 당신을 맞이할 것이다. 이것이 바로 감각 순응이다.

순응 현상은 먹고 마실 때 발생한다. 커피를 예로 들자면 처음 한두 모금 마시고 나면 당신은 더 이상 커피의 맛을 처음처럼 느끼지 못한다. 이 때문에 적어도 직업적인 경우라도 와인 테스터들이 맛을 본 뒤 삼키지 않고 뱉는 것이다. 물론 알코올을 섭취하면 판단이 흐려지기 때문이기도 하지만 액체를 뱉는 부자연스러운 행동을 함으로써 뇌에 주의를 집중하라는 신호를 보내는 것이기도 하다. 그 덕에 테스터들은 감각을 집중하면서도 한 번에 많은 종류의 와인을 대상으로 풍미와 맛의 미묘한 차이를 구별하는 것이다.

순응은 바로 음식의 첫 한 입과 와인의 첫 한 모금이 가장 많은 것을 드러내고 가장 많은 정보를 담고 있어 페어링의 성패를 가늠한다는 의미다. 만약 페어링이 성공적이지 못한 경우라 하더라도 한두 입 먹은 뒤에는 아무도 더 이상 거기에 신경 쓰지 않게 된다는 점은 다행스러운 일이다.

쾌감이란 무엇인가 : 도파민을 사랑하라

자신이 어떤 이유로 좋은 기분을 느끼는지 궁금한 적이 있었는가? 인간이 기분이 좋아지는 것은 도파민과 밀접한 연관이 있다. 도파민은 당신의 뇌세포가 서로 의사소통할 때 사용하는 신경전달물질이다. 그리고 인간은 뇌의 특정 부분에서 도파민이 분비될 때 쾌감을 느끼고, 말 그대로 좋은 기분이 물밀듯이 밀려든다. 이를 과학자들은 보상 효과라고 부른다. 훌륭한 와인과 음식을 맛보는 일, 소중한 오랜 친구와 만나는 일, 또는 가장 좋아하는 음악을 듣는 일 모두 도파민 분비를 일으킨다.

하지만 맛을 음미하거나 음악 감상을 하는 바로 그 순간만이 당신에게 쾌락을 선사하는 것은 아니다. 좋은 일이 일어날 것이라는 기대 역시 중요한 역할을 한다. 이제부터 도파민이 언제 분비되는지, 그리고 이미 경험한 쾌락에 대한 기대의 중요성을 살펴볼 것이다.

쾌감에 대한 기대는 거의 실제 쾌감을 주는 일만큼이나 큰 기쁨을 준다

쾌감에 대한 기대는 매우 강력한 동기를 부여하며 인간이 수많은 일을 하는 원동력으로 작용한다. 도파민의 종류 가운데는 실제로 즐거운 일에 대한 기대만으로 분비되는 것도 있다. 즉, 뇌가 인간에게(혹은 인간이 뇌에게) 뭔가 좋은 일이 곧 일어나리라는 사실을 말해주는 것이다. 바로 이 때문에 실제로 먹거나 마시는 것도 아닌데 육즙이 가득한 스테이크나 맛좋은 와인을 생각만 해도 기분이 좋아진다. 이보다 한 발 더 나아가 어떤 것에 대한 기대, 즉 원하는 마음(the wanting)이 실제 성취의 순간, 즉 어떤 것을 실제로 좋아하는 마음(the liking)보다 더 강력하다고 주장하는 과학자도 있다. 따라서 현실적으로 기대를 충족시키기 어려울 수도 있다.

맛에게도 기회를 주자

하지만 도파민이 분비되기 위해서는 예측할 수 있는 보상이 주어져야 한다는 문제가 있다. 즉, 당신에게 기쁨을 가져다줄 것이라는 사실을 미리 알고 있어야 한다. 익숙하지 않은 향과 맛을 처음 접했을 때 이를 즐기기 어려운 것도 이 때문이다. 전혀 경험해 보지 못한 미지의 것에 대해 그 어떤 즐거움도 기대하지 않거나 기대할 수 없고 경계심을 가질 확률이 높다. 즉, 사람들은 익숙하지 않은 것과 낯선 것에 대해 반감을 갖기 마련이므로 그 반대 작용이 일어나 뭔가 불쾌한 것을 기대할 확률이 높다. 또한 이러한 기대는 인간의 지각에 강력한 영향을 미치므로 실제로 좋지 않을 거라고 예상하는 것을 좋아하기란 어려운 일이다. 싫어할 것이라고 기대치를 정해놓았으므로 싫어할 확률이 매우 높다.

[도파민 발생 촉진시키기 : 편안히 앉아서 즐겨라]

프랑스 남부, 어느 건물의 테라스에서 지중해의 쪽빛 바다를 바라보고 있는 장면을 상상해 보라. 이미 좋은 시간을 보냈고 당신의 몸 안에서는 도파민이 줄줄 흐르고 있다. 그러다 메뉴와 와인 목록에서 음식과 와인을 골랐다. 차게 식힌 크리스프한 로제 와인 한 잔과 체리 토마토, 블랙 올리브, 캐러멜화한 양파, 앤초비를 곁들인 폭신폭신한 페이스트리 타르트인 **타르트 니수아스**를 주문한다. 이는 고전적인 프랑스 남부 페어링이며 당신은 완벽을 기대하고 있다. 더 많은 도파민이 분비되고 더 많은 기쁨을 느낀다.

드디어 웨이터가 와인을 가져왔다. 잔에서는 이미 기포가 보글대고 있다. 당신은 잔을 빙글빙글 돌려 차가운 수면에서 최대한 많은 방향 분자가 깨어나게 만든다. 잔의 입구에 코를 갖다 대고 깊이 숨을 들이마신다. 와인에서 빠져나온 방향 분자들의 교향곡이 당신의 코로 들어와 후각 수용체에 엄습한다. 당신이 굳이 생각하지 않더라도 각각의 방향 분자는 1,000개나 되는 후각 수용체 가운데 적어도 1개에 부착되어 즉시 전기 신호를 만들어낸다. 그리고 이 신호는 감정과 기억을 관장하는 뇌의 **변연계**를 향해 다양한 경로를 통해 전광석화 같은 속도로 나아간다. 그 가운데는 '아'하는 느낌이 들어 속절없이 행복할 때처럼 저절로 빙그레 미소 짓게 만드는 메시지도 있다. 이 친숙한 냄새는 지난 번 마지막으로 코트 다쥐르로 여행 갔을 때의 유쾌한 기억을 불러일으킨다. '지난 번 훌륭한 로제 와인을 한 잔 마셨을 때인가. 아니면 해변에서 나른한 오후를 보냈던 때인가.' 이런 생각이 주마등처럼 스쳐 지나간다. 처음에는 잠재의식처럼 아련했지만 메시지가 의식적 사고를 담당하는 전두엽으로 가까이 갈수록 이미지는 점점 더 명확해진다. 이제 당신은 이렇게 말한다. "우와!"

그런 다음 와인을 한 모금 마신다. 차갑고 크리스프하며 타트한 액체가 입안으로 들어온다. 신맛을 내는 분자가 당신의 미뢰를 활성화하여 신체에 타액을 분비하라는 신호를 보낸다. 적절하게 함유된 알코올은 3차 신경과의 상호작용을 일으키고 그 덕분에 몸이 약간 따뜻해지는 느낌이 든다. 동시에 3차 신경 덕분에 와인의 차가운 온도와 신선한 느낌을 인지한다. 그리고 찰나의 순간이 지나고 당신이 와인 잔을 손에 쥔 덕에 '워밍업'해서 더욱 활성화된 방향 분자들이 후각 수용체가 자리 잡고 있는 비후 경로를 따라 이동한다. 그리고 당신의 입안에서 온도가 더 올라간 와인은 더 많은 풍미를 만들어낸다. 당신은 딸기, 라즈베리, 야생 허브 등의 풍미를 느낀다. 다시 한 번 감정에 불이 붙고 기억의 실타래가 감기기 시작하며 특정한 추억, 감정, 생각을 일으킨다. 당신은 정말 근사한 오후 시간을 보내고 있다. 타트가 도착해서 와인을 마시는 동시에 음식까지 맛본다면 기쁨은 더 커질 것이다.

입맛을 학습하라

소위 학습된 입맛(acquired taste)에 도전해 보라. 학습된 입맛에 해당되는 음식은 수없이 많지만 그 가운데 몇 가지만 예를 들어도 캐비아, 올리브, 서양고추냉이 등이 있다. 사람들은 대부분 이런 음식을 처음 맛보았을 때 그다지 좋아하지 않는다. 익숙하지 않은 데다 강한 풍미를 지니고 있기 때문이다. 하지만 당신과 도파민이 무엇을 기대할지에 익숙해지면, 즉 익숙한 풍미가 되면 당신은 이 음식을 즐기고 심지어 예전 같으면 먹을 생각조차 하지 않았을 음식을 갈망하게 될 것이다. 나는 7세 때, 올리브를 처음 먹었던 일을 아직도 기억한다. 당시 나는 그때까지 입에 넣었던 것 가운데 가장 역겨운 것이라고 생각했다. 하지만 오랫동안 포기하지 않고 다양한 음식을 통해 올리브를 맛보았다. 그 어떤 것도 놓치고 싶지 않았기 때문이다. 그리고 이제 나는 올리브라면 병째로 먹을 수 있다. 입맛을 학습한 것이다.

그렇다고 낯선 음식, 익숙하지 않은 음식과 와인의 조합을 모두 좋아하게 될 거라는 말은 아니다. 하지만 특히 한 번도 접해본 적 없는 와인이나 음식이라면 적어도 기회를 한 번 주라는 것이다. 누가 아는가, 언젠가 당신이 가장 좋아하는 조합이 될지. 언제나 마음을 열고 와인과 음식의 페어링을 생각해야 한다. 실제로 가장 기대가 적었던 조합이 최고의 결과를 일구는 일도 심심찮게 일어났다. 열린 마음으로 다양한 변형과 풍미의 조합을 시도하지 않았다면 나는 기대하지 않은 수많은 기쁨을 놓쳤을 것이다.

익숙함과 기대가 쾌감을 경험하는 데 중요하다는 사실과 그러한 경험이 전적으로 개인적인 것이라는 사실을 생각하면 페어링이라는 퍼즐에서 가장 중요한 조각은 바로 '당신'이다. 군침 도는 냄새와 좋은 맛이 아니라 과거 직접 경험한 것이 지금 이 순간에 영향을 미친다. 과거가 당신을 쫓아다니는 것이다! 결국 그 경험을 해석하는 것은 당신의 몫이고 음식과 와인을 페어링하는 순간 그 성패에 가장 큰 영향을 미치는 것도 당신이다.

[단맛 테스트]

단맛에 대한 자신의 인지를 테스트하고 싶다면 다음의 간단한 시험을 해보라.

1. 약 240밀리리터의 미지근한 물 네 잔을 준비한다.

2. 첫 번째 잔에 설탕 1작은술, 두 번째 잔에는 2작은술, 세 번째 잔에는 3작은술, 네 번째 잔에는 4작은술을 넣고 각 잔의 바닥에 첨가된 설탕의 양을 표시한다.

3. 잘 저어서 설탕을 완전히 녹인 다음 냉장고에 보관한다.

4. 용액이 차가워지면 4개의 잔을 섞어 어떤 잔에 설탕이 얼마가 들었는지 모르는 상태에서 맛을 보고 단맛이 강한 순서대로 나열한다.

5. 이 순서와 실제 단맛의 순서가 같아지면 설탕과 같은 양의 레몬즙을 각 용액에 넣은 다음 실험을 반복한다.

산도가 높아질수록 더 높은 당도를 상쇄하는지 살펴보라. 그런 다음 다른 방식으로 실험을 해보라. 설탕 2작은술만 넣은 용액이 각각 4작은술의 설탕과 레몬즙을 넣은 용액보다 달게 느껴진다는 사실을 알아차릴 것이다. 이는 전적으로 균형의 문제다. 이제 당신은 와인 제조자처럼 생각할 수 있게 되었다.

chapter

03

음식과 와인의 소개 : 장점과 단점을 결합하는 고전적인 배합

제3장 미리보기

- 음식과 와인 모두의 맛을 최대로 끌어올린다.
- 음식에 따라 와인이 어떻게 변하는지 이해한다.
- 음식과 와인이 섞였을 때의 결과물을 분류한다.

음식은 다양한 마실 것과 곁들여 즐길 수 있다. 일부만 예를 들어도 주스, 미네랄 워터, 탄산수, 맥주, 증류주, 사케, 칵테일 등과 훌륭한 페어링을 이룬다. 그러므로 와인이 언제나 최고의 페어링 대상은 분명 아니다. 하지만 음식과 와인의 조합에는 뭔가 특별한 것이 있고 다른 마실 것보다 잘 어울린다. 오로지 향과 풍미, 맛의 다양함으로 판단했을 때 와인은 그 모든 마실 것 가운데 가장 복잡하며 알코올 도수도 부작용 없이 한두 잔 정도 충분히 즐길 정도로 적당하다. 또 한 가지 중요한 사실은 와인이 높은 천연 산도를 지니고 있다는 것이다. 산도는 음식에 곁들여 마시기에 적합한지를 결정하는 중요한 요소다. 그만큼 어떤 메뉴를 염두에 두든 와인이 가장 적합한 선택이 될 확률이 매우 높다는 의미다.

사람들은 대부분 음식을 먹고 와인을 마시지만 제대로 페어링된 상태로 경험하는 사람은 드물다. 제3장은 와인 푸드 페어링을 구성하는 기본 요소와 더불어 실질적인 실행 방법을 제시해 줄 것이다. 그러기 위해 우선 음식과 와인이 서로에게 미치는 모든 영향을 최대로 이끌어내는 최고의 방법을 살펴볼 것이다. 음식을 먹고 와인을 마시는 일을 최대한 즐기는 방법을 살짝 복습한다고 생각하면 된다.

이제부터 흔히 볼 수 있거나 쉽게 구할 수 있는 일반적인 재료들로 집에서 할 수 있는 간단한 실험을 소개할 것이다. 이는 미뢰를 정교하게 가다듬고 음식의 맛과 와인의 질감이 미치는 영향을 명확하게 보여주기 위한 것이다. 그리고 마지막으로 음식과 와인을 함께 했을 때 최고의 것에서 말도 안 되는 것까지, 가능한 모든 결과를 설명할 것이다.

음식과 와인을 함께 맛보는 방법

믿을지 모르겠지만 음식과 와인을 페어링하는 것은 물론 먹고 마시며 페어링이 주는 최고의 기쁨을 얻는 방법이 있다. 자신의 입안에서 어떤 조화가 일어나는지, 또는 불화가 일어나는지에 주의를 기울이는 것이다. 대부분의 사람이 이러한 조화와 불화를 의식적으로 생각하지 않는다. 게다가 언제나 식탁 위에는 관심이 가는 것이 차려져 있어 음식과 와인에 대한 통찰력을 얻을 틈이 없다. 그것이 잘못은 아니다. 당신은 이미 이 책을 읽고 있고(손에 와인 잔을 들고 한 모금씩 홀짝이고 있기를 바란다) 참패든 승리든, 자신을 기다리고 있는 모든 결과를 경험하고자 하기 때문이다.

음식을 먹으면서 와인을 마실 때 식탁 위에 놓인 와인은 다음과 같은 일을 할 수 있다.

- ✔ 다음 한 입을 먹기 전에 입을 헹구고 개운하게 만든다.
- ✔ 음식의 맛을 보완하고 풍부하게 만든다.
- ✔ 음식의 맛과 질감을 향상시킨다.
- ✔ 음식에 영향을 주지도, 받지도 않은 상태에서 독자적으로 감상의 대상이 된다.

다음 섹션에서 음식과 와인을 함께 맛보는 방법을 알아보기 위해 이러한 관계를 조금 더 면밀하게 살펴볼 것이다.

다음 한 입을 먹기 전에 입을 헹구고 개운하게 만든다

사람들은 대부분 음식을 한 입 먹고 다음 한 입을 먹기 전에 입안을 씻어내는 액체, 즉 **헹굼제**(rinsing agent)로 와인을 비롯한 각종 마실 것을 사용한다. 음식을 삼킨 뒤에도 입안에 조각들이 남고 이러한 음식 조각들과 당신이 마신 와인 한 모금 사이에 여전히 상호작용이 일어난다. 하지만 대부분의 경우 음식과 와인 가운데 한쪽은 이미 파트너를 두고 댄스홀을 떠난 상태다. 맛을 내는 요소들이 남아 있더라도 타액 때문에 희미해지고 순응(자세한 내용은 제2장을 보라) 현상이 일어나 당신의 코는 향과 풍미의 뉘앙스에 무감각해졌다. 그러므로 당신이 와인을 한 모금 마시더라도 이제 춤을 추는 요소는 그다지 많지 않다.

입을 헹구고 개운하게 만드는 일은 와인과 음식이 썩 잘 어울리지 않을 때 이를 해결할 수 있는 좋은 방법이다. 또한 어떤 음식을 먹든 그저 마시고 싶은 와인을 곁들이고 완벽하게 만족하는 사람이 있는 것도 바로 이러한 이유에서다. 손님이 생굴 요리와 감칠맛과 타닌이 진한 레드 와인을 주문하면 기겁하는 소믈리에도 있다(전문 훈련을 받았든 아니든 테이스터의 대다수는 이것이 좋은 매치가 아니라는 사실에 동의할 것이다). 짭짤하고 요오드가 풍부한 굴과 바롤로에 함유된 풍부한 타닌이 만나면 금속성 풍미를 만들어낸다. 하지만 어쩌면 이 이매패(조개처럼 두 장의 패각을 지닌 연체동물-역주)를 먹은 다음 충분히 시간을 두고 입안을 빈 상태로 둔 다음 바롤로를 마시면 쇠 냄새를 대부분 피할 수 있을지도 모른다. 그렇지 않다 해도 누가 다치는 건 아니다.

반면 한 입 먹고 잠시 시간을 두었다가 입안을 헹구고 개운하게 만드는 방식은 아름다운 이중주가 연주되는 무대의 커튼을 내려버리는 역할을 할 수도 있다. 음식을 먹는 동시에 와인을 마셔야 완벽한 페어링이 만들어내는 그 모든 근사한 시너지를 만끽할 수 있기 때문이다. 그러므로 음식과 와인이 춤출 기회를 주고 싶다면 다음 섹션을 읽어보라.

음식의 맛을 보는 동시에 와인을 마셔라

페어링의 경험을 최대로 이끌어내는 최선의 방법은 음식과 와인을 동시에 입에 넣는 것이다. 이는 특정한 음식, 특히 국물이 있는 수프(수프로 가득 찬 상태에서 입을 벌려 와인을 한 모금 마실 때 흘리지 않도록 주의하라)를 먹는 것은 꽤나 어려운 일일 수도 있다. 하지만 조금만 연습하면 금세 익숙해질 것이다.

여기에서 제시하는 단계를 잘 지키며 음식과 와인을 동시에 먹는 실험을 해보라.

✔ 1. **와인에 주의를 집중하며 맛을 음미하라.**
음식의 풍미와 질감에 방해받기 전에 먼저 와인을 음미하라.

✔ 2. **잠시 쉬었다가 이번에는 음식에만 주의를 집중하여 맛을 보라.**
완전히 집중한 상태에서 음식을 이해하려 노력해 보라.

✔ 3. **음식과 와인을 동시에 음미하라.**
음식을 한 입 입에 넣고 최대한 잘게 부서질 때까지 씹으면 타액을 통해 맛이 미뢰와 접촉하고 향과 풍미가 코로 올라간다. 다시 말해 음식의 모든 풍미를 경험할 수 있는 상태로 만드는 것이다. 모든 것이 한데 섞이고 밀접하게 어우러지는 바로 그 순간이 와인을 한 모금 마시고 정신을 집중하기에 완벽한 때다. 그리고 아름다운 춤의 향연이 펼쳐지는 때이기도 하다. 바로 이 순간 당신은 향과 풍미의 시너지, 그리고 맛의 조화를 경험할 것이다. 그러고 나면 그저 현재 느끼는 즐거움을 만끽할 수 있다.

와인을 한 병 선택해서 시험을 하자

가장 단순한 조합일지라도 모든 페어링은 두 가지 이상의 향과 맛이 연관되며 수없이 많은 긍정 및 부정적 상호작용이 일어난다. 이를 해석하고 이해하는 과정은 프로에게도 난해한 것일 수 있다.

이해를 돕기 위해 단맛, 신맛, 쓴맛, 짠맛, 그리고 감칠맛까지 모든 기본 맛을 하나씩 경험할 수 있는 간단한 실험을 설명할 것이다. 이제 소개할 방법을 사용하면 당신은 각각의 기본 맛이 각자 와인의 맛이나 질감, 또는 두 가지 모두를 변화시키는지 명확하게 알 수 있다. 예를 들어 당신은 음식의 산도나 당도가 다른 맛의 간섭을 받지 않고 와인의 맛에 어떤 영향을 미치는지 경험할 것이다.

이 실험에 필요한 재료와 도구는 다음과 같다.

- ✔ 와인 한 병(그 이상이어도 좋다. 유형은 어떤 것이든 괜찮다.)
- ✔ 레몬이나 라임 조각(신맛)
- ✔ 붉은색 사과나 말린 과일(살구, 건포도, 자두) 한 조각(단맛)
- ✔ 소금 약간(짠맛)
- ✔ 껍질을 벗긴 호두 몇 조각(쓴맛/떫은맛)
- ✔ 소금이나 후추로 간을 하지 않고 레어로 조리한 쇠고기(감칠맛)
- ✔ 타바스코 등 매운 소스, 가루로 분쇄한 검은 후추, 또는 조리하지 않은 칠리 고추(매운맛)

본격적인 실험을 하자

이 단순한 맛 실험에 앞서 전적으로 미각에만 주의를 집중해야 한다는 사실을 명심하라. 음식이든 와인이든 향이나 풍미에 대해서는 신경 쓰지 말라. 미각에만 초점을 맞추므로 레몬이나 라임을 사용하든, 과일 조각, 또는 검은 후추를 사용하든 상관없다. 마찬가지로 어떤 유형의 와인을 사용해도 좋다. 당신은 맛이 어떤지를 알아보려는 것이 아니라 음식과 와인을 페어링했을 때 당신의 미각에 각각의 맛이 어떻게 변하는지를 보려는 것이다. 변화의 강도는 와인이 핵심이 되는 맛을 얼마나 많이 지니고 있는지에 따라 달라지겠지만 모든 와인은 같은 방식으로 영향을 받는다. 즉, 산도가 높은지 낮은지, 드라이한지 달콤한지, 쓰고 타닌이 많은지 그렇지 않은지에 따라 달라진다.

다음의 단계에 따라 간단한 실험을 해보자.

1. **음식을 맛보기 전에 먼저 와인의 맛을 본 다음 그 기본적인 구조에 주목하라.**

   다음 세 가지 질문에 집중하라.

   - 드라이한가, 달콤한가?
   - 산도가 높고 침이 고이게 만드는가, 아니면 산도가 낮고 부드러운가?

- 질감이 매끄럽고 타닌 함량이 낮으며 숙성되었는가, 아니면 거칠고 타닌 함량이 높아 떫은맛이 나는가?

2. **함께 먹을 음식들 가운데 한 가지의 맛을 본 다음, 아직 입안에 이 음식이 남아 있을 때 와인을 한 모금 마신다.**

   음식이 와인의 맛과 질감에 어떤 영향을 미치는지 관찰하라. 음식과 와인이 당신의 입안에서 혼합되게 만드는 방법에 대해서는 이전 섹션의 '음식의 맛을 보는 동시에 와인을 마셔라'를 참고하라.

코를 막은 상태에서 음식을 맛보고 와인을 마셔야만 그 어떤 향이나 풍미에도 주의를 뺏기지 않고 미각에만 집중할 수 있는 사람들도 있다. 코를 막으면 후각 뉴런을 차단하고 향과 풍미를 제거하여 오로지 단맛, 신맛, 쓴맛, 짠맛, 감칠맛만 느낄 수 있다(미각에 대한 자세한 내용은 제2장을 참고하라). 이제 각각의 음식이 와인의 맛을 어떻게 변화시키는지 살펴보라.

3. **다양한 음식과 와인 한 모금을 함께 마시며 각각의 미각의 변화를 관찰하라.**

   각각의 조합 사이에 잠시 시간을 두어 당신의 미각이 재적응하게 만든 다음 물을 약간 마신다.

이 실험을 할 때는 와인이 음식의 맛에 미치는 것보다 음식이 와인의 맛에 미치는 영향에 훨씬 집중해야 한다. 예를 들어 와인을 마신다고 레몬이 더 시게 느껴지거나 소금이 더 짜게 느껴지지는 않는다. 하지만 이러한 맛이 와인의 맛에 얼마나 극적인 영향을 미치는지 주목하라. 이제 당신은 음식과 와인의 춤이 무엇인지 이해하기 시작한 것이다.

자신이 경험하는 것을 인지하라

각각의 맛이 와인을 어떻게 변형시키는지를 알면 당신은 맛의 조합이 어떻게 작용하는지에 놀랄 정도로 유용한 통찰력을 갖게 될 것이다. 이제 음식과의 페어링을 통해 평범한 와인의 장점을 살리고 단점을 줄여 훨씬 나은 것으로 만들 수 있다. 각각의 맛과 와인을 조합해 보며 실험하는 동안 당신은 다음과 같은 경험을 할 것이다.

- ✔ **와인에 산성 식품(레몬)을 곁들였을 때** : 산도가 높은 음식은 와인의 단맛을 강하게, 신맛을 약하게 만들어주며, 그 결과 와인은 자극이 적고 부드러운 질감을 지니게 된다. 이러한 변화는 놀라운 것이 아니다. 레몬을 먹은 다음에는 입에 어떤 음식을 넣든 상대적으로 더 달고 덜 시게 느껴지기 때문이다. 사람들은 대부분 이러한 변화를 좋아한다. 한 가지 예외가 있다면 이미 그 자체로 매우 단 와인일 것이다. 산도가 높은 음식을 먹은 뒤에 이러한 와인은 진저리를 칠 정도로 너무 달게 느껴질 수 있다.
- ✔ **와인에 달콤한 식품(사과/건조 과일)을 곁들였을 때** : 이렇게 하면 산도가 역효과를 낸다. 즉, 단맛이 강한 음식은 와인을 더 시고(높은 산도) 쓰게 느껴지게 만들고, 그 결과 질감을 강하고 단단하게 만든다. 첫 맛이 약간 달달한 와인에 단 음식을 페어링하면 와인은 처음보다 드라이해진다. 또한 타닌이 풍부한 레드 와인을 더욱 떫고 시며 쓰게 만들 것이다. 디저트에 드라이한 레드 와인을 페어링하는 것을 본 적이 있는가? 특히 블랙커피, 홍차, 십자화과 채소처럼 쓴 음식에 익숙한 소수의 사람들은 시큼털털한 맛이 강해지는 것을 좋아하기는 하지만 대부분은 이런 변화를 싫어한다.
- ✔ **와인에 짭짤한 식품을 곁들였을 때** : 산과 마찬가지로 소금은 와인의 질감을 부드럽게 만든다. 어떤 와인이든 풍부한 과일 향을 더 두드러지게 만들고 단맛을 더 강하게 만든다. 또한 레드 와인의 타닌을 줄여주어 와인이 더 매끄럽게 느껴지게 만든다. 적절한 음식에 적당한 양의 소금을 첨가하는 것이 어리고 투박한 레드 와인의 질감을 부드럽게 만드는 최고의 방법이다. 한 가지 주의할 점은 소금이 알코올이 주는 타는 듯한 느낌을 강화시키므로 알코올 도수가 높은 와인과 짭짤한 음식을 함께 서빙하지 않아야 한다는 것이다.
- ✔ **쓰고 떫은 음식을 곁들였을 때** : 살짝 쓰고 떫은맛을 지닌 호두는 와인의 맛을 더 쓰고 떫게 느껴지게 만든다. 타닌이 함유되었거나 우드 배럴 숙성되었거나 포도 껍질을 넣은 채 제조되어 와인이 이미 쓴맛을 지닌 상태에서 음식까지 더해진다면 쓴맛이 더 많이 쌓이는 효과가 일어난다. 쓰고 떫은 식품은 화이트 와인에 비해 레드 와인에 더 많은 영향을 미친다. 대부분 화이트 와인에는 타닌이 함유되지 않았고, 이 때문에 쓴맛과 떫은맛이 적기 때문이다. 또한 같은 이유로 쓰고 떫은 음식과 좋은 페어링을 이룬다.

산도가 높은 화이트 와인은 음식의 쓴맛도 줄여준다. 브로콜리 라베같이 쓴 녹색 채소에 레몬즙을 뿌리는 것을 생각해 보라. 그러므로 화이트 와인과 쓴 음식은 서로에게 도움이 되는 조합이다.

✔ **감칠맛이 풍부한 음식(익힌 쇠고기)을 곁들였을 때** : 단맛과 쓴맛, 그리고 떫은맛을 지닌 음식처럼 감칠맛을 지닌 음식은 와인의 맛을 더 강하게 만든다. 즉, 쓴맛, 떫은맛, 그리고 신맛이 더욱 두드러진다. 감칠맛이 풍부한 음식은 배럴 숙성된 와인의 오크 향을 더 강하게 만든다. 어쩌면 감칠맛이 풍부한 음식에 어울리지 않을 정도로 강할 수도 있다. 또한 감칠맛은 음식과 와인에서 증폭 효과를 만들어낸다. 즉, 감칠맛과 감칠맛이 더해져 더욱 감칠맛이 나는 풍미로 바뀌며, 사람들은 감칠맛을 좋아하므로 이는 바람직한 현상이다. 감칠맛이 풍부한 음식이 와인이 지닌 강한 개성을 두드러지게 만들지 않으면서도 완전히 성숙하고 감칠맛이 있는 와인, 즉 시간이 지남에 따라 타닌이 부드러워지고 질감이 실크처럼 매끄러워진 와인과 매우 잘 어울리는 원인이 여기에 있다.

✔ **매운 음식을 곁들였을 때** : 매운맛은 다섯 가지 주요 맛에 속하지는 않지만(매운맛은 통각이다. 매운맛에 대해 더 자세히 알고 싶다면 제2장을 참고하라) 많은 음식에서 중요한 고려사항이 틀림없다. 매운 음식이 주는 열기는 실제로 구강 점막과 미뢰에 일시적으로 가벼운 염증을 일으킨다. 그 결과 처음에는 떫은맛의 타닌이나 높은 산도 등의 다른 자극에 의한 감각을 예민하게 느끼게 만든다. 오크 향도 더 두드러지고 과일 향은 사라진다. 하지만 그 사이 미각은 무뎌지고, 그렇게 되면 반대 현상이 일어난다. 즉, 미각이 미뢰에 미치는 영향이 줄어들어 와인의 맛이나 풍미를 거의 느끼지 못하는 지경에 이른다. 결론을 말하자면 매운 음식은 와인 킬러다. 그러므로 매운 음식을 식탁 위에 차릴 때는 최고의 와인은 다른 기회를 위해 아껴두는 것이 좋다.

음식과 와인을 함께 입에 넣어라 : 네 가지 결과

음식과 와인의 페어링은 너무나도 복잡한 일처럼 보인다. 하지만 그 모든 결과는 크게 네 가지로 압축할 수 있다. 정식 분류법은 아니다. 그저 내가 경험한 것을 분류하는 방법이라고 생각하라.

진정으로 음식과 와인이 함께 어떻게 작용하는지 이해하고 그 경험을 기억하고자 한다면 관찰한 내용을 종이에 기록하는 것이 바람직하다. 글로 적는 행위 자체가 기억하는 데 도움이 된다. 더욱이 와인을 마신다는 것은 어쩔 수 없이 알코올을 섭취한다는 의미이고, 알코올이란 즐거움도 주지만 집중하기 어려운 상태로 만들기도 하므로 기록이 도움이 될 것이다. 내 경우 주머니에 작은 수첩을 갖고 다니며 경험한 내용을 간단하게 메모했다가 새로운 조합이나 페어링에 대한 영감이 필요할 때마다 꺼내 본다. 나는 주로 각각의 경험을 네 가지로 분류하며 그 내용은 다음과 같다. 명심할 것은 최악의 경험이 오히려 교육적 가치가 가장 높은 경우가 종종 있다는(그리고 반드시 기억해야 하는) 것이다.

스위스 : 중립을 지킨다

완전한 재앙 수준의 페어링은 현실적으로 극히 드물다. 대부분은 '괜찮음', '좋음', '매우 좋음', '최고' 등, 쾌감 척도에서 다양한 위치를 차지한다. 수많은 페어링이 속칭 스위스라고 부르는 범주 안에 속한다. 개인적으로 대다수라고 말하고 싶을 정도다. 음식도, 와인도 극적으로 변화하지 않는 경우를 말한다.

모든 부분이 중립성을 지키고 서로 연관되지 않으며 자신의 역할을 한다. 와인도 괜찮고 음식도 괜찮다. 그리고 이 둘의 조합 역시 개별적으로 평가했을 때보다 딱히 좋지도, 나쁘지도 않다. 눈에 보이는 시너지나 반작용도 없다. 마찬가지로 스위스 페어링은 기억에 남을 정도로 좋거나 나쁘지 않으며 사람들은 그저 음식과 와인에 크게 관심을 기울이지 않은 채 식사를 하고 대화를 이어나가는 수준이다. 뭐, 해될 건 없다.

좋은 그림은 아니다 – 천재지변

음식과 와인의 만남이 너무나도 끔찍한 결과를 낳는 경우가 가끔 발생한다. 나는 이러한 결과를 천재지변이라고 부른다. 음식과 와인 모두 잘못된 장소, 잘못된 시기에 놓여 있고 결합한 맛이 개별적으로 먹고 마셨을 때보다 나쁠 때를 말한다. 하지만 미각에 대한 민감성은 개인마다 차이가 있고 선호하는 것도 다르므로 절대적인 천재지변은 극히 드물다.

내 경험에 비춰 보면 해산물과 조개가 들어가는 페어링은 참사가 될 수밖에 없는 것 같다. 이는 언제나 참사로 끝나는 최초의 페어링일 것이다. 고등어, 은대구같이 지방 함량이 높은 생선의 기름이나 가리비의 풍부한 단맛과 감칠맛이 타닌 함량이 높고 감칠맛이 나는 레드 와인과 결합하면 대부분의 사람이 천재지변이라고 느낄 수준의 페어링이 된다. 쓰고 시며 쇠 맛이 나서 토마토 캔을 핥는 듯한 느낌을 준다. 듣기만

[녹색의 그림자 : 와인의 적]

약간의 화학적 지식만으로도 특정한 음식이 와인의 적인 이유가 무엇인지, 와인 한 잔을 손에 쥐었을 때 이런 음식들을 멀리해야 하는 이유가 무엇인지 알 수 있다. 모임이나 파티를 위해 와인을 준비하려 한다면 다음 세 가지 채소는 피해야 한다(물론 채소를 먹지 말라는 말이 아니다. 와인을 마시지 않을 때라면 얼마든지 먹어라!).

✔ **아스파라거스**(그린 아스파라거스 종류)는 여기에 함유된 **메티오닌**(methionine) 때문에 악명이 높다. 이는 황을 포함한 아미노산으로서 조리하면 썩은 양배추 같은 냄새를 풍기는 화합물로 변화한다. 여기에 곁들이면 대부분의 와인, 특히 오크통에 숙성하고 타닌이 풍부한 레드 와인은 금속성의 불쾌한 맛이 난다. 하지만 조리 방법을 바꾸면 조금 나아질 수도 있다. 찌거나 끓이면 그야말로 최악이 되지만 그릴에 구운 아스파라거스는 그나마 봐줄 만하다. 예를 들어서 삶은 아스파라거스에 진한 올랑데즈 소스(네덜란드 식의 황색 소스. 버터, 화이트 와인, 레몬즙 등을 재료로 만들어진다-역주)를 곁들인 다음 경쾌하고 산도가 높은 화이트 와인과 서빙하면 좋다. 또한 그뤼너 벨트리너나 소비뇽 블랑은 찌거나 삶은 아스파라거스와도 잘 어울린다.

✔ **브뤼셀 싹양배추** 역시 골칫거리다. **페닐티오 요소**라는 성분 때문에 특유의 쓴맛이 나는 브뤼셀 싹양배추는 대부분의 와인을 불쾌할 정도로 쓰게 만든다. 산이 쓴맛을 잡아주므로 이 경우 역시 산도가 높고 경쾌하며 드라이한 화이트 와인을 페어링하는 것이 최선의 방책이다.

✔ 세 번째 채소는 **아티초크**다. 세상에 아티초크를 좋아하는 사람이 있을까. 아티초크의 경우 악명의 원흉인 화합물은 **시나린**이다. 이 이상하고 생소한 산은 당신이 이후에 먹는 모든 것을 불쾌할 정도로 달고 시들하게 만든다. 하지만 이 사실을 알면 당신은 참을 수 없이 강한 신맛 때문에 와인을 개수대에 버리는 일을 막을 수 있다. 아티초크와 함께 서빙하면 순간 새콤하고 사랑스러운 와인이 느닷없이 부드럽고 달고 과일 향이 풍부한 것으로 변신하는 것이다!

해도 썩 좋은 느낌이 아니라는 데 당신도 동의할 것이다. 그 밖에 페어링하기 까다로워 천재지변을 일으킬 위험이 높기로 악명이 높은 음식으로는 냄새가 매우 독한 연질 치즈(와인과 치즈 페어링에 대해서는 제20장을 보라)와 다양한 녹색 채소가 있다. 앞의 글상자에서 와인과 페어링하기에 적합하지 않은 채소에 대해 살펴보라. 그 밖에도 신맛이나 단맛, 또는 쓴맛이 지나치게 강하다든지 해서 그 자체로 균형이 전혀 맞지 않는 음식 역시 페어링에 재앙을 초래할 수 있다.

하나가 다른 하나보다 밝게 빛난다 : 단독 스포트라이트

이 유형의 페어링은 스포트라이트를 받는 훌륭한 솔로에 더 공을 들여서 생긴다. 와인이 주연이라면 조연인 음식 없이도, 음식이 주연이라면 조연인 와인 없이도 환상적인 균형, 깊이, 복잡함을 갖춰 더 밝게 빛난다. 이런 독백을 상상해 보라. 대본 그대로의 모습을 한 배우가 무대 위에 존재한다. 그리고 이 배우는 무대를 있는 그대로, 아무 해도 입히지 않으며 연극의 내용에 방해되지 않는 연기를 펼친다. 이런 페어링은 특히 겸손과 거리가 멀고 소믈리에와 협력할 의사가 없는 것으로 악명이 높은 셰프가 소믈리에의 영역에 도달하기도 전에 주방에서 흠잡을 데 없는 풍미의 균형과 조화를 이루어 그 자체로 너무나도 완벽한 음식을 만들었을 때 이루어진다. 이럴 때 필요한 것은 음식이 스포트라이트를 받는 데 방해가 되지 않을 부드러운 와인이 전부다. 가볍고 신선하며 경쾌한 화이트 와인, 발포 와인, 그리고 타닌 함량이 낮은 레드 와인이 이 시나리오에서 가장 널리 활용할 수 있는 와인이다.

때로 와인이 빛을 발하기도 한다. 이럴 때 음식은 배경, 틀, 그리고 와인이 그 아름다움을 그려 나가는 캔버스가 된다. 최대로 즐기고 싶은 특별한 와인을 마실 때 나는 단순하고 디테일이 배제되어 스포트라이트를 받는 대상이 명확한 선택을 한다. 고전적인 레어 로스트 비프 오쥬(au jus, 고기가 자체의 육즙과 함께 제공되는 방식-역주)에 최상급의 숙성된 피노 누아가 가장 대표적인 예다. 로스트 비프는 보완하는 역할도 하지만 파트너인 피노 누아가 빛날 수 있는 절제미까지 갖추었다.

더할 나위 없는 천국 : 마법의 이중주

모든 것이 한데 어우러질 때가 있다. 바로 마법의 이중주가 연주되는 순간이다. 누구나 이런 순간을 애타게 찾아 헤매지만 실제로 경험하기란 하늘의 별 따기와 같다. 전문가조차 이런 순간을 만들어낸다고 장담할 수 없고 미리 짜인 각본에 따른다 해도 재연할 수 없다. 변수가 너무도 많아 일일이 고려할 수조차 없다. 매운 맛과 신선한 생선과 그릴에 구운 고기가 연달아 나오고 그에 따라 계속해서 와인의 맛과 향, 풍미가 변화한다. 오만 가지 요소가 협력하여 그 순간을 만들어내므로 똑같은 공연은 두 번 다시 없다. 그러므로 너무 애쓸 필요 없다. 그 누구도 언제나 목표한 바를 이루지는 못한다. 하지만 이 책을 읽는다면 그럴 확률을 높일 수 있다. 제대로 맞으면 홈런이고 승리다. 마치 사금을 캐기 위해 끝없이 체질을 하다가 마침내 금 한 덩어리를 발견했을 때처럼.

마법의 이중주가 연주될 때면 셰프와 소믈리에는 필요한 모든 감각을 동원하여 조화를 이루고 기쁨을 표현하기 위해 협력한다. 음식도, 와인도 그 자체로 완벽할 필요가 없다. 셰프는 어떤 질감과 맛의 요소가 와인이라는 캔버스의 빈 공간을 채울 수 있는지 고려하고 소믈리에는 음식을 위해 적절한 마무리를 해줄 '향신료', 즉 와인을 선택한다. 이렇게 하면 음식과 와인 모두의 향과 풍미가 한데 혼합되어 혼자일 때보다 위대한 작품이 된다. 향수 제조자가 수많은 에센셜 오일을 블렌딩해서 완벽한 향기를 만들어내는 것과 같다. 음식은 이음새조차 없이 와인과 연결되어 와인의 질감을 조각하고 광을 내고, 동시에 와인은 음식에 감춰진 맛과 질감의 보따리를 풀어놓는다. 이럴 때 멋진 배경에서 좋은 이들과 함께 하며 당신의 기분도 더할 나위 없을 것이다. 이것이 바로 마법이다.

[잘 알려지지 않은 와인으로 실험을 하자]

피노 그리나 샤르도네를 많이 마시는 사람이라면 때로 가장 좋아하는 음식에 잘 알려지지 않은 와인을 곁들여보고 싶을지 모른다. 이러한 화이트 와인은 대체로 경쾌하고 드라이하며 오크통을 이용하지 않거나 잠시만 이용한 반면 레드 와인은 부드럽고 산뜻하다. 이런 와인들은 특히 이 지역들을 여행하며 외국의 포도밭에 둘러싸여 어디에서 시작할지 모를 때 찾아볼 만하다.

이런 레드 와인은 다음과 같다.

- ✔ 츠바이겔트(오스트리아)
- ✔ 카다르카(헝가리)
- ✔ 트루소/바스타르도(프랑스 쥐라, 포르투갈)
- ✔ 몽되즈(프랑스 사부아)
- ✔ 산지오베제, 펠라베르가, 그리뇰리노, 네렐로 마스칼레제, 프라파토(이탈리아)
- ✔ 아기오르기티코(그리스 네메아)
- ✔ 블라우어 포르투기저/케코포르토(독일, 헝가리)
- ✔ 템프라니요(스페인)
- ✔ 메를로(전 세계; 뉴 월드 스타일)

이런 화이트 와인은 다음과 같다.

- ✔ 그뤼너 벨트리너, 로트기플러(오스트리아)
- ✔ 아시르티코, 모스코필레로, 로디티스(그리스)
- ✔ 가르가네가, 베르디키오, 아르네이스, 코르테제, 페코리노, 프리울라노(이탈리아)
- ✔ 르카치텔리(조지아, 러시아)
- ✔ 베르멘티노/롤(사르디나, 토스카나, 프로방스, 캘리포니아, 호주)
- ✔ 베르데호 고델로(스페인)
- ✔ 엔크루자도, 아린토, 베르델료(포르투갈)
- ✔ 푸르민트, 하르셰레베루(헝가리, 토카이)
- ✔ 벨쉬리슬링/올라스리슬링(동유럽)
- ✔ 피노 블랑(알자스, 전 세계)
- ✔ 실바네르/실바네르(알자스, 독일)
- ✔ 샤슬리 프티 아르뱅(스위스)

기본사항 : 페어링 전략 개발하기

"돔 페리뇽 형제여, 모두가 자네가 내놓은
거품이 보글거리는 마요네즈와 멀건 순무 수프에 만족했다네.
그런데 이 포도로 다른 걸 좀 만들어보면 어떻겠나?"

제2부 미리보기

- 본격적인 페어링의 세계에 온 것을 환영한다. 제2부는 먹고 마시는 일을 특히 진지하게 받아들이는 사람, 그리고 해야 할 일, 하지 말아야 할 일에 대한 모든 기본 규칙을 습득하려는 사람을 위한 내용이 될 것이다.

- 제2부에서는 일단 어째서 소믈리에라는 일이 그토록 어려운지 밝힐 것이다. 이는 그저 페어링에 대한 일반인의 심적 부담을 덜기 위한 내용이다. 그런 다음 맛과 향, 풍미가 어떻게 서로 작용하는지를 일반적인 시각에서 다룰 것이다. 그러기 위해 자주 사용되는 식재료, 그리고 같은 향과 풍미를 지녀 이런 재료를 자연스럽게 보완해 주는 포도 품종을 살펴볼 것이다. 대부분의 경우 잘 어울리는 물품들의 쇼핑 목록이라고 보면 된다. 그리고 선호하는 것, 감정 상태, 각 상황에서 요구되는 것을 고려하여 음식에서 출발한 페어링을 할 때, 또는 와인에서 출발한 페어링을 할 때 선택할 수 있는 것과 전략을 제공할 것이다.

- 또한 음식과 와인 페어링과 관련된 모든 것을 소개했다. 여기서 다룬 주제로는 음식의 주재료와 조리법을 결정하고 풍미와 질감의 보완, 또는 대조 방법을 찾으며 지역을 고려하여 페어링에 접근하는 일 등이 있다.

- 와인을 숙성시키는 방법과 음식에 성숙한 와인을 페어링하는 요령은 물론 적합한 유리 용기, 서빙 온도, 필요할 경우 디캔팅하는 방법 등 소믈리에만의 비결을 소개할 것이다. 잔을 넉넉하게 준비하고 자리 잡고 앉아라.

chapter 04

페어링 제1조 1항 : 올바른 선택을 하라

제4장 미리보기

- 완벽한 페어링에 대한 부담감을 떨친다.
- 와인을 먼저 선택한 다음 음식을 페어링한다.
- 음식을 먼저 선택한 다음 와인을 페어링한다.
- 음식과 와인의 질감과 풍미를 서로 보완하고 대조를 이룬다.
- 다양한 메뉴로 구성된 식사와 다양한 코스 요리에 와인을 페어링한다.
- 음식과 와인 페어링 지침의 간단한 응용 방법을 소개한다.

이번 장에서는 음식과 와인을 한데 묶어 생각하기 위한 기초 지식을 닦을 것이다. 이번 장을 읽고 나면 모든 사람이 좋아하는 음악이나 미술 작품, 또는 영화가 존재하지 않는 것처럼 모든 사람에게 잘 맞는 페어링이란 존재하지 않는다는 사실을 알게 될 것이다. 한 가지 페어링에 대한 반응은 사람마다 다를 것이므로 당신은 실제 차린 것보다 많은 것을 테이블 위에 놓는 셈이 된다. 와인에 관심이 있지만 본질적으로 열렬한 미식가인 사람도 있는 반면 와인 애호가이면서 음식도 좋아하는 사람도 있다. 이 같은 사실을 기본 전제로 삼고 두 가지 기본적인 접근 방식을 통해 페어링을 살펴볼 것이다. 그 한 가지는 음식으로 시작하는 것이고 다른 한 가지는 와인으로 시작하는 것이다. 또한 향과 풍미, 맛, 질감을 보완하거나 대조하기 위해 고려할 사항을 심도 있게 다룰 것이다. 어떤 접근 방식을 취할지는 전적으로 페어링하는 당사자에게 달려 있다. 물론 와인에서 시작하고 싶을 때는 와인에서, 음식에서 시작하고 싶을 때는 음식에서 시작해도 전혀 상관없다.

그렇다면 동시에 다양한 음식이 식탁에 오를 때는 어떻게 해야 할까? 아시아 전역은 물론 스페인의 타파스바에서 그리스의 작은 레스토랑인 타베르나까지, 일상적으로 한 번에 다양한 메뉴가 식탁에 오르기도 한다. 따라서 다양한 풍미의 스펙트럼을 다룰 전략도 살펴볼 것이다. 반대로 한 가지씩 차례로 나오는 코스 요리일 경우 어떻게 주문해야 음식과 와인을 주문하여 흥을 더하고 미각을 유지하여 주인공인 와인이나 음식을 제대로 감상할 수 있을까? 그 답이 궁금하다면 끝까지 읽기 바란다. 하지만 인내심이 약한 사람, 또는 너무 배가 고프거나 목이 타는 사람은 마지막 섹션으로 건너뛰어도 좋다. 여기에는 '한눈에 살펴보는 편리한 지침'이 담겨 있다. 다 읽고 나면 당신은 큰 고민 없이 옳은 길로 가게 될 것이다.

페어링은 개인적인 일이라는 사실을 인지하라

부담 갖지 말라. 그리고 누구에게나 통하는 완벽한 페어링이 존재하리라는 생각을 버려라. 이제부터 그 이유를 설명할 것이다. 우선 당신 어머니의 말이 맞았다. 당신은 특별하다. 이 세상에 당신 같은 사람은 없다. 즉, 당신에게 잘 맞는 와인과 음식 페어링이 다른 사람에게도 꼭 맞으라는 법은 없다. 물론 그 반대도 마찬가지다. 세상에 똑같은 사람이 2명 존재하는 일은 없다. 그러므로 두 사람이 한자리에서 같은 와인을 곁들여 같은 음식을 먹는다 해도 각각 다른 경험을 하고 있는 것이다. 비슷할 가능성이 높지만 완전히 다를 수도 있다.

다른 사람과 비교해서 와인이나 음식, 또는 와인과 음식의 맛을 제대로 느끼지 못할 때 사람들은 자신의 미각에 문제가 있다는 생각에 사로잡히기 쉽다. 하지만 걱정할 필요가 없다. 그저 어떤 사람은 미각 수용체가 아주 많은 슈퍼테이스터고 어떤 사람은 미각 수용체가 적어 강렬한 맛에 내성이 강한 것이다. 어느 쪽이 축복이고 어느 쪽이 저주인지는 모르겠지만 말이다. 이런 차이는 대부분 유전적인 것이지만(슈퍼테이스터 대 논테이스터에 대한 내용은 제2장을 보라) 미각은 양육되는 면도 있다. 지금까지 먹어 본 것을 근거로 현재 좋아하는 것이 결정된다는 말이다. 하지만 언제까지나 과거에 얽매일 필요는 없다. 또한 언젠가 그럴 수 없는 상황이 오기도 한다.

어떤 음식을 먹으며 자랐는지는 성인이 되어서 어떤 맛을 선호하는지를 결정하는 원인 가운데 하나다. 또한 자신의 감각으로 직접 경험한 것이 아니라 음식과 와인에 대한 견해가 먹고 마실 때 느끼는 즐거움을 바꿔놓을 수 있다. 다음 섹션에서 이러한 내용을 살펴볼 것이다.

자신이 선호하는 맛 : 당신의 점심 도시락에는 무엇이 들어 있었는가?

당신은 샐러드와 채소를 먹으며 자랐는가, 아니면 쿠키와 케이크를 먹으며 자랐는가? 그럼 이제 당신은 커피에 크림과 설탕을 타서 마시는가, 아니면 단맛을 첨가하지 않고 블랙으로 마시는가? 맛과 선호도에 있어서 친숙함은 무시가 아니라 호의를 낳는다. 즉, 이미 익숙한 맛이므로 굳이 먹을 필요가 없다고 생각하는 것이 아니라 다시 먹고 싶다고 생각하는 것이다. 어린 시절부터 친숙한 맛을 성장해서도 가장 즐기는 경향이 있으며, 이는 분명 익숙해서 안심이 되기 때문일 것이다.

맛의 선호도는 문화적 면이 강하다. 예를 들어 북아메리카 음식에는 당 성분이 많이 함유되어 있다. 음료수부터 크래커까지 모든 먹거리에 어떤 형태로든 설탕이 들어간다. 다음에 슈퍼마켓에 가면 가공식품의 재료 목록을 확인해 보라. 많은 식품이 우유, 버터, 크림, 바닐라를 기본 재료로 만들어지며, 그 조리 방식은 셀 수 없이 많다. 지속적으로 단맛과 크림같이 부드러운 질감에 노출된 결과 통계적으로 평범한 북아메리카 사람들은 그 반대편에 해당되고 덜 익숙한 맛, 즉 쓴맛과 떫은맛을 싫어한다. 음식에 대한 선호도는 와인에 대한 선호도에도 그대로 반영된다. 감칠맛이 나고 크림과 잼 같은 질감을 지닌 와인? 얼마든지 환영이다.

반면 서유럽 음식에서 가장 많이 사용되는 지방의 형태는 버터가 아니라 그보다 쓴맛이 훨씬 강한 올리브유다. 또한 래피니, 아루굴라, 근대, 치커리 등 쓴맛을 지닌 녹색 채소가 식탁에 자주 오른다. 그 결과 음식과 와인의 선호도 역시 쓴맛에 내성이 강하고 단맛보다 쓴맛을 선호하기도 하며 떫은맛과 신맛 역시 환영받는다. 전통적인 이탈리아 키안티를 맛보면 단단하고 새콤하며 떫은맛과 감칠맛, 쓴맛을 지닌 와인을 선호한다는 것의 의미를 알게 될 것이다.

동남아시아의 경우를 살펴보면 이곳 사람들은 그렇게 매운 고추를 그렇게 많이 먹고도 구강 및 위장에 아무런 손상을 입지 않는 것을 보면 타고난 것 같다. 또한 이들은 타닌 함량이 높고 쓴 차를 많이 마신다. 자, 그러니 북아메리카, 서유럽, 아시아 사람들이 같은 페어링을 좋아할 것이라고 기대할 수 있겠는가?

이성에 간섭이 일어나기도 한다는 사실을 알아야 한다

유전자, 문화, 사고 모두 개인을 차별화하는 요소다. 또한 인간의 마음은 괴상한 충동, 변덕스러운 기분, 감상적인 집착으로 가득 차 있다. 그렇다면 이러한 사실이 와인 푸드 페어링과 무슨 상관이 있는 것일까? 수많은 증거를 근거로 인간이 지닌 모든 결점이 인지에 깊숙이 영향을 미친다는 사실을 알 수 있다.

감정과 이성은 세상에 대해 각기 다른 선입견으로 가득 차 있다. 그리고 뇌에서 둘 사이에 충돌이 일어나면 감정과 이성은 각각 인간이 감각적 경험을 해석하는 방식에 영향을 주려 한다. 똑같은 토마토라 해도 정원에서 갓 따온 것이 포장된 상태로 슈퍼마켓에서 사온 것보다 맛있다고 느낀 적이 있다면 그럴 것이라고 생각하기 때문이다. 마찬가지로 수많은 와인 테이스팅 결과 내용물이 질 낮은 와인이라도 병에 유명한 라벨이 붙었거나 가격이 높으면 돌연 최고의 찬사가 쏟아져 나온다는 사실이 드러났다.

본인은 인지하지 못할지언정 사람들은 친구와 함께 먹을 때, 그리고 전통 음식이라는 사실을 인지한 상태에서 더 맛있게 느낀다. 또한 접시 위에 무엇이 있는지 알기 전에 맛을 본다면 반죽을 입혀 튀겨낸 크리켓을 싫어하는 사람이라 해도 전적으로 이를 맛있다고 생각한다. 인간의 감각기관, 즉 보고 들으며 냄새를 맡고 맛을 보고 만져서 인간이 외부 세상을 인지하는 시스템은 셔터를 열어 영상을 포착하는 카메라와 달리 수동적인 것이 아니다. 카메라가 기본적으로 그 이미지를 만들고 형태를 잡는 데 관여하며, 실제로 이 카메라는 바로 인간이다. 인간은 보고 싶은 것만 보고 수많은 빈 공간을 자의적으로 채운다. 인간의 모든 경험, 배경은 자신이 느낀 것을 해석하는 방식에 깊숙이 영향을 미친다.

이런 이야기를 굳이 하는 까닭은 무엇일까? 음식과 와인을 페어링하는 소믈리에의 일이 생각보다 훨씬 어렵다고 말하기 위해서다. 그러니 당신도 너무 스트레스 받지 않아도 된다.

자신이 좋아하는 것에서 시작하라

자신이 좋아하는 음식과 와인을 선택하는 것이 성공적인 페어링을 만드는 가장 합리적인 시작점이다. 그리고 더 중요한 것은 즐거움을 선사하는 페어링을 만드는 최고의 시작점이기도 하다는 사실이다. 즐거움이야말로 우리가 페어링에서 얻고자 하는 것이 아닌가. 치킨 커리와 쥐라에서 생산된 뱅 존은 분명 더할 나위 없는 페어링이 되겠지만 커리를 싫어하거나 뱅 존을 마셔본 적이 없는 사람은 이 경험을 진정으로 즐길 가능성이 상대적으로 낮다.

새로운 것을 절대 시도해서는 안 된다는 말이 아니다. 아니, 반대로 언제나 열린 마음을 유지해야 한다. 단지 음식과 와인 모두 생판 모르는 것으로 페어링하지 말고 가장 좋아하는 음식과 새로운 와인을 페어링하거나 가장 좋아하는 와인과 새로운 음식을 페어링하는 식으로 시작해 보라는 것이다. 시도한 페어링이 만족스럽지 않다면 언제든 한 입 먹고 헹구기 전략(제3장을 보라)을 사용하면 된다. 이렇게 하면 적어도 음식과 와인 가운데 한 가지는 즐길 수 있을 것이다.

어떤 것을 주연으로 선택할 것인가 : 와인이냐 음식이냐?

당신은 미식가인가 와인 애호가인가? 미식가란 먹는 것을 매우 즐기며, 새로운 음식을 먹어보고 실험하려는 욕구가 강한 사람이다. 와인도 즐기기는 하지만 이들에게는 음식이 주인공이다. 레스토랑에 가면 미식가들은 언제나 음식을 먼저 선택한 다음 와인 목록을 집어 든다. 이들은 마시는 것에 대해서는 유연하지만 먹는 것에 대해서는 확고한 의견을 가지고 있다.

와인 애호가는 그 반대다. 레스토랑에 가면 이들은 자리에 앉자마자 목록을 섭렵하며 와인을 먼저 선택한 다음 여기에 어울리는 음식을 선택하기 위해 메뉴를 살펴본다.

이들은 먹는 것에는 유연하지만 마시는 것에 대해서는 무엇을 원하는지 확실한 의견을 갖고 있다. (물론 사람들은 때에 따라 미식가가 될 수도, 와인 애호가가 될 수도 있다.) 그렇다면 당신은 주로 어느 쪽에 유연한가? 와인인가 음식인가?

자신이 먹는 것에 유연한지, 또는 마시는 것에 유연한지를 아는 것이 페어링을 구성하는 첫 번째 단계다. 다음 섹션에서는 두 가지 시나리오를 모두 다룰 것이다. 또한 음식을 먼저 선택하든 와인을 먼저 선택하든 페어링을 제대로 할 수 있는 전략도 소개할 것이다. 그리고 명심하라. 무조건 미식가일 필요도, 무조건 와인 애호가일 필요도 없다. 나는 이중인격을 지닌 것처럼 어떤 때는 미식가였다가 어떤 때는 와인 애호가가 된다. 하지만 사람들은 대부분 주로 둘 중 한 가지에 속한다. 물론 두 가지 인격이 모두 나와도 상관없다.

와인에 음식 페어링하기 : 와인 애호가

나는 많은 와인을 마셔봤고 개인적으로 뭘 좋아하는지, 싫어하는지를 꽤 잘 알고 있다. 또한 음식에 대해서는 훨씬 유연하다. 몇 가지 예외가 있지만 여전히 살아 있는 것만 아니면 거의 뭐든 기꺼이 먹는다. 그러므로 나는 와인 애호가다. 무엇보다 와인을 선택하는 것에서 시작하고 와인을 선택할 때 유연성도 떨어진다. 와인과 음식 사이의 시너지가 아무리 마법 같다 해도 나의 도파민을 넘실거리게 하는 유형의 와인이 아니라면 이 페어링은 절대 10점 만점에 10점을 받을 수 없다.

그러므로 나는 외식을 할 때 먼저 와인을 선택한 다음 페어링할 음식을 고려한다(그리고 내가 좋아하지 않는 와인의 가격이 올랐을 때는 그 돈 주고 안 마신다). 그런 다음 와인을 보완할, 적어도 와인에 해가 되지 않을 음식을 메뉴에서 찾기 위해 이미 한 주문을 취소하는 일도 마다하지 않는다. 집에서 직접 음식을 만들 때면, 특히 꼭 어울리는 순간을 위해 아껴두었던 와인을 꺼낼 때면 이를 최고로 빛나게 해줄 음식을 만든다(제25장에 추천 메뉴를 참고하라).

이러한 접근 방식은 또 다른 장점을 지닌다. 식탁에 오르기 전까지 언제든 메뉴를 바꿀 수 있다는 것이다. 나는 음식이 서빙되기 전에 미리 와인을 따서 맛을 본다. 이렇게 하면 필요할 경우 음식에 살짝 변화를 줄 수 있다. 즉, 신맛이나 짠맛을 조금 조절하여 페어링을 새로운 차원으로 승화시키는 것이다. 반면 와인의 경우 온도를 달리하거나 디캔팅을 하는 등의 방법 외에는 딱히 할 수 있는 일이 없다(와인 서빙의 비결은 제8장에서 다룰 것이다). 서빙되는 순간 이미 돌이킬 수 없다.

다음 섹션에서는 음식을 와인에 맞춰 페어링하는 전략을 다룰 것이다. 우선 와인이 만들어진 포도 품종보다 와인의 유형을 더 중요하게 고려해야 하는 이유가 무엇인지 설명한 다음 라벨에 적힌 내용을 토대로 어떤 유형의 와인일지 대략 판단할 수 있는 비결을 알려줄 것이다.

포도 품종은 잊어라. 중요한 건 스타일이다

와인 라벨에 적힌 포도 품종이 아니라 질감, 맛, 풍미를 고려하여 음식과 조화를 이뤄야 한다. 나는 포도 품종은 적절한 페어링을 찾는 데 거의 도움이 되지 않는다는 사실을 발견했다. 문제는 와인 스타일 역시 매우 다양할 수 있다는 것이다. 예를 들어 똑같이 샤르도네 품종이라 해도 프랑스 북부 샤블리에서 생산된 것과 캘리포니아 나파 밸리에서 생산된 것은 전혀 다르다. 샤블리에서 생산된 샤르도네는 심심하고 스틸리(산도나 타닌 함량이 높은-역주)하며 섬세한 반면 나파 밸리의 샤르도네는 라운드하고 넉넉하게 균형이 잡혔으며 버터 같은 풍미를 지닌다. 그러므로 샤블리 샤르도네는 세비체와, 나파 밸리 샤르도네는 버터 치킨과 페어링하는 것이 바람직하다. 이를 반대로 짝지어 내놓으면 함께 식사하는 사람들 가운데 미소 짓는 사람의 수가 줄어들 것이다.

사람들은 종종 스타일이 아니라 품종에 너무 초점을 맞춘다. 이는 가장 인기가 높고 세계적으로 광범위하게 재배되는 품종, 즉 샤르도네, 소비뇽 블랑, 카베르네 소비뇽, 메를로, 피노 그리/피노 그리지오, 피노 누아 등 흔한 이름을 지닌 와인에서 두드러지는 현상이다. 이런 품종들은 너무도 다양한 위치, 기후, 토양에서 재배되고 매우 다양한 와인 제조자가 너무도 다양한 도구를 사용하여 해석하는 탓에 품종이 지닌 일관된 유전적 특성이 사라지고 만다.

사실 와인에 음식을 페어링하는 것이 더 효율적인 방법이다. 제3부에서 나는 가능한 한 많은 와인 스타일을 다룰 것이다. 그리고 현재 수많은 품종의 포도가 재배되고 있지만 이에 상관없이 와인은 대부분 스타일별로 나눌 수 있다. 단지 출발점에 불과하지만 직접 경험이 가장 중요하다는 사실을 명심하라. 가능하면 구입하기 전에 맛을 보라. 그럴 수 없다면 판매원이나 서빙하는 사람에게 그 와인이 대충 어떤 스타일인지 물어보라(제3부에서 이에 대한 용어를 설명할 것이다).

처음 마셔보는 와인에서 무엇을 예상할 수 있을지 알아보자

전혀 모르는 와인에 대해서라면 판매원이나 소믈리에, 또는 그 와인을 선물한 사람에게 도움을 청하라. 이들에게서 별 도움을 받지 못하더라도 아직 희망은 있다. 와인 라벨에서 몇 가지 단서를 찾아보라. 생산 지역, 가격, 심지어 라벨의 스타일까지, 미지의 세계를 활짝 열고 그 와인에게서 무엇을 기대할 수 있을지 밝힐 수 있을 것이다. 게다가 스마트폰 시대인 만큼 인터넷에서 거의 모든 와인에 대한 상세한 내용을 현장에서 즉시 점검할 수 있다.

생산 지역으로 가상 여행을 떠나라

와인은 원산지와 밀접하게 연관된 몇 안 되는 소비재 가운데 하나다. 그러므로 라벨을 읽어 와인이 어디에서 생산되었는지 알아내야 한다. 호주 남동부처럼 도처에서 포도가 재배되는 곳도 있지만 단 한 군데서만 재배되는 곳도 있다. 어떤 경우든 와인이 생산된 국가와 지역, 즉 원산지를 눈으로 확인할 수 있다. 복잡한 지리학적 지식은 필요 없다. 그냥 원산지로 가상 여행을 떠나라. 그곳은 어떤 모습을 하고 있는가? 포도밭 주변에 야자수가 자라는가, 소나무가 자라는가? 맑은 쪽빛 바다를 배경으로 하는가, 만년설이 뒤덮인 산 정상을 배경으로 하는가? 겨울에 스키를 탈 수 있을 것 같은가?

기후 역시 와인 스타일에 큰 영향을 미친다. 소나무가 자라고 산 정상에 만년설이 있으며 겨울이면 스키를 탈 수 있는 곳인가? 이렇듯 재배 지역의 기후가 차가울수록 바디감이 가볍고 크리스프하며 새콤한 과일 풍미가 나는, 즉 알코올 도수가 낮고 산도가 높은 와인일 가능성이 높다. 반대로 야자수가 바람에 살랑거리는 아열대성 기후에서는 로부스트하고 풀바디감을 지녔으며 잘 익은 과일로 만든 열대성 과일, 심지어 말리거나 익힌 과일 풍미가 나는 와인이 탄생한다. 예외가 있냐고? 물론이다.

하지만 일단 어디서부터든지 시작은 해야 하지 않겠나.

가격 : (불완전한) 지침

불완전하기는 하지만 가격 역시 와인 스타일을 가늠할 수 있는 쓸모 있는 지침이다. 모든 소비재가 그러하듯 가격은 브랜드 인지도, 희소성, 유명인의 애호 등에 의해 왜곡된다. 하지만 한 가지 변하지 않는 사실은 비싼 와인일수록 풍미의 강도, 깊이, 성숙 정도, 복합성, 구조, 타닌, 오크 풍미 등을 모두 지니고 있을 거라는 기대가 높아진다는 것이다. 그러한 모든 조각들이 한데 어우러지기 위해 값비싼 와인은 종종 저장고에서 숙성 시간을 거쳐야 한다. 그러므로 오늘밤, 당장 마시기에 가장 적합한 와인이 아닐 수도 있다. 하지만 굳이 마시고 싶다면, 특히 그것이 레드 와인이라면 풍미가 강한 경질 치즈나 마블링이 잘 된 스테이크(음식이 와인의 질감을 어떻게 변화시키는지는 제3장을 보라)처럼 단백질과 지방의 함량이 높고 짭짤해서 질감을 부드럽게 만들어줄 음식을 페어링해야 한다.

반면 저렴한 와인은 일반적으로 가볍고 신선하며 과일 향이 강하다. 또한 오크 향과 풍미가 거의 없거나 아예 없고 구입하자마자 즐길 수 있다. 따라서 느긋하고 다양한 가벼운 식사에 곁들이기에 완벽한 와인이다. 여러 가지 음식이 한 상에 차려지는 경우가 여기에 해당된다. 또한 고가의 와인이 지닌 '제값'하는 장점을 모두 무의미하게 만들 정도로 매운 음식을 서빙할 때도 저렴한 와인이 제격이다.

라벨 해석하기

라벨을 통해 지역, 포도 품종 및 명칭, 또는 생산자를 확인하면 가장 유용한 정보를 얻을 수 있다. 하지만 여의치 않을 때 다음 단계로 확인할 것은 바로 알코올 도수다. 법적으로 라벨에 알코올 함량을 표시하게 되어 있는데, 그 범위는 매우 넓다. 먼저 가장 낮은 와인은 5.5퍼센트 정도이며 달콤한 발포 와인 모스카토 다스티가 여기에 속한다. 가장 높은 와인은 알코올 함량이 22퍼센트에 달하며 중성 포도 증류주를 첨가한 강화 와인이 여기에 포함된다. 하지만 드라이한 테이블 와인만 놓고 본다면 그 범위는 11~16퍼센트로 줄어든다. 알코올 함량은 세 가지 유용한 정보를 제공한다.

- ✔ **바디감** : 알코올은 점도를 높이므로 도수가 높을수록 풀바디를 지닌 와인일 가능성이 높다. 점도는 입안에서 느껴지는 풍부함과 부드러움을 말한다.
- ✔ **풍미의 범위** : 포도의 익은 정도에 따라 알코올 도수가 정해지므로 수확 당시 포도가 더 많이 익은 상태일수록 알코올 도수가 높아진다. 가장 높은 수준인 14퍼센트 이상의 와인은 최고조로 익어 달콤한 열대 과일, 심지어 굽거나 익히거나 말린 과일의 맛이 난다.
- ✔ **질감** : 알코올 함량이 높은 와인은 대체로 부드럽고 크리미하며 산도가 낮다. 이러한 요소들이 결합하여 설탕이 첨가되지 않았는데도 미세하게 단맛이 나는 듯한 인상을 준다(게다가 알코올 자체가 약간의 단맛을 지닌다).

라벨 디자인

라벨 디자인 자체도 와인 스타일을 알려줄 단서가 될 수 있다. 실제로 소비자 대부분은 라벨 하나만을 보고 구매할 와인을 결정한다. 그렇다면 이들은 라벨의 무엇을 보고 그러는 것일까? 생산자는 적절한 포장이 성공의 열쇠라는 사실을 알고 있다. 따라서 제품의 이미지를 전달하고, 같은 방식으로 사고하는 소비자를 끌어당길 수 있는 라벨을 디자인한다(사람들은 익숙한 것을 좋아한다는 사실을 명심하라).

귀여운 동물이 등장하는, 다채롭고 기발한 라벨은 즐겁고 소박하며 싱싱한 과일 향으로 가득 찼고, 부드럽고 누구나 선호할 질감을 지닌 와인이라는 이미지를 전달한다. 반면 18세기에서 곧장 튀어나왔을 법한 위풍당당한 성이나 고딕체 글씨가 있다면 전통주의라는 명확한 메시지를 전달한다.

와인의 경우 이러한 이미지는 견고하고 숙성할 가치가 있으며 단단하고 고지식한 와인, 점잖고 중후한 할아버지 세대가 좋아할 법한 와인이라는 의미다. 마찬가지로 세련되고 현대적인 멋을 지닌 디자인은 역시 세련되고 현대적인 와인이라는 사실을 나타낸다. 즉, 매우 세련되고 과일과 오크 향이 매우 풍부한 와인이며 아마도 구입한 즉시 즐길 수 있을 것이다.

음식에 와인 페어링하기 : 미식가

음식이 우선인 미식가는 와인 애호가에 비해 서빙되는 와인에 대해 유연한 태도를 지닌다. 이들에게는 페어링에서 음식이 가장 중요하다. 즉, 도파민 자극과 쾌락의 주요 근원이 음식인 것이다. 그렇다 해도 와인 역시 이들에게 큰 즐거움을 선사한다. 단지 꼭 큰 즐거움이 아니어도 될 뿐이다. 이들에게 와인은 주연인 음식을 위한 조연이며 무대를 강탈하려 들지 않는다. 미식가라면 일단 메뉴에서 가장 구미가 당기는 음식을 주문하거나 집에서 완벽한 음식을 요리한 다음 어떤 와인이 이 음식과 가장 잘 어울릴지 생각할 것이다.

이제부터 최고의 와인 페어링을 결정하는 재료와 조리 방법에 초점을 맞춤으로써 소믈리에와 같은 시각으로 음식을 살펴보는 방법을 소개할 것이다. 그러기 위해 질감과 풍미를 보완하는 방법과 대조되는 상반된 두 가지 방법을 살펴볼 것이다. 많은 소믈리에가 지난 수십 년 동안 '학술적' 연구를 통해 이러한 원칙들을 확립하는 데 공헌했다. 이를 매우 잘 다룬 내용을 확인하고 싶다면 에반 골드스타인의 첫 번째 저서 『완벽한 페어링 : 와인과 음식을 짝짓기 위한 마스터 소믈리에의 실용적 조언(Perfect Pairings : A Master Sommelier's Practical Advice for Partnering Wine with Food)』을 참고하라.

음식의 지배적 요소를 판단하라

미식가라면 적절한 페어링을 위해 음식에서 가장 강한 맛의 요소를 단서로 삼는 것이 좋다. 어떤 현명한 소믈리에가 이런 말을 한 적이 있다. "닭 요리에는 와인을 페어링할 수 없다." 이게 무슨 뚱딴지같은 소리인가? 물론 당신은 닭 요리에 와인을 페어링할 수 있다. 그가 한 말은 닭 요리에는 거의 언제나 다른 요소가 가미된다는 의미다. 즉, 다른 풍미와 맛을 전달하기 위한 매개체이며, 이럴 때 닭고기 자체는 두드러지는 풍미를 거의 지니지 않아 어떤 와인과도 좋은 페어링을 이룬다는 것이다. 케이준(미국으로 강제 이주된 캐나다 태생 프랑스 사람들이 만들어 먹기 시작한 음식-역주) 스타일로 레몬 및 허브와 함께 구운 코코뱅(닭고기와 야채에 포도주를 부어 조려낸 프랑스 전통요리-역주)이든 닭고기를 넣은 태국 커리든, 음식의 지배적 맛이 열쇠를 쥐고 있다. 최고의 페어링을 위해서는 닭고기가 어떤 향신료와 함께 어떤 식으로 조리되는지를 알아야 한다.

닭 요리만이 아니라 모든 음식에 같은 이론이 적용된다. 일단 지배적 맛을 파악해야 한다. 어떤 음식이 매우 짠지, 쓴지, 매운지, 단지, 또는 시거나 감칠맛이 풍부한지를 보는 것이다. 그런 다음 신맛이 강한 음식에는 타트 와인을, 단맛이 강한 음식에는 달달한 와인을 페어링하는 식으로 음식의 지배적 맛과 어우러져 이를 향상시킬 스타일의 와인으로 선택의 폭을 좁힌다. 맛이 와인에 미치는 영향에 대한 상세한 내용은 제3장에서 자세히 다루었다.

소스, 향신료, 곁들이는 요리도 염두에 두어라

메뉴에 올라 있는 주재료가 반드시 음식의 지배적 요소란 법은 없다. 소스나 향신료가 주요 요소로서 페어링의 원동력이 되는 경우도 자주 발생한다. 생선, 가금류, 붉은 육류, 두부 등 단백질 식품을 주재료로 한 음식은 대부분 물감을 품은 캔버스처럼 셰프가 의도한 맛과 질감, 풍미가 담겨 있다. 바비큐 소스, 커리, 조림 소스, 처트니(과일, 채소, 식초, 향신료 등을 넣고 섞어 버무린 달콤하고 새콤한 인도의 조미료-역주), 살사, 치미추리(아르헨티나의 스테이크 위에 얹는 대표적인 소스-역주), 몰레(멕시코 요리에서 칠리와 각종 양념들을 배합하여 만든 진하고 걸쭉한 소스-역주) 등 상상할 수 있는 거의 모든 소스가 맛과 향, 또는 풍미 화합물을 지니고 있으며, 이 화합물이 최고의 페어링을 결정하기도 한다.

강한 소스를 사용하는 음식의 경우 소스의 지배적 맛에 맞춰 와인을 페어링하라. 예를 들어 매콤한 커리의 경우 가장 우선적으로 고려해야 할 것은 칠리의 화끈함이다. 이 경우 매운맛을 상쇄하기 위해 단맛이 강한 반면 매운맛을 강화하는 오크 향은 거의 없거나 아예 없는 와인을 선택하는 것이 바람직하다. 조림 소스는 주로 감칠맛이 풍부하므로 성숙하고 감칠맛이 풍부한 와인을 곁들여도 결코 기죽지 않는다. 식초나 라임을 기본 재료로 한 치미추리처럼 신맛이 강한 소스는 균형을 이루기 위해 신맛이 강한 와인을, 특히 향신료가 매울 때는 산도가 높고 달콤한(또는 프루티한) 와인을 페어링해야 한다. 물론 먼저 원재료를 고려한 다음에 소스의 특정한 풍미, 그리고 와인이 지닌 그와 비슷한 풍미를 페어링해야 한다. 가장 중요한 것은 아니지만 마법 같은 이중주를 감상하려 한다면 반드시 지켜야 하는 규칙이다.

조리법에 따라 다르다

조리법은 음식의 풍미에 엄청난 영향을 미친다. 그러므로 소스나 향신료가 페어링에서 가장 중요한 원동력이 아니라면 조리 방법을 잘 살펴봐야 한다. 예를 들어 포칭, 팬에 굽기, 오븐에 굽기, 장작으로 굽기, 숯불 바비큐를 비교해 보라. 이러한 조리법은 어떤 재료든 풍미를 한 단계 강하게 만든다. 그리고 음식의 풍미가 강할수록 본연의 모습을 유지하면서도 더 강한 풍미의 와인을 감당할 수 있다. 똑같이 무지개 송어를 재료로 사용해도 포칭으로 조리한 경우 바디감이 가볍고 크리스프하며 섬세하고 오크 숙성되지 않은 화이트 와인을 곁들일 수 있다. 반면 팬에서 굽거나 바비큐로 조리한다면 풀바디에 가까운, 심지어 오크 숙성을 단기간 거친 화이트 와인, 드라이 로제 와인, 또는 가벼운 스타일의 레드 와인이 더 나은 페어링이 될 것이다.

와인을 더 부드럽고 매끄럽게 만드는 음식

질감은 음식은 물론 와인을 즐기는 데도 중요한 부분을 차지한다. 음식이 와인의 질감을 바꾼다고 언급한 사실을 기억할 것이다. 반면 와인은 음식의 질감을 그다지 바꾸지 않는다. 어떤 와인을 페어링한다 해도 진득진득하거나 죽처럼 묽거나 쫄깃하거나 씹히는 맛이 있거나 질긴 음식의 질감을 거의 바꾸지 못한다. 사실 이런 질감은 조리사들이 피하려고 애를 쓰는 것이다. 하지만 음식은 와인의 질감을 크게 향상시킬 수 있다. 아니, 적어도 장점을 더 돋보이게 만들 수 있다. 물론 예외는 있지만 사람들은 대부분 적절한 음식과 함께 와인을 곁들일 때 단단하고 린하며 고지식한 질감을 싫어하는 데 반해 소프트하고 라운드하며 매끄러운 질감을 좋아한다. 그러므로 그 자체로는 불쾌하게 츄이하고 타닌이 강하며 산도가 높은 와인도 질감을 부드럽게 만들어주는 음식과 함께라면 전혀 문제될 것이 없다. 와인과 음식의 질감이 서로에게 미치는 영향에 대해서는 제3장에서 다루었다. 그리고 잠시 뒤 질감의 매칭과 대조에 대해 다룰 것이다.

풍미의 하모니

음식과 와인을 페어링할 때 풍미의 조화, 또는 대조를 고려하기에 앞서 맛과 질감의 조화를 살펴봐야 한다. 바로 이 대목에서 페어링이 대부분 제대로 이루어지거나 깨지기 때문이다. 허브로 풍미를 낸 지중해식 음식과 비슷한 풍미를 지닌 와인을 곁들이는 것이 좋은 생각일 수도 있지만 맛과 질감을 잘못 연결하여 와인이 불쾌하게 떫거나 타트하거나 달콤해진다면 그 즉시 풍미의 시너지는 포기해야 할 것이다.

사람들은 질감보다 풍미에 더 쉽게 순응한다(그 때문에 쉽게 지나친다. 자세한 내용은 제2장을 참고하라). 개인적으로는 제스티하고 타닌이 낮은 레드 와인이나 리치하고 볼드하며 프루티한 비유럽 스타일 레드 와인 등 음식에 가장 적합한 와인 스타일을 찾아낸 다음 이를 보완하여 완벽한 페어링을 만들 수 있는 향과 풍미를 찾는다. 이 모든 상세한 내용은 앞으로 소개할 '풍미의 매칭 대 대조'에서 확인하라.

대조 또는 보완 식별하기

이번 섹션은 페어링에 대한 두 가지 대조되는 기본 접근 방식을 담고 있다. 이는 음식을 중심으로 와인에 접근하든 와인을 중심으로 음식에 접근하든 공통적으로 적용되는 방식들이다. 그 한 가지는 대조, 다른 한 가지는 보완이며, 어떤 것이든 적합한 동반자를 찾는 일이 가장 중요하다. 즉, 같은 풍미와 질감을 지닌 음식과 와인을 고르거나 또는 그 반대를 골라야 한다. 다양한 상황에서 두 가지 방식 모두 효과가 있으므로 어떤 방식을 시도할지는 당신에게 달려 있다.

질감을 일치시킬 것인가 대조를 이룰 것인가

음식의 질감은 어떤 와인을 선택하느냐에 따라 조화를 이룰 수도, 대조를 이룰 수도 있다. 음식과 와인의 질감을 통일한 예로는 부드럽고 엉취어스하며 잘 익은 캘리포니아 샤르도네와 비단결처럼 매끄러운 옥수수 차우더, 화려한 화이트 버건디와 포칭으로 조리한 광어, 크리스프하고 드라이한 스파클링 와인과 바삭거리는 튀긴 칼라마리를 들 수 있다.

풍미의 대조와 마찬가지로 질감의 대조는 직관에 어긋나며 더 도전적인 일이다. 적어도 내 경험에 의하면 그렇다. 사람들은 대부분 단단하고 떫은 질감보다 부드럽고 매끄러운 질감을 좋아하므로 버터가 들어간 매쉬드 포테이토나 크림을 베이스로 한 소스같이 감칠맛이 풍부하고 관능적인 질감을 지닌 음식은 대체로 풍미도 풍부하다. 따라서 가볍고 묽으며 섬세한 와인을 손쉽게 압도할 수 있다. 재앙 수준은 아니지만 와인에 비해 음식이 압도적인 힘을 지니고 있으므로 몇 년 동안 마실 날을 기다려온 특별한 와인은 꺼내지 않기를 바란다. 마찬가지로 가볍고 바삭거리는 질감의 음식은 주로 재료가 날것인 상태이며 샐러드의 채소나 살짝 익힌 채소를 예로 들 수 있다. 이러한 음식은 대체로 비네그레트 소스나 레몬즙 등 어떤 형태로든 신맛을 동반하며 종종 원래 쓴맛을 지니고 있다. 이 두 가지 요인은 부드럽고 매끄러운 질감의 와인이 지나치게 연약하게 느껴지게 만들기도 한다. 그러므로 비슷한 질감을 짝짓는 것(질감 미러링)이 대부분 성공적인 페어링 접근 방식이지만 그렇다고 결코 새로운 페어링에 대한 시도를 두려워해서는 안 된다.

대조를 이루든 보완하든 음식의 질감을 고려해야 한다. 튀긴 칼라마리나 남부 스타일의 프라이드 치킨처럼 바삭거릴 수도, 솜씨 좋게 쪄낸 채소나 특정한 날음식처럼 아삭거릴 수도 있다. 동물, 유제품, 채소 등의 음식에 고체 형태든 액체 형태든 지방이 함유되면 버섯 수프의 크림이나 비프 스트로가노프처럼 부드럽고 크림 같은 질감을 지닌다. 또한 장시간 뭉근하게 끓인 갈비찜은 부드럽고 입에 넣자마자 녹아버리는 질감을, 레어로 구운 스테이크는 질긴 질감을 지닌다. 이처럼 조리법 역시 풍미의 강도는 물론 질감도 상당 부분 결정한다.

질감 미러링

음식과 같은 질감을 지닌 와인을 선택하라. 예를 들어 단단하고 츄이하며 타닌이 많은 유럽 스타일 레드 와인은 그와 비슷한 츄이하고 그릴로 구운 레어 쇠고기와 잘 어울리는 반면 훨씬 부드러운 질감을 지닌 삶은 쇠고기는 라운드하고 부드러운 비유럽 스타일 레드 와인, 또는 전혀 단단하거나 떫지 않은 숙성된 와인과 곁들였을 때 맛이 좋다. 크림처럼 부드러운 버섯 수프나 비프 스트로가노프는 똑같이 부드럽고 크림 같은 질감을 지닌 화이트 와인과 잘 어울리겠지만 가볍고 크리스프한 와인은 더 가볍고 린하게 느껴지게 만들며, 이는 그다지 바람직한 변화가 아니다. 크리스피-크런치 음식은 아삭거리는 풋사과를 한 입 베어 물 때의 느낌처럼 크런치하고 산도가 높은 와인과 잘 어울린다.

질감의 대조

신맛이 강한 와인과 풍부하고 기름기가 많은 음식을 대항하게 만들면 더 훌륭한 대조를 이룰 수 있다. 침이 고일 정도로 신맛이 강하고 제스티한 이탈리아 산지오베제를 풍부한 볼로냐 파스타에 곁들이거나 크리스프하고 오크 숙성되지 않은 샤르도네 같은 샤블리를 갈릭 버터로 조리한 달팽이 요리 같은 버건디 지방의 전통적인 음식과 곁들여라. 두 가지 모두 린하고 타트하며 크런치한 것과 크리미하고 기름지며 츄이한 것의 대조를 이룬다. 샴페인이나 드라이 스파클링 와인에 함유된 산과 이산화탄소의 아삭거림은 벨벳처럼 부드러운 굴의 질감과 대조를 이루어 신선한 느낌까지 준다. 음식과 와인 가운데 하나가 저절로 목으로 넘어가는 반면 다른 하나는 미뢰에 생기가 돌게 만든다.

음식과 와인 사이에 진정한 시너지가 생기지 않더라도 최소한 한 입 먹을 때마다 와인이 입안을 말끔히 닦아주는 것은 물론 어쩌면 기쁨에 맥박이 더 빠르게 뛰게 만들지도 모른다.

풍미의 매칭 대 대조

동일 풍미 집단은 같은 풍미 화합물을 지니고 있어 특정한 재료들이 서로 잘 어울린다는 개념을 중심으로 한다. 예를 들어 스위트 콘과 바닷가재, 양파와 마늘, 바질과 토마토는 같은 풍미를 지니고 서로 보완하므로 잘 어울린다.

와인 역시 다양한 향 화합물을 음식과 공유한다. 똑같이 복숭아 풍미를 지닌 리슬링과 익힌 돼지고기, 또는 크렘 캐러멜과 달콤하고 배럴 숙성된 레이트 하비스트 와인을 예로 들 수 있다. 이들이 잘 어울리는 것은 놀랄 일이 아니다. 비슷한 풍미 프로파일을 지니고 있기 때문이다. 음식과 와인과 관련한 다른 모든 것처럼 풍미를 보완한다고 모든 일이 해결되는 것은 아니다. 하지만 이를 해낸다면 좋은 시작이 될 것이다.

풍미의 하모니 이루기

고전적인 흰 살 생선 세비체를 예로 들어보자. 이 음식에서 핵심 요소는 생선이 아니다. 생선은 그저 매개 역할을 하는 단백질 식품일 뿐, 가리비, 능성어, 넙치, 참치 등 뭐든 그 자리를 대신할 수 있다. 핵심 요소는 바로 주재료인 날생선을 '조리'하는 데 사용된 라임이나 레몬즙 등의 산, 그리고 감칠맛이 도는 질감이다. 산은 타닌의 떫은 맛과 쓴맛을 더 강하게 느껴지게 만들기 때문에 레드 와인은 대부분 피하는 것이 바람직하다. 또한 부드러운 와인을 더 달고 희미하며 오크 향이 강하게 느껴지게 만드는 만큼 이 역시 피해야 한다. 그렇다면 정답은? 산도가 높고 오크 숙성되지 않은 드라이 화이트 와인을 먼저 시도해 보라. 이러한 유형은 생선의 단단한 질감과도 잘 어울리는 동시에 요리에 사용된 소금 때문에 와인의 프루티한 풍미가 강조된다.

크리스프하고 오크 숙성되지 않은 화이트 와인은 전 세계 도처에서 생산되며 모두 음식과 어느 정도 잘 어울린다. 하지만 그보다 한 단계 좋은 페어링을 이루기 위해서는 풍미를 봐야 한다. 주요 풍미는 음식마다 다르다. 어떤 음식에서는 고수가, 또 어떤 음식에서는 파슬리 종류의 신선한 향초가 주요 풍미를 결정한다. 다양한 조리법으로 만든 세비체의 경우 대부분 피망도 포함된다. 소비뇽 블랑처럼 이런 음식과 같은 풍미를 지닌 크리스프한 드라이 화이트 와인을 선택하면 향과 풍미의 시너지를 얻을 수 있다. 마지막으로 전문가의 비결을 더하자면, 지역적 조화를 이루도록 하라. 세비체는 주로 라틴아메리카에서 많이 먹는 음식이므로 크리스프하고 오크 숙성되지 않은 드라이 소비뇽 블랑을 생산하는 라틴아메리카 지역을 찾아보라. 지금 떠오르는 곳으로는 칠레의 카사블랑카나 레이다 밸리가 있다. 맛, 질감, 풍미, 그리고 지역적 조화까지 어우러진 마법의 이중주가 연주될 것이다. (지역 페어링에 대해서는 제6장에서 자세히 다룰 것이다.)

풍미를 다양화하라

반면 풍미가 대조되는 페어링을 할 수도 있다. 신선하고 프루티하며 레드베리 향이 나는 로제 와인과 커리를 곁들인 치킨 샐러드, 또는 완전히 푹 익은 잼 같은 진판델과 미국 남부 스타일의 훈제 향이 나는 바비큐 등갈비 사이에는 비슷한 풍미가 거의 없다. 하지만 음식과 와인 사이에 분명한 대조가 이루어져 좋은 페어링이 이루어질 수도 있다. 이 두 가지 다른 종류의 풍미들은 서로 더 향상시키는 방향으로 영향을 준다. **오드 커플**(Odd Couple, 서로 어울리지 않는 별난 친구들이 룸메이트가 되면서 생기는 이야기를 그린 미국 드라마-역주) 페어링이라고 생각하면 이해가 쉬울 것이다. 같은 점이 너무 많으면 때로 지루한 반면 상반된 점에 끌리기도 한다. 그리고 즐거움은 두 배가 된다.

한 번에 여러 가지 음식이 나올 때와 차례로 한 가지씩 음식이 서빙될 때

일품요리에 와인을 페어링할 때는 그나마 수월하게 일이 진행된다. 한 번에 한 가지씩 마법을 선보일 수 있다. 하지만 한 번에 여러 가지 음식이 동시에 나온다면 어떻게 할 것인가? 중국, 인도, 라틴아메리카, 지중해에서는 대부분 여러 가지 풍미를 지닌 음식을 한꺼번에 테이블에 내놓는다. 이럴 때 간단한 대답은 모든 음식을 아우르는 완벽한 조화를 포기하라는 것이다. 무슨 수를 써도 불가능한 일이다. 대신 다목적으로 사용할 수 있는 와인을 페어링하라.

쓴맛과 떫은 질감이 나는 것처럼 페어링에 뭔가 문제가 생겼다 싶을 때 범인은 주로 타닌과 오크 풍미다. 이 두 가지는 와인에서 다른 것에 영향을 가장 많이 주는 요소다. 잘못된 동반자를 만나면 이들은 그 동반자의 단점을 불쾌한 수준까지 악화시킨다. 그 밖의 와인이라면 진짜 자연재해는 일어나지 않는다. 그러므로 다목적 와인은 대부분 오크 풍미나 타닌이 아주 약하거나 아예 없다.

균형 잡히고 크리스프한 드라이 화이트 와인과 레드 와인, 그리고 스파클링 와인이야말로 손쉽게 페어링할 수 있는 종류다. 가끔 강한 풍미를 지니고 달콤하거나 매운 음식에 압도당하기는 하지만 그렇다고 크게 잘못될 건 없다. 그러한 와인은 굴에서 타코, 팟타이, 그릴에 구운 램찹까지 다양한 요리에 곁들이는 레몬이나 라임 조각이라고 생각하라. 제스티 와인은 풍미를 증가시키고, 최소한 다음 입을 먹기 전에 입을 헹궈주는 역할을 한다. 한 상에 다양한 음식이 차려지는 경우 두세 가지, 혹은 그 이상의 다른 유형의 와인을 내놓는 것도 한 가지 방법이다. 이렇게 하면 손님들이 각자 마셔본 다음 중립지역(스위스)을 찾든 솔로 스포트라이트를 찾든 각각 선택하게 한다 (더 자세한 내용은 제3장을 보라).

다음 섹션에서는 풍미와 질감의 맹공을 받은 다음 당신의 미각이 어떻게 지치고 무감각해지는지를 다룰 것이다. 또한 여러 가지 음식이 한 가지씩 차례로 서빙되는 코스에서 이러한 미각의 피로감을 최소화하기 위해 어떻게 와인을 주문해야 하는지도 다룰 것이다.

미각 피로감을 인지하라

헬스클럽에서 운동하는 동안 근육을 지나치게 사용하는 경우처럼 장시간 음식을 먹고 와인을 마시면 인간의 후각 뉴런과 미뢰는 지친다. 이를 미각 피로(palate fatigue)라고 한다. 누군가 더 이상 맛을 보고 다양한 풍미를 구분할 수 없고 뇌도 별로 그러한 차이를 상관하지 않는 상태를 듣기 좋게 표현한 말이다. 단순한 중독이라고 할 수도 있겠지만 그보다는 기본적인 신체의 피로를 의미한다.

전문 테이스터들은 한 번에 수십 가지 와인을 감별하면서도 감각을 잃지 않는다고 주장한다(물론 뱉어가면서 한다). 하지만 평범한 사람들은 그보다 훨씬 적은 양을 마시고도 감각 기능을 상실한다. 내 경험에 비춰보면 저녁식사와 더불어 와인을 대여섯 잔 마시는 것이 최대치다. 그러므로 시간이 오래 걸리는, 여러 단계의 코스 요리를 서빙할 때는 미각의 피로가 일어난다는 사실을 인지해야 한다. 지나치면 모자란 것만 못한 법, 결국 식사가 끝날 무렵 당신이 그토록 애써 신경을 쓴 페어링에 그 누구도 관심을 갖지 않을 수도 있다.

저녁식사를 위해 와인 주문하기

멀티코스 식사를 할 때 미뢰를 지치게 하지 않도록 와인을 주문하는 방법이 있다. 강도가 낮은 와인부터 시작함으로써 먼저 서빙된 와인 때문에 다음에 서빙되는 와인이 압도되지 않게 점점 강도를 높이는 것이다. 이렇게 하면 각각의 와인을 즐기면서 최대한 음미할 수 있다. 멀티코스 식사에서 와인을 서빙하는 순서에 대한 자세한 내용은 제8장에서 다룰 것이다.

한눈에 살펴보는 편리한 지침

이번 섹션에는 음식과 와인의 페어링에서 피해야 할 조합과 추구해야 할 조합에 대한 기본적인 내용을 담고 있다. 이 내용을 최대한 많이 반복해서 읽어라. 대부분의 경우 이 정도면 충분히 만족스러운 페어링을 하는 것은 물론 약간의 마법까지 부릴 수 있을지 모른다.

같은 체급 안에서 해결하라

가장 효과적인 전술 가운데 하나는 풍미의 강도, 상대적 중량감, 질감이 같은 와인과 음식을 페어링하는 것이다. 가벼운 음식과 가벼운 와인, 무거운 음식과 무거운 와인을 페어링하는 식으로 무게감을 맞춰야 한다. 와인의 경우 바디감을 증가시키는 가장 큰 원인은 알코올과 당 성분이다. 두 가지 가운데 하나, 또는 둘 다 높아질수록 와인은 풀바디에 가까워진다. 음식의 경우 바디감을 증가시키는 가장 큰 원인은 다양한 형태의 지방이다. 버터, 우유, 크림, 요거트, 크렘 프레슈, 치즈 등의 유제품, 동물성 지방, 옥수수유, 카놀라유, 올리브 오일, 팜 오일, 아보카도 오일 등의 식물성 지방, 코코넛, 땅콩, 호두 오일, 참기름 등의 견과류 지방 모두 음식의 바디감, 즉 무게감, 풍부함, 입안을 감싸는 풍미의 느낌을 훨씬 높여준다.

음식의 맛과 향, 풍미 등이 풍부할수록 와인도 풍부해야 음식에 압도당하지 않고 본연의 모습을 유지할 수 있다. 풀바디감을 지닌 와인과 역시 풀바디감과 기름기가 많은 풍미를 지닌 음식을 페어링한 예로는 뵈르 블랑(beurre blanc, 하얀 버터를 의미하는 정통 프랑스 소스-역주)을 곁들인 바닷가재 요리와 뉴 월드의 난온대기후 지역에서 생산된 샤르도네, 캐슈넛, 사프란, 그린 칠리, 마살라, 요거트, 카르다몸과 함께 양 정강이 살을 졸인 인도식 날리 코르마와 바로사 밸리에서 생산된 볼드하고 알코올 함량이 충분히 높은 빅 와인 쉬라즈 비오니에가 있다.

반면 비네그레트를 곁들인 신선한 샐러드, 버터를 첨가하지 않은 십자화과 채소, 초밥과 회처럼 가볍게 익히거나 전혀 익히지 않은 해산물, 또는 해산물 파에야처럼 가볍고 크리스프한 질감을 지닌 저지방 음식은 마찬가지로 가볍고 크리스프하며 산도가 높은 레드 와인, 화이트 와인, 로제 와인과 더할 나위 없이 잘 어울린다. 와인의 산도가 높으면 그러한 음식의 풍미를 높여주는 반면 당과 알코올의 함량이 높으면 풍미를 방해하여 음식을 제압한다.

신맛에는 신맛이 필요하다

신맛이 강한 음식에는 산도가 높은 와인을 페어링해야 한다. 산도가 높은 음식은 와인에 꽤 극적인 영향을 미친다. 새콤한 음식은 와인을 실제보다 부드럽고 프루티하며 심지어 달콤하게 느껴지게 만든다. 감칠맛을 지닌 와인과 음식이 결합하면 더 큰 감칠맛이 만들어지는 시너지 효과가 일어나는 것과 달리 산도가 높은 것끼리 결합하면 서로의 신맛을 감소시켜 와인에서는 더 프루티한 풍미가, 음식에서는 재료의 풍미가 살아나게 만든다. (더 자세한 내용은 제3장에서 다루었다.) 어떤 경우 그냥 단독으로 한 모금 맛보았을 때는 지나치게 날카롭고 신맛이 강한 와인이 타트 비네그레트, 사워크라우트를 드레싱으로 한 샐러드와 함께 서빙되면 더 마일드하고 부드러우며 즐기기 쉬운 와인이 된다.

생선 오일은 산성을 좋아하는 반면 타닌을 싫어한다

지방산이 풍부한 생선과 타닌 함량이 높은 와인을 페어링하면 비릿한 끝 맛이 생기므로 피하는 것이 좋다. 생선에는 오메가-3 지방산이 풍부한 어유(fish oil)가 함유되어 있다. 다양한 연구 결과 오메가-3는 몇 가지 건강에 이로운 역할을 한다는 사실이 밝혀졌다. 하지만 소믈리에 입장에서는 적절한 와인을 페어링하기 어려운 원인이기도 하다. 떫은맛이 강한 레드 와인에 함유된 타닌 산이 오메가-3 지방산과 충돌하여 입안에 금속성의 불쾌한 끝 맛을 만들어내는 것으로 여겨진다.

그러므로 타닌 함량이 높고 떫은맛이 강한 와인은 지방 함량이 많은 생선과 페어링하지 말아야 한다. 대신 타닌 함량이 낮고 제스티한 레드 와인이 적절하다. 오메가-3 지방산 함량이 특히 높은 생선으로는 참치, 연어, 넙치, 상어, 황새치, 옥돔, 멸치, 고등어가 있다. 가리비 역시 와인과 가장 페어링하기 까다로운 골칫거리 식품 가운데 하나다.

반면 강한 신맛은 생선의 지방산을 물리치고 순수한 살 부분의 풍미를 유도해 내기에 완벽한 요인이다. 그러므로 생선 요리는 대부분 레몬, 라임, 또는 신맛을 지닌 재료나 신맛을 포함한 소스를 곁들여 서빙해야 한다.

타닌은 지방과 소금을 사랑한다

타닌이 강한 와인과 기름지고 짭짤한 음식을 서빙해 보라. 타닌은 레드 와인, 그리고 아주 가끔 화이트 와인과 로제 와인에 함유된 성분으로서 떫고 입을 오므리게 만드는 질감과 희미한 쓴맛을 주는 천연 화합물이다. 사람들은 대부분 떫은맛과 쓴맛을 불쾌하게 느끼므로 페어링할 음식을 선택할 때 최대한 영향을 적게 받도록 노력해야

[레드 와인과 생선은 물과 기름 같은 관계]

생선과 레드 와인은 함께 하지 말라는 금언은 인간이 생선이나 레드 와인을 먹기 시작한 것과 시대를 같이할 만큼 오래된 것이다. 그러나 특정한 생선과 와인을 페어링했을 때 발생하는 비릿하고 불쾌한 끝 맛의 실제 원인은 정확히 파악되지 않은 상태였다. 하지만 최근 화학적 원인을 연구한 끝에 이 불협화음의 유력한 용의자가 밝혀졌다. 바로 철분이다. 이 연구에서 불쾌하고 비릿한 끝 맛의 원인이 되는 화합물이 샘플 와인에 함유된 철분과 비례해서 형성된다는 사실이 드러났다(이 연구에서는 가리비가 사용되었다). 즉, 와인에 철분이 많이 함유될수록 비릿한 끝 맛이 더 강해졌다. 이러한 사실은 미각 전문가들은 물론 다양한 화합물의 상대적 농도를 측정하는 편리한 장비인 **가스 크로마토그래프**로도 확인되었다. 와인에 완전히 적셨을 때 철분 함량이 높은 가리비 샘플이 낮은 샘플에 비해 고약한 풍미를 만들어내는 화합물을 더 많이, 더 진한 농도로 만들어냈다. 이는 흥미로운 연구지만 동시에 혼란을 야기하기도 한다. 화학적 분석이 제대로 이루어지지 않는 관계로 와인에 철분이 얼마나 함유되었는지 쉽게 알 수 없기 때문이다. 와인의 철분은 포도가 재배되는 토양에 함유된 철분의 양과 처리 및 저장 과정에서 내려지는 수많은 결정에 따라 그 양이 달라지는데, 전자의 경우 측정이 불가능하고 후자의 경우 대부분 소비자에게 알려지지 않는다. 하지만 철분은 주로 포도 껍질에서 나오고 모든 레드 와인, 그리고 일부 화이트 와인은 껍질을 까지 않은 상태에서 제조되므로 화이트 와인보다 레드 와인에 철분 함량이 높은 것이 일반적이다. 또한 껍질이 두꺼운 레드 품종은 철분을 저장할 공간이 많으므로 평균적으로 철분 함량이 높은 동시에 타닌이 강한 와인이 만들어지는 것으로 여겨진다(껍질이 두껍다는 것은 타닌이 더 많이 추출된다는 것과 같은 의미다). 그러므로 타닌이 강한 빅 와인은 철분 함량이 높을 가능성이 높다. 따라서 타닌이 강한 레드 와인과 생선의 페어링을 피하는 전술을 사용하는 것이 안전한 시작이 될 것이다. 하지만 직접 페어링한 음식과 와인을 맛보기 전에는 진실을 알 수 없다. 나는 몇 번이나 타닌이 강한 와인과 생선이 꽤 잘 어울리는 페어링을 경험하고 놀란 적이 있다.

한다. 소금과 지방, 특히 동물성 지방은 타닌의 영향을 완충하는 역할을 한다. 반면 신맛이 강한 음식은 타닌을 더욱 떫고 거슬리게 만든다.

타닌과 매운 음식? 그다지 좋은 궁합이 아니다

매운 음식과 타닌을 페어링하는 일은 피하라. 칠리 등 매운 재료에는 캡사이신이 함유되어 있는데, 이는 화끈거리는 느낌을 주고 입안에 자극, 때로 통증을 유발하는 화합물이다. 타닌 역시 떫은 질감을 지니고 있어 구강 내에 자극을 준다. 화끈거리는 떫은맛이라는 이중의 자극을 피하고 싶다면 타닌 함량이 높은 와인과 매운 음식의 페어링은 피해야 한다.

짭짤한 음식과 산도가 높은 와인을 함께 서빙하라. 신맛은 타액 분비를 촉진한다. 이는 인체 내에 유입된 산을 염기(타액)로 중화하려는 신체 작용이다. 크리스프한 와인을 한 모금 마시면 타액이 분비되고 음식의 높은 소금 농도를 희석시킨다. 그 결과 타액은 짠맛을 줄여준다.

하지만 이를 뒤집어 생각하면 소금은 풍미를 강화하는 데 있어서 비할 데 없는 요소라는 의미다. 짠맛이 강한 음식은 다른 음식과 달리 린하고 풍미가 그저 그런 와인을 부드럽고 프루티한 맛을 지닌 와인으로 변신시키기도 한다. 캔털루프 등의 과일에 약간의 소금을 첨가하면 단맛이 증가되고 과일 풍미가 높아진다는 사실을 생각해보라. 당신이 선택한 와인 역시 음식에 함유된 아주 소량의 소금의 덕을 볼 수 있다.

단맛은 단맛을 필요로 한다

음식보다 더 달지는 않더라도 적어도 음식만큼 단 와인을 페어링하라. 이는 단맛과 신맛을 연속해서 느낄 때 필연적으로 발생하는 현상을 근거로 한 전략이다. 신맛을 지닌 음식을 먹은 직후에는 모든 것이 상대적으로 더 달게 느껴지고 단 것을 먹은 직후에는 상대적으로 더 시게 느껴진다. 그러므로 음식보다 달지 않다면 와인의 단맛을 느낄 수 없다. 이는 기본적인 '상대성 이론'이다.

사람들은 대부분 자연스럽게 부드럽고 프루티하며 달콤한 것을 선호하므로 음식을 한 입 먹고 난 뒤에 와인이 더 린하고 시게 느껴지지 않게 주의해야 한다. 와인이 음식만큼, 혹은 그 이상 달다면 별 무리가 없을 것이다. 이 이론은 단맛이 아주 강한 디저트 코스에서 적용할 수 있다. 뿐만 아니라 설탕이나 시럽같이 그야말로 '설탕' 때문에 단 것이 아니더라도 과일, 비트, 고구마, 꿀 등 단맛을 지닌 재료를 포함하여 확실히 단 프로파일을 지니는 동시에 감칠맛이 나는 음식에도 적용할 수 있다.

오크에 유의하라

오크 향이 강한 와인은 대부분의 음식을 휩쓸어버린다. 그러므로 가장 강한 풍미를 지닌 음식이 아니면 이러한 와인과 페어링하지 말라. 숯불에 굽기, 그릴에 굽기, 오븐에 굽기 등 풍미에 크게 영향을 주는 조리법으로 음식을 만들면 화이트 와인이든 레드 와인이든 강한 오크 스타일의 와인과 어울리는 스모키하고 탄 듯한 쓴 풍미를 만들어낼 수 있다. 이 모든 사실을 고려한다면 테이블에서는 오크 향이 약하거나 전혀 없는 와인이 훨씬 다양하게 활용될 수 있다.

높은 알코올 도수와 매운맛이 만나면 불이 일어난다

아주 매운 음식에는 알코올 도수가 높은 와인을 페어링하지 말라. 캡사이신은 알코올에 녹는 성질을 지녔다. 이는 칠리 등 매운 향신료가 만들어내는 화끈거리는 느낌이 알코올에 녹는다는 의미다. 그러므로 알코올 도수가 적당한 와인은 실제로 이런 느낌을 줄여주지만 그것도 어느 정도까지다. 적절한 도수라는 것은 최대 약 14퍼센트까지다. 그보다 높아지면, 특히 도수가 15.5퍼센트 이상인 강화 와인을 고려하고 있다면 알코올의 긍정적인 작용은 사라지고 실제로 타는 듯한 느낌이 증가하는 지점에 도달할 것이다.

농도가 낮을 경우 알코올은 미세하게나마 단맛을 지닌다. 농도가 높을 경우에는 그 자체로도 타는 듯한 느낌을 준다. 알코올 도수가 40퍼센트 이상인 그라파(grappa, 포도를 압착한 후 그 나머지를 증류한 것으로 숙성하지 않아서 무색인 이탈리아 브랜디-역주), 데킬라, 스카치 샷을 생각해 보라. 한 잔 마셨을 때의 타는 듯한 느낌을 기억하는가? 그러므로 알코올 함량이 높은 와인은 매운 음식의 화끈거리는 느낌을 더 강하게 만든다. 말 그대로 불난 데 기름을 붓는 격이다. 음식이 주는 화끈거리는 느낌을 즐기는 문화와 사람들이 있는 것은 사실이지만 이미 매운 음식은 그 자체로도 참을 수 없는 것이 되기도 한다.

매운맛에 설탕을 더하면 최소한의 피해로 마무리된다

오프-드라이 와인이나 스위트 와인을 서빙함으로써 매운 음식의 화끈거림을 줄여라. 전 세계, 다양한 문화에서 매운 음식의 타는 듯한 느낌을 완화하기 위해 유지방, 전분, 신 음식 등 다양한 방법을 만들어냈다. 하지만 모든 의미에서 가장 효과적으로 매운맛에 대항하는 수단은 설탕이다. 화끈거리는 느낌을 상쇄하기 위해 인도식 커리와 함께 서빙되는 달콤한 처트니든, 태국식 커리와 함께 서빙되는 신선한 망고나 쓰촨 음식에 사용되는 실제 설탕이든 당 성분은 매운맛의 열기를 잠재운다. 와인도 같은 방식으로 페어링하는 것이 적절하다(하지만 타는 듯한 느낌이 완전히 사라지리라고 기대하지는 말라. 그래도 상관은 없지만 당신은 애초에 그런 느낌을 즐기려고 그 음식을 주문했을 것이기 때문이다).

chapter

05

음식에 초점을 맞춘다 : 풍미, 향, 맛의 하모니

제5장 미리보기

- 음식에서 페어링을 시작한다.
- 각각의 맛을 조절한다.
- 향과 풍미를 군으로 분류한다.
- 풍미군에 따라 포도 품종을 매치한다.
- 음식의 지배적 맛을 판단한다.

음식과 와인을 페어링할 때 가장 먼저 고려할 것 가운데 하나가 바로 지배적 맛이다. 음식의 지배적 맛이 와인의 맛과 질감에 영향을 주기 때문이다. 사람들이 평소에 먹는 음식은 대부분 다양한 향과 맛이 수만 가지 방식으로 조화를 이루며 결합한 것이지만 어떤 식품은 단맛, 신맛, 쓴맛, 짠맛, 감칠맛, 또는 매운맛을 만드는 촉각 가운데 단 한 가지에 지배된다. 아니, 적어도 최고의 페어링을 판가름할 단 하나의 지배적 맛이 존재한다. 녹색 채소, 버섯, 간장은 음식을 지배하는 재료 역할을 하여 각각 쓴맛, 감칠맛, 짠맛이 와인 선택에 결정적인 영향을 미친다. 이번 장에서는 몇 가지 음식과 각 음식의 지배적 맛의 프로파일을 살펴볼 것이다. 그리고 이러한 재료로 만들어진 음식을 접하면 각각의 프로파일을 고려하여 최고의 페어링이 될 와인을 선택해야 한다.

맛의 하모니를 고려한 다음에는 정교하게 조준한 페어링을 시작해야 한다. 즉, 주재료의 향과 풍미를 고려하는 것이다. 음식의 맛을 내는 방법에는 한계가 없는 것 같지만 재료는 비슷한 향과 풍미를 근거로 대략 몇 가지로 분류할 수 있다. 이 책에서는 이를 **풍미군**(flavor family)이라고 부를 것이다. 허브와 향신료는 물론 과일, 채소, 유제품, 심지어 단백질까지 향을 내는 데 일반적으로 사용되는 이러한 재료는 모두 같은 향과 풍미 화합물을 지니고 있다. 그 가운데서도 파슬리, 테르펜, 소톨론의 세 가지 풍미군을 중점적으로 다룰 것이다. 이들을 촌수가 가까울수록 많은 DNA를 공유하는, 일종의 음식 가문의 친척쯤으로 여겨라.

이렇게 나누면 음식의 지배적 풍미를 식별하여 초콜릿과 코코넛, 오이와 딜, 바닐라와 크림처럼 흔히 사용되는 조합에 대해 이해할 수 있다. 오랜 세월 사랑받아온 이러한 페어링은 상당히 많은 풍미 분자들을 공유하여 자연스럽게 보완하는 관계에 있고, 그런 만큼 서로 매우 잘 어울리는 까닭에 전 세계, 다양한 조리법에서 계속 등장한다.

이번 장에서는 비슷한 향과 풍미를 지녀 서로 보완하는 관계로 묶을 수 있는 포도 품종들을 자세히 다룰 것이다. 이는 향의 측면에서 보았을 때 시너지 효과를 내는 조합이며 거의 언제나 좋은 페어링을 이룬다.

이번 장을 읽고 나면 당신은 주방에서 음식에 대한 창의성에 불을 지필 수 있을 것이다. 여기에서 제공하는 정보를 기반으로 자신만의 풍미 탐험을 떠나 새롭고 독특한 조합에 다다를 수 있을 것이다. 또한 같은 지배적 풍미군과 포도 품종을 서로 연결하는 몇 가지 유사점을 통해 와인과 음식의 최종 페어링 단계에도 자연스럽게 도달할 수 있을 것이다.

맛을 먼저 고려하라 : 주도적 감각

주로 맛이 성공적인 페어링을 이끌어내는 원동력이다. 적절한 페어링을 위한 주된 맛을 찾아낸 다음에는 향과 풍미의 시너지에 대한 요구가 시작된다. 음식은 다양한 맛을 지니고 있어 한 가지 맛으로 규정하기 어렵다. 다크 초콜릿의 달콤 쌉싸름함이나 아시아의 전형적인 찍어 먹는 소스에서처럼 맛있는 음식을 만들기 위해서는 균형을 맞춰야 한다. 하지만 많은 경우 음식은 다섯 가지 맛, 혹은 실제로는 촉각이지만 맛에 포함되기도 하는 매운맛 가운데 하나가 전면에 나설 정도로 우위를 차지하고 이를 바탕으로 와인과의 페어링을 위한 요소가 결정된다. 특정한 녹색 채소의 쓴맛, 비네그레트 드레싱을 곁들인 샐러드, 또는 빈달루의 화끈한 매운맛 등 두드러지는 맛을 고려하고 이를 근거로 와인의 풍미를 고려하여 선택해야 한다. 다음 섹션에서는 각각의 주요 맛 카테고리에 부합하는 음식의 목록을 담고 있다.

다음 섹션을 활용하는 방법은 음식의 주재료 가운데 다섯 가지 맛, 또는 강렬한 매운맛을 만들어내는 식품이 있는지 살펴보고 이를 근거로 판단하는 것이다. 음식에 이 목록에 등장하는 재료가 사용되었다면 이를 중점적으로 고려하여 페어링할 와인을 골라야 할 것이다.

반면 매운 칠리 고추, 또는 피캉 퍼포머(Piquant performer, 피캉은 향신료나 양념을 많이 하여 매운 요리를 말한다. 그러므로 피캉 퍼포머는 재료로 사용되었을 때 음식 전체를 맵게 만드는 식품이다-역주)라고 분류되는 재료 가운데 한 가지가 사용되었다면 조리법에 거의 상관없이 이것이 핵심 재료가 된다. 이 경우 페어링은 매운맛의 화끈함이 좌우할 것이다.

짠맛을 지닌 것들

짠맛은 다섯 가지 주요 맛 가운데 하나다. 조리하지 않은 신선 식품 가운데 염화나트륨, 즉 소금 함량이 원래 높은 것은 없지만 가공식품과 보존 처리된 식품은 온통 소금 덩어리이며 따로 간을 하느라 넣은 소금 외에도 바로 여기에서 상당량의 소금을 섭취하게 된다. 소금은 풍미 증강제인 동시에 보존제이므로 포장된 식품, 유리병이나 캔에 담긴 거의 모든 음식에 함유되어 있다. 음식에 넣었을 때 짠맛을 높이는 일반적인 보존 처리된 재료와 가공된 재료는 다음과 같다.

- ✔ 앤초비
- ✔ 베이컨
- ✔ 케이퍼
- ✔ 액젓
- ✔ 하드 치즈
- ✔ 미소
- ✔ 올리브
- ✔ 피클
- ✔ 간장
- ✔ 시판되는 육수

짠맛이 강한 음식과 와인을 페어링할 때는 다음 사항을 염두에 두어야 제대로 된 선택을 할 수 있다.

- ✔ 잔여 당이 어느 정도 함유된 와인을 선택하라. 아니면 레드 와인이든 화이트 와인이든, 잘 익은 포도와 프루티한 풍미 때문에 단 느낌이 나는 것을 선택하라. 짠맛과 단맛은 잘 어울리는 한 쌍이다.
- ✔ 견고한 질감을 지닌 어린 레드 와인을 선택하라. 소금이 와인을 마일드하게 만들고 떫은맛을 줄여주므로 이런 와인을 조금 더 부드럽게 마실 수 있다.
- ✔ 알코올 함량이 높거나 오크 향이 매우 강한 와인을 피하라. 알코올과 오크 향 모두 더 강하게 느껴질 것이다.

달콤한 것들

소금과 마찬가지로 설탕은 단맛을 내고 장기간 보존하기 위해 정제된 형태로 식품에 첨가된다. 하지만 소금과 달리 설탕은 가공되지 않은 건강하고 덜 정제된 식품에도 자연적으로 존재한다. 원래 단맛을 지녀 음식에 단맛을 높여주는 식품은 다음과 같다.

- ✔ 비트
- ✔ 버터넛 스쿼시
- ✔ 자작나무 시럽
- ✔ 옥수수
- ✔ 크림/홀 밀크
- ✔ 각종 건조 과일
- ✔ 과일(특히 익히거나 말렸을 때)
- ✔ 꿀
- ✔ 단풍나무 시럽
- ✔ 고구마
- ✔ 얌

단맛을 지닌 음식의 경우 최소한 같은 수준으로 단 와인을 페어링해야 한다.

쓴맛

인간이 섭취하는 음식 안에는 쓴맛을 내는 수많은 화합물이 천연적으로 존재한다. 과학자들은 쓴맛의 기준으로 토닉 워터의 쓴맛을 내는 퀴닌을 사용하기도 한다. 하지만 그 밖에도 쓴맛을 내는 물질은 수십 가지에 이른다. 두드러지는 쓴맛을 지닌 식품은 다음과 같다.

- ✔ 아루굴라(루콜라)
- ✔ 아시아 여주
- ✔ 브로콜리
- ✔ 양배추
- ✔ 카페인
- ✔ 콜리플라워
- ✔ 치커리, 에스카롤
- ✔ 시트러스 껍질
- ✔ 냉이
- ✔ 단데리온 그린(뿌리와 잎을 먹을 수 있는 민들레 종류-역주)
- ✔ 올리브
- ✔ 라피니
- ✔ 터닙
- ✔ 감미하지 않은 카카오(비터 초콜릿)
- ✔ 물냉이

쓴맛이 강한 음식과 와인을 페어링하기 위해서는 다음 사항을 명심해야 한다.

- ✔ 쓴맛과 타닌이 강한 와인을 피한다.
- ✔ 크리스프하고 산도가 높은 와인을 선택한다.
- ✔ 소프트하고 과일 맛과 향이 강한 레드 와인을 선택한다.

신맛과 새콤함은 어디에서 오는가

음식에 다양한 신맛, 즉 새콤한 맛을 내는 산은 자연계에 다양한 형태로 존재한다. 세균은 산성 액체에서 부유하지 못하므로 산은 소금처럼 보존제 역할을 한다. 또한 피클과 염장 식품에서 핵심적인 요소다. 비네그레트를 두른 샐러드에서 스튜까지, 음식에 균형이 잡히려면 풍미를 살려줄 산이 필요하다. 새콤함을 더해줄 수 있는 식품들은 다음과 같다.

- ✔ 사과(특히 그린 애플)
- ✔ 치즈(특히 산양유 치즈)
- ✔ 감귤류 과일
- ✔ 김치
- ✔ 채소 피클
- ✔ 사워크라우트
- ✔ 사워크림/크렘 프레슈
- ✔ 각종 식초
- ✔ 요거트

새콤한 음식과 좋은 페어링을 이루기 위해서는 다음 사항을 염두에 두어야 한다.

- ✔ 산도가 높은 와인을 선택한다.
- ✔ 달거나 산도가 낮은 와인을 피한다. 음식 때문에 와인이 무기력하게 느껴지거나 식욕을 떨어뜨릴 것이다.
- ✔ 타닌과 쓴맛이 강한 와인, 특히 레드 와인을 피한다.

감칠맛을 내는 물질

감칠맛을 일으키는 성분은 아미노산인 글루탐산이다. 우마미란 일본어로 '맛있는 맛'이라는 의미다. 우마미에 대한 자세한 내용은 제2장을 살펴보라. 감칠맛은 다양한 식품에 자연적으로 존재하며 글루탐산모노나트륨(MSG)의 형태로 광범위하게 음식에 추가된다. 글루탐산이 풍부한 식품은 다음과 같다.

- ✔ 앤초비와 앤초비 소스
- ✔ 캐비어
- ✔ 배추
- ✔ 익힌 양파, 시금치
- ✔ 게 살
- ✔ 보존 처리된 햄, 건조 소시지
- ✔ 말린 가다랑어
- ✔ 그릴에 구운 숙성 쇠고기
- ✔ 파르미지아노, 또는 만체고 같은 잘 숙성된 하드 치즈
- ✔ 케첩
- ✔ 다시마
- ✔ 미소
- ✔ 남플라(nam pla, 태국의 유명한 발효 생선 소스-역주)
- ✔ 버섯
- ✔ 김
- ✔ 잘 익거나 햇볕에 말렸거나 익힌 토마토
- ✔ 가리비
- ✔ 간장

감칠맛이 풍부한 식품과 와인을 페어링하는 비결은 다음과 같다.

- ✔ 오크 향이 매우 강한 와인은 피한다.
- ✔ 타닌과 떫은맛이 매우 강한 와인은 피한다.
- ✔ 음식과 같은 수준의 감칠맛을 지닌 와인을 선택한다(뒤에 나오는 '소톨론과 잘 어울리는 와인'을 참고하라).

피캉 퍼포머

매운맛이 주는 화끈거림은 맛이 아니라 촉각, 그 가운데서도 통각이다. 하지만 음식과 와인 페어링에서 매우 중요한 요소로 작용하는 만큼 핵심적인 맛으로 다룰 것이다. 매운맛이 주는 불에 덴 것 같은 느낌을 일단 느끼면 인간은 주로 다른 맛을 느끼지 못한다. 그러므로 그 음식을 지배하는 요소는 바로 매운맛이 된다. 사람들은 매운 음식을 좋아한다. 이제 미국에서는 케첩보다 핫소스가 더 잘 팔리며, 이는 피캉의 인기만 봐도 알 수 있다. 제대로 매운맛을 보여줄 재료는 다음과 같다.

- ✔ 검은 후추
- ✔ 각종 칠리
- ✔ 계피
- ✔ 정향
- ✔ 생강
- ✔ 서양고추냉이
- ✔ 머스터드 씨앗
- ✔ 터메릭
- ✔ 와사비

매운 음식과 제대로 와인을 페어링하기 위해서는 다음과 같은 사항을 명심해야 한다.

- ✔ 오프-드라이, 또는 미디엄-드라이 와인을 선택한다.
- ✔ 너무 높지 않은 적당한 알코올을 함유한 풀바디 와인을 선택한다. 매운맛의 열기를 만들어내는 캡사이신은 알코올에 용해된다(그것도 15퍼센트까지다. 그 이상일 경우 알코올 자체가 타는 듯한 느낌을 줄 것이다).
- ✔ 오크 향이 강하거나 쓴맛이 강한 와인을 피한다.

향과 풍미를 고려하라 : 같은 군에 있는 재료

음식과 와인 모두 놀랄 정도로 다양한 향과 풍미를 만들어내는 진원지다. 수백, 혹은 수천 가지의 다양한 풍미가 자연적으로 발생하며 우리는 그 가운데 다수를 매일 먹고 마시는 과정에서 만나게 된다. 선사시대 이후 인간은 서로가 서로를 향상시켜 주는 음식과 음료, 즉 함께 먹었을 때 더 큰 즐거움을 선사하는 앙상블을 이루는 최고의 조합을 추구해 왔다. 이번 섹션에서는 음식과 와인 사이에서 만들어질 수 있는 향과 풍미의 하모니를 살펴볼 것이다.

양파와 마늘, 토마토와 바질, 레몬과 신선한 굴 등 직관적으로, 심지어 문화를 초월하여 유독 자주 등장하는 특정한 풍미의 조합이 있다. 반면 중국에서 생강과 쇠고기를, 북아메리카에서 베이컨과 치즈(햄버거)를, 이탈리아에서 프로슈토와 멜론을 한데 묶는 것처럼 특정한 지역과 문화에서만 즐기는 조합도 있다. 이러한 풍미의 조합이 어떻게 만들어졌는지, 어떤 풍미군에 속하는지에 대한 기본 지식을 갖춘다면 기억에 남을 만한 페어링을 찾는 데 도움이 될 것이다. 다음 섹션에서는 음식과 와인을 좋아하는 사람들이 그러하듯 우연히 이러한 조합을 발견하고 마음에 들어 계속해서 사용한 사람들이 개발한 조리법을 설명할 것이다. 또한 실험실에서 개발된 페어링도 소개할 것이다. 이는 과학자들이 어떻게 하면 맛있는 조합이 될까 실험하던 중 발견한 것들이다.

이제부터 사람들이 늘 접하는 주요 풍미군, 그리고 같은 풍미군에 속하는 일반적인 재료들을 설명할 것이다. 그러므로 식탁에 어떤 음식이 오르든 당신은 그 음식을 시작점으로 페어링을 찾을 수 있을 것이다.

귀로 음식과 와인을 다뤄라. 옛날 방식의 페어링

언제, 어디서나 사랑받는 풍미의 조합 가운데 다수는 시행착오를 거쳐 탄생했다. 조리법과 마찬가지로 실제로 인간은 7,000년 이상 시행착오를 겪으며 음식의 조합과 음식 및 와인의 페어링을 찾아냈다. 음악가가 귀를 이용하는 것처럼 전문 셰프와 가정의 셰프들은 하모니를 찾기 위해 자신의 감각에 의존했다. 최근에 들어서야 사람들은 음식 재료들이 공통적으로 함유한 풍미 화합물이 얼마나 많은지, 그 때문에 얼마나 많은 시너지가 엄청나게 다양한 재료들 사이에서 일어날 수 있는지 알게 되었다. 하지만 기본적으로 단순히 이 재료들을 함께 사용했을 때 맛이 좋았고, 사람들이 그러한 조합을 좋아했기 때문에 지금까지 전해지는 것이다.

와인의 구성 성분 역시 최근까지 베일에 싸여 있었다. 물론 포도 품종과 고전적인 재배 지역을 모두 고려하여 탄생한 풍미 프로파일이 있었다. 즉, 각각의 와인을 독특하고 차별화되는 것으로 만드는 향과 맛의 특징 가운데 겹치는 것들이 있어 분류가 가능했던 것이다. 그리고 와인 전문가들은 과일, 채소, 허브, 향신료 등 익숙한 비유를 사용해서 와인을 묘사했는데, 이는 전적으로 후각과 미각에 의존해서 만들어낸 프로파일이었다.

과학 덕분에 훨씬 쉬워진 것은 사실이지만(다음 섹션에서 다룰 것이다) 여전히 인간이 적절한 음식과 와인의 페어링을 찾아내는 방법은 대부분 후각 뉴런과 미뢰에 의존한 것이다. 그런 만큼 누구나 훌륭한 페어링을 찾아내고 어떤 조합이 어울릴까에 대한 아이디어를 떠올릴 수 있는, 제대로 된 수단을 소유했다는 의미다. 그리고 이를 활용해서 실험을 하고 싶다면 다음 섹션에서 소개할 풍미군 가운데 같은 곳에 속한 재료들을 다른 조합으로 묶어보아라. 이 재료들은 각각 몇 개에서 50개, 심지어 100개의 풍미 분자를 공유하므로 이론적으로 함께 했을 때 맛이 좋을 수밖에 없다. 아마도 독자들은 자신만의 가장 좋아하는 풍미 조합을 새로이 발견하게 될 것이다. 하지만 이론은 이론일 뿐, 현실에서는 실패할 수도 있다. 과학이 당신을 데려다줄 수 있는 곳은 여기까지인 것이다. 결국 실험실에서 나온 그 어떤 보고서보다 후각과 미각이 믿을 만하다는 말이다.

시행착오에서 과학으로

오늘날 과학자들은 각 음식 재료나 와인의 풍미 프로파일에서 어떤 풍미 화합물이 가장 큰 공헌을 하는지 식별할 수 있다. 실제로 모든 과학 분야가 우리의 주방과 정원에서 발견되는 것들 사이의 분자 유사성을 밝혀내는 데 일조한다고 볼 수 있다. 그리고 와인과 음식 사이에 공유되는 화합물의 수는 놀랄 정도로 많다. 이제 나는 와인 테이스터로서의 명예가 회복되는 느낌이다. 와인에서 라즈베리나 복숭아, 허브의 풍미가 느껴진다고 묘사한 것이 그저 허황된 말이 아니라는 사실이 밝혀졌기 때문이다. 음식과 와인에서 같은 풍미 분자들이 발견되는 것이다!

놀랍게도 인간은 좋은 장비를 갖춘 과학 실험실 없이도 향과 풍미에 대해 많은 지식을 쌓아왔다. 하지만 최근 최첨단 과학 연구를 통해 향과 풍미의 구성 요소에 대해 드러난 사실을 보면 그러한 지식의 상당수가 사실이었다. 예를 들어 양고기는 타임과 로즈마리 등 조리용 허브로 풍미를 내는 것이 일반적인 전통인데, 이제 사람들은 그 이유를 알게 되었다. 양고기 자체에 상당한 양의 티몰이 함유된 것이다. 이는 타임이 타임 향이 나게 만드는 것과 같은 물질이다. 마찬가지로, 돼지고기에 살구를 곁들이는 음식이 많은데 바로 돼지고기에 살구와 같은 풍미 분자가 함유되어 있다. 와인 테이스터들 역시 소비뇽 블랑을 마실 때 피망이 떠오른다는 사실을 알고 있었다. 그리고 두 가지 모두 같은 향 분자를 지니고 있다는 사실이 밝혀졌다.

새롭게 밝혀진 이러한 지식들은 그저 '내 생각이 옳았구나'라는 수준을 넘어 전에는 언뜻 떠오르지 않았지만 맛있을 가능성이 있는 새로운 음식과 와인의 조합을 탐험하는 문을 열어주었다. 예를 들어 캐비어와 화이트 초콜릿에 똑같은 풍미 화합물이 73개나 있을지 누가 생각이나 했겠는가?

단순히 같은 풍미를 지닌 음식과 와인이라고 해서 페어링했을 때 맛있으리라는 보장은 없다. 페어링에서는 맛과 질감이 우선시되는 경우가 많기 때문이다. 하지만 확실한 시작점인 것은 분명하다. 다행인 것은 근사한 장비를 갖추고 실험복을 입은 과학자들이 그 과정을 쉽게 만들어줄지도 모른다는 사실이다. 하지만 그들도 당신이 직접 음식과 와인의 페어링 실험을 하는 재미를 아직 앗아가지는 않았다.

파슬리군과 함께 활기 업 : 파인 허브

주방에서 사용되는 속칭 파인 허브(fine herbs)는 주로 파슬리군에 포함된다. 이러한 식물은 미나릿과 식물이라고도 불리며 학명은 산형과(*apiaceae, umbelliferae*)다. 이 거대한 군에는 고농도의 에센셜 오일을 함유한 식물과 관목 약 3,700종이 포함되는데, 바로 이 에센셜 오일이 독특한 향을 만들어낸다. 가볍고 신선한 샐러드, 조리하지 않은 채소, 달콤한 허브를 떠올리고 있다면 바로 파슬리군을 생각하는 것이다. 이를 색으로 표현하자면 밝은 푸른색이고 춤에 비유하자면 비극적 요소를 배제한 전통 발레다.

파슬리군의 향은 크게 아니스, 감초, 민트의 세 가지로 나눌 수 있다. 이 군에 속하는 멤버 다수는 쿨하며, 이는 입안에 상쾌한 청량감을 준다는 의미다. 민트의 상쾌한 맛만 생각해도 알 수 있다.

파슬리군을 하나로 연결하는 주요 풍미 성분은 에센셜 오일인 아네톨이다. 이는 아니스, 펜넬, 팔각, 감초에 함유된 가장 중요한 풍미 성분이며 타라곤과 바질에 함유된 에스트라골과도 밀접한 연관이 있다. 민트에 함유된 멘톨 정향과 바질에 함유된 유제놀 역시 중요한 화합물이다.

다음 섹션은 파슬리군을 허브, 향신료, 채소, 푸른 채소, 그리고 과일로 분류해서 다룰 것이다. 실험의 즐거움을 느끼고 싶다면 일단 전통적인 조리법을 선택한 다음 여기에 사용되는 재료 대신 같은 군에 속한 다른 것을 사용해 보라. 예를 들어 고전적인 토마토-바질 파스타 소스에서 바질 대신 타라곤을 쓰는 식이다. 이는 고전적인 주제의 변주곡이 될 것이다. 아니면 다음에 세비체를 만들 때 라임 대신 자몽을, 고수 대신 레몬그라스를 사용해 보라. 여기에 와인까지 더해지면 실험의 재미가 본격적으로 시작되는 것이다.

파슬리군에 속하는 허브

식료품점의 신선한 허브 진열대로 가면 이 군에 속한, 다음과 같은 향신료 허브를 발견할 수 있다.

- ✔ 안젤리카
- ✔ 바질
- ✔ 처빌
- ✔ 시슬리
- ✔ 고수
- ✔ 딜
- ✔ 히솝
- ✔ 레몬그라스
- ✔ 러비지
- ✔ 민트
- ✔ 파슬리
- ✔ 차조기
- ✔ 타라곤

파슬리군에 속하는 향신료

식료품점의 건조 향신료 진열대로 가면 이 군에 속한, 다음과 같은 향신용 양념을 발견할 수 있다.

- ✔ 아니스
- ✔ 아요완
- ✔ 아사푀티다
- ✔ 펜넬 씨앗
- ✔ 생강
- ✔ 육두구

- ✔ 캐러웨이
- ✔ 정향
- ✔ 커민
- ✔ 팔각
- ✔ 터메릭

파슬리군에 속하는 채소, 푸른 잎채소, 과일

파슬리군에 속하는 녹색 잎채소를 비롯한 각종 채소, 과일은 식료품점의 신선식품 코너에 위치한다. 비교적 생소한 채소와 과일을 구입하려면 전문 매장으로 가야 할 수도 있다. 파슬리군에 속하는 것은 다음과 같다.

- ✔ 아티초크
- ✔ 블랙 래디시
- ✔ 당근
- ✔ 샐러리
- ✔ 치커리
- ✔ 무
- ✔ 민들레
- ✔ 가지
- ✔ 엔디브
- ✔ 에스카롤
- ✔ 펜넬
- ✔ 갈라 사과
- ✔ 콘샐러드
- ✔ 파스닙
- ✔ 돼지감자
- ✔ 마늘잎쇠채
- ✔ 사보이 양배추
- ✔ 토마티요
- ✔ 옐로 비트

파슬리군과 함께 노래를 : 화이트 와인과 레드 와인

다른 것보다 파슬리군과 자연스럽게 잘 어울리는 화이트 와인과 레드 와인이 있다. 화이트 와인의 경우 기후가 더 찬 지역에서 재배된 포도로 만들었으며, 생기 넘치고 아로마틱하며 오크 숙성을 거치지 않은 와인이 가장 잘 어울린다. 다음 목록에 있는 화이트 품종 가운데 다수가 신선하고 허브 같은 풍미 프로파일을 지녔으며, 그런 만큼 파슬리군과 타고난 파트너 관계에 있다. 물론 이 품종들은 제각각 다르지만 풍미의 일부분이 겹치고 비슷한 군에 속하므로 페어링을 실험하고 한계를 넓힐 기회가 열려 있다. 오늘 저녁 소비뇽 블랑을 마실 생각인가? 그렇다면 대신해서 베르데호나 프리울라노에 도전해 보는 것은 어떤가? 두 가지 모두 신선하고 오크 숙성을 거치지 않은 드라이 와인이며, 비슷한 스타일로 만들어진 만큼 소비뇽 블랑과 어떤 음식을 페어링할 계획이든 잘 어울릴 것이다. 적어도 완전한 재앙 수준은 아닐 것이다.

특히 신선하고 오크 숙성을 거치지 않은 스타일로 만들어졌을 때 파슬리군과 가장 잘 어울리는 화이트 와인과 품종은 다음과 같다.

- ✔ 알바리뇨/알바리뉴
- ✔ 알리고테
- ✔ 아르네이스
- ✔ 카타라토
- ✔ 샤르도네(오크 숙성되지 않은 것)
- ✔ 샤슬리
- ✔ 코르테제
- ✔ 엔크루자도
- ✔ 프리울라노
- ✔ 가르가네가
- ✔ 그레코 디 투포
- ✔ 그뤼너 벨트리너
- ✔ 말바지아
- ✔ 피노 블랑
- ✔ 리슬링
- ✔ 소비뇽 블랑(오크 숙성되지 않은 것)
- ✔ 베르데호
- ✔ 베르멘티노

파슬리군이 지배적인 재료인 음식과 페어링할 때는 무겁고 타닌이 매우 강해서 쓴맛을 많이 지녔으며 두드러지는 배럴 숙성 향이 없는 레드 와인은 피하라. 대신 크리스프하고 프레시한 스타일과 짝지어 보라. 파슬리군과 좋은 페어링을 이룰 수 있는 레드 와인과 포도 품종은 다음과 같다.

- ✔ 바르베라
- ✔ 카베르네 프랑
- ✔ 돌체토
- ✔ 그르나슈
- ✔ 멘시아
- ✔ 네비올로
- ✔ 피노 누아(특히 가벼운 스타일)
- ✔ 시라/쉬라즈(더 라이트한 냉온대기후 스타일)
- ✔ 발폴리첼라(다양한 품종을 섞은 블렌드)

테르펜군과 함께 로큰롤을 : 수지성 허브

방향성 허브와 향신료 사이에는 중복되는 부분이 있다. 하지만 군이 따로 보더라도 두 가지의 향 프로파일은 모두 테르펜(terpene)이라는 유기 화합물군에 속한다. 소나무 같은 나무의 수지에 함유된 주요 향 화합물인 테르펜은 다양한 허브와 향신료, 꽃, 그리고 포도 등의 과일에서도 발견할 수 있다. 실제로 일부 품종이 공통적으로 지닌 수지성의 매콤한 꽃향기를 묘사할 때 (전문 지식을 갖춘) 와인 테이스팅 집단에서 테르펜의(terpenic)라는 용어가 사용되기도 한다. 테르펜을 색으로 표현한다면 어두운 녹색이고 음악 장르로 말하자면 로큰롤이다. 우렁차고 분명하다.

전통적인 로즈마리 럽 양다리 요리와 유칼립투스 향이 나는 호주 카베르네 소비뇽에서 수지성 허브를 재료로 사용한 양고기 스튜와 리치한 알자스 리슬링이라는 독특한 페어링까지, 여기에 속하는 허브들 사이에는 시너지가 일어날 가능성이 수없이 존재한다.

테르펜군에서 가장 중요한 방향 화합물에는 오렌지, 장미, 로즈우드, 고수에 함유된 리날로올, 장미, 시트로넬라, 제라늄에 함유된 게라니올, 오렌지 블로섬에 함유된 네롤, 파인 오일, 랍상소우총 차에 함유된 테르피네올, 그리고 생 그린 플라워와 시트러스에 함유된 호트리에놀이 포함된다.

다음 섹션들에서는 테르펜군을 허브, 향신료, 식용 꽃, 채소, 과일, 그리고 단백질 식품 등 종류에 따라 나눠 설명할 것이다. 다른 풍미군과 마찬가지로 함께 여기에 속한 재료들을 서로 바꿔서 새로운 조합을 시도하고 보완적인 페어링을 찾을 가능성이 존재한다.

테르펜 허브, 향신료, 꽃

테르펜군에 속하는 허브, 향신료, 꽃을 쉽게 찾을 수 있어야 한다. 이 재료들은 방 안에 걸어 들어갔을 때 즉시 냄새를 맡을 수 있을 정도로 향이 강하기 때문이다. 그 가운데 다수는 아로마테라피에도 사용된다. 테르펜군에 속하는 허브, 향신료, 꽃으로는 다음과 같은 것이 있다.

- ✔ 베이
- ✔ 베르가모트
- ✔ 고수
- ✔ 유칼립투스
- ✔ 레몬그라스
- ✔ 마조람

- ✔ 육두구
- ✔ 오레가노
- ✔ 로즈마리
- ✔ 세이지
- ✔ 타임
- ✔ 버베나

테르펜 향신료와 식용 꽃

테르펜군에 속하는 허브, 향신료, 꽃은 종종 향수에 사용된다. 향수 제조가들이 말하는 베이스 노트(base note)가 된다. 크기가 작은 현악기가 높고 가벼운 소리를 낼 때 이를 뒷받침해 주는 더블베이스처럼 낮은 톤을 만들어준다. 다음 목록에서 이국적 향신료와 친숙한 꽃을 알아볼 수 있을 것이다.

- ✔ 카르다몸
- ✔ 백향목
- ✔ 계피
- ✔ 정향
- ✔ 생강
- ✔ 주니퍼
- ✔ 라벤더
- ✔ 고추
- ✔ 장미

테르펜 과일과 채소, 단백질 식품

놀랍게도 테르펜군에는 과일, 채소, 심지어 단백질 식품까지 존재한다. 이런 재료들 사이에 공통점이 있다는 생각조차 하지 못할 것들이다. 그 예는 다음과 같다.

- ✔ 아보카도
- ✔ 벨 페퍼
- ✔ 당근
- ✔ 샐러리 뿌리
- ✔ 병아리콩
- ✔ 시트러스 제스트와 꽃
- ✔ 보존 처리된 햄
- ✔ 양고기
- ✔ 여지
- ✔ 파스닙
- ✔ 파인애플
- ✔ 돼지 허릿살
- ✔ 토끼고기
- ✔ 로스트 치킨
- ✔ 딸기
- ✔ 토마토

테르펜군과 보완 관계에 있는 포도 품종과 와인

테르펜의라는 말은 와인 업계에서 사용되는 용어다. 주로 화이트 품종이지만 많은 포도 품종에 상당한 양의 테르펜이 함유되어 있기 때문이다. 놀랍도록 풍부한 향을 지닌 머스캣 품종을 예로 들어보자. 봄이 만개한 듯한 야생화 향과 고급 욕실 방향제 같은 향은 모두 테르펜이 존재하는 덕분에 생기는 것이다. 머스캣은 가장 오래된 포도 품종이며 수많은 품종의 어머니이므로 테르펜의 DNA가 전 세계에 퍼졌다고 할 수 있다. 물론 껍질이 검은 머스캣 품종은 예외지만 이렇듯 강렬한 꽃향기는 레드 품종에서는 드물다. 또한 고유의 미묘한 꽃향기를 지닌 레드 품종과 블렌드도 몇 가지 있긴 하지만 더 많은 경우 로즈마리와 베이 등 수지성 허브 향을 지닌 경우가 더 흔하다.

다음 섹션에서는 이 사랑스러운 향을 기대할 수 있는 몇 가지 화이트 및 레드 품종을 소개할 것이다. 여기서도 보완적 향은 그저 완벽한 페어링의 일부지만 시작하기에 좋은 지점이 되어줄 것이다. 그러므로 다음에 로즈마리와 타임 향이 나는 양 다리 요리를 먹을 때면 허브 향이 풍부한 지중해 레드 와인을 꺼내라. 아니면 베르가모트, 레몬그라스, 고수 향이 나는 코코넛 커리를 먹을 때 풍미가 자극적인 게뷔르츠트라미너를 꺼내라. 그리고 향들이 빚어내는 시너지를 만끽하라.

테르펜군에 속하는 화이트 포도 품종과 와인은 다음과 같다.

- ✔ 알바리뇨
- ✔ 오세루아
- ✔ 샤슬리
- ✔ 게뷔르츠트라미너
- ✔ 마리아 고메즈/페르나오 피레스
- ✔ 모스초필레로
- ✔ 머스캣
- ✔ 뮐러 튀르가우
- ✔ 옵티마
- ✔ 피노 그리
- ✔ 리슬링
- ✔ 루싼느
- ✔ 쇼이레베
- ✔ 실바네르
- ✔ 토론테스
- ✔ 비우라

다양한 화이트 와인의 유형에 대한 자세한 정보는 제3부에서 다룰 것이다. 테르펜군과 시너지를 낼 수 있는 레드 포도 품종과 와인은 다음과 같다.

- ✔ 블랙 머스캣
- ✔ 카베르네 소비뇽
- ✔ 도루 블렌드(포르투갈)
- ✔ 그르나슈
- ✔ 라크리마 디 모로 달바(이탈리아 라 마르케)
- ✔ 말벡
- ✔ 서던 프렌치 블렌드/그르나슈-시라-무르베드르
- ✔ 시라/쉬라즈

다양한 레드 와인의 유형에 대한 자세한 정보는 제3부에서 다룰 것이다.

풍미계의 감칠맛, 소톨론군에 맞춰 그루빙을

소톨론(sotolone)은 커리, 호로파, 러비지, 캐러멜, 단풍나무 시럽 등 다양한 재료가 지닌 독특한 풍미, 즉 찌르는 듯하고 흙 같은 달콤한 풍미를 만들어내는 데 가장 크게 기여하는 매우 강력한 방향 화합물이다. 나는 개인적으로 풍미계의 감칠맛이라고 생각한다. 단맛이 있을 때조차 맛있고 풍미가 있다는 말이다(감칠맛에 대한 자세한 내용은 제2장에서 다루었다). 소톨론을 색으로 표현하자면 그을은 담뱃잎이나 당밀 같은 어두운 갈색이다(그리고 두 가지 모두 소톨론을 함유하고 있다). 음악 장르에 비유한다면 소톨론은 리듬앤블루스(R&B)가 될 것이다. 그만큼 소톨론, 그리고 이와 관련된 화합물은 풍미를 더욱 강하게 만들어주는 강력한 성분이다.

다음 섹션에서는 소톨론이 가장 풍부하게 함유되어 R&B 같은 향과 풍미를 지닌 음식과 와인 스타일을 짚어볼 것이다. 접시에 담긴 소톨론과 글라스에 담긴 소톨론은 놀라운 시너지를 만들어낸다.

소톨론이 풍부한 음식과 보완적 음식

이번 섹션의 목록에 이름을 올린 모든 음식은 로스팅, 그릴에 굽기, 건조, 훈연, 희석이나 농축, 보존 처리, 숙성 등 어떤 식으로든 조리된 것이라는 사실을 눈여겨보라.

실제로 재료에 소톨론이 함유되어 있는지의 여부와 상관없이 이러한 조리법, 또는 처리법은 탄 것 같고 견과류 같으며 달콤한 캐러멜화되었으며 커리 같은 향과 풍미를 만들어낸다. 바로 이것이 소톨론군을 규정하는 특징이다. 그릴에 구운 채끝에 말린 자연산 버섯 소스를 곁들이는 것처럼 같은 군에 속한 재료끼리 보완하는 데 사용할 수도 있지만 이탈리아의 고전적인 음식 프로슈토에 멜론을 곁들이는 것처럼 밝고 신선한 풍미와 파격적인 대조를 이루는 데 사용할 수도 있다.

소톨론이 풍부하여 보완적 관계에 있는 음식은 다음과 같다.

- ✔ 숙성, 또는 보존 처리된 햄
- ✔ 발사믹 같은 숙성된 식초
- ✔ 황설탕
- ✔ 캐러멜
- ✔ 익힌 루바브
- ✔ 커리(커리 잎, 커민, 카르다몸, 계피, 베이 잎, 칠리 페퍼 등 다양한 재료를 다양하게 혼합한 것)
- ✔ 건조 과일(자두, 무화과, 대추)
- ✔ 말린 버섯
- ✔ 방금 로스팅한 커피 콩
- ✔ 그릴에 구운 숙성 육류
- ✔ 그릴에 구운 채소
- ✔ 단풍나무 시럽
- ✔ 당밀
- ✔ 훈제 고추(치포틀레)
- ✔ 간장
- ✔ 고구마/얌
- ✔ 겉만 구운 코코넛
- ✔ 겉만 구운 헤이즐넛, 피스타치오
- ✔ 바닐라

소톨론과 잘 어울리는 와인

다음은 특정한 포도 품종이 아닌 와인 스타일별로 살펴본 목록이다. 소톨론이 풍부한 음식처럼 소톨론군에 속하게 만드는 풍미를 만들어내는 원재료가 아니라 조리, 또는 처리 기법을 다룬 내용이다.

그렇다면 소톨론이 풍부한 음식과 어울리는 와인은 어떤 특징을 지닐까? 그 세 가지 주요 요소는 다음과 같다.

- ✔ **숙성도** : 나이가 많은 와인일수록 말린 과일, 캐러멜화된 달콤함, 탄 것 같은 풍미를 지닌다.
- ✔ **배럴 숙성** : 오크통, 즉 배럴에서 숙성한 기간이 길수록 소톨론과 잘 어울린다. 실제로 배럴 숙성 와인이 지닌 독특한 향은 캐러멜, 황설탕, 구운 코코넛, 커피, 바닐라, 단풍나무 시럽같이 소톨론이 풍부한 음식의 것과 같다.
- ✔ **원숙도** : 아주 잘 익은 포도로 만든 와인은 실제로 와인 안에 설탕이 없는 상태에서도 단 느낌을 만들어내는 경향이 있다. 와인 테이스터들이 잼 같은 과일이라고 부를 이 희미한 단맛은 소톨론군에 속하는, 감칠맛과 단맛을 동시에 지닌 음식과 매우 잘 어울린다.

셰리와 토니 포트처럼 병에 담기 전에 오랜 기간 오크통에서 숙성된 와인을 살펴보라. 소테른, 헝가리 토카이 아수 같은 스위트 와인, 특히 특정한 조건에서 작용하는 **귀부병** 곰팡이에 감염되어 기적 같은 변신을 한 포도로 만든 스위트 와인에 소톨론 향이 풍부하게 함유되어 있다. 숙성된 증류주, 특히 다크 럼과 사케(특히 코슈 스타일이나 숙성 사케)처럼 숙성된 드라이 화이트 와인 역시 비슷한 향을 만들어낸다.

하지만 많이 숙성되었거나 단맛이 매우 강한 와인은 여기에 어울리지 않는다. 그래도 꼭 이런 와인을 마시고 싶다면 난온대기후에서 재배되어 극도로 잘 익은 포도로 만들어 특히 새 오크통, 즉 새로 만든 배럴에서 발효, 또는 숙성하거나 발효와 숙성 과정을 모두 거친 와인 중에서 고르는 것이 좋다. 예를 들어 캘리포니아, 호주, 아르헨티나, 칠레, 남아프리카공화국에서는 유럽 남부 구석의 더 따뜻한 기후를 지닌 지역과 같이 소톨론군과 잘 어울릴 수많은 와인을 생산하고 있다. 리치하고 원숙한 샤르도네나 퓌메 블랑, 서던 론 화이트, 배럴 숙성 비오니에, 진한 맛과 향을 지닌 뉴 월드 스타일의 카베르네 소비뇽, 메를로, 아르헨티나 말벡, 오스트레일리안 쉬라즈, 서던 프렌치 블렌드, 그리고 브루넬로 디 몬탈치노, 바롤로, 아마로네 등 이탈리아에서 건너온 묵직한 와인 가운데서 찾아보라.

다음은 같은 군에 속하는 까닭에 소톨론이 풍부한 음식과 좋은 페어링을 이루는 와인의 목록이다. 실제로 감칠맛이 풍부한 음식과 잘 어울리는 와인과 겹치는 경우도 많다.

드라이 와인은 다음과 같다.

- ✔ 아마로네
- ✔ 바롤로
- ✔ 바로사 밸리 쉬라즈(호주)
- ✔ 브루넬로 디 몬탈치노
- ✔ 카베르네 소비뇽(원숙한 뉴 월드 스타일)
- ✔ 샴페인(빈티지)
- ✔ 말벡(아르헨티나)
- ✔ 메를로(원숙한 뉴 월드 스타일)
- ✔ 트래디셔널 메소드 스파클링 와인(5년 이상)
- ✔ 뱅 존(쥐라, 프랑스)

스위트 와인은 다음과 같다.

- ✔ 뱅 두 나뛰렐(강화 스위트 와인)
- ✔ 아몬티야도 셰리(드라이도 가능함)
- ✔ 베렌아우스레제
- ✔ 마데이라(드라이도 가능함)
- ✔ 소테른
- ✔ 토니 포트
- ✔ 토카이 아수
- ✔ 트로켄베렌아우스레제
- ✔ 빈산토
- ✔ 빈티지 포트(10년 이상)

[샴페인과 굴 페어링은 어떻게 탄생했을까]

식탁 위에 굴이 놓이고 샴페인이 필요하다면 이제 주문할 것은 딱 하나다. 샴페인 브뤼나 엑스트라 브뤼, 그것도 드라이한 것이다. 하지만 이 전통적인 페어링은 비교적 최근에 만들어진 것이다. 1880년경까지 **모든** 샴페인은 스위트한 것이었다. 그 어떤 제조자도 드라이 샴페인을 만들지 않았다. 기록에 따르면 특별한 쿠베(Cuvee)의 경우 최대 30퍼센트의 당을 함유했으며, 이는 엄청나게 단 수준이다.

장 프랑수아 드 트루아의 유명한 회화 작품 '굴 점심식사'를 보면 사람들은 1735년 이미 점심식사로 굴을 먹었다. 이 그림에서 그는 남성 궁정 신하들이 소란 떨며 접시에 담겨 나온 굴을 즉석에서 계속 까먹는 모습을 묘사했다. 바닥과 식탁 위는 빈 굴 껍데기가 널려 있고, 굴을 운반하는 데 사용된 밀짚이 채워진 양동이는 비어 있는 상태로 바닥에 놓여 있다. 또한 이들은 깎아 만든 크리스털 플루트(Flute, 길쭉하고 향기가 나가지 못하도록 글라스의 입구가 약간 오므라져 있는 잔-역주)에 담긴 엄청난 양의 화이트 와인을 마시고 있다. 와인 병은 길이가 짧고 모양이 둥근 플라곤 유형이며, 이는 당시 샴페인 용기로 흔히 사용되던 것이었다(또한 고세 같은 샴페인 하우스에서는 여전히 이런 모양의 병을 사용한다). 2명의 남성이 꽤 높은 위치에서 와인을 따르는 모습을 볼 수 있는데, 이 역시 당시에는 포만감을 줄이고 소화불량을 방지하기 위해 가능한 많은 이산화탄소를 발산하는 방법으로 흔히 취하던 방식이었다. 샴페인은 분명히 단맛이 강한 것이었고 굴 역시 신선했으며 사람들이 그 순간의 환락을 즐긴다는 사실은 누가 봐도 분명했다. 이것이 바로 샴페인과 굴 페어링의 기원이다.

chapter

06

페어링을 위한 지역적, 역사적 측면

제6장 미리보기

- 지역을 고려한 방식으로 페어링에 접근한다.
- 고전적인 페어링 몇 가지를 살펴본다.

자, 이제 당신은 메뉴를 펼쳐 들었다. 아니면 손에 와인 한 병을 쥐고 있다. 배도 고프고 목도 마른 당신은 어디서 시작해야 할지 감이 잡히지 않는다. 필레미뇽이나 블루치즈와 가장 잘 어울리는 와인은 무엇일까? 또는 마개를 따는 순간이 오기만을 기다려왔던 오크 숙성된 샤르도네와 가장 잘 어울리는 음식은 무엇일까? 제5장에서는 음식을 중심으로 페어링하는 기본적인 전략에 대해 논의했다(와인을 중심으로 페어링하는 기본적인 전략은 제3장을 살펴보라). 이번 장에서는 지리와 역사를 기반으로 몇 가지 발상의 전환을 꾀할 것이다. 이를 통해 당신은 페어링을 공략할 더 많은 무기와 전략을 갖출 것이다. 와인과 음식의 세계에서 가장 이해하기 쉬운 개념 가운데 하나가 바로 '함께 자라는 것이 잘 어울린다'다. 그러므로 시행착오 끝에 수백 년 동안 사람들이 즐겨온 특정한 로컬 페어링을 살펴봄으로써 지역적 관점에서 페어링을 고려할 것이다. 지리의 기본적인 지식만 갖춘다면 충분히 활용할 수 있을 것이다.

지리적인 면만이 아니라 실험을 통해 교과서적인 페어링을 몇 가지 소개할 것이다. 이미 몇백 년 동안이나 사람들이 즐겨온 것인 만큼 궁극적으로 누구나 잘 어울린다고 동의할 만한 페어링이다.

지역에 초점을 맞춰라 : 와인에 사용된 포도가 어디서 재배되었는가

음식과 와인의 페어링을 어떻게 해야 할지 아무런 생각도 떠오르지 않을 때는 '국지적으로 생각하고 직접적으로 행동하라.' 전 세계 전통적인 와인 생산지에서 와인이 강력한 지역적 특색을 지니는 것처럼 고유의 정체성을 지닌 지역 음식이 잘 발달한 것은 우연이 아니다. 그 원인은 아주 간단한 진실에 있다. 와인을 만드는 사람들은 대체로 먹는 것도 좋아한다. 또한 와인이 생산되는 국가를 방문했을 때 어떤 레스토랑에 가야 할지 확신이 서지 않는다면 와인 제조자에게 물어보면 된다. 이들은 인근 지역에서 최고의 레스토랑을 꿰고 있기 때문이다.

수 세기 동안 음식을 먹고 와인을 마시는 동안 지역민들은 그 지역에서 구할 수 있는 식품 재료들을 가지고 그 지역에서 생산되는 와인과 함께 먹었을 때 맛이 좋은 어떤 음식들을 개발해 왔다. 계절에 따라 그 지역에서 구할 수 있는 재료를 사용해야 했던 만큼 음식을 만드는 사람들은 지역 와인과 잘 어울리는 조리법을 개발했다. 마찬가지로 와인 역시 그 지역 고유 품종의 포도, 기후, 토양이 허용하는 한 구할 수 있는 재료로 만든 음식과 조화를 이루도록 만들어졌다. 냉소적인 사람들은 지역 와인을 돋보이게 만드는 음식을 갖춘 것이 어쩌면 전적으로 더 많은 와인을 판매하려는 정교한 계략일 수 있다고 주장할지 모른다. 와인 그로우어(winegrower, 포도 재배 및 포도주 양조를 겸하는 사람들-역주)들은 직접 생산한 와인의 가장 좋은 면을 여행객들에게 보여줘야 했고 더할 나위 없이 잘 어울리는 음식을 곁들여 와인을 서빙한다면 맛이 없어 보일 리가 없기 때문이다.

세계적으로 얼마나 많은 지역이 와인으로 유명세를 타기 시작하는지를 관찰하면 흥미롭다. 이들 지역에서는 여전히 다양한 품종의 포도와 와인 스타일을 실험하고 지역의 와인 정체성을 찾으려 한다. 또한 아직 제대로 정립되지 않았거나 적어도 쉽게 정의내릴 수 없는 지역 식문화를 지닌 경우도 종종 있다. 비유럽 지역의 모든 셰프는 자신이 속한 지역의 흔한 특색을 지닌 음식이 아니라 자신만의 상징성을 지닌 음식을 만들려 한다. 그리고 전 세계 구석구석의 문화가 서로 영향을 주는 오늘날, 조리법은 끝없는 창의성을 불러일으키며 계속해서 변화하고 있다. 이는 음식과 와인을 즐기는 모든 사람을 위해 다행한 일이 아닐 수 없다. 세계화는 유럽에서 음식과 와인과 관련한 정설을 끊임없이 파괴하고 있으며 이 역시 좋은 소식이다. 그리고 그 결과 실험에 대한 새로운 가능성과 개방성을 이끌어낸다. 당신은 여전히 고전에서 몇 가지 교훈을 얻을 수 있다. 실제로 전통적인 페어링을 아는 것은 자신만의 새로운 페어링, 즉 일종의 음식과 와인 페어링의 개인적 세계화를 발견하기 위한 좋은 시작점이다.

다음 섹션에서는 전통적인 지역 음식과 와인 페어링의 사례연구 세 가지를 다룰 것이다. 이를 통해 와인 스타일과 지역 음식이 어떻게 하모니를 이루게 되었는지를 탐험할 것이다. 그런 다음 세계의 상징적 지역의 완벽한 페어링 몇 가지를 소개할 것이다. 이는 당신의 여정에 도움이 될 것이다.

함께 자라는 것이 잘 어울린다

지역을 고려하는 방법이 대성공을 보장하는 전략이 될 수는 없지만 당신이 먹으려는 음식이 어느 지역에서 유래했는지를 식별하고 여기에 같은 지역의 와인을 페어링한다면 분명 괜찮은 시작이 될 것이다. 그렇다고 이 개념에 눈이 멀어 다른 가능성을 모두 배제하는 우를 범하지는 말아라. 지역을 고려한 페어링이 언제나 먹히는 것은 아니다. 그리고 그런 때가 오면 이 책의 나머지 부분에서 훨씬 잘 어울리는 페어링은 물론 그 원인을 찾아보라.

이제 세 가지 고전적인 지역 페어링의 사례연구를 살펴볼 것이다. 그리고 이를 통해 어떤 음식과 어떤 와인이 그토록 잘 어울리는 이유가 무엇인지, 그것이 우연인지 의도된 것인지 상세히 살펴볼 것이다. 음식이든 와인이든 비슷한 스타일을 지녀 같은 역할을 할 것으로 대체하면 똑같은 원칙을 이 새로운 페어링에도 적용할 수 있다는 사실을 명심하라.

사례연구 1 : 프랑스 남서부

프랑스 남서부 지역은 기름지고 영양분이 풍부하며 허세 가득한 가스코뉴 식문화의 본거지다. 이곳의 제왕은 바로 오리다. 전통 음식인 오리 콩피(confit, 고기를 거의 녹을 때까지 조리 과정에서 흘러나오는 기름에 서서히 익힌 뒤, 지방에 담가 상하지 않도록 봉인한 음식-역주)의 핵심 구성 요소는 지방(껍질과 오리 지방의 찌꺼기), 소금(염장), 단백질(살코기 부분)이다. 소금은 와인의 질감을 부드럽게 만들고 지방과 단백질 역시 훌륭한 타닌 완충제 역할을 한다(제3장을 보라). 그러므로 상당히 빅한 와인을 감당할 수 있다.

또한 프랑스 남서부는 볼드하고 타닌이 강하며 견고하고 타트하며 거친 토종 와인의 지역이다. 프랑스 남서부 가운데서도 츄이한 것으로 악명이 높은 말벡 품종을 기반으로 만든 레드 와인으로 가장 잘 알려진 까오르가 바로 이 지역에 포함된다. 오리 콩피의 세 가지 주요 구성 요소가 와인의 타닌을 부드럽게 만들어 과일의 맛과 향이 생겨나게 하는 반면 와인의 신맛은 포칭으로 만든 오리 요리의 기름기를 잠재우면서도 오리의 바삭거리는 껍질과 대조를 이룬다. 마침내 까오르 와인과 오리 콩피라는 이 지역 특유의 페어링이 탄생하는 것이다. 그렇다면 어떤 것을 먼저 고려했을까? 오리일까, 와인일까? 딱히 궁금하지도 않다. 그냥 끝내주는 페어링이다.

사례연구 2 : 루아르 밸리

루아르 밸리에서 생산되는 크로탱 드 샤비뇰은 프랑스에서 가장 유명한 치즈 가운데 하나로서 철저하게 제한적으로 원산지 표시를 허용한다. 크로탱(크로테는 프랑스어로 '똥'이라는 의미로 이를 근거로 이름을 지었다는 설이 있다)은 원통형의 소형 염소젖 치즈며 유독 톡 쏘는 맛이 강하다. 염소젖 자체가 우유보다 산도가 높기 때문이다. 또한 석회석 같은 질감을 지니고 있다. 상세르는 핑크와 레드 두 가지 형태로 만들어지지만 고전적인 페어링은 화이트 버전인 소비뇽 블랑과 이루어진다. 이는 철저하게 드라이하고 매우 크리스프하여 미각에 연한 녹색을 띤 풋사과와 레몬을 '펑'하고 터뜨리는 것 같은 와인이다.

크로탱과 소비뇽 블랑이 좋은 페어링인 것은 크로탱이 지닌 시큼한 맛과 와인의 산도가 비례하기 때문이다. 서로 지나침을 상쇄하므로 신맛이 강한 음식은 신맛이 강한 와인을 필요로 한다는 사실을 기억할 것이다. 그와 동시에 짠맛이 가미되면 처음 한 모금 마셨을 때 알아차리지 못한 풋사과와 감귤류 과일의 맛과 향을 조금 더 두드러지게 만든다. 살짝 석회질 같은 크로탱의 맛과 질감은 와인이 지닌 석회석 같은 미네랄리티에서 반복된다. 소비뇽 블랑은 프랑스에서 석회질이 가장 풍부한 샤비뇰 인근 언덕의 석회암 토양에서 재배되므로 이는 당연한 일일 것이다. 또한 크로탱과 곁들이면 린한 소비뇽 블랑은 부드럽고 풍부해진다. 치즈 역시 맛과 향이 생생하고 풍부해져 완벽한 로컬 하모니를 이룬다.

사례연구 3 : 피에몬테

이탈리아 북서쪽 모퉁이 지역은 흰 서양송로버섯으로 유명하다. 이는 고산 지대인 랑게와 몬페라토에서 자생하는 버섯이다. 신선한 송로버섯은 주로 신선한 버터 한 조각에 던져 넣은 신선한 계란 탈리오리니나 살짝 익힌 스크램블 에그처럼 특성이 없는 '배경' 요리가 완성되기 직전, 마지막 순간 그 위에 썰어 넣는다. 이렇게만 하면 송로버섯의 향 덕분에 최고의 요리가 만들어진다. 바롤로는 알바 지방의 남쪽에 자리한 랑게 고원에서 생산되는 가장 웅장한 와인이다. 바롤로는 네비올로 품종으로 만들어지는데, 이는 불안정하고 늦게 익어서 인내심을 요하며 단단하고 타닌 함량이 높은 와인이 탄생한다.

하드한 타닌이 부드러워지기를 기다리다 보면 향 역시 강해지고, 단순한 과일로 태어난 와인은 시든 장미꽃잎, 말린 담뱃잎, 타르, 그리고 당신이 추측한 대로 송로버섯을 품은 잊지 못할 것으로 성숙된다. 바롤로와 흰 송로버섯은 질감과 맛보다 향과 풍미의 조화가 훌륭한 페어링이다. 나는 그저 앉아서 파스타에서 나는 흰 송로버섯 향을 마음껏 맡은 다음 바롤로를 넉넉하게 채운 잔을 돌린 뒤 향을 맡는 것만으로도 충분히 만족감을 느낄 때도 있다. 두 가지 모두 후각 신경구에서 맞이하는 감각이다. 또한 당신의 뇌가 미지의 아름다움을 해독하는 동안 당신은 도대체 어떻게 포도라는 과일이 말 그대로 포도 뿌리 사이에서 자라는 땅속 덩이줄기, 즉 흰 송로버섯과 비슷한 냄새를 풍기는지 의아할 것이다.

오래된 지혜를 믿고, 경험을 지침으로 삼아라

방금 언급한 곳 외의 지역에서도 고유의 고전적인 로컬 페어링을 만들어냈다. 그렇다고 이러한 페어링이 획기적이거나 새로운 것은 아니다. 실제로 같은 주제를 다룬 19세기 논문에서 그와 똑같은 페어링 목록을 찾을 가능성이 높다. 오랜 세월 시행착오직 실험으로부터 얻은 오래된 지혜 덕분에 이러한 고전적인 페어링이 탄생했다. 이미 당신을 위한 실험이 끝난 셈이지만 그렇다고 끝이 아니다. 그래도 당신이 유리한 점이 있다. 이제 지구상에서 가장 먼 곳조차 일일생활권에 속하고 전 세계 곳곳에서 생산된 제품들을 주방이나 와인 저장소에 갖춰놓을 수 있다.

한때 크로탱과 마실 와인이 상세르뿐이었지만 이제 선택할 수 있는 와인의 종류는 무한대에 가깝다. 제3부를 읽으면 알게 되겠지만, 전 세계에서 생산되는 셀 수 없이 많은 와인은 몇 가지 기본 스타일 카테고리로 '정제'될 수 있다. 그러므로 선인의 지혜는 시작점으로 사용하라. 예를 들어 상세르가 크로탱과 잘 어울린다면 바디감이 가볍고 린하며 크리스프한 카테고리의 수많은 화이트 와인도 잘 어울릴 것이다.

주방에서 당신은 핵심 풍미를 지닌 재료를 같은 군에 속하는 다른 재료로 바꿔서 이러한 고전적인 조리법을 개조할 수 있다. 이러한 풍미군에 대해서는 제5장에서 다룰 것이다. 예를 들어 흔히 양갈비는 보르도와 페어링을 하지만 양념할 때 라벤더를 넣어 유칼립투스 향이 나는 호주산 쿠와나라 카베르네와 페어링에 적합하게 만드는 것은 어떠한가? 아니면 펜넬 씨앗을 넣어 멘도사산의 로부스트한 말벡이 지닌 은은한 감초 향을 반영하는 것은 어떠한가? 정말 말 그대로 당신은 세상을 마음대로 주무를 수 있다. 다음은 당신이 시작할 때 도움이 될 다른 고전적인 지역적 페어링이다.

- ✔ 루아르와 대서양이 만나는 머스캣과 굴
- ✔ 포르투갈 해안의 비노 베르데와 그릴에 구운 정어리
- ✔ 코트도르의 레드 버건디와 뵈프 부르기뇽
- ✔ 알자스와 독일의 리슬링과 사워크라우트, 또는 슈큐르트 가르니
- ✔ 아키텐 주의 보르도와 짠물 습지 인근에서 사육된 양
- ✔ 나폴리 항의 피아노 디 아벨리노와 신선한 버펄로젖 모차렐라 치즈
- ✔ 카스틸라 이 레옹의 템프라니요와 우드 오븐에서 로스팅한 젖먹이 돼지
- ✔ 프로방스 로제 와인과 사프란을 혼합한 해산물 부야베스
- ✔ 거위 간과 달콤한 와인의 땅에서 생산된 토카이 아수와 헝가리산 푸아그라
- ✔ 부르겐란트의 달콤한 귀부 와인과 비엔나 인근의 전설적인 페이스트리

당신의 시작을 도울 고전적인 페어링

다음 섹션들에서는 몇 가지 고전적인 페어링이 그토록 잘 어울리는 원인을 상세히 소개할 것이다. 이러한 페어링들은 세월이 검증한 조합의 극히 일부분만 보여줄 수 있다. 하지만 각 페어링의 바탕에 있는 논리와 추론을 갖춘다면 적절한 경로를 따라 수없이 많은 페어링을 성공으로 이끌 수 있을 것이다. 음식과 와인을 고려할 때는 핵심 요소를 규명하고 이들이 유효한 원인을 이해해야 한다.

버블과 굴

샴페인과 굴은 사치품이자 일종의 지위를 상징하는 것으로 여겨지며 어쨌든 아직까지 그런 부류의 사람들이 즐기고 있을 것이다. 하지만 이는 계급이 낮은 사람들이 외식할 때도 유효한 훌륭한 페어링이다(그리고 굴은 19세기 뉴욕 주의 노동자층의 식단에서 중요한 위치를 차지했다는 사실을 잊지 말라).

굴은 차갑고 짠 바닷물에서 서식하며 전통적으로 'R'이 들어가지 않는 달, 즉 5월에서 8월까지는 채취하지 않는다(우윳빛이 도는 산란철에는 수확을 피하는 것이 좋다). 품종과 지역에 따라 굴은 고유의 짭짤하면서도 톡 쏘는 맛을 지니는데, 이는 은은한 단맛에 의해 부드러워진다. 굴은 아연 함량이 가장 높은 식품 가운데 하나며, 금속성의 쇳내가 나는 탓에 타닌이 강한 레드 와인과 페어링하면 금속성의 맛이 불쾌한 수준까지 강해진다. 허브, 풀, 심지어 오이의 풍미도 흔하게 지니므로 화이트 와인을 페어링에 사용할 수 있다. 크리스프하고 오크 숙성을 거치지 않은 드라이 화이트 와인이라면 굴과 확실하게 페어링을 이룰 수 있다. 굴에 가장 흔하게 곁들이는 것이 레몬 조각 등의 산이라는 사실을 생각하면 이는 매우 논리적인 페어링이다.

하지만 발포 와인을 선택한다면 한 차원 높은 페어링을 만들 수 있다. 샴페인은 특히 그 자체로 미네랄한 조개껍데기 풍미로 가득한데, 샴페인용 포도가 한때 연해였던 곳에 수많은 바다 생물들이 퇴적된 오래된 패총에서 자란다는 사실을 생각하면 이 역시 놀랄 일이 아니다. 샴페인은 굴 위에 뿌리는 레몬즙처럼 산도가 원래 높다. 거기에 단맛이 없는 샴페인은 거의 인지하지 못할 정도로 소량의 당을 함유하여 살짝 달짝지근한 끝 맛을 내는 굴과 잘 어울린다. 여기까지 내용을 보면 굴과 샴페인은 너무 보완만 하는 사이다. 이때 등장해서 균형을 잡아주는 것이 기포다. 생동감 넘치는 이산화탄소 거품은 벨벳같이 부드러운 굴의 질감에 완벽한 대조를 이루는 것이다. 굴이 너무나도 부드럽게 목을 타고 저절로 내려가자마자 입안에 도착한 샴페인은 파티에 다시 생동감을 불러일으키고 굴을 먹을 준비를 하게 만든다.

달콤함과 푸른색

와인 애호가라면 누구나 알겠지만 치즈와 와인이 만나면 천재지변으로 막을 내리기 일쑤다. 슈퍼마켓에서 파는 가공 치즈를 말하는 것이 아니다. 이런 치즈는 맛이라고 할 것이 없어 페어링에 해를 끼치지 않는다. 특히 레드 와인과 재앙 수준의 페어링을 만들어내는 것은 치즈 애호가들이 좋아하는 유형, 즉 잘 숙성되고 삼출성(oozing)을 지녔으며 고약한 냄새가 나는 것이다. 물론 소비뇽 블랑과 염소 치즈처럼 예외도 존재한다. 그리고 달콤한 와인과 블루치즈의 고전적인 페어링 역시 예외에 속한다. (와인과 치즈 페어링에 대해 더 자세한 내용은 제20장을 보라.)

치즈는 대부분 우연히 발견된 식품이다. 그리고 블루치즈는 그 가운데서도 헤비급의 풍미를 지닌 편에 속한다. 당신은 곰팡내와 구린내가 나고 푸른색 결이 있는 이 치즈를 맛보자마자 절박한 심정으로 헤비급이라고 생각할 수밖에 없을 것이다. 예전에는 프랑스 로크포르가 만들어질 때처럼 치즈 숙성용 동굴에서 발견되던 건강한 곰팡이가 스스로 이러한 작용을 일으켰다. 하지만 오늘날에는 안 그럴 것 같은데 희한하게 맛있는 대리석 문양의 털이 무성한 청록색 곰팡이 줄기를 형성하기 위해 페니실리움, 즉 푸른곰팡이를 첨가하는 경향이 있다.

세균의 활동에 의해 일어나는 자극에 듬뿍 첨가된 소금까지 결합되어 블루치즈는 매우 강력한 풍미와 향 프로파일을 지니게 된다. 그리고 여기에 맞먹을 정도로 풍미가 강한 와인을 제외하고는 페어링이 불가능하다. 자연이 디자인이라도 한 것처럼 포도는 보트리티스 시네레아, 다른 말로 귀부병(noble rot)이라는 자신이 지닌 곰팡이의 공격을 받아 종종 치즈보드(여러 가지 치즈를 함께 담아 칼과 함께 내는 용기-역주)와 함께 서빙되는 달콤한 처트니처럼 너무나도 깊은 풍미를 지닌 와인으로 일구어진다. 중요한 것은 귀부병이 대부분 매우 달콤한 와인을 만들어낸다는 사실이다. 이는 치즈의 짠맛과 완벽한 대조를 이룬다. 와인은 달콤하고 풍미가 넘치며 치즈는 톡 쏘고 짭짤하다. 그리고 이들은 완벽한 페어링을 이룬다.

또 다른 고전적인 달콤함과 푸른색의 페어링은 귀족적인 잉글리시 스틸턴 블루와 포르투갈산 가운데 가장 유명한 와인인 포트 와인이다. 그리고 포트 와인의 풍미를 만들어내는 것은 커다란 통에서 장시간 진행되는 숙성 과정이다. 토니 포트 와인은 나무통에서 최대 40년을 보내는 동안 교묘하게 복잡한 말린 과일과 너트 향을 띠게 되며 전통적으로 치즈보드와 함께 서빙되는 또 다른 와인이다. 여기에 강화를 거치며 달콤함이 만들어진다. 강화는 포도에 자체적으로 함유된 당이 모두 알코올로 변하기 전에 추가로 알코올을 첨가하여 발효를 멈추는 과정으로서, 그 결과 달콤하면서도 스틸턴의 짠맛의 강도와 맞먹을 정도로 강력한 와인이 탄생한다.

캡스 앤 슬랩스

캡스 앤 슬랩스(cabs and slabs)라는 말은 미국 스테이크 전문점에서 나온 말이 분명하다. 물론 캡스란 어린 카베르네 소비뇽을, 슬랩스는 두툼하게 썬 스테이크를 의미하며, 이는 가장 전통적인 미국식 페어링일 것이다. 하지만 그릴에 레어로 구운 쇠고기와 볼드한 빅 레드 와인을 페어링한다는 개념은 '붉은 와인은 붉은 육류와'라는 격언만큼이나 오래된 것이다.

그렇다면 이 페어링이 효과가 있는 원인은 무엇일까? 카베르네 소비뇽은 깊은 색감과 그에 상응하는 깊은 풍미를 지닌 붉은 포도다. 또한 와인의 색과 견고한 타닌의 출처가 바로 포도 껍질이며, 포도 가운데서도 껍질 두께가 가장 두꺼운 품종인 만큼 색이 진하다. 카베르네 소비뇽은 대부분 배럴 숙성을 거치는데, 이는 빅한 구조를 부드럽게 만드는 동시에 다크 베리와 블랙 커런트 풍미에 스모키하고 토스티하며 익힌 향신료 같은 풍미를 더할 때 가장 먼저 사용되는 과정이다. 사실상 가장 뜨거운 기후에서 재배되므로 특유의 신선한 허브 향을 지닌다. 많은 사람이 볼드한 카베르네 하나만 마시는 것을 즐기지만 레어로 구운 T본 스테이크나 뉴욕 스트립에 곁들여 서빙되면 더욱 훌륭하다.

이 페어링은 다음 세 가지 차원에서 효과가 있다.

- ✔ **풍미** : 스테이크는 주로 그릴에서 익힌다. 이는 풍미에 큰 영향을 주는 조리법이다. 당연히 약간 그슬릴 수밖에 없고, 이 때문에 고기는 그릴이 만들어내는 스모크 향과 함께 쓴맛을 지니게 된다. 배럴에서 숙성되는 동안 생긴 토스티-스모키한 뉘앙스를 지닌 카베르네가 페어링의 답이다.
- ✔ **맛** : 와인의 타닌이 만들어내는 적당한 쓴맛과 불에 그슬린 단백질이 만들어내는 기분 좋은 쓴맛이 일치한다.
- ✔ **질감** : 스테이크의 지방과 단백질, 그리고 그 위에 뿌린 소금이 카베르네의 질감을 부드럽게 만드는 역할을 한다. 한때 볼드하고 빅하던 레드 와인이 더 부드럽고 프루티하게 변한다. 그리고 스테이크는 와인의 감칠맛을 그대로 유지하므로 누구나 만족할 만한 페어링이 될 것이다.

제스티 레드 와인과 피자

마르게리타는 토마토 소스, 버펄로젖으로 만든 모차렐라 치즈, 신선한 바질 잎 몇 개를 재료로 만들어진다. 이처럼 전통적인 레드 소스, 즉 토마토 소스를 곁들인 피자의 주된 맛의 구성 요소는 신맛, 감칠맛, 그리고 토마토 소스가 만들어내는 희미한 단맛이고, 여기에 바질이 주는 허브 향까지 더해진다. 치즈 때문에 어느 정도의 바디감과 크림의 질감이 만들어지기는 하지만 페어링 전체를 놓고 보았을 때 크게 고려해야 할 정도로 풍미가 강하지는 않다.

이러한 음식을 위한 맞춤 와인은 자체적으로 신맛을 지니고 있어 토마토 소스의 신맛과 균형을 이루는 동시에 잘 익은 토마토가 지닌 것과 견줄 정도의 달콤한 과일 풍미를 지녔지만 그렇다고 지나치게 타트해서 방해하지는 않는 것이다. 한마디로 단맛과 신맛이 정교하게 균형을 이루는 와인이어야 한다. 토마토는 바람직한 감칠맛도 풍부하여 감칠맛을 지닌 다른 식품과 시너지 효과를 낸다. 그러므로 감칠맛이 나는 와인을 페어링한다면 토마토 소스의 감칠맛은 더 강해지고 동시에 와인의 감칠맛도 더 강해질 것이다. 얼마나 좋은 현상인가. 이탈리아는 감칠맛이 나고 제스티한 와인을 생산하는 포도와 지역으로 가득 차 있다. 가장 유명한 것 가운데 하나가 플로렌스와 시에나 사이의 토스카나 구릉 지대에서 재배되는 산지오베제로 만든 키안티 클라시코다. 키안티는 특히 감칠맛이 풍부하고 더스티하며, 타트한 붉은 과일 같고 향신료용 허브 풍미를 지닌 동시에 견고한 질감과 생생한 산을 함유한 것으로 잘 알려져 있다. 마르게리타 피자와 페어링하면 제스티가 제스티와 만나고 감칠맛이 감칠맛을 증가시키며 허브 풍미가 한데 섞인다. 키안티 클라시코와 마르게리타 피자는 이보다 좋을 수 없는 페어링이다.

피노와 오리

와인과 가금류로 이루어진 이 고전적인 페어링이 언제 처음 생겼는지 정확히 아는 사람은 아무도 없다. 하지만 이 페어링을 발견했을 때야말로 행복한 순간이었을 것이다. 이 특정한 고전적 페어링은 오리 가슴살, 즉 마그레 드 카나르를 단순히 강한 불 위에서 팬에 올려 단시간에 굽거나 오븐에 구워 글레이즈를 입힌 다음 버건디같이 견고하고 생생하며 감칠맛이 풍부한 유럽 스타일의 피노 누아와 곁들여 낸다.

오리 마그레 조리법은 대부분 타트하고 새콤한 소스를 필요로 한다. 체리, 석류, 라즈베리, 크랜베리 등의 레드베리와 오렌지, 타마린드, 또는 발사믹 식초 등을 재료로 만든 소스가 여기에 해당된다. 아니면 중국식 다섯 가지 향신료나 하이시안 글레이즈 같은 이국적인 향신료를 사용해도 좋다. 이러한 소스, 또는 글레이즈는 자연적으로 오리고기 자체의 풍미를 증가시킨다. 전 세계 셰프들이 각양각색의 시행착오 끝에 밝혀낸 사실이다. 또 다른 일종의 '조사 활동' 덕에 오리가 이러한 재료의 다수와 같은 풍미 화합물을 지니고 있다는 사실이 드러났다. 이는 대부분 같은 풍미를 지닌 것들이 잘 어울린다는 사실을 확인해 준다. 그렇다고 항상 그런 것은 아니지만 말이다.

피노에 대한 이야기를 해보자. 피노 누아의 전형적이고 교과서적인 풍미 프로파일을 보면 오리 조리법에 등장하는 재료를 읽는 것 같다. 피노 누아는 그 자체로 타트한 레드베리 풍미와 계피, 클로브, 쓰촨 통후추, 그리고 특히 우드 숙성된 종류에서 생강 같은 이국적인 향신료의 풍미로 가득 차 있다. 그런 만큼 특히 조리에 사용된 소스와 글레이즈 덕분에 더 많은 풍미가 겹치는 상황에서 피노 누아와 오리가 그토록 잘 어울리는 것은 당연한 일이 아니겠는가? 결코 부정할 수 없는 풍미 시너지만이 아니라 맛과 질감마저 서로 닮아 있다. 피노 누아는 껍질 때문에 상대적으로 타닌 함량이 낮은 와인이다. 즉, 과도한 떫은맛이 골칫거리가 되는 일이 거의 없다. 그리고 질감은 말 그대로 실크처럼 매끄럽다.

오리의 껍질은 주로 조리하는 동안 녹아 바삭거리는 형태로 변하는데 이 부분을 제외한 오리고기는 기름기가 없다. 한마디로 붉은 육류 덩어리처럼 지방이 만들어내는 마블링이 없다. 마블링은 카베르네 소비뇽같이 타닌이 강한 와인을 길들이는 중요한 역할을 하므로 기름기가 없는 육류에 곁들이기에는 질감을 부드럽게 만들 필요가 없는 피노 누아가 완벽하게 맞아 떨어진다. 그리고 껍질의 기름진 부분을 만나더라도 피노 누아는 상대적으로 산도가 높아 다음 입을 먹기 전에 미각을 세척해 준다. 또한 피노 누아의 산도는 오리와 자주 곁들여지는 타트 소스와 글레이즈처럼 풍미를 증가시키는 역할을 한다. 더 이국적인 소스를 사용할수록 피노 누아의 나이도 많아야 한다. 피노 누아 자체에서 이국적인 향과 풍미가 발달할 시간이 필요하기 때문이다. 북경오리와 10년 된 최고급 버건디라면 마법 같은 이중주가 연출될 것이다.

chapter

07

나이는 단순한 숫자가 아니다 : 와인의 나이와 페어링의 규칙

제7장 미리보기

- 시간이 지나는 동안 와인에서 어떤 일이 일어나는지를 살펴본다.
- 어떤 와인을 저장고에 보관해야 하는지 판단한다.
- 숙성한 와인과 음식을 페어링한다.

마시는 즐거움을 만끽하기 위해 모셔둔 특별한 와인을 손에 쥐는 순간 뭔가 불길한 감이 스멀스멀 올라온다. 지금이 적당한 때일까? 이 와인을 너무 일찍 따는 것은 아닐까? 와인은 앞으로 어떻게 변할 것이며 나는 이 와인을 돋보이게 만들 마법의 페어링을 만들기 위해 어떤 일을 해야 할까?

얼마나 오래 숙성해야 하는지는 와인과 관련해서 가장 자주 제기되는 질문 가운데 하나다. 지하 저장고에 묻힌 채 먼지가 쌓인 오래된 와인 병에 와인 애호가들이 얼마나 큰 경의를 표하는지를 생각한다면 이는 놀라운 일이 아니다. 또한 시간이 지남에 따라 와인은 당연히 변하고, 이때 일어나는 현상을 자신이 좋아할지 싫어할지, 정확히 무슨 일이 일어나는지, 특히 얼마나 빨리 일어나는지 궁금한 것이 당연하다. 그리고 그 어떤 것도 속 시원한 답을 내지 못하고 있다. 와인과 관련해서는 언제나 그러하듯 일정 부분 개인의 선호도가 이 해답에 작용할 것이다. 이번 장에서는 이러한 질문들, 그리고 그 이상의 내용을 검토할 것이다. 그러기 위해 그저 나이만 먹는 와인은 물론 단순히 세월의 시험대에서 살아남을 뿐 아니라 시간이 지남에 따라 더 나아지는, 즉 숙성되어 가는 와인을 살펴볼 것이다. 또한 어떤 와인이 그저 '늙은' 와인인지, '숙성된' 와인인지 구분하는 몇 가지 요령도 소개할 것이다.

실질적으로 와인의 숙성이라는 것은 마시다 만 와인을 다른 식초들과 함께 선반에 보관하기까지 얼마나 오래 '와인'으로서 놔둘 수 있는지와 연관된다. 와인은 쉽게 상한다. 그리고 그럴 가능성은 낮지만 와인으로 남을 수도 있다. 이런 경우를 대비해서 싹 마셔버릴 여유가 생길 때까지 와인을 신선하게 보관하는 몇 가지 요령도 제공할 것이다.

음식과의 관계는 또 어떠한가? 시간이 지남에 따라 선호하는 것이 변화하듯 와인과 음식 사이의 관계도 변한다. 숙성되는 동안 와인의 풍미와 질감이 변화하며 마법 같은 페어링도 변한다. 이번 장에서 엄청나게 오래된 와인들이 지금과 같은 명성을 얻게 된 이유를 몇 가지 탐험할 것이다.

와인은 어떻게 나이를 먹는가

와인은 시간이 지남에 따라 변화하고 때로 더 나아진다. 이 때문에 와인은 매우 독특한 소비재인 동시에 성가신 존재이기도 하다. 이러한 미스터리한 변화가 얼마나 빨리 일어나는지 아직 정확히 밝혀지지 않았기 때문이다. 주위의 기온과 변동, 습도, 와인 병의 크기, 마개의 유형(코르크, 스크루 캡, 플라스틱 스토퍼, 유리 스토퍼 등의 종류는 물론 각각의 품질까지 포함한), 그리고 무엇보다 어떤 와인이 들었는지, 그리고 애초에 와인을 제조할 때 사용된 모든 과정이 와인이 숙성되는 속도에 영향을 미친다. 많은 연구가 수행되었고 사람들은 이제 적어도 병 안에서 어떤 일이 일어나고 있는지 알게 되었다. 단지 얼마나 빨리 일어나는지를 모를 뿐이다.

사람들의 생각과는 달리 숙성해야 하는 와인은 그리 많지 않다. 시장 수요의 변화, 온화한 지역으로의 포도원 확장, 그리고 와인 제조에 있어서 기술적 발전 등 모든 요

소가 작용하여 충분히 숙성한 동시에 마시기 좋은 마법 같은 순간에 도달하기까지 시간이 필요한 와인의 수가 점점 줄어들었다. 나는 출시되는 시점에서 레드 와인의 경우 최대 90퍼센트, 화이트 와인의 경우 95퍼센트의 품질밖에 안 된다고 생각한다. 하지만 어쨌든 대부분은 출시 시점이 가장 마시기 좋은 시기이며, 적어도 즉시 마실 수 있을 정도의 품질은 된다. 와인은 대부분 그냥 나이를 먹고 시들어간다. 산소와 시간의 파괴적이고 무자비한 영향을 받아 산화하는 것이다. 나에게도 이미 저 구석에 몇 년 일찍 마개를 땄으면 좋았을 것이라고 생각하게 만드는 와인이 많이 있다.

다음 섹션에서는 특히 나이를 먹으면서 와인에 어떤 일이 일어나는지, 각자 와인이 얼마나 성숙되었을 때 좋아할지를 판단하는 방법을 설명할 것이다.

나이를 먹는 와인 : 무슨 일이 일어나는가

모든 와인은 시간이 지남에 따라 비슷한 진화의 연속을 따라 여행한다. 이때 색, 질감, 향, 풍미, 심지어 당도까지 변화한다. 알코올과 산, 그리고 함유되었을 경우 설탕까지, 와인의 필수적인 구성 성분 및 향, 풍미, 질감, 색을 형성하는 분자 사이에 수많은 화학반응이 일어나고 있다. 이 모든 반응은 산소 때문에 시작되고 산소가 있어야 일어난다. 화학자들은 이러한 반응을 표현하는 데 에스터화 반응(esterification), 중합(polymerization) 같은 용어를 사용한다. 이 책에서는 너무 전문적인 내용까지 파고들지는 않을 것이다. 200년 이상 살아남는 와인이 있기는 하지만 세상에 영원한 와인은 없다. 그리고 결국 모두 와인의 일생에서 피할 수 없는 종말, 즉 식초로 변신하는 단계를 맞이한다.

다음은 모두 와인이 나이를 먹을 때 일어나는 일반적인 변화다.

- ✔ **색이 변한다** : 레드 와인의 경우 붉은색을 만들어내는 색소가 다른 분자와 결합하기 시작하고, 결국에는 침전물이 생길 정도로 커진다. 즉, 와인에서 분리되어 오래된 레드 와인 병 바닥에 보이는 것 같은 앙금을 형성하는 것이다. 동시에 산소의 작용 때문에 푸르스름한 빛을 띤 붉은색에서 갈색이 도는 탁한 붉은색으로 변한다. 화이트 와인의 경우도 레드 와인처럼 색소가 산화되어 옅은 노란색에서 어두운 갈색으로 변한다. 화이트 와인이 진한 호박색이나 토파즈색을 띠거나 레드 와인이 매우 창백한 석류석 빛 갈

색이 돈다면 이는 지나치게 숙성되었다는 확실한 신호다.

- ✔ **질감이 부드러워진다** : 시간이 지남에 따라 와인의 질감에 중대한 변화가 일어나며 특히 레드 와인에서 두드러진다. 레드 와인에서 떫은맛과 뭔가 입안에 들러붙은 것 같은 퍼리(furry)한 질감을 만들어내는 화합물 타닌 역시 색소처럼 결합하여 와인에서 분리된다. (타닌의 모든 내막에 대해서는 제10장을 참고하라.) 이렇듯 타닌이 결합하고 부드러워지면 까칠까칠한 울 스웨터를 벗고 섬세한 실크 잠옷을 입는 것처럼 입안에서 더 순하고 부드러운 느낌을 준다. 입에서 느껴지는 신맛도 시간이 지남에 따라 약해진다. 하지만 산과 알코올이 결합하여 또 다른 향 화합물을 형성하는 것뿐이므로 pH는 변하지 않는다. (pH는 와인의 산도를 수치로 나타낸 것이다. 산도는 어떤 음식을 아직 먹을 수 있는지는 물론 와인이 숙성될 수 있는 것인지를 가늠하는 중요한 요소다.) 반면 화이트 와인의 경우 더 매끄럽고 부드럽게 변하기는 하지만 신맛이 크게 변하지 않는다. 나이 먹은 와인과 어떤 음식을 페어링할지 고려할 때 질감의 변화는 중요한 요소로 작용한다. (더 상세한 정보는 이번 장의 마지막 부분에 있는 '음식과 숙성한 와인을 서빙하는 방법'을 보라.)
- ✔ **향과 풍미가 발달한다** : 부케(bouquet)라는 말을 들어본 적이 있을 것이다. 이는 숙성한 와인을 시적으로 표현한 말이며 저장고에서 인고의 세월을 약간 보낸 뒤에만 얻을 수 있다. 부케는 갓 따온 베리처럼 신선한 과일 향이 말리거나 익히거나, 베리 콩포트나 파이처럼 설탕에 조린 과일 향으로 변한 향을 의미한다. 그 밖에 존재하는 줄도 모르던 견과류, 캐러멜, 꿀, 흙, 약, 포푸리 등의 향이 드러난다. 이러한 향은 와인을 한층 더 복잡하게 만들어주며, 결국 더 다양한 즐거움을 선사한다.
- ✔ **우드 숙성 와인은 뚜렷하던 오크 맛을 잃는다** : 이러한 변화는 케이크 위에 장식으로 얹는 아이싱처럼 별도의 풍미 층을 이루던 나무의 향과 풍미가 다른 모든 것과 얽혀 또 다른 차원의 풍미를 형성한다는 의미다. 하지만 특히 너무 새것인 오크통을 사용하고, 농도가 그다지 진하지 않은 과일 농축액만을 재료로 한 일부 와인의 경우 시간의 경과에 따라 과일이 분해되어 오크 맛이 더 강해질 수도 있다.
- ✔ **단맛이 감소한다** : 와인의 당도는 시간이 지나도 변하지 않지만 풍미의 복합성이 점점 높아지면 혀에서 느껴지는 단맛은 감소한다. 즉, 어릴 때 단

맛이 상당히 강한 와인이 저장고나 와인 랙에서 몇 년을 보낸 뒤에 전보다 덜 단 것처럼 느껴진다는 의미다. 나이가 아주 많은 디저트 와인도 드라이한 맛으로 변할 수 있으므로 테이블에서 서빙할 때 반드시 고려해야 한다.

✔ **와인은 결국 식초가 된다** : 자연계에서 와인이 맞이하는 최후는 바로 식초가 되는 것이다. 적절한 수준 이상으로 숙성되면, 즉 너무 오래되면 와인은 산화되어 식초와 매니큐어 같은 냄새를 풍긴다. 이는 와인이 노쇠했다는 명확한 신호이며, 이쯤 되면 되돌릴 수 없다. 안타깝게도 당신은 너무 오래 기다렸고 와인은 수명을 다했다. (나라면 이지경이 된 와인은 식초처럼 샐러드에 뿌리지도 않을 것이다.)

어린 와인과 숙성된 와인 가운데 어떤 것을 선호하는지 판단하라

방금 설명한 것처럼 나이가 들면서 와인에 일어나는 변화를 고려하여 그러한 변화가 당신에게 긍정적인 것인지 부정적인 것인지를 판단해야 한다. 물론 정해진 답은 없다. 마시기에 가장 적합한 시점을 정하는 것은 전적으로 개인의 선호와 좋아하는 풍미의 유형에 달려 있다 해도 과언이 아니다. 당신은 신선한 과일을 좋아하는가, 말린 과일을 좋아하는가? 드라이플라워, 촉촉하게 젖은 흙, 버섯, 숲, 캐러멜 냄새를 좋아하는가? 아니면 생기 넘치고 오크 숙성된 와인이 지닌 방금 로스팅한 커피, 다크 초콜릿, 바닐라 향을 좋아하는가?

그렇다면 나이 든 와인과 어린 와인은 어떤 모습이고 어떤 맛일까?

✔ **나이 든 와인** : 더 숙성된 와인이 주는 가장 큰 즐거움 가운데 하나는 바로 질감이다. 숙성된 와인은 입안에서 실크처럼 매끄럽고, 이러한 특징은 인내심을 가져야만 얻을 수 있다. 시간의 흐름에 따라 자연적으로 질감이 향상되는 현상의 속도를 빠르게 만들어줄 도구는 아직 만들어지지 않았다. 주로 레드 와인의 경우 처음 출시되었을 때 꽉 막히고 거친 질감과 떫은맛을 지닌 와인의 경우 저장고에서 조금 더 시간을 보내야 한다. 또한 색도 조금 더 갈색이 도는 붉은색을 띨 것이고 향과 풍미도 달라진다. 시간이 지남에 따라 과일이나 꽃의 신선한 향과 풍미는 말린 것의 향과 풍미로 변한다. 그리고 와인에도 같은 변화가 일어나 복합성이 생겨난다.

[마데이라, 가장 나이 든 와인]

마데이라는 1776년 미국 독립선언문을 낭독한 뒤 축배를 위해 마련됐을 정도로 대단한 명성을 지니고 있었다. 그리고 한때 세상에서 가장 선망의 대상이었으며 결코 파괴할 수 없는 와인이었다. 마데이라는 숙성 기간을 거쳐 이미 잘 익고 산화가 된 상태에서 병에 담겼기 때문이다. 포트 와인처럼 마데이라도 강화 와인이며 알코올 함량이 18~20퍼센트에 달한다. 그 가운데 **맘지**라고 알려진 마데이라의 한 유형은 알코올 도수가 높은데도 매우 달다. 그와 동시에 마데이라 섬의 독특한 화산 토양에서 재배된 덕에 유효기간을 늘려주는 산이 풍부하게 함유되어 있고, 그 결과 잘 익은 포도마저 신랄한 신맛을 지니고 있다. 하지만 그 다음 대목에서 중세의 분위기가 나는 이야기로 이어진다. 이 와인은 몇 년, 때로 몇십 년 동안 낡은 나무 배럴에 담긴 채 마데이라 섬의 여인숙 다락에 방치된다. 지붕 아래, 아열대기후의 열기를 받으며 천천히 그곳에서 산화되고 익어간다. 그렇게 놀라운 변화들을 겪으며 마데이라는 그 어떤 와인도 흉내 낼 수 없는 견과류 같고 캐러멜화되어 보리 설탕 같은 풍미를 지니게 된다. 더욱이 일단 병에 담기면 마데이라는 궁극적으로 파괴할 수 없다. 더 이상 산화되거나 상할 수 없기 때문이다. 1700년대 후반에 생산된 많은 마데이라 와인이 오늘날에도 존재하는 것을 보면 이는 사실이라고 봐도 무방할 것이다.

마데이라 와인에 일어나는 특이한 변형 과정은 우연히 발견된 것이다. 포르투갈 선원들은 브라질에서 고국으로 돌아가는 길에 대서양을 건너기 전에 생필품을 보충하기 위해 마데이라에 정박했다. 당연히 그 화물 가운데는 와인, 특히 긴 항해에도 살아남을 수 있는 강화 와인도 포함되었다. 너무나도 놀랍게도 선원들은 이 와인이 항해 중인 선박에서 열대 기후의 적도를 통과하는 동안 물결을 따라 흔들리며 몇 달을 보낸 뒤 더 맛있어졌다는 사실을 깨달았다. 이 때문에 1700년대에는 적도를 통과한 횟수가 마데이라 와인의 가격을 상승시키는 한 가지 요인이기도 했다. 바다를 건너 와인을 운송해 봐야 수익성이 없게 되자 마데이라에서는 식민지로 향하는 17세기 항해 선박이 지닌 특이한, 적어도 독특한 조건을 재현하려 했다. 모순되게도 (마데이라 와인을 제외하면) **마데라이즈된**이라는 말은 상하거나 산화된, 혹은 두 가지 모두 진행된 와인을 경멸하는 표현으로 사용된다.

✔ **어린 와인** : 신선함으로 가득 차 있다. 신선한 과일, 신선한 꽃, 신선한 향신료 등 와인 테이스터들은 이러한 것을 지배적 풍미로 꼽을 것이다. 신선한 과일이 맛있는 만큼 어린 와인도 맛있을 것이다. 하지만 다양한 풍미가 발달하지는 않은 상태고, 이는 복합성이 낮다는 의미다. 레드 와인에서 질감은 숙성되기 위한 조건이지만 어린 레드 와인의 경우 이는 그저 불쾌하기만 할 수도 있다. 츄이하고 떫으며 입을 오므리게 만드는 수렴 작용을 일으킨다. 수가 그리 많지는 않지만 이런 와인은 시간이 필요하다. 신선한 화이트 와인은 대체로 날카롭고 크리스프하며, 이 역시 시간이 지남에 따라 누그러들 것이다.

너무 늙기 전에 어린 와인을 보관할 수 있는 기간은 얼마나 균형이 잡혔는지에 달려 있다. 고급 와인은 시간과 더불어 복합성을 얻는다. 어린 와인이 지닌 진한 황금빛 과일 색과 초콜릿 같은 오크 향은 즐거움을 선사할지 모르지만 그다지 심원한 것은 아니다. 그리고 그 어느 것도 낙엽, 쇠고기 육수, 간장이 혼합된 것처럼 복합적인 것이 아니다. 나는 부케가 형성되기 시작해서 복합성이 생겼지만 아직 모든 과일이 영원한 겨울을 피하기 위해 남쪽으로 날아가기 전, 바로 그 순간을 포착하기를 바란다. 이것이 내가 개인적으로 내리는 숙성의 정의다. 이런 조건을 갖추지 못했다면 그저 어린 와인이거나 나이 든 와인이다.

숙성 가능성의 원칙 : 보관할 것인가, 지금 마실 것인가

디너 파티에서 와인을 서빙하기 전에 어떤 와인이 무르익었는지, 조금 더 시간을 주면 더 나아질지를 판단할 수 있다면 언제든 써먹을 수 있는 유용한 정보를 손에 쥐게 되는 것이다. 그렇다면 와인의 보관 수명이 얼마나 되는지, 또는 1, 2년 안에 마셔야 하는지를 어떻게 판단할 수 있을까? 다음 주요 천연 보존제 가운데 2개 이상을 풍부하게 함유한 와인이 보관 수명이 가장 길다.

- ✔ 산도
- ✔ 알코올
- ✔ 당
- ✔ 타닌, 또는 추출물

이 네 가지 요소 모두 와인의 보관 수명을 늘리는 천연 보호제다. 산과 알코올은 와인의 품질을 떨어뜨릴 수 있는 세균이나 다른 유해 유기물의 생식을 어렵게 만든다. 효모의 좋은 먹잇감이긴 하지만 당 역시 바람직하지 않은 유기물의 생식을 어렵게 만든다. 집에서 잼을 만들어본 사람이라면 잼이 더 달수록 상하지 않고 오래간다는 사실을 알 것이다. 마지막으로 타닌과 와인의 '추출물'의 구성 성분이며 전문용어로 폴리페놀이라 불리는 화합물들은 천연 항산화제로서 산화로부터 와인을 보호한다.

빈티지 포트 와인은 숙성 가치가 있는 대표적인 와인이다. 알코올 함량이 최대 20퍼센트까지 달하는 강화 와인인 만큼 이는 알코올 도수가 높고 어릴 때 타닌이 매우 강하며 잔여 당분 역시 많이 함유하고 있다. 그렇게 신맛이 짱짱하게 강한 편은 아니지만 무르지도 않다. 포트 와인은 1세기, 혹은 그 이상 점점 더 품질이 향상될 수 있다. 사실 어린 포트 와인은 딱히 마시기 좋은 와인은 아니다.

그 반대쪽 끝에는 가격이 저렴하고 프루티한 드라이 화이트 와인이 있다. 이런 와인은 오랫동안 저장고에 보관하기에 가장 부적절한 스타일이다. 즉, 포도를 수확한 지 1, 2년 안에 마시는 것이 바람직하며 빨리 마실수록 좋다. 산을 제외하고 보존제 역할을 하는 성분이 거의 없기 때문이다. 타닌도, 당도 없고 알코올 함량도 그리 높은 편이 아니다. 병 안에 아무런 보호 장치도 없으므로 와인이 지닌 신선한 과일 풍미는 금세 희미해지고 이내 사라진다. 결국 피로하고 산화되며 멍든 사과 같은 풍미를 지닌 와인만이 남는다. 마찬가지로 보급용 스타일의 부드럽고 유순한 레드 와인은 타닌과 산의 함량이 낮아 어리고 프루티할 때 마시기에 적절하지만 곧 과일 같은 향과 풍미는 말라 없어지고 흩어진다. 이러한 와인을 오래 보관하느라 저장고나 와인 랙의 공간을 낭비하지 말라(쉽게 손이 닿을 수 있게 문 가까이 보관하고 1년 이상 그 존재를 잊으면 안 된다).

와인의 보관 수명을 추정할 수 있는 한 가지 기본적인 지침은 바로 가격이다. 숙성 가능성을 높이기 위해 와인에 추가로 뭔가를 첨가했다는 것은 제조비용이 높다는 의미다. 또한 뭔가를 첨가했다는 것은 상대적으로 각종 성분의 농도, 적어도 앞서 언급한 구성 요소들의 농도가 높아졌다는 의미다. 물론 수확량이 낮은 포도 덩굴에서 생산된 와인 역시 풍미의 농도가 높다(덩굴 하나당 생산량이 적다는 것은 풍미의 농도가 높은 반면 와인 생산량은 적다는 의미다). 20달러 미만인 레드, 화이트, 발포 와인은 대부분 '당장 마셔야 할 와인' 카테고리에 속한다.

가격 외에 저장고에 보관할지 즉시 마실지 판단할 수 있는 지침은 다음과 같다.

- ✔ **스위트 와인** : 설탕은 효과적인 보존제다. 스위트 와인에 속하는 것, 특히 산도가 높은 스위트 화이트 와인이면 대체로 숙성 가능하다. 리슬링, 슈냉 블랑, 소테른, 토카이 같은 고급 귀부 와인, 그리고 그와 비슷한 와인이 여기에 속한다. 최고의 스위트 와인은 100살 생일을 맞을 때까지 생존할 수도 있다.

- **드라이 화이트 와인** : 드라이 화이트 와인과 로제 와인은 대부분 어리고 프루티할 때 마시는 것이 가장 바람직하다. 하지면 여기에도 예외가 있다. 리슬링, 샤르도네, 그리고 슈냉 블랑처럼 냉온대기후에서 재배된 것들이다. 이런 와인은 산도가 높은데, 산도는 뛰어난 안정제이자 보존제다. 서서히 공기에 노출되어 오히려 안정되므로 배럴 발효 및 숙성된 화이트 와인 역시 일반적으로 스테인리스 스틸이나 콘크리트 탱크처럼 진공 상태인 환경에서 숙성된 것보다 차후에 숙성될 가능성이 높다. 여기에 속하는 최고 품질의 화이트 와인은 제조 날짜로부터 5~10년 동안, 때로 그보다 조금 더 오래 보관할 수 있으며 심지어 품질이 향상되기도 한다.
- **드라이 레드 와인** : 드라이 레드 와인은 타닌이 함유되어 있어 일반적으로 드라이 화이트 와인보다 숙성 가능성이 높다. 레드 와인을 제조하기 위해서는 포도 껍질을 며칠에서 몇 달까지 원액이나 와인에 잠기게 놔둔다. 화이트 품종은 주로 압착한 직후 발효 과정에 접어들기 전에 껍질을 제거한다. 이러한 마세라시옹(maceration, 발효 전후와 도중에 포도 껍질과 포도즙을 일정 시간 함께 담가 색깔과 향기, 맛을 추출해 내는 과정-역주) 과정을 거치며 껍질에서 붉은색을 띠는 색소만이 아니라 타닌 같은 각종 페놀 화합물이 추출된다. 페놀 화합물은 산화에 의한 손상을 줄여주는 천연 완충제 역할을 한다. (페놀에 대한 더 자세한 내용은 제10장을 보라.) 레드 와인은 카베르네 소비뇽, 시라, 네비올로, 말벡, 무르베드르처럼 껍질이 두꺼워 페놀이 풍부하게 함유된 품종으로 만들어진다. 따라서 코르크, 심지어 스크루 캡을 통해 어쩔 수 없이 병 안에 스며드는 공기로부터 보호받아 숙성 가능성이 높아진다. 또한 이렇게 유입된 소량의 공기는 오히려 타닌의 떫은맛을 부드럽게 만들어 더욱 복합적인 향과 풍미를 만들어낸다.

  하지만 모든 레드 와인이 똑같은 품질로 만들어지는 것은 아니다. 어떤 것은 드라이 화이트 와인만큼이나 매우 짧은 보관 수명을 지닌다. 가메, 그르나슈, 바르베라, 돌체토 같은 타닌이 낮은 드라이 레드 와인과 가벼운 스타일의 피노 누아, 그리고 이와 유사한 와인은 과일 같은 맛과 향, 풍미를 놓치지 않기 위해 젊을 때 마셔야 한다.
- **스파클링 와인** : 스파클링 와인 가운데 가장 숙성 가능성이 높은 것은 트레디셔널 메소드 방식으로 만든 유형이다(제11장을 참고하라). 이러한 스파클

[이산화황 : 마법의 보존제]

산, 타닌이나 추출물, 알코올, 설탕 등 와인에 자연적으로 함유된 보존제 외에 와인 제조자들은 보관 수명을 늘리기 위해 보존제를 첨가하기도 한다. 그 가운데 가장 오래되고 일반적으로 사용되는 것이 **이산화황**(SO_2)이며 적어도 2,000년 정도의 역사를 지니고 있다. 이산화황은 항균제와 항산화제 역할을 하며, 이 두 가지는 와인을 안정시키는 데 가장 유용한 특성들이다. 이산화황은 해로운 세균의 접근을 막고 따로 떨어져 있던 효모가 잔여 당을 다시 발효하지 못하게 하며 피할 수 없는 와인의 갈변 속도를 늦추고 신선한 과일 풍미를 망가뜨리는 산소 분자의 활동을 교란한다. 궁극적으로 모든 와인에는 이산화황이 첨가된다. 그렇지 않다면 이 세상은 전혀 신선하지 않고 산화된 와인으로 가득 찰 것이다. 하지만 양이 지나치게 많을 경우 와인은 일부 사람에게서 알레르기 부작용을 일으키는 것은 물론 유황온천같이 지독한 냄새가 날 것이다. 때문에 대부분의 국가에서 **아황산염의 첨가** 여부를 표기하도록 법적으로 의무화하고 있다.

링 와인은 효과적으로 산소의 작용을 방해하는 이산화탄소가 함유된 것은 물론 산도가 높다. 또한 종종 약간의 잔여 당이 함유되어 보호하는 역할을 해준다. 또한 트래디셔널 메소드 와인의 풍미 프로파일에서 중요시되는 것은 신선한 과일이 아니라 발효 후 효모실에서 숙성되는 동안 생기는 토스티한 향, 그리고 효모와 비스킷 같은 향이다. 신선함을 잃을 걱정은 하지 않아도 된다. 이미 잃었기 때문이다. 최고급 빈티지의 샴페인은 몇십 년 동안 생존할 수 있다. 반면 모스카토 다스티와 프로세코같이 샤르마 방식으로 제조된 스파클링 와인은 신선함이 중요하므로 대부분 가능한 한 어릴 때 마셔야 한다.

마개를 딴 다음 와인을 얼마나 오래 보관할 수 있을까?

코르크를 뽑거나 스크루 캡을 돌려 연 순간부터 시간은 흐르기 시작한다. 와인이 식초로 변하는 것은 시간문제일 뿐이다. 발효된 포도 주스가 당신의 간에서 해독되며 만나는 공기가 아니라 대기에 노출되어 맞이하는 피할 수 없는 종말 말이다. 하지만 저장고에서 숙성될 때처럼 얼마나 빨리 식초로 변하는지는 몇 가지 요소에 의해 좌우된다. 생산 지역이나 포도 품종과 안정성 사이에 쉽게 기억할 수 있는 직접적인 연관은 없다. 와인에 대한 모든 것이 그러하듯 이 역시 복잡한 질문이다. 하지만 당신은 한 가지 유리한 고지를 점령했다. 이미 와인을 따서 맛을 본 만큼 열지 않은 병에 대해 막연히 추측을 하는 것이 아니라 문제를 해결하고자 하는 와인이 어떤 유형인지 알고 있다는 것이다.

마개를 딴 와인 병을 관찰하라

가끔 나는 하루에 마실 수 있는 것보다 많은 와인 병을 동시에 따야 하는 상황에 맞닥뜨린다. 정말 위험천만인 직업이다. 이렇게 병을 연 와인은 코르크로 다시 막은 다음 주방 조리대 위나 냉장고에 보관했다가 다시 꺼내게 된다. 그리고 가끔 이런 방식으로 같은 와인을 다시 맛보면 이들이 어떻게 변했는지, 아직 살아 있는지, 죽었는지를 살펴볼 수 있다. 이 얼마나 매력적인 일인가. 또한 와인의 완전한 상태와 구성을 최대한 밝혀낼 수 있고, 결과적으로 저장고에 보관할 가치가 있는지 판단할 수 있다. 물론 아직 열지 않은 같은 와인이 있다면 말이다.

간단히 말해서 저장고에 오래 보관하며 숙성시킬 수 있는 와인이 마개를 열었을 때 가장 오래가는 와인이다. 하지만 경험에 비춰보면 레드든 화이트나 로제든 색깔에 관계없이 오래된 와인은 금방 수명을 다한다. 너무 섬세해서 하루만 지나도 산화돼 버린다.

다음 목록은 내가 마개를 연 와인으로 직접 실험, 관찰한 내용이다. 마개를 연 지 며칠이 지나도 당신이 가장 좋아하는 화이트 와인이나 레드 와인의 맛이 괜찮을지를 판단할 때 언제든 사용할 수 있다. 단, 마실 수 있는 것인지 아닌지에 대한 최후의 선택은 당신이 내리는 것이다.

✔ **배럴 숙성된 와인은 품질이 더 좋아진다.** 직관적으로 말이 안 된다고 생각할지 모르지만 나무 배럴에서 숙성된 와인처럼 제조 과정에서 산소에 더 많이 노출된 와인이 나중에 안정된 경향이 있다. 이렇게 산화를 거치는 것은 특정한 스타일의 와인을 만들기 위한 과정 중 하나다. 이런 와인은 병에 담길 때 이미 약간 산화된 상태이므로 마개를 개봉한 다음 공기에 노출되었을 때 더 안정되고 잘 견뎌낼 수 있다. 나는 언젠가 일부러 화이트 와인을 한 달 이상 산화하며 괴롭힌 적이 있다. 실험이 끝날 때쯤 그 와인은

이제 막 '열리기' 시작하고 있었다. 다시 말해 과일과 꽃의 향을 드러내기 시작했다는 말이다!

✔ **신선하고 프루티한 와인은 일찍 시든다.** 우드 숙성이나 산화 과정을 거친 와인과 반대로 와인으로 탄생해서 병에 담긴 이후로 그야말로 철저하게 산소로부터 보호받은 매우 어리고 신선하며 프루티한 와인은 일찍 시들어 버린다. 이런 와인은 겨울을 나기 위해 남쪽에서 휴가를 보낼 때 내 피부에 일어나는 일을 떠올리게 만든다. 열대의 햇살 아래에서 30초도 되지 않아 나는 바닷가재처럼 변신하는 것이다. 이런 몰골이 되지 않으려면 강력한 자외선 차단제를 듬뿍 바르거나 태양광 아래에 완전히 노출시키기 전에 태닝 살롱에서 살갗을 천천히, 부드럽게 자외선에 노출시키는 것밖에 방법이 없다. 피부처럼 와인도 부드럽게 그러한 요소에 노출시켜야 강해진다. 그렇지 않으면 충격으로 죽어버릴 것이다. 그러므로 신선하고 섬세하며 프루티한 와인은 일단 따면 다 마셔버려야 한다.

그렇다고 허겁지겁 마실 필요는 없다. 와인은 대부분 생각보다 오래 정상적인 상태를 유지한다. 가볍고 오크 발효나 숙성을 거치지 않았으며 프루티한 화이트와 레드 와인조차 그렇게 많은 것을 희생시키지 않고 2, 3일 이상 지속된다. 향과 프루티함이 조금 줄어들 뿐, 1주일이 지난 뒤에도 마실 만하다. 가장 가벼운 와인이라도 식초로 변하려면 아주 높은 온도에서 적어도 한 달은 보내야 할 것이다. 로부스트한 빅 레드 와인은 1주일 이상 멀쩡한 상태를 유지하고 일부는 실제로 저장고에 있을 때처럼 품질이 향상된다. 셰리, 마데이라, 토니 포트, 뱅 존 같은 산화 스타일의 와인은 한 달 약간 넘게, 혹은 그 이상 변화를 거친다. 병에 담기 전에 몇 년 동안 진흙 암포라(amphora, 고대 그리스 · 로마시대의 몸통이 불룩 나온 긴 항아리-역주)에서 숙성되는 괴이한 조지아 와인은 맛과 향, 풍미 등이 열릴 때까지 한 달이 필요하다.

마개를 연 와인 보관하기

마개를 연 와인을 보관하기에 최적의 장소는 냉장고처럼 시원한 환경을 지닌 모든 곳이다. 온도가 낮다는 것은 화학 반응, 즉 산화 속도가 느려진다는 의미이고, 그 결과 마개를 연 와인의 저장 수명이 늘어난다. 그런 일이 자주 생기지 않기를 바라지만 다 마시지 않았을 때도 반 정도 비운 와인을 저장할 수 있다는 건 더 큰 희소식이다.

750밀리미터짜리 와인을 반 이상 마셨다고 가정했을 때 남은 것을 깨끗한 375밀리미터짜리 용기에 옮겨 담고 스토퍼로 입구를 막은 다음 냉장고에 보관하라. 용기가 작다는 것은 산소에 덜 노출된다는 의미이고 어찌되었든 와인을 죽이는 것은 산소다. 이렇게 하면 와인의 수명을 2, 3배 늘릴 수 있다.

이제 진공 펌프, 플로팅 디스크, 질소 스프레이 등 와인의 보존 기간을 늘리기 위한 장비와 보존 시스템이 많이 존재한다. 이러한 장비는 마개를 연 와인의 저장 수명도 늘릴 수 있지만 다 마셔버리는 것만큼 효과적인 방법은 없다.

음식과 숙성한 와인을 서빙하는 방법

와인은 나이가 들며 향, 풍미, 질감의 변화를 겪는다. 예상했겠지만 어리고 로부스트한 레드 와인과 페어링할 만한 음식이 저장고에서 10년을 보낸 같은 와인과의 페어링에는 바람직하지 않을 수 있다. 이럴 때 고려해야 할 사항은 다음과 같다.

- ✔ **질감이 부드러워진다** : 숙성된 레드 와인은 타닌과 떫은맛이 줄어들어 울이 아니라 실크같이 변한다. 이는 타닌이 강한 젊은 버전보다 다양하게 사용될 수 있고 타닌의 적, 즉 음식의 쓴맛과 신맛의 악영향이 줄어든다는 의미다. 또한 거친 특성을 부드럽게 만들기 위해 강한 짠맛, 높은 지방과 탄수화물 성분을 필요로 하지 않는다. 예를 들어 숯불로 구운 마블링이 잘된 쇠고기와 아주 잘 어울리는 어린 레드 와인이 나이가 들었을 때는 브레이즈로 조리한 음식과 잘 어울릴 수 있다. 비슷한 질감을 이용해서 페어링하는 것이다.
- ✔ **향과 풍미가 발달한다** : 숙성된 와인은 프루티한 풍미가 사라지는 대신 캐러멜, 약 같은 향과 풍미를 지니고, 그 결과 독특한 감칠맛을 지니게 된다. 나는 나이 든 레드 와인과 함께 내는 음식에 이러한 맛있는 풍미를 반영하곤 한다. 즉, 버섯, 말린 허브, 경화 치즈, 햇볕에 말린 토마토, 숙성시킨 쇠고기나 양고기 등을 페어링하는 것이다. 반면 견과류와 말린 과일 같은 풍미는 숙성된 화이트 와인과 잘 어울린다.

✔ **와인은 더욱 섬세해진다** : 숙성된 와인은 더 연약해져 기름기가 많거나 강한 향신료를 사용한 음식에 쉽게 압도될 수 있다. 이런 와인은 압도하지 않을 심심한 음식과 서빙하는 것이 가장 바람직하다. 그 방법은 바로 단순함을 추구하는 것이다. 서양고추냉이를 적당히 사용한 고전적인 로스트비프 오쥬, 야생 버섯 리소토, 또는 만체고나 파르미지아노같이 장식을 곁들이지 않은 숙성된 경화 치즈(끈적거리거나 냄새가 고약하거나 색이 푸르지 않은)가 고급 숙성 레드 와인을 완벽하게 돋보이게 만들어줄 음식이다.

chapter

08

와인 서빙하기 : 흐름을 이어가기 위한 필수 전략

제8장 미리보기

- 서빙 순서를 염두에 둔다.
- 와인의 온도에 주의한다.
- 글라스 웨어를 선택한다.
- 디캔팅을 할 것인가 말 것인가를 결정한다.

당신은 어떻게 해야 할지 애를 태우다가 여러 가지를 조사하고 자문을 구한 끝에 주머니를 탈탈 털었다. 행사를 위해 꼭 맞는 와인을 구입했다고 생각했지만 결과는 실망스러웠다. 하지만 와인 제조자나 판매상, 또는 비평가나 친구를 원망하기 전에 자신에게 이런 질문을 해보라. '그 와인에게 제대로 된 기회를 주었는가?' 와인은 서빙하는 방법에 따라 완전히 달라질 수 있다. 온도, 디캔팅의 여부, 심지어 글라스 웨어의 유형도 마시는 사람이 와인을 어떻게 느끼는지에 영향을 미친다. 지금까지 설명한 내용만으로도 머리가 터질 것 같은데 또 뭔가를 고려해야 한다니 미칠 노릇일 것이다. 하지만 너무 억울하게 생각하지 말라. 그렇게 몇 가지 요령을 더해서 즐거움을 최대한 만끽할 수 있다면 감내해야 하지 않겠는가.

이번 장에서는 인간이 와인을 마시며 후각, 미각, 촉각으로 인지하는 것이 온도에 의해 어떻게 변하는지, 각각의 와인이 어떤 온도에서 최고의 상태를 보여줄지 살펴볼 것이다. 이는 음식과 페어링할 때 반드시 고려해야 할 사항이다. 또한 글라스 웨어의 유형과 모양이 실제 화학적 구성이 아니라 마시는 사람의 기분을 바꿈으로써 와인을 즐기는 일을 어떻게 변화시키는지 살펴보고 찬장에 기본적으로 갖춰 놓아야 할 글라스 웨어를 유형별로 제시할 것이다.

디캔팅 역시 일부 와인을 서빙할 때 반드시 거쳐야 할 관문이다. 그러므로 어떤 와인을, 왜, 어떻게, 그리고 얼마나 오래 디캔딩해야 하는지 설명하여 디캔팅에 대한 숨은 진실을 밝힐 것이다. 이번 장을 다 읽을 때쯤이면 당신은 소믈리에처럼 와인을 서빙하게 될 것이다.

때를 알아야 한다 : 적절한 순서대로 와인을 서빙하라

잘 계획된 식사는 극본이 잘 짜인 연극처럼 흐름을 지니고 있어 사람들이 계속 식사에 집중하고 다음 장면을 고대하게 만든다. 한 끼의 식사에서 여러 가지 와인을 서빙할 때 손님들이 다음을 기대하게 만드는 방법은 강도가 점점 세지고 복합성이 증가하는 방향으로 와인을 서빙하는 것이다. 그 순서는 다음과 같다.

- ✔ **첫 번째 와인** : 먼저 식욕이 돌고 다음에 뭐가 올지 기대하게 만드는 와인을 서빙해야 한다. 샴페인이나 드라이 스파클링 와인처럼 신맛이 강한 와인으로 시작하는 것이 최선의 방법이다. 이런 와인은 위액의 분비를 촉진하고 어떤 음식이 나올지 기대하게 만든다. 크리스프한 비발포성 드라이 와인 역시 같은 목적으로 사용할 수 있다.
- ✔ **두 번째 이후의 와인** : 풍미의 규모와 복합성이 점차 증가하도록 서빙되어야 전 단계에서 마신 와인을 더 마셨으면 하는 미련을 갖지 않을 수 있다. 아주 복합적인 최고 등급의 와인을 먼저 서빙해 버리면 그다음부터 나오는 모든 것에 대한 관심을 앗아가버릴 것이다. 점점 강도를 높이다가 식사가 절정에 이르렀을 때에 맞춰 그날의 최고의 와인을 서빙하라.

- ✔ **마지막 와인** : 식사를 천천히 끝낼 수 있는 와인으로 마무리하는 것이 바람직하다. 소량의 스위트 와인이라면 충분할 것이다.

와인 서빙 순서의 기술적 측면 외에도 실질적으로 맛에 대해 고려해야 할 사항들이 있다. 예를 들어 풀블로운의 로부스트한 와인 다음에 매우 가벼운 와인을 서빙하면 이는 결국 물처럼 느껴질 것이다. 또는 달콤한 음식과 드라이한 레드 와인을 페어링하면 대부분 재앙으로 끝나듯이 스위트 와인 다음에 드라이 와인을 서빙하면 드라이 와인은 더 드라이하고 떫으며 시게 느껴질 것이다.

다음은 와인 서빙 순서를 정할 때 따라야 할 일반적인 규칙이다. (와인과 관련한 모든 규칙이 그러하듯 이는 절대적인 것이 아니므로 페어링의 예술을 위해 가끔은 규칙에 도전해 보라.)

- ✔ 가벼운 와인 다음에 풀바디 와인
- ✔ 섬세한 와인 다음에 볼드한 와인
- ✔ 드라이한 와인 다음에 스위트한 와인
- ✔ 알코올 도수가 낮은 와인 다음에 높은 와인
- ✔ 스파클링 와인 다음에 비발포성 와인(스위트 스파클링은 제외한다.)
- ✔ 어린 와인 다음에 나이 든 와인(나이가 많은 와인이 더 복합적이다. 주의 : 젊고 매우 로부스트한 레드 와인이 먼저 서빙되면 미각이 둔해져서 그다음에 나오는 섬세하고 나이 든 레드 와인을 충분히 즐기지 못한다.)

여기에 '레드보다 화이트를 먼저'라는 말이 없다는 사실에 주목하라. 화이트 와인을 먼저 마신 다음 레드 와인을 마시는 것이 일반적이고 전체적으로 보았을 때 화이트 와인 다음에 레드 와인을 마시는 것이 더 바람직한 것은 사실이지만 항상 그렇지는 않다. 가벼운 레드 와인 다음에 고급 화이트 와인을 내놓는 것이 훨씬 나은 경우도 많다. 배럴 발효되고 병에서 약간의 숙성을 거쳐 복합성이 더해진 최고급 샤르도네가 그 좋은 예다. 이 정도 되는 화이트 와인 다음에 기본적인 가메, 메를로, 산지오베제 같은 단순하고 쉽게 꿀꺽꿀꺽 마셔버릴 수 있는 레드 와인을 서빙한다면 사람들이 실망하게 될 것이다.

최적의 온도에서 와인을 서빙하라

음식을 먹고 와인을 마실 때 온도가 중요한 요소로 작용한다. 죽을 차갑게 내거나 가스파초를 뜨겁게 내지는 않을 것이다. 차가운 치즈를 냉장고에서 바로 꺼내면 함유된 향과 풍미의 일부만 드러낼 것이고, 반대로 음료를 미적지근하게 내면 대부분 너무 달고 탄산이 너무 강해져 삼키기조차 어려울 것이다.

셰프도 경험을 통해 테린(terrine, 고기 파이 등을 담아서 파는 오지 접시 또는 단지-역주)에 담은 음식, 파테, 수프 등을 차게 내야 하는 경우 뜨겁게 낼 때보다 약간 소금 간을 강하게 해야 한다는 사실을 알고 있다. 온도가 낮을수록 짠맛에 대한 인지력이 낮아지기 때문이다. 즉, 사람들은 차가운 음식을 먹을 때 덜 짜게 느낀다는 것이다. 온도와 감각 인지는 다양한 메커니즘을 통해 상호작용을 일으킨다. 여기에는 감각 수용체에 직접적으로 온도가 작용하는 것도 포함되지만 그 어떤 경우에든 인간의 미각 수용체가 온도의 변화에 따라 조정된다는 사실이 이미 과학적으로 밝혀졌다. 기본적으로 같은 음식과 와인이지만 온도가 달라지면 맛도 달라지는 것이다.

그러므로 서빙되는 시점의 와인의 온도가 미치는 긍정적 및 부정적 영향을 고려해야 한다. 표 8-1은 다양한 종류의 와인과 각각의 이상적인 서빙 온도를 명시했다.

표 8-1 와인의 권장 서빙 온도

와인 스타일	온도
풀바디 레드 와인, 빈티지 포트 와인	18℃
토니 포트	17℃
미디엄바디 레드 와인	15~16℃
아몬티야도 셰리	14~15℃
라이트바디 (오크 숙성을 거치지 않은) 레드 와인	13~15℃
배럴 발효된 풀바디 화이트 와인	12℃
미디엄바디 화이트 와인	8~10℃
드라이 로제 와인, 라이트바디 (오크 숙성을 거치지 않은) 화이트 와인, 오프-드라이 스위트 와인	7~9℃
빈티지 스파클링 와인(샴페인), (설탕을 첨가하지 않은) 엑스트라 브뤼	9℃
피노 셰리	6~8℃
논빈티지 스파클링 와인, (샤르마 메소드로 제조된 더 달콤한 스타일의) 스파클링 와인	6~7℃

다음 섹션은 각기 다른 온도로 와인을 서빙했을 때 와인의 특징이 어떻게 변하는지를 상세하게 설명한 내용이다. 여기에는 향과 질감같이 중요한 변화도 포함된다.

와인의 향을 극대화하라 : 냄새

온도는 방향 분자의 휘발성에 영향을 미친다. 다시 말해서 공기 중으로 날아가는 능력이 생겨 사람의 코에 도달할 수 있다는 의미다. 이것이 인간의 후각 반응이 일어나는 방식이다. 대부분의 경우 와인의 방향 화합물의 휘발성이 강할수록 와인의 냄새를 맡을 때 더 많은 즐거움을 느낀다.

온도는 향 화합물에 극적인 영향을 준다. 화학적 면에서 보자면 물질에 열이 가해지면 이를 구성하는 분자들은 더 빠르게 진동한다. 반대로 열을 빼앗겨 차가워지면 느리게 진동한다. 이는 와인이 차가울수록 그 안에 함유된 향 화합물이 더 느리고 적게 휘발되어 결국 와인의 향도 줄어든다는 의미다. 반대로 와인의 온도가 너무 높으면 우리에게 즐거움을 선사하는 향 분자들의 활동성이 너무 커져 당신이 냄새를 맡기도 전에 사라지고 결국 알코올이 증발되며 내는 약간의 타는 듯한 냄새만 남는다.

레드, 화이트, 핑크, 오렌지 등 색과 상관없이 온도는 모든 종류의 와인의 방향 물질에 같은 방식으로 영향을 준다. 다음 두 가지 간단한 지침을 활용해 보라.

- ✔ **향의 측면에서 더 흥미로운 와인일수록 높은 온도에서 서빙해야 한다.** 향의 측면에서 더 흥미로운이라는 말은 와인이 얼마나 복합적인가를 의미한다. 복합적인 최고급 와인의 향을 맡는 즐거움을 극대화하기 위해서는 다음과 같이 서빙해야 한다.
  - 최고급 화이트 와인은 약 12~14℃에서 서빙해야 한다. 덧붙여 말하자면 이는 모든 와인에 대한 권장 저장 온도, 또는 소믈리에가 저장고 온도(cellar temperature)라고 부르는 온도다.
  - 최고급 레드 와인은 약 18~20℃에서 서빙해야 한다. 이는 저장고 온도보다 약간 높지만 가정이나 레스토랑의 평균 대기 온도보다 약간 차가운 수준이다. 18~20℃를 훌쩍 넘는다면 공기 중으로 날아가는 알코올로 돌아갈 것이다.
- ✔ 단순한 와인일수록, 즉 품질이 떨어지는 와인일수록 차갑게 서빙해야 한

다. 이런 와인은 어떤 경우에도 향을 맡을 것이 별로 없기 때문에 이렇게 해야 신선한 면을 최대한 부각시킬 수 있다. 단순한 와인을 최대한 즐기기 위해서는 다음과 같이 서빙해야 한다.

- 화이트 와인은 4~6℃로 서빙한다. 이는 아마도 냉장실의 설정 온도와 비슷한 수준일 것이다. 얼음과 물을 채운 양동이에 20~25분 정도 담가놓아도 온도를 맞출 수 있다.
- 레드 와인은 약 14~16℃로 서빙한다. 레드 와인은 온도에 영향을 받는(다음 섹션을 참고하라) 타닌과 질감 때문에 다루기 더 까다롭지만 저가의 레드 와인은 대부분 더 신선하고 생동감이 넘치며 마시기에 편하다. 또한 약간 차갑게 서빙해도 지루함이 덜하다. 냉장실에서 30분, 혹은 얼음물에서 몇 분이면 이 온도를 맞출 수 있다.

와인을 더 차갑게 서빙하면 명절에 선물로 받은 평범하고 저렴한 와인을 아주 쉽게 마셔 없앨 수 있다.

질감과 맛에 초점을 맞춰라

향 외에도 온도는 와인의 질감과 맛에도 영향을 준다. 와인을 차갑게 서빙하면 다음과 같은 현상이 일어난다.

- ✔ 신맛이 더 강하게 느껴진다(그 결과 더 신선하게 느껴진다).
- ✔ 타닌이 더 강하게 느껴진다(그 결과 떫은맛과 쓴맛이 더 강하게 느껴진다).

와인을 더 차갑게 서빙하면 크리스프함과 프루티함, 떫은맛이 증가하는 반면 높은 온도에서 서빙하면 알코올의 맛이 강해지고 생생함이 사라지며 프루티함과 떫은맛이 줄어든다.

일반적으로 레드 와인을 화이트 와인보다 높은 온도에서 서빙하는 이유가 바로 이것이다. 레드 와인에는 떫은맛과 드라이함, 입의 수렴 작용을 일으키는 물질인 타닌을 함유한 반면 화이트 와인은 타닌을 거의 함유하지 않는다. 한 가지 흥미로운 사실은 와인의 온도가 낮을수록 인간은 타닌이 만들어내는 수렴 작용을 더 강하게 느낀다는 것이다. 이는 똑같이 타닌이 강한 와인을 10℃와 18℃에서 서빙할 경우 온도가 낮은 와인이 불쾌할 정도로 더 떫고 쓰게 느껴진다는 의미다. 18℃에서 와인은 여전히 타닌의 맛을 주겠지만 훨씬 감내할 수 있는 수준일 것이다. 그리고 디캔팅까지 마친 다음 단백질을 주재료로 한 짭짤한 음식과 서빙하면 타닌은 더 이상 문젯거리가 아니다.

화이트 와인과 로제 와인은 대부분 타닌을 함유하지 않으므로 떫은맛이 강해질 걱정 없이 차갑게 서빙할 수 있다. 또한 이렇게 하면 신선함을 주는 요소를 강조하고 알코올의 향보다 프루티한 향을 드러낼 수 있다. 반면 배럴 숙성 화이트 와인은 향의 복합성을 갖추었을 뿐 아니라 배럴의 나무에서 유도된 타닌도 일부 함유하고 있다. 그러므로 배럴 숙성을 거치지 않은 화이트 와인보다 약간 높은 온도에서 서빙하는 것이 가장 바람직하다.

너무 높은, 즉 대부분의 가정과 레스토랑의 대기 온도와 비슷한 약 22~23℃에서 서빙하면 와인은 신선한 느낌을 잃고 만다. 알코올이 증발되며 향이 날아가 약하게 인지되는 것처럼 신맛에 대한 인지 역시 감소한다. 결국 와인은 시들하고 알코올이 강한 맛을 주게 된다.

가메, 피노 누아, 그르나슈, 템프라니요, 바르베라 등 레드 와인의 포도 품종 가운데 다수는 원래 타닌 함량이 낮다(주로 껍질이 얇은 품종이다). 이런 와인은 오크 숙성을 거치지 않은 모든 레드 와인이 그러하듯 차갑게 서빙했을 때 더 마시기 좋다(하지만 언제나 예외가 있다는 사실을 잊지 말라!). 떫은맛이 너무 강해질 걱정 없이 신선함과 프루티한 면을 증가시킬 수 있다. 또한 오늘날 와인의 대다수가 즉시 소비하기 위해 생산된다. 즉, 낮은 온도에서 와인을 단단하고 떫게 만들 타닌이 소량만 존재한다. 그런 만큼 특히 여름에, 또는 매운 음식과 페어링할 때 화이트 와인, 로제 와인, 그리고 레드 와인 모두 평소보다 약간 차갑게, 혹은 훨씬 차갑게 서빙해도 된다.

내가 레스토랑에서 일한 경험에 비춰보면 차갑게 서빙할수록 손님들은 와인을 더 빨리, 더 많이 마신다. 한 가지 진실을 고백하겠다. 어떤 레스토랑에서는 매상을 올리기 위해 적절한 와인 서빙 온도가 무시되기도 한다.

스위트 와인과 스파클링 와인 서빙하기

온도는 설탕과 이산화탄소를 느끼는 인지에도 영향을 미친다. 스위트 와인과 스파클링 와인을 서빙할 때 다음 두 가지 요소를 명심하라.

- ✔ **차갑게 서빙될수록 스위트 와인은 덜 달게 느껴진다.** 차갑게 서빙되면 음식의 짠맛이 덜 느껴지는 것처럼 온도가 낮으면 와인의 잔여 당 때문에 생기는 단맛은 감소되는 반면 신선함은 증가된다. 그러므로 오프-드라이한 스위트 와인은 차갑게 서빙하여 과일의 느낌을 강조하고 물릴 정도로 단맛을 줄여야 한다. 그렇다고 모든 스위트 와인, 특히 복합성을 지닌 고급 스위트 와인을 얼음처럼 차갑게 내서는 안 된다. 애초에 이런 와인을 흥미롭고 값비싸게 만드는 향과 풍미를 놓칠 것이기 때문이다. 절묘한 균형이 필요한 순간이다.
- ✔ **낮은 온도에서 서빙하면 스파클링 와인의 거품이 덜 일고 버블이 오래 지속된다.** 스파클링 와인 역시 이산화탄소 분자의 속도를 줄이기 위해 차갑게 서빙된다. 온도가 높을수록 이산화탄소는 불안정해져 운동성이 커지고, 그 결과 미지근한 탄산이 그러하듯 미각 수용체에 더 강한 자극을 준다. 게다가 와인에서 더 빨리 사라져 거품 빠진 밋밋한 액체만 남는다. 또한 서빙 온도가 낮으면 실질적으로 모든 스파클링 와인이 지닌 달콤함이 줄어들고 크리스프하고 생생한 면이 부각된다. 고급 와인일수록 높은 온도에서 서빙해야 한다는 원칙은 스파클링 와인에도 적용된다. 예를 들어 최고급 빈티지 샴페인의 경우 10℃ 이하가 바람직하다.

온도를 어느 정도로 맞춰야 할지 확신이 서지 않는다면 생각하는 것보다 더 차갑게 서빙하라. 냉장고 밖에 나오면 와인은 어차피 온도가 올라가게 되어 있다. 처음부터 너무 높은 온도로 서빙하면 와인은 결국 사장될 것이다. 물론 당신이 이글루에 사는 것이 아니라면 말이다.

성에 사는 것이 아니라면 온도를 제대로 맞춰라

오래된 말 중에 '와인을 저장고, 또는 실내 온도에 맞춰 서빙하라'는 것이 있다. 이를 프랑스어로 **샹브레**(Chambré)라고 하는데, 아마도 이 말이 생긴 것은 북유럽 공국 어딘가에 사람들이 살 때가 아니었을까. 이런 성은 두꺼운 벽돌 벽으로 둘러싸여 여름에도 내부 온도가 16~18℃를 거의 넘지 않았을 것이다. 이는 바로 대부분의 레드 와인을 저장하기에 이상적인 온도다. 마찬가지로 그러한 성의 지하 저장고 깊숙한 곳은 거의 1년 내내 10~12℃ 정도를 맴돌았을 것이다. 이는 고급 화이트 와인을 서빙하기에 적절한 온도다.

하지만 성에 살지 않는 이상 샹브레는 그다지 현실에 맞는 말이 아니다. 그리고 대부분 가정의 실내 온도는 대략 22~24℃이며, 이는 가장 빅한 레드 와인에게 이상적인 것보다 높은 온도다. 또한 여름에, 특히 에어컨이 없거나 태양이 내려쬐는 테라스에 있다면 그야말로 '뜨거워질' 것이다. 이럴 때는 수단을 강구해야 한다.

실온에 있던 화이트 와인은 두어 시간 냉장고에 넣어두어야 서빙하기에 적절한 온도로 차가워진다. 레드 와인은 대부분 서빙하기 전, 20~30분 정도 냉장고에 넣어두어야 한다. 그리고 적절한 온도를 계속 유지해야 한다는 사실을 명심하라. 얼음이나 물이 필요 없는 단순한 도자기, 스테인리스 스틸, 또는 아크릴 재질의 쿨러를 사용하거나 물과 얼음이 담긴 양동이에 담갔다 꺼내기를 반복하면 된다(너무 차가워지므로 와인을 얼음물이 담긴 양동이에 30~40분 이상 담가놓으면 안 된다). 그렇지 않으면 와인을 잔에 따른 다음 다시 냉장고에 넣었다가 다시 잔을 채워야 할 때 꺼내는 방식을 취한다.

미리 준비하지 못했다면 와인을 가장 빨리 차갑게 만드는 방법은 물 반, 얼음 반으로 채운 양동이에 와인을 담그는 것이다. 얼음만 채우는 것보다는 물과 함께 채우는 것이 더 효과적이다. 얼음만 넣으면 얼음 덩어리 사이에 공기 주머니가 생기는 데다 물이 훨씬 효율적인 전도체이기 때문이다(그리고 운이 좋다면 아직 얼음이 녹지 않고 남은 양동이에 와인 병을 다시 넣을 수 있을 것이다). 얼음물을 채운 양동이에 와인을 넣으면 2분에 약 1℃씩 온도가 내려간다. 그러므로 와인이 실온에 놓여 있었다면 라이트에서 미디엄 바디인 레드 와인의 경우 적절한 수준까지 온도를 내리려면 약 12분이, 기본적인 화이트 와인의 경우 약 25분이 걸릴 것이다. 냉동실을 사용할 수도 있지만 이미 내가 수도 없이 해본 짓이고 그 결과를 너무나도 잘 안다. 그와 같은 아픈 기억을 간직한 사람이라면 타이머를 맞춰 놓아라. 레드 와인은 10분, 화이트 와인은 25분이면 족하다.

레드든 화이트든, 남은 와인을 냉장고에 보관하는 것을 잊지 말라. 그 안에서는 순식간에 상하지 않을 것이다. 산화를 비롯한 모든 화학적 반응은 온도가 높을수록 빨리

일어난다.(더 많은 정보는 제7장을 보라.) 또한 레드 와인은 서빙하기 약 20분 전에 냉장고에서 꺼내서 최적의 서빙 온도로 돌아오게 해야 한다는 사실도 잊지 말라.

적합한 글라스 웨어를 사용하라

와인이 주는 즐거움 중 술잔이 얼마나 중요한 부분을 차지하는지에 대한 대답은 사람마다 제각각일 것이다. "오래된 텀블러(tumbler, 음료수를 마시는 데 쓰는 밑이 편평한 잔-역주)만으로도 충분하다"고 답하는 사람이 있는가 하면 정반대로 "최고급 수제 크리스털로 만든 스템 웨어(stem ware, 와인 잔과 같은 굽 달린 유리잔-역주)로 마셔야 한다"고 답하는 사람도 있을 것이다. 나는 이렇게 생각한다. '글라스 웨어는 중요하다.' 하지만 흔히 생각하는 것 같은 이유에서만은 아니다. 다음 섹션에서는 상상의 영향은 물론 다양한 잔이 만들어내는 물리적 영향을 살펴볼 것이다.

그저 상상이라고? 인지란 강력한 것이다

와인이 담긴 잔에 대한 평가에 따라 와인에 대해 더 만족할 수도, 그렇지 않을 수도 있다. 나는 개인적으로 몰래 실험을 한 적이 몇 번 있다. 정말 대단한 와인을 플라스틱 컵에 담거나 값싼 와인을 고급 크리스털 잔에 담아 서빙한 다음 사람들의 반응을 지켜보았다. 그 결과는? 가장 초라한 와인조차 수제 크리스털 잔에 담겼을 때 사람들은 대부분 맛이 상당히 좋다고 느낀 반면 플라스틱 컵에 담긴 와인은 어떤 것이든 빛나기 어려웠다. 저렴한 와인에 유명한 라벨과 높은 가격표가 붙었을 때도 상황은 크게 다르지 않았다. 지루하기 짝이 없는 것이 순식간에 탁월한 것으로 변모했다.

물론 실제 잔에 담긴 와인이 변하는 것은 아니다. 하지만 그것을 마시는 사람들의 인지는 변한다. 그리고 과학자들의 노력 덕분에 인지가 즐거움에서 꽤 큰 부분을 차지한다는 사실이 밝혀졌다. 열심히 일하는 와인 제조자는 이 사실을 굳이 인정하기 싫을 정도로 큰 부분을 차지한다(물론 마케팅 회사들은 이 사실을 알고 있다). 수많은 변수들이 인간의 인지를 왜곡할 수 있고, 그 결과 인간은 실제로 존재하지 않는 차이를 상상해 낸다는 사실이 과학적으로 밝혀졌다. 사연을 소개하고 보여주기 식으로 디캔팅하며 고급 스템 웨어를 사용하고 누군가 선택을 높이 평가해 준다면 사람들은 와인을 더욱 즐기게 된다. 그리고 이러한 사실을 영리한 소믈리에라면 누구나 알고 있다. 그리고 이러한 꼼수는 거의 언제나 통한다. 와인이 중요한 것은 사실이지만 마시는 사람들이 무엇을 믿는지, 또는 믿도록 유도되었는지 역시 중요하다.

이러한 요령을 사용해서 자신과 초대한 손님이 최대한 즐거움을 느끼게 만들 수 있다. 당신이 누군가의 초대를 받아 갔을 때 초대한 사람이 최고급 글라스 웨어를 꺼내 와인을 담아 당신을 예우한다면, 또는 그 글라스 웨어가 피노 누아의 장점을 극대화할 것 같은 잔이라면 어떨 것 같은가? 과학자들은 그 답을 안다. 당신은 그 와인을 더 좋아할 것이다. 필수품이 아닌 소비재 가운데서도 기본적인 와인조차 가격이 매우 비싸므로 제대로 된 와인글라스를 갖추려면 당연히 적지 않은 비용이 든다. 이렇게도 생각해 볼 수 있다. 최고급 홈 엔터테인먼트 시스템을 갖추면서 마지막 단계로

[글라스 웨어로 손님을 감동시켜라 : 사회적 지위의 상징이다]

전 세계 수많은 박물관에서 태고부터 현재까지 수많은 와인글라스 컬렉션을 전시하고 있다. 그 가운데 한 군데만 방문해 보아도 사회적으로, 그리고 와인을 마실 때 치러지는 의식에서 와인글라스가 얼마나 중요한지를 알 수 있다. 이 잔들은 예전에, 그리고 지금도 사회적 지위를 상징한다. 즉, 그럴 만한 가치가 있는 손님에 대해 존경심을 드러내기 위해 집주인은 자신이 소유한 것 가운데 가장 귀중한 잔을 준비하고 정교하고 화려하며 세심하게 선택한 잔에 어울리는 와인을 담아서 내는 것이다.

하지만 복잡한 패턴과 강렬한 색상, 값비싼 보석, 은, 금을 사용해서 상감 디자인된 묵직한 수제 베네치아 크리스털 글라스라 해도 그 안에 담긴 와인의 향과 풍미를 향상시키는 역할은 전혀 하지 않는다. 사실은 반대로 와인으로부터 주의를 분산시킨다. 이 모든 디자인 요소들은 오로지 한 가지 목적을 지닌다. 사용자에게 깊은 인상을 남기는 것이다. 이는 마치 도파민을 샘솟게 하는 것만을 목적으로 하는 비주얼 아트 작품 같다. 디자인의 상세한 사항은 그저 유행에 따른 것이다.

고대 그리스 상류사회에서는 테라코타나 도자기 **킬릭스**(kylix, 고대 그리스 그릇 모양의 하나. 수평인 2개의 손잡이를 가진 술잔이다-역주)를 와인 잔으로 사용했다. 이는 잔을 비웠을 때만 그 내부에 그려진 성적으로 자극적인 장면이 드러나게 되어 있었다. 조지 레벤스크로프트가 활동하던 17세기에는 밝게 빛나고 순도가 높은 리드 크리스털 글라스가 상류사회에서 사용되었고, 당시 참신하던 이 제품은 사람들 대부분에게 깊은 인상을 남겼다. 그리고 오늘날 그 자리를 차지하는 것은 바로 게오르게 리델의 작품이다. 얇고 날렵하며 넉넉한 비율을 지닌 수제 크리스털 스템 웨어는 특정한 포도 품종과 와인 스타일을 향상시키는 방식으로 디자인된 것으로 알려진다.

이러한 와인 잔 사이에는 한 가지 공통점이 있다. 사용자에게 최대한 긍정적인 영향을 미치도록 디자인되었다는 것이다. 결국 당신은 수수한 잔에 마셨을 때보다 이런 잔에 마셨을 때 와인을 더 즐기게 될 것이다.

소리를 전달할 적절한 스피커 스탠드를 구입하려 하지 않는다면 당신은 그때까지 투자한 것을 최대로 이용하지 않는 것이다. 100달러짜리 수제 크리스털 스템 웨어일 필요는 없지만 이미 괜찮은 와인 몇 병을 구입한 비용을 생각한다면 글라스 웨어에도 투자하는 것이 바람직하다. 이후에 어떤 와인을 마시든 더 큰 즐거움을 만끽할 수 있을 것이 아닌가. 아마 본전을 뽑고도 남을 것이다.

기본적으로 갖춰야 할 스템 웨어 세 가지

대부분 사람들은 와인 잔을 세 가지 모양별로 12개 들이 한 세트씩 갖추기에는 예산도, 공간도 부족하다. 또한 리슬링만을 위해 특별히 디자인된 리슬링 글라스에 리슬링을, 산지오베제를 위해 맞춤 제작된 스템 웨어에 산지오베제를 서빙하는 일은 실용적이지 않으며 그럴 필요도 없다. 실제로 한 가지 모양의 다용도 잔이면 모든 유형의 와인을 감당할 수 있다. 집에서 보는 사람이 없을 때면 나는 뭐든 약 480그램(17온스)짜리 미디엄 사이즈 잔에 따라 마신다. 제조사는 이 잔이 풀바디의 화이트 와인과 어린 레드 와인에 적합하다고 설명하지만 스파클링 와인, 디저트 와인, 심지어 풀바디 레드 와인에도 매우 적합하다. (한 가지 인정해야 할 사실은 같은 유형의 글라스로 테이스팅하면 각각의 와인을 동등한 위치에 놓을 수 있다. 그리고 대중을 상대로 와인을 리뷰할 때 변수 하나를 제거할 수 있다.)

하지만 우리가 추구하는 것은 그야말로 순수한 즐거움이고 어떤 잔에 선보이는지는 그 즐거움이라는 특별한 경험의 일부이다. 따라서 심리적 인지에 대한 이해는 잠시 접어두고 세 가지 와인 잔의 주요 유형들이 실제 물리적 차이 때문에 각각 특정한 와인에 적합하다는 사실을 이해해야 한다. 다음 섹션에서는 기본적으로 갖춰야 할 세 가지 스템 웨어 유형을 설명할 것이다.

호리호리하고 균형 잡힌 플루트 : 스파클링 와인

전통적으로 스파클링 와인에 사용되는 길고 호리호리한 플루트는 실용적인 면과 미적인 면 모두에서 장점을 지닌다. 길고 가는 모양 덕분에 마시는 사람들은 그 미세한 버블들이 표면을 향해 올라오는 모습을 볼 수 있으며, 이는 그 자체로 매혹적인 모습이다. 동시에 실용적인 면에서도 잔의 폭이 좁다는 것은 담긴 와인의 부피에 비해 표면 면적이 작고, 이는 잔에 담긴 와인의 양에 비해 공기와 접촉하는 면이 작다는 의미다. 또한 이산화탄소가 빠져나갈 구멍은 오로지 표면뿐이므로 표면 면적이 작은 만큼 기포가 와인 안에 머무르는 시간이 길어진다. 그 결과 당신이 마시는 스파클링 와인은 더 오래 스파클링 상태를 유지할 것이다.

플루트의 용량은 적어도 약 236~355밀리리터(8~12온스)가 되어야 한다. 그래야 평균적인 한 잔의 양(약 148밀리리터, 5온스)을 부어도 와인이 담기지 않은 잔의 위쪽에 향이 모일 수 있는 빈 공간이 남는다.

균형 잡힌 플루트에도 단점은 있다. 표면적이 작다는 것은 향 분자가 와인에서 빠져나와 마시는 사람의 코까지 날아갈 수 없다는 의미이므로 향을 일부 놓칠 수 있다는 것이다. 최고급 샴페인을 위해 디자인된 플루트의 경우 와인을 담는 바디 부분이 넓어 향까지 즐길 수 있게 만든 이유가 바로 이것이다.

화이트 와인 잔이 더 작은 데는 이유가 있지만 꼭 작아야 하는 건 아니다

레드 와인 잔보다 화이트 와인 잔이 대체로 작다는 사실을 알 것이다. 그 이유가 궁금한가? 간단하게 말하자면 화이트 와인은 전통적으로 차갑게 서빙되는 반면 레드 와인은 그렇지 않기 때문이다. 즉, 레드 와인은 큰 글라스에 채워도 이상적인 서빙 온도가 상대적으로 높아 상온과 비슷한 수준으로 온도가 높아지기 전에 다 마실 걱정을 할 필요가 없다. 하지만 그렇게 큰 글라스에 화이트 와인을 가득 채운다면 두어 모금 마실 때쯤이면 온도가 너무 높아지고 와인은 시들어버릴 것이다. 결국 과거로부터 많은 경험이 쌓여 화이트 와인을 더 작은 글라스에 서빙하여 차가운 와인을 더 자주 채우는 것이 낫다는 결론이 얻어진 것이다. 그 덕에 당신은 뜨뜻미지근한 화이트 와인을 마시는 일을 피할 수 있게 되었다.

잔의 크기가 작다고 해서 화이트 와인의 복합성이나 향이 떨어지지도, 레드 와인보다 가치가 낮아지지도 않는다. 실제로 화이트 와인의 잔은 표준 사이즈가 정해지지 않았다. 하지만 용량이 296~532밀리리터(10~18온스)인 것을 구하는 것이 좋다. 그보다 작으면 와인을 너무 많이 채울 가능성이 높아진다. 드라이 화이트 와인, 스위트 화이트 와인, 로제 와인, 차갑게 만든 가벼운 레드 와인, 강화 와인 모두 이 사이즈의 잔에 서빙할 수 있다. 와인을 잔에 부을 때는 전체의 2/3 이상 채우면 안 된다. 그 이상이 되면 스월링(swirling, 소용돌이 모양으로 잔을 둥글게 돌리는 행동-역주)하기 정말 어려워지고 향이 모일 공간이 사라진다.

실질적인 면에서 보자면 레드, 화이트, 핑크, 그 어떤 것이든 와인이 복합적이고 풍부한 향을 지닐수록 잔의 크기가 커져야 한다. 큰 잔은 표면 면적이 크고, 그 때문에 향기 분자가 발산할 수 있는 지점이 최대화된다. 큰 잔이라면 화이트 와인을 너무 많이 채울 염려가 없으므로 복합성을 지닌 화이트 와인도 풀 사이즈의 와인 잔에 담지 않을 이유가 없다.

폭이 넓은 볼, 폭이 좁고 두께가 얇은 림과 스템

크기에 상관없이 기본적인 형태를 지닌 와인 잔을 원한다면 림(rim, 와인 잔의 테두리-역주)보다 볼(bowl, 잔의 불룩한 몸통 부분-역주)이 넓은 것을 구매하라. 이런 잔을 갖추면 와인을 마시는 사람들이 가장 좋아하는 유흥거리를 안전하게 즐길 수 있다. 바로 스월링이다. 몸통이 넓어 잔을 맹렬하게 스월링하여 최대한 많은 향 분자들을 공기 중에 노출시키고 자유롭게 날아가게 만들 수 있다. 동시에 위로 갈수록 좁아지는 모양 덕분에 림이 더 좁아서, 와인을 몸통 안에서 벗어나지 않게 할 수 있다. 잔의 입구가 좁기 때문에 매력적인 그 모든 향들이 한 군데 집중되고, 그 덕에 허공으로 사라지기 전에 마시는 사람이 코로 많은 향을 포착할 수 있다. 마시는 사람의 입술과 와인 사이에 유리가 닿는 면적이 줄어들도록 림은 얇고 예리한 것이어야 한다. 두툼한 림은 야구장의 외야석에 앉아 있는 것과 같다. 일이 벌어지는 곳에서 너무 멀리 떨어져 있다.

용량이 532~828밀리리터(18~28온스)인 잔을 장만하라. 잔이 클수록 향을 극대화할 수 있다. (하지만 조리용 볼을 사용할 수는 없다. 잔이 너무 크면 위쪽 공간이 너무 커서 향을 잃을 것이다. 아니면 잔 안에 한 병을 통째로 넣어야 하는데, 이것도 권장할 만한 일은 아니다.)

나는 스템이 있는 잔을 더 좋아한다. 많은 제조사가 스템이 없는 최고급 잔을 만들고 있으며 이런 잔이 보관하기도 편하다. 또한 와인 잔은 주로 스템과 몸통이 만나는 부분이 부러지는데, 스템이 없는 잔은 그럴 염려가 없다. 하지만 몸통을 손으로 잡는 만큼 와인이 금세 미지근해지고 기름진 음식과 페어링했을 때 손자국이 남아 보기에도 불쾌하고 와인을 즐기는 데 집중하지 못하게 된다.

디캔팅을 할 것인가 말 것인가

이 말은 전문가들 사이에서도 의견이 분분한 질문이다. 디캔팅(와인을 원래의 병에서 다른 용기로 붓는 것을 말하며 캐러핑이라고도 부른다)을 하면 와인이 주는 즐거움을 향상시킬 수도, 감소시킬 수도 있다. 또한 음식을 적절한 온도로 서빙하는 것이 그러하듯 와인의 최고의 모습을 보여주는 것이 음식과 와인의 페어링을 성공으로 이끄는 방법 중 하나다. 그러므로 디캔팅을 간단하게나마 살펴볼 필요가 있다.

디캔팅의 효과

소믈리에에게 와인을 디캔팅하는 이유를 물으면 누구든 다음과 같이 대답할 것이다.

- ✔ 시간이 지남에 따라 일부 와인에서 축적된 침전물로부터 와인을 분리한다.
- ✔ 저장고에서 꺼낸 와인을 바로 서빙할 때 빠른 시간 안에 와인의 맛과 향, 풍미 등을 깨울 수 있다.
- ✔ 디캔팅하는 사람의 기술과 세심함을 보여줌으로써 손님들에게 깊은 인상

[쿠프와 스위즐 스틱으로 거품이 부글대는 것을 막아라]

꽉 끼는 코르셋 드레스와 엄격한 에티켓이 궁정을 가득 메우던 혼돈의 시절, 발포 와인을 마신 다음 일어나는 현상은 당황스럽기 짝이 없는 것이었다. 상류층 버전의 구속복처럼 상체 전체를 타이트하게 조인 상태에서 탄산이 함유된 음료를 홀짝거리는 모습을 상상해 보라. 짐작했겠지만 이산화탄소가 몸 안에 들어가면 꽤 빠르게 배출된다. 배출되지 않으면 통증을 느끼고 압박을 받아 고통스러워진다. 지금도 그렇지만 당시에는 샴페인이 상류층의 사교 모임에서 **꼭 필요한** 관습이었으므로 신체에 대한 구속이 덜한 남성은 물론 사교계 여성까지 곤란한 처지에 놓였다. 쿠프 이야기로 넘어가보자. 샴페인 **쿠프**는 몸통이 매우 넓고 바닥이 평평하며 스템이 있는 잔이다. 플루트와 달리 쿠프는 샴페인 제조자들이 애초에 와인 안에 집어넣으려고 그토록 애를 쓴 이산화탄소가 공기 중으로 사라질 수 있는 표면 면적을 최대화한다. 채 1분도 되지 않아 샴페인은 플랫해져 마시는 사람이 훨씬 덜 난처해질 수 있다. 오늘날 쿠프는 샴페인 타워를 쌓거나 다이키리 칵테일을 서빙하는 데 가장 효율적으로 사용된다.

마찬가지로 이제는 보기 힘들어진 샴페인 스위즐 스틱(칵테일을 젓는 스틱-역주)도 스파클링 와인에서 기포를 제거하는 데 사용되었다. 이는 신분에 따라 상아, 크리스털, 은 등을 재질로 만들어진, 끝을 깎은 긴 막대기를 말한다. 동물의 수염처럼 스틱으로 몇 번 힘차게 젓고 나면 이산화탄소는 모두 사라질 것이다. 그리고 훨씬 커다란 마음의 평화를 느끼며 샴페인을 계속 마실 수 있다.

을 준다.

- ✔ 로부스트하고 젊은 빅 레드 와인, 또는 흙냄새가 나고 광물성 맛이 나며 빈틈이 없는 화이트 와인을 공기에 노출시켜 맛과 향을 발산하게 만들어 준다.

처음 세 가지 이유는 상당히 직접적이어서 논란의 여지가 별로 없다. 나이 든 와인, 특히 레드 와인에는 침전물이 생긴다. 이는 아무런 해도 없지만 끔찍할 정도로 탁하고 모래를 입에 넣은 것 같은 맛을 낸다. 그러므로 깨끗한 와인을 디캔터나 캐러프, 또는 한 병을 다 담을 정도로 큰 용기에 조심스럽게 따라내고 흙 같은 물질에서 분리해야 한다.

마찬가지로 저장고에서 꺼내자마자 12℃로 서빙되는 빅한 레드 와인은 18℃가 되면 더 흥미로워지므로 와인을 상온인 디캔터에, 다시 상온인 와인 잔에 부으면 용기 자체가 와인의 온도를 높이므로 짧은 시간 안에 몇 도가 상승한다. 그리고 약 2분 정도 지나면 와인은 완벽한 온도에 도달할 것이다(전자레인지는 필요 없다). 마지막으로, 디캔팅이 보여주기 위한 쇼라고 주장할지 모르지만 진실은 와인을 마시는 많은 사람이 여전히 자신과 와인 모두가 더 많은 주목을 받기를 애타게 바란다는 것이다. 와인을 디캔팅하면 마시는 사람들은 자신이 특별하다고 느끼게 된다.

진짜 논쟁거리는 바로 네 번째 대답이다. 숨을 쉬게 해주면 정말로 어린 와인의 맛과 향, 풍미가 더 향상되는가? 교과서에서 주장하듯 적절한 양의 공기가 정말 향을 증가시키고 질감을 부드럽게 만들까? 저장고에서 몇 년을 보내는 대신 공기 중에 한 시간 이상 노출시키면 와인의 성장을 촉진할까?

한마디로 답하자면 '예스'다. 전부라고 할 수는 없을지 몰라도 대부분은 그러하다. 나는 어리고 로부스트한 와인으로 무수히 많은 실험을 했다. 그 결과 저장고에서 몇 년, 혹은 몇십 년의 세월 동안 일어나는 변화를 대신할 수 있는 것은 없지만 약간의 공기와의 접촉이 향을 열어주고 심지어 질감을 부드럽게 만들어준다는 사실을 알게 되었다. 단, 적당히 해야 한다. 와인을 공기와 접촉하게 만드는 방법은 몇 가지 있지만 와인을 서빙하기 몇 분, 최대 몇 시간 전에 예전, 좋은 시절의 방식대로 디캔팅하는 일을 따라올 것은 없다. (나는 심지어 믹서도 사용해 보았다. 기록을 위해 하는 말이지만 권장할 만한 방법이 아니다!)

전문가처럼 디캔팅하기 : 당신에게 필요한 것

특히 나이가 들어 침전물이 생긴 와인을 디캔팅하기로 결심했다면 다음과 같은 지침을 따라야 한다.

- ✔ **와인 병보다 큰 디캔팅 용기를 사용해야 한다** : 이론적으로 우유 단지에서 근사한 리드 크리스털 디캔터까지, 청결하기만 하다면 뭐든 용기로 사용할 수 있다. 한 가지 유념해야 할 것은 아기자기한 글라스 웨어인 아름다운 디캔터를 사용하면 대용량 종이컵을 사용할 때보다 멋진 인상을 줄 수 있다는 점이다.
- ✔ **깨끗한 냅킨으로 병의 목에 묻은 침전물을 닦아야 한다** : 캡슐을 제거한 다음 코르크를 뽑기 전에 병의 목을 한 번 닦고 코르크를 뽑은 다음에 한 번 더 닦아라. (아주 오래된 와인 병의 목 안에는 디캔터에 따라 들어가면 안 되는 축적된 침전물이 있다.)
- ✔ **조명을 제대로 밝혀라** : 디캔팅을 하며 침전물이 병의 목 부분에 도달했을 때 이를 눈으로 확인해서 따르기를 멈춰야 한다. 과거에는 초를 사용했지만 이제는 플래시, 밝은 천장 조명이 사용된다. 심지어 창문으로 들어오는 태양광도 병의 위치를 제대로 잡으면 효율적인 조명 역할을 한다.
- ✔ **침전물을 분리하기 위해 디캔팅할 때 손을 고정해야 한다** : 이런 경우 천천히, 침전물이 일어나지 않게 디캔팅해야 한다. (하지만 공기를 주입하기 위해 디캔팅을 할 때는 힘차게 할수록 좋다.)

침전물을 분리하기 위해서가 아니라 어린 레드 와인이나 화이트 와인을 디캔팅할 때 필요한 것은 용기, 즉 디캔터뿐이다. 이런 경우 나는 최대한 많은 공기가 주입되도록 그저 병을 뒤집어 수직으로 세운 다음 디캔터로 와인이 콸콸 쏟아지게 한다. (이봐! 그러다 와인 멍드는 거 아니야?!)

어떤 와인을 디캔팅해야 하는가

간단한 규칙이 있다. 미리 와인을 따서 약간 따른 다음 맛을 보라. 닫혀 있어 향도, 맛도 제대로 드러나지 않고 떫으며 둔탁해서 흥미롭지 않다면 디캔팅을 해서 공기를 좀 넣어도 그다지 잃을 것이 없다. 와인이 완벽하게 즐길 만한 것이라면 얌전히 코르크, 혹은 스크루 캡으로 입구를 막은 다음에 마실 때까지 내버려둔다. 마개를 열어 아주 적은 양의 공기가 들어간다 해도 와인에 영향을 주지는 않을 것이다. 그 밖의 경우에는 다음 섹션의 사항을 고려하라.

디캔팅을 해서 공기를 주입해야 하는 와인

디캔팅을 할지 생각 중이라면 다음 와인은 공기를 주입하기 위해 디캔팅을 해야 하는 것들이다.

- ✔ 미디엄-풀바디를 지니고 균형이 잡혔으며 과하지 않은 타닌을 함유한 레드 와인(1~5년)
- ✔ 츄이한 질감을 지녔으며 깊고 로부스트하며 터보차지된 풀바디의 레드 와인(1~5년)
- ✔ 일부 가볍고 크리스프하며 린한 미디엄-풀바디의 화이트 와인, 크리미하고 우드 숙성된 것(1~3년, 디캔팅이 어떤 면에서 도움이 될지 알아야 한다.)

제9장과 제10장에서 이 카테고리들에 속하는 일반적인 와인의 특징과 목록을 확인할 수 있다. 넓고 바닥이 평평한 전통적인 선장의 디캔터(해양 선박의 선장들이 사용했다고 해서 이렇게 불린다. 바닥이 다른 것보다 넓어서 배가 파도에 요동칠 때도 넘어지지 않는다) 같은 대형 용기가 공기를 주입하기 위해 디캔팅할 때 효과적이다. 형태 때문에 와인이 공기와 접촉하는 표면 면적이 최대화되기 때문이다.

어린 와인을 얼마나 오래 디캔팅해야 하는가

어린 와인은 서빙하기 약 1시간 이상 앞서 디캔팅해야 한다. 이 정도 시간이면 충분하지만 이탈리아 베네토의 아마로네처럼 하루 전에 디캔팅하라는 제조자들도 있다. 하지만 다음 사실은 반드시 기억해야 한다. 테이블에 당도했을 때 디캔팅한 와인이 아직 흥미로운 향을 풍기지 않더라도 잔 안에서 계속 열릴 것이므로 너무 노심초사하지 않아도 된다는 것이다. 반면 향이 이미 모두 달아난 다음에는 결코 되돌릴 수 없으니 너무 일찍 디캔팅하는 일은 피해야 한다.

디캔팅 시간이 짧을 때보다 길 때 곤란한 상황이 발생한다. 잔 안에서도 와인은 계속 열리고 발달하는 반면 디캔터에서 너무 많은 시간을 보내면 와인이 산화될 것이다.

침전물을 분리하기 위해 어떤 와인을 디캔팅해야 하는가

침전물을 제거하는 것이 목적이라면 6년 이상 된 미디엄-풀바디의 풀하고 터보차지된 모든 레드 와인을 중심으로 고려하라.

나이 든 와인을 디캔팅할 예정이라면 12시간 이상(하루 전부터 시작하면 더 바람직하다) 병을 바로 세워 놓아야 침전물이 병 바닥에 가라앉을 시간이 있다. 이렇게 바닥에 모인 침전물이 흐트러지지 않게 그 이후로, 그리고 디캔팅하는 동안 움직임을 최소화해야 한다. 침전물을 제거하기 위해 나이가 많고 섬세한 레드 와인을 디캔팅할 때는 공기의 접촉이 적은 얇고 좁은 디캔터를 사용해야 그토록 인내심을 갖고 기다려온 섬세한 향을 보존할 수 있다.

정제하거나 거르지 않은 레드 와인의 수가 시장에서 늘어나고 있는 만큼 어린 와인에도 침전물이 섞여 있을 수 있다. 어린 와인 안에 존재하는 침전물은 좋은 신호라고 보면 된다. 과도한 필터링으로 인해 와인의 그 어떤 것도 제거되지 않았다는 의미이기 때문이다. 이러한 와인들은 나이 든 레드 와인처럼 다뤄 디캔팅을 해서 침전물을 제거하면 된다. 또한 뒤쪽 라벨에 약간의 침전물이 형성될 수 있다고 경고하며 인위적 가공을 최소한만 했다는 사실을 과시할 것이다. 그래야 마시는 사람이 침전물 때문에 당황하는 일이 없을 것이기 때문이다.

나이 든 와인은 얼마나 오래 디캔팅해야 하는가

아주 나이가 많은 레드 와인은 서빙하기 직전에 디캔팅해야 한다. 그래야 와인이 잔에서 발달하는 동안 그 섬세한 향을 마음껏 맡을 수 있다. 나이 든 와인의 향은 금세 날아가므로 너무 일찍 디캔팅을 하면 향기의 교향곡을 놓치게 된다는 의미다. 이는 마치 수플레를 서빙하기에 앞서 너무 일찍 오븐에서 꺼내는 치명적인 실수를 하는 것과 같다. 너무 오래 기다리면 붕괴된다.

디캔팅하면 안 되는 와인은 무엇인가

다음 와인들은 캐러핑, 즉 디캔팅을 해봐야 득 될 것이 없다.

- ✔ 브라이트하고 제스티하며 타닌 함량이 낮은 대부분의 라이트바디 레드 와인
- ✔ 로제 와인
- ✔ 향이 풍부하고 프루티한 대부분의 화이트 와인
- ✔ 가볍고 린하며 크리스프한 대부분의 화이트 와인
- ✔ 스파클링 와인, 피노 셰리, 토니 포트, 대부분의 디저트 와인

여기에 속하는 와인의 절대 다수는 디캔팅을 해서 얻을 것은 거의 없는 반면 잃을 것은 많다. 갑자기 공기가 몰려 들어오면 향을 흩날리게 만들고, 이는 이러한 와인이 주는 즐거움의 큰 부분을 잃는다는 의미다.

전 세계 와인 분류

"화이트 와인을 깜빡했다니 그게 무슨 말이야?! 화이트 와인 없이 생선을 서빙할 수 없다는 걸 누구보다 잘 알면서!"

제3부 미리보기

- 먼저 전 세계 와인을 감당할 수 있는 크기로 나눠 분류할 것이다. 이 조각들은 적합한 페어링을 찾기 위한 제로 지점이다. 언뜻 와인의 세계는 많은 제조자와 포도 품종, 그보다 더 많은 와인이 존재하여 너무나도 광활하고 무궁무진한 복합성을 띤 것처럼 보인다. 그런 까닭에 나는 압도적인 규모를 지닌 이 세계를 기본적인 몇 가지 스타일로 나눌 것이다. 현재 생산되는 와인은 모두 이 카테고리 안에 들어간다.

- 최고 수준의 페어링을 만들어내는 데 특정한 포도 품종이나 지역은 일반적인 와인 스타일만큼 중요하지 않다. 라이트바디를 지녔는지 풀바디를 지녔는지, 드라이한지 스위트한지, 부드러운지 떫은지가 중요하다는 말이다. 미묘한 향과 풍미보다는 스타일에 따라 구별해야 한다(향과 풍미는 그 다음 단계에서 고려해야 할 사항이다). 제3부에서는 각 카테고리에 대한 정의를 내리고 일반적으로 여기에 속하는 포도와 지역 와인의 목록, 그리고 어떤 지역에서 어떤 품종이 재배될 수밖에 없는 원인을 다룰 것이다.

- 또한 각 와인 스타일에 따라 일반적인 페어링 지침을 소개할 것이다. 추구해야 할 것과 피해야 할 것은 물론 각 스타일과 일반적인 재료, 그리고 조리법을 연결한 페어링 트리, 좋은 페어링을 이루는 전 세계 특정한 음식도 여기에 포함된다.

chapter

09

드라이 화이트 와인과 로제 와인

제9장 미리보기

- 화이트 와인과 로제 와인의 다양한 스타일을 자세히 살펴본다.
- 화이트 와인과 로제 와인을 구매한다.
- 화이트 와인과 로제 와인을 음식과 페어링한다.

나는 화이트 와인을 좋아한다. 레드 와인에 비해 저평가되고는 있지만 누구든 마시면 마실수록 화이트 와인을 더 좋아하리라고 장담한다. 화이트 와인은 재배 지역을 정말 정직하게 반영하며, 이는 와인 애호가들에게 희소식이다. 또한 테이블에서 매우 다재다능하므로 소믈리에들에게 반가운 존재다. 레드 와인에 비해 복합성이 떨어진다는 말이 있지만 그건 헛소문이다.

이번 장에서 나는 화이트 와인과 로제 와인을 한데 묶었다. 로제 와인은 레드 와인이 만들어지는 과정 중간에서 시작되지만 그 이후 화이트 와인이 만들어지는 것과 같은 과정을 거친다. 그리고 모든 과정이 끝나고 나면 레드 와인보다 화이트 와인과 닮은 와인이 탄생하는 것이다. 로제 와인과 화이트 와인은 좋은 페어링을 이루는 음식도 비슷하며 대체로 같은 유형의 글라스 웨어에 담아 비슷한 온도에서 서빙된다. 모든 로제 와인이 달콤하다는 것도 잘못된 말이다.

이번 장에서는 드라이 화이트 와인과 로제 와인의 주요 스타일을 다룰 것이다. 여기에는 스타일별로 가장 일반적인 포도 품종과 가장 많이 생산되는 장소도 포함된다. 또한 카테고리별로 페어링 트리를 제공할 것이다. 이는 특정한 스타일의 와인과 가장 어울리는 음식의 일반적인 맛과 향, 풍미, 조리법을 시각적으로 제시한다. 그리고 그 가운데에는 당신의 창의성이 흘러나오게 만들어줄 음식도 몇 가지 포함되어 있다.

화이트 와인의 다양한 스타일

화이트 와인은 붉은색 색소나 분홍색 색소가 거의 없거나 전혀 없는 와인이다. 포도 품종, 재배 지역, 특히 와인의 나이 등 많은 요소가 색에 영향을 주고, 그 범위도 무색에 가까운 것에서 깊은 호박색이 도는 금색까지 다양하다. 익었을 때 껍질이 녹색이 도는 금색이나 연한 분홍색을 지니는 포도로는 화이트 와인만 만들 수 있다. 또한 껍질이 검은색인 포도일지라도 포도즙 자체는 색이 없으므로 레드 품종으로도 화이트 와인을 만들 수 있다. 검은 껍질을 지닌 피노 누아로 만든 화이트 샴페인을 생각해 보면 알 수 있다(레드 와인을 만들기 위해서는 색소가 풍부한 껍질을 포도즙에 담가놓아야 한다. 레드 와인 제조에 대한 자세한 내용은 제10장을 보라). 거의 투명함에 가까운 분홍색(프랑스 사람이 엷은 회색이라고 부를) 와인이나 오렌지색이 도는 연한 호박색도 이 범주에 포함시켰다. 화이트 와인의 색은 매우 다양하다!

화이트 와인은 기본적으로 세 가지 스타일로 나눌 수 있다.

- ✔ 경량의 크리스프하고 린한 와인
- ✔ 향이 풍부하고 프루티하며 라운드한 와인
- ✔ 미디엄-풀바디의 크리미하고 우드 숙성된 와인

궁극적으로 전 세계 모든 화이트 와인은 이 세 가지 카테고리 안에 속한다. 다음 섹션에서는 각각의 스타일에 대해 간략하게 설명한 다음 가장 많이 재배되는 포도 품종과 재배 지역을 소개할 것이다.

카테고리 사이에 약간 겹치는 부분이 있다는 것을 알아차린 사람도 있을 것이다. 설마 범주를 나누는 일이 그렇게 딱 떨어지리라고 생각했는가? 예를 들어 다른 기후에서 재배되고 다른 방식으로 처리되면 스타일이 달라지므로 같은 품종의 포도라고 해도 다른 카테고리에 속할 수 있다. 그러므로 확신이 서지 않을 때는 품종만 보지 말고 지역이나 명칭, 가격, 알코올 함유량을 확인하라. 또한 라벨에 적힌 상세한 내용, 즉 오크 발효나 오크 숙성을 거쳤는지, 두 가지 모두 되었는지 등의 힌트를 살펴보고 어떤 카테고리에 속하는 스타일인지 판단해야 한다.

가벼운 와인 : 크리스프하고 린한 와인

언제나라고 말할 수는 없지만 가벼운 드라이 화이트 와인은 대체로 냉온대기후 지역에서 생산된다(야자수나 유칼립투스가 아니라 침엽수나 낙엽수로 둘러싸인 포도밭을 생각하면 된다). 여기에 속하는 와인은 스테인리스 스틸 탱크 등 풍미에 관여하지 않는 중성 용기 안에서 제조된다. 또한 신선하지만 미묘한 감귤류 과일이나 허브 같은 풍미, 그리고 침샘을 자극하는 산도, 중간 수준의 알코올(11~13퍼센트), 그리고 라이트한 바디감을 지닌다. 대부분은 어릴 때, 생산된 지 1~3년 안에 마시는 것이 가장 좋다. 당신이 좋아하는 음식에 뿌리는 레몬즙처럼 이러한 와인은 매우 다양하게 사용된다. 즉, 재앙(끔찍한 페어링)을 일으킬 걱정 없이 어떤 음식과도 함께 마실 수 있다는 의미다.

가볍고 크리스프하며 린한 화이트 와인을 구입하려 한다면 존경할 만한 조달업자에게 가서 다음 품종 가운데 한 가지를 구입하라. 이는 가장 많이 생산되는 가벼운 와인들이다.

- ✔ 샤르도네(오크 처리되지 않은)
- ✔ 슈냉 블랑(드라이, 오크 처리되지 않은)
- ✔ 피노 그리지오
- ✔ 리슬링(가볍고 드라이한 스타일)
- ✔ 소비뇽 블랑

특정한 국가와 지역에서 생산되는 전형적인 가벼운 화이트 와인은 다음과 같다.

- ✔ **호주** : 헌터 밸리 세미용
- ✔ **오스트리아** : 저렴한 그뤼너 벨트리너(클라식, 슈타인페더, 페터슈필 스타일)
- ✔ **프랑스** : 상세르와 소비뇽 블랑으로 제조된 푸이 퓌메, 드라이 슈냉 블랑, 그로 플랑, 믈롱 드 부르고뉴라고도 알려진 무스카데트, 루아르에서 생산된 기본적인 화이트 와인, 샤블리, 버건디에서 생산된 알리고테와 기본적인 마콩 블랑, 피노 블랑, 알자스에서 생산된 오세루아, 사보이 화이트, 미디에서 생산된 픽풀 드 피네, 남서부에서 생산된 가이악 블랑과 쥐랑송 섹
- ✔ **그리스** : 만디니아에서 생산된 모스초필레로와 로디티스
- ✔ **헝가리** : 드라이 푸르민트(오크 처리 안 됨), 수르케버라트(피노 그리), 올라스리슬링
- ✔ **이탈리아** : 북서부 피노 그리지오, 프리울리에서 생산된 프리울라노, 프라스카티, 기본적인 소아베, 가비, 그레테토, 그릴로, 대부분의 시실리 화이트, 트레비아노 다부르조, 특히 사르디나에서 생산된 베르멘티노
- ✔ **포르투갈** : 로우헤이호, 아베소, 알바리뇨, 아린토 등 몇 가지 품종으로 만들어진 대부분의 비뉴 베르데, 에스트레마두라에서 생산된 기본적인 화이트 와인, 부셀라스
- ✔ **스페인** : 알바리뇨와 기타 비슷한 품종, 로우헤이호, 트라하두라로 만들어진 기본적인 리아스 바이사스와 기타 북서부 화이트 와인, 온다라비 주리로 바스크 지방에서 생산된 차콜리 와인, 페네데스의 단순하고 오크 처리되지 않은 드라이 와인
- ✔ **스위스** : 샤슬리

향이 풍부하고 프루티한 와인, 그리고 그보다 더 강렬한 화이트 와인

두 번째 카테고리에 속하는 와인은 향이 풍부하고 프루티한 와인, 또는 그 이상인 와인이다. 즉, 차별화된 풍미 프로파일을 지니며 향이 더 강한, 다른 말로 집중된 와인이다. 이 카테고리에 속하는 와인은 가볍고 린한 화이트보다 바디감과 무게에 있어서 한 단계 높지만 여전히 신선하고 오크 처리되지 않은 와인이다. 또한 부드럽고 더 라운드한 질감(예리한 면이 전혀 없는)을 지녔으며 산도가 낮고 알코올 함량은 더 높다. 프루티하거나 꽃 같은, 또는 프루티하고 꽃 같은 향과 풍미는 중간에서 강한 수준

사이다. 특별히 향이 강하지 않은 품종도 이 카테고리로 분류되며, 이는 향 없이도 와인의 강도를 증가시켜 줄 풍부하고 강렬한 풍미를 지녔기 때문이다.

향이 풍부하고 강렬한 화이트 와인을 구입하려 한다면 온화한 기후나 난온대기후 지역에서 생산된 와인을 찾아보라. 이때 선택해야 할 포도 품종 가운데 인기 있는 것은 다음과 같다.

- 게뷔르츠트라미너
- 마르싼느/루싼느 블렌드(오크 처리되지 않은)
- 모든 유형의 무스카트
- 피노 그리지오라고도 알려진 피노 그리
- 리슬링(더 많이 익은 스타일)
- 소비뇽 블랑(더 많이 익은 스타일)
- 비오니에

다음은 이름은 덜 알려졌지만 향이 강하거나 강렬한 화이트 와인을 종종 만들어내는 포도 품종과 지역이다.

- **아르헨티나** : 토렌테스
- **오스트리아** : 특히 바하우, 캄프탈, 크렘스탈에서 제조된 최고급 그뤼너 벨트리너, 겔버 무스카텔러(머스캣)
- **크로아티아** : 포십
- **프랑스** : 특히 리슬링, 게뷔르츠트라미너, 무스카트, 피노 그리 등의 알자스 화이트 와인, 최고급 샤블리, 미디 블렌드(오크 처리되지 않은), 르와르에서 생산된 최고급 슈냉 블랑
- **그리스** : 산토리니와 마케도니아에서 생산된 아시르티코, 케팔로니아 섬에서 생산된 로볼라, 아티카와 에파노미에서 생산된 말라구지아
- **헝가리** : 하르쉬레벨류, 이르사이 올리베르, 무스코탈리(머스캣)
- **이탈리아** : 피에몬트에서 생산된 아르네이스와 티모라소, 팔랑기나, 코다 디 볼페, 캄파니아에서 생산된 그레코 디 투포와 피아노 디 아벨리노, 최고급 피노 그리지오, 프리울리에서 생산된 프리울리노와 리볼라 지알라, 레마르케에서 생산된 베르디키오, 소아베에서 생산된 최고급 가르가네가

- ✔ **포르투갈** : 마리아 고메스와 안타웅 바스
- ✔ **스페인** : 리아스 바이샤스에서 생산된 알바리뇨, 루에다에서 생산된 베르데호, 발데오라스와 스페인 북서부에서 생산된 고델로
- ✔ **스위스** : 발레주에서 생산된 프티 아르뱅

우드 숙성된 풀바디 화이트 와인

세 번째 스타일은 우드 숙성되고 풀바디감을 지닌 화이트 와인이다. 여기에 속하는 와인들은 배럴, 즉 오크통 안에서 발효, 숙성되었다는 공통적인 특징을 지닌다. 오크통을 사용함으로써 한층 더 풍부한 풍미를 만들어내고 때로 질감의 변화까지 일으킨다(나무에 함유된 타닌이 녹아나와 생긴 가벼운 떫은맛 등). 이는 언오크된 화이트 와인에는 대부분 없는 것이다. 와인 전문가들은 로스트된 매끄러움, 토스티한 오크, 풍부한 바닐라, 캐러멜, 커피, 견과류, 정향, 기타 단맛을 내는 향신료의 향과 풍미를 반탄화 향(torrefaction aroma)이라고 부르는데, 이러한 것들 덕분에 이 경계선상에 있는 카테고리 안에 레드 와인이 속하기도 한다(레드 와인에 대한 더 자세한 정보는 제10장을 확인하라).

또한 배럴 숙성된 화이트 와인은 주로 제2 발효 과정을 거친다. 젖산 발효라고도 부르는 이 과정에서 단단한 말산이 부드러운 젖산으로 변화하며 더 라운드하고 부드러운 질감과 버터 같은 풍미를 만들어낸다(맛과 와인의 연관성에 대한 더 자세한 정보는 제2장을 보라).

화이트 와인을 더 좋아하지만 스테이크도 먹고 싶다면? 이 카테고리에 속하는 와인을 선택하면 된다. 풀바디의 우드 숙성된 화이트 와인을 구입하고자 한다면 다음 포도 품종을 찾아보아라. 분명 항상은 아니지만 나무통에서 숙성되는 경우가 많다(자신이 없으면 판매상이나 소믈리에에게 문의하라).

- ✔ 샤르도네
- ✔ 퓌메 블랑(소비뇽 블랑이 우드 숙성되었을 때의 이름)
- ✔ 론 스타일의 블렌드(마르싼느, 루싼느 등)
- ✔ 소비뇽 블랑-세미용 블렌드
- ✔ 비오니에

그 밖에 전형적인 풀바디, 우드 숙성된 화이트 와인 품종 및 이름은 다음과 같다.

- ✔ **프랑스** : 모든 이름의 최고급 화이트 버건디, 북부 론에서 생산된 콩드리유와 에르미타주 블랑, 샤토네프 뒤 파프 블랑 등의 우드 숙성된 남부 론 및 미디 화이트 와인, 최고급 화이트 보르도, 최고급 쥐라 화이트, 루아르 밸리, 그 가운데서도 사베니에레스와 일부 부브레에서 생산된 드라이 슈냉 블랑
- ✔ **이탈리아** : 프리울리에서 생산된 최고급 화이트 블렌드
- ✔ **포르투갈** : 도루 밸리, 알렌테주, 다웅, 엔크루자도에서 생산된 화이트 블렌드(주 생산지는 다웅이다.)
- ✔ **스페인** : 화이트 리오하
- ✔ **남아프리카공화국** : 코스탈 지역에서 생산된 최고급 슈냉 블랑과 스워틀랜드에서 생산된 론 스타일의 화이트 블렌드

다양한 용도로 사용되는 드라이 로제 와인

로제 와인은 모두 가격이 저렴하고 달다는 것이 일반적인 인상이다. 실제로 많은 수가 그러하므로 이는 어느 정도 사실이라고 볼 수 있다. 그러나 언제나 그런 것은 아니다. 이번 섹션에서 다룰 카테고리는 진정으로 드라이한 로제 와인을 망라한다. 색은 분명 다르지만 드라이 로제 와인은 테이블에서 화이트 와인과 같은 역할을 한다. 바로 이 때문에 이번 장에 로제 와인이 포함된 것이다.

구체적으로 말하자면, 페어링할 때 드라이 로제 와인을 가볍고 크리스프한 화이트 와인, 또는 미디엄-풀바디의 오크 발효나 숙성 같은 처리를 거치지 않은 화이트 와인과 같은 방식으로 대하라는 것이다. 더 달콤한 스타일의 로제 와인은 제12장에서 다른 스위트 와인과 함께 다룰 것이다. 음식과 함께 내놓을 때를 생각하면 스위트 와인에 속하기 때문이다.

드라이 로제 와인은 소믈리에가 가장 사랑하는 친구다. 샴페인은 부담스럽고 어떤 와인을 내놓을지 확신이 서지 않을 때는 언제든 선택할 수 있기 때문이다. 또한 주로

라이트 화이트 와인 대부분보다 조금 더 풀하고 풍미가 강한 반면 레드 와인만큼 타닌과 떫은맛이 강하지는 않다. 생선과도, 붉은 육류와도 잘 어울리며 테이블이 다양한 음식들로 가득 찼을 때 모두가 각자 원하는 것을 충족시킬 수 있는 관대한 주인 역할을 할 것이다. 언제나 완벽하지 않을지는 몰라도 형편없는 페어링을 이루는 경우는 드물다. 사실 세계적으로 음식에 곁들여 와인을 마시는 것을 선호하는 인구가 늘어나는 만큼 전 세계 로제 와인의 소비가 대폭 늘어나고 있는 것은 놀라운 일이 아니다. 그리고 수요에 맞게 생산도 크게 늘었다. 이제 로제 와인은 궁극적으로 레드 와인을 생산하는 모든 곳에서 검은색 껍질을 지닌 모든 포도 품종을 사용해서 생산된다.

로제 와인을 따로 다루는 공식 카테고리는 없지만 제조 방식의 다양함 덕에 다양한 스타일과 품질 수준의 제품이 생산되고 있다. 다음 섹션은 로제 와인을 제조하는 두 가지 주요 방식을 소개할 것이다.

블러디 타입

로제 드 세니에라는 더 우아한 프랑스 이름으로 알려진 블러디 타입 로제 와인은 말 그대로 레드 와인 탱크에서 너무 많은 색소를 흡수하기 전에 포도즙을 추출해 냄으로써 만들어진다. 로제 드 세니에는 레드 와인 제조 과정의 부산물이다. 말하자면 '나중에 보니 와인이더라'라는 식이다. 레드 와인의 농도를 진하게 만들기 위해 와인 제조자들은 포도를 으깨서 껍질과 즙을 탱크에 넣은 뒤 액체 부분을 약간 따라낸다. 이렇게 하면 탱크 안에 남아 있는 재료 가운데 껍질의 비율이 높아지고, 껍질이 많고 즙이 적을수록 농축된 레드 와인이 만들어진다.

그렇게 따라낸 즙이 바로 로제 와인이 된다. 레드 품종의 껍질과 짧은 시간 동안 접촉했기 때문에 즙은 분홍색으로 변하는데, 이를 다시 화이트 와인과 같은 방식으로 가공한다. 즉, 신선함과 프루티한 특징을 잡아내기 위해 빨리 발효하고 병에 담는 것이다. 이렇게 남는 포도즙으로 와인을 만드는 것이 그냥 쏟아버리는 것보다 경제적이다.

고급 타입

전통적으로 진짜 로제 와인을 만드는 곳은 전 세계에 몇 군데 안 되지만 그 가운데 가장 유명한 곳은 바로 프랑스 남부, 프로방스 지역이다. 그리고 레드 와인 제조 과정의 부산물이 아니라 처음부터 로제 와인을 만드는 것이 목적이라면 그 결과물은 조금 더 고급일 것이다(그리고 더 값이 비쌀 것이다!).

이러한 타입의 로제 와인을 만들기 위해 당도, 산도, 풍미가 레드 와인이 아닌 로제 와인에 적합하게 균형을 이루었을 때 포도를 수확한다. 포도를 으깬 다음 레드 와인 제작에 사용되는 큰 탱크에 넣지만 짧은 시간, 원하는 색에 따라 주로 12~24시간 정도 지난 다음 껍질이 있는 용액에서 포도즙을 모두 따라낸다. 그리고 이를 별도의 탱크로 옮겨 담은 뒤 발효 과정을 시작한다.

드라이 로제 와인 구입하기

라벨만 보고 바로 알 수 없으므로 로제 와인을 구입할 때는 판매상이나 소믈리에에게 당신이 구입하려는 것이 드라이인지 오프-드라이인지 문의해야 한다. 완전한 것은 아니지만 한 가지 기준으로 삼을 수 있는 것은 가격이다. 품질이 좋은 드라이 로제 와인은 흔한 보급용 오프-드라이 로제보다 가격이 약간 비싼 경향이 있다. 드라이 로제로 만들어지는 흔한 품종은 다음과 같다.

- ✔ 카베르네 프랑
- ✔ 카베르네 소비뇽
- ✔ 생소
- ✔ 가메
- ✔ 그르나슈/가르나차
- ✔ 말벡
- ✔ 메를로
- ✔ 피노 누아
- ✔ 산지오베제
- ✔ 시라

전통적으로 좋은 로제 와인을 생산하는 국가 및 지역은 다음과 같다.

- ✔ **프랑스** : 남부 론, 프로방스, 코르시카 섬

- ✔ **이탈리아** : 토스카나, 바르돌리노, 키아레토(베네토)
- ✔ **스페인** : 나바라, 페네데스, 시갈레스, 리오하

음식과 화이트 와인, 또는 드라이 로제 와인을 함께 하라

포도 품종이나 재배 지역이 아니라 스타일을 가장 우선시하는 관점에서 페어링을 고려한다면 스타일마다 다양한 보완적 음식을 페어링할 수 있다. 예를 들자면 신선한 굴과 가볍고 스토니한 드라이 화이트 와인, 매운 그린 커리와 향이 강하고 프루티하며 라운드한 화이트 와인을 짝짓는 방식이다. 와인의 재료로 사용된 특정한 품종에 연연하는 것은 완벽과는 거리가 먼 방법이다. 물론 스타일은 약간씩 변형되기도 하고 그런 까닭에 각 카테고리마다 더 나은 페어링이 존재한다. 하지만 좋은 출발점이 될 것이다.

이러한 페어링 전략을 고전적인 80 : 20 규칙처럼 생각해 보라. 이러한 기본 스타일들은 일반적인 질문, 즉 "이 음식과 페어링하려면 어떤 유형의 와인을 선택해야 할까?"라는 물음에 80퍼센트의 정답을 줄 것이다. (그리고 어떤 페어링에서든 80퍼센트면 꽤 좋은 점수다.) 거기서 만족해도 되지만 마법 같은 이중주, 즉 나머지 20퍼센트를 성취하기 위해 세밀하게 조정해 볼 수도 있다.

그림 9-1, 9-2, 9-3은 페어링 트리다. 가능한 한 보완적 페어링을 시각적으로 표현한 것으로서 중앙에 와인 스타일로 시작해서 다양한 주재료와 조리법으로 가지를 치고, 마지막으로 페어링하려는 와인 스타일과 잘 어울리는 특정한 재료와 음식으로 이어진다.

이러한 페어링 트리를 사용하여 이미 선택한 와인에 맞춰 어울리는 특정한 음식을 찾아라(아마 당신은 지금쯤 그 와인이 어떤 스타일 카테고리에 속하는지 알 것이다). 아니면 각 스타일의 일반적인 페어링 원칙을 기반으로 합리적으로 판단하여 새로운 보완적 음식을 생각해 낼 영감으로 사용해도 좋다.

그림 9-1
풀바디의 부드럽고 우드 숙성된 화이트 와인의 페어링 트리

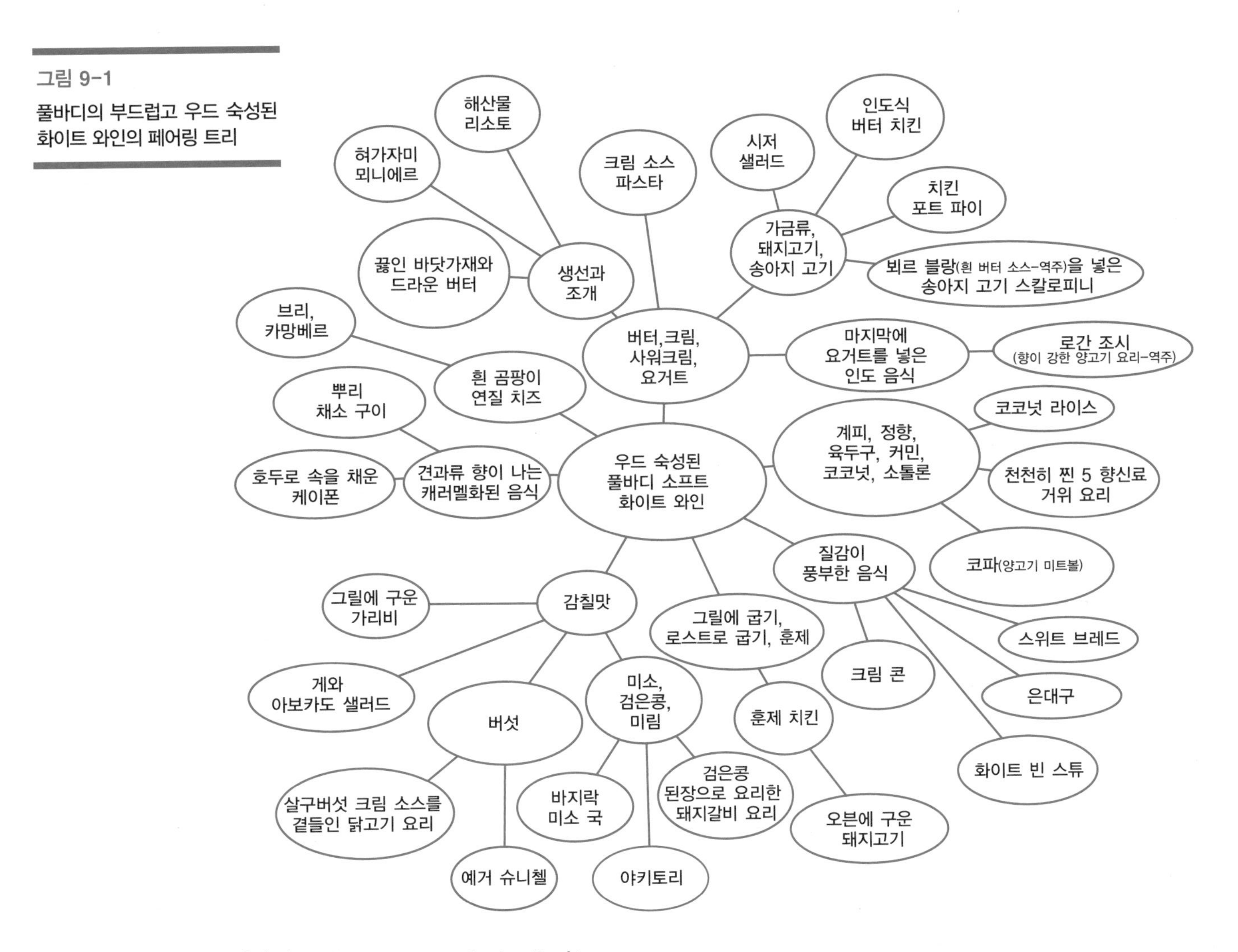

그림 출처 : Wiley, Composition Services Graphics

그림 9-2
프루티하고 라운드한 화이트 와인의 페어링 트리

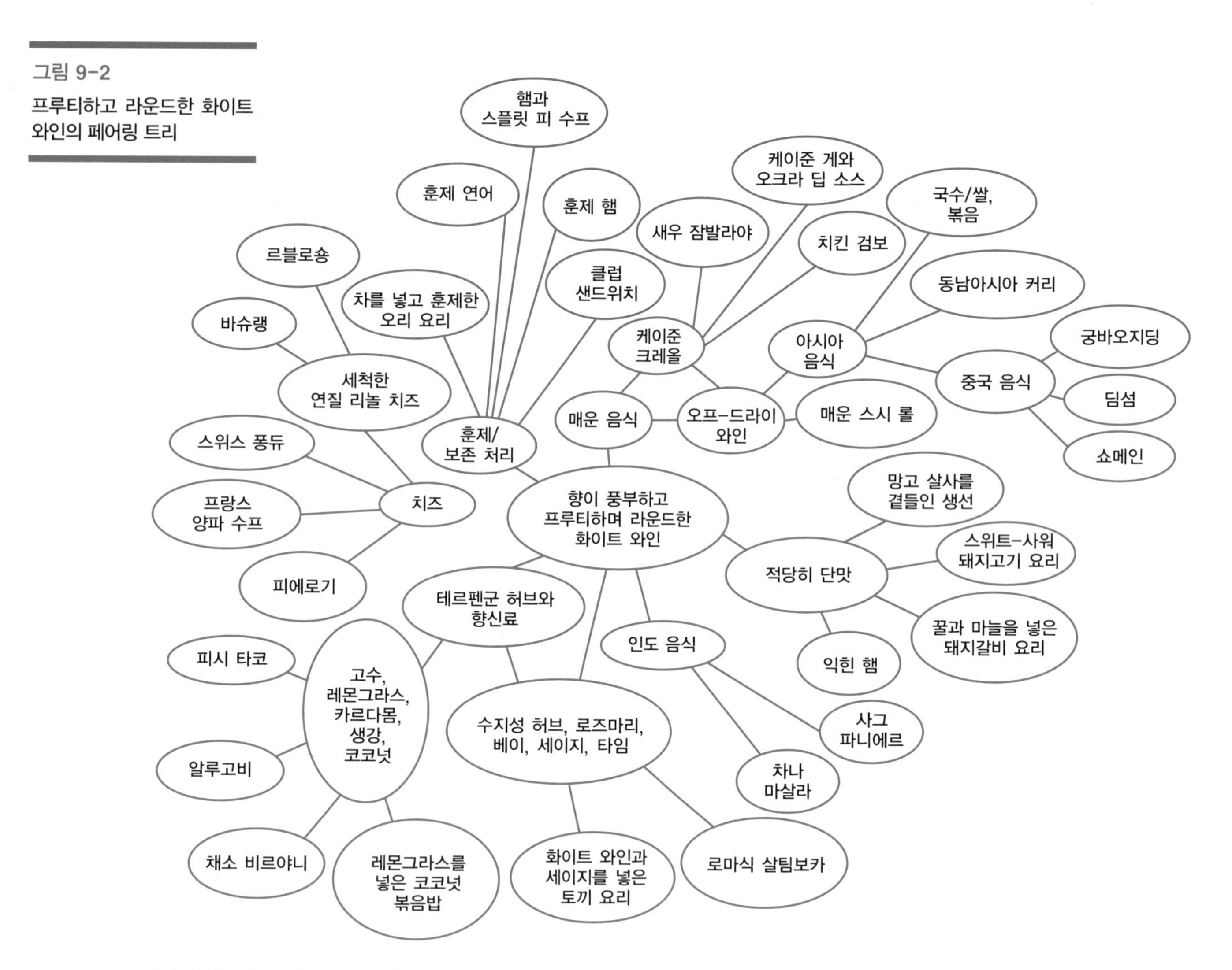

그림 출처 : Wiley, Composition Services Graphics

그림 9-3
가볍고 크리스프하며 스토니한 화이트 와인, 스파클링 와인, 드라이 로제 와인의 페어링 트리

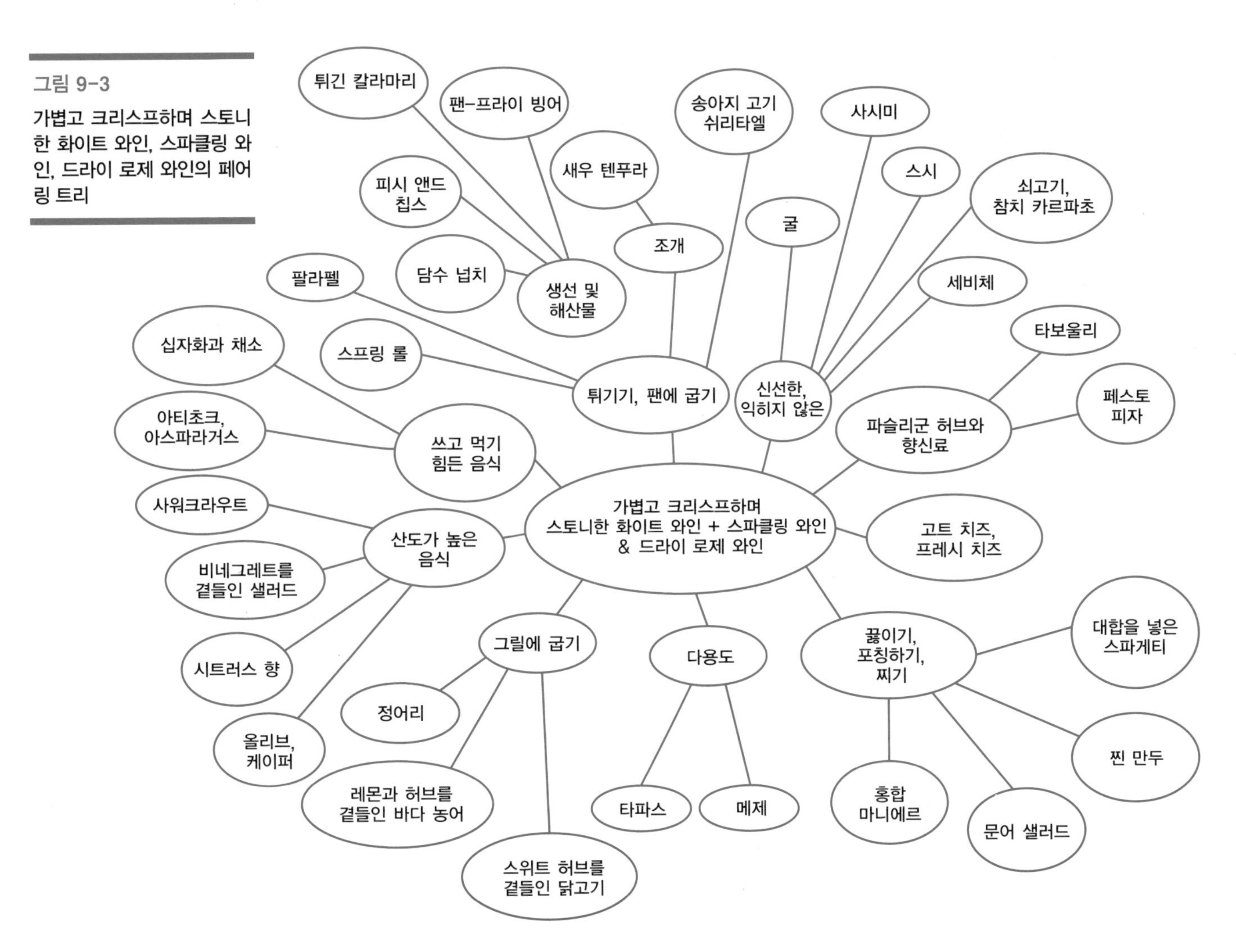

그림 출처 : Wiley, Composition Services Graphics

chapter

10

드라이 레드 와인

제10장 미리보기

- 레드 와인에 대해 자세히 살펴보고 화이트 와인과의 차이점을 알아본다.
- 레드 와인의 다양한 스타일에 대해 알아본다.
- 레드 와인과 음식을 페어링한다.

레드 와인은 와인계에서 고급 와인으로 통한다. 그 이유 가운데는 드라이 화이트 와인과 달리 타닌이 함유되어 있어 숙성이 잘 된다는 점도 있다. 오늘날 시중에 나와 있는 레드 와인 스타일은 놀랄 정도로 다양하다. 라이트하고 프루티한 것에서 로부스트하고 터보차지된 것까지, 메뉴를 어떤 것으로 결정하든 페어링할 레드 와인을 찾을 수 있다.

이번 장에서는 드라이 레드 와인의 주요 스타일을 다룰 것이다. 여기에는 각 스타일의 와인을 만드는 포도 품종과 재배지가 다수 기록되어 있다. 이 정보를 활용한다면 더 만족할 만한 와인을 구입하고 아무런 망설임 없이 특별한 음식과 페어링하려는 와인을 찾을 수 있을 것이다. 또한 이번 장에서도 페어링 트리를 제공할 것이다. 이는 와인 따개를 손에 쥔 채 테이블 앞에 선 급박한 상황에서도 쉽고 빠르게 각각의 와인 스타일 카테고리에 맞는 페어링을 해낼 수 있는 시각적 도구다.

레드 와인을 화이트 와인과 다르게 만드는 것은 무엇인가

레드 와인은 한 가지 중요한 점에서 화이트 와인과 명확하게 다르다. 바로 질감이다. 화이트 와인을 맛본 다음 레드 와인을 맛보면 그 사실을 누구든 깨달을 수 있다. 레드 와인은 모두 입에 수렴 작용을 하는 떫은맛을 지니고 있으며, 이는 화이트 와인 대부분에 없는 특성이다. 또한 대체로 산도가 낮아 페어링하는 방법이 화이트 와인과 차이가 난다. 그리고 바로 그 차이는 포도 품종, 와인 양조장에서 포도를 처리하는 방법에서 시작된다.

레드 와인 포도는 사실 붉은색이라고 할 수 없다. 붉은색인 부분은 껍질이고 그마저도 붉다기보다 어두운 진홍색에 가깝다. 반면 그 안에 있는 포도즙은 화이트 와인, 더 정확히 말하자면 살짝 금색이 도는 품종의 포도즙과 똑같이 투명하다. 아마도 누구나 붉은색 껍질을 지닌 포도로 만든 화이트 와인을 수없이 많이 마셔보았을 것이다. 샴페인을 마셔보지 않았는가? 실제로 샴페인 지역에서 재배되는 포도 가운데 2/3 가량이 레드 품종이며, 이곳에서 생산되는 와인의 95퍼센트가 화이트다. 어떻게 이런 일이 가능한 것일까? 그저 레드 품종을 으깨자마자 껍질에 있는 색소가 즙을 붉게 물들이기 전에 이 둘을 분리하는 것이다.

이를 반대로 뒤집어 생각하면 레드 와인을 만들기 위해서는 색소를 함유한 껍질에 의도적으로 즙을 접촉시켜야 한다는 말이 된다. 와인 제조자들은 이를 **꾸베종**(cuvaison), 또는 **마세라시옹**(maceration)이라고 부른다. 이는 말 그대로 색을 추출해 내기 위해 색소가 풍부한 껍질을 포도즙이나 발효한 와인에 담그는 과정이다. 하지만 포도 껍질에는 색소 말고도 유용한 작은 화합물들이 많이 있다. 레드 와인과 관련한 이야기에서 또 다른 주인공은 바로 타닌이다.

타닌은 폴리페놀이라 불리는 거대한 화합물 집합체에 속한다. 다양한 풀과 나무, 일부 과일 등에 자연적으로 존재한다. 타닌이라는 말은 오크, 즉 참나무, 또는 전나무(독일 민요 '탄넨바움'을 생각해 보라)를 의미하는 독일어 **타나**(tanna)에서 유래되었다. 와인을 제조할 때 오크 배럴에 담아 숙성하는 경우 바로 이 배럴이 와인의 타닌을 만들어내는 근원이 되기 때문이다. 하지만 주된 근원은 포도씨와 껍질, 가끔 제조 과정에 유입되는 줄기다. 타닌은 와인의 수명을 연장해 주는 항산화물질로서 구조를 더해주는 역할을 하지만 다량 함유되면 와인이 떫은맛을 내고 츄이한 질감까지 지니게 만든다.

화이트 와인은 제조 과정에 마세라시옹이 포함되는 경우가 드물고, 포함된다 해도 매우 짧은 시간만 이루어지므로 타닌 함량이 매우 적다. 이는 특히 음식과의 페어링을 고려할 때 레드 와인과 화이트 와인이 지니는 가장 큰 차이점이다. 쓴맛과 떫은 질감을 지닌 타닌은 페어링에서 중요하게 고려해야 할 사항이다.

레드 와인의 모든 스타일

레드 와인의 모양, 크기, 풍미는 그야말로 천차만별이지만 기본적으로 다음 세 가지 스타일로 나눌 수 있다.

- ✔ 라이트바디의 브라이트하고 제스티하며 타닌 함량이 낮은 레드 와인
- ✔ 미디엄-풀바디의 균형 잡히고 타닌 함량이 중간 정도인 레드 와인
- ✔ 풀바디의 깊고 로부스트하며 터보차지되고 츄이한 질감을 지닌 레드 와인

모든 와인이 그러하듯 레드 와인의 풍미 프로파일은 포도 품종, 재배 지역, 제조 기술에 따라 결정된다. 색의 깊이, 타닌의 함량 등 다른 요소들은 포도의 유전형에 크게 좌우된다. 카베르네 소비뇽, 쉬라즈, 말벡 등 일부 품종은 원래 껍질이 두꺼워 타닌과 색소를 풍부하게 함유하고 있다. 이러한 품종의 포도로 색이 연하고 부드러운 와인을 만들려면 꽤나 고생해야 할 것이다. 이 포도들은 천연적으로 색이 어둡고 질감은 츄이하다. 피노 누아, 가메, 그르나슈 등 껍질이 얇은 품종은 색소와 타닌을 적게 함유하고 있다. 이런 포도로 깊고 매우 농축된 피노 누아를 만들기란 정말 어려울 것이다. 창백하고 섬세하게 타고났기 때문이다.

다음 섹션에서는 레드 와인의 세 가지 스타일, 그리고 와인을 구입할 때 대면하게 될 다양한 표현들을 상세히 살펴볼 것이다. 이는 그저 일반적인 지침이다. 명심하라. 어

떤 경우에도 예외는 있는 법이다. 결국 이 역시 와인 세계의 일부일 뿐이다.

라이트바디의 브라이트하고 제스티하며 타닌이 낮은 레드 와인

바디감이 가볍고 브라이트하며 제스티한 와인은 타닌 함량이 낮다. 이런 와인은 상쾌한 산도 덕분에 신선함과 생생함을 유지하고 지나친 타닌이나 우드 향과는 거리가 멀다. 비평가에게서 큰 호평을 받는 일은 드문 반면 단순함 때문에 저평가되지만 바디감이 가벼운 레드 와인은 실제로 마시기에 가장 재미있고 즐거운 와인 가운데 하나다. 이러한 와인을 약간 차게 내놓으면 신선한 면과 프루티한 풍미를 더 강하게 만들 수 있다. 잘 익은 신선한 베리 같은 맛을 지닌 이 와인들은 대체로 수확한 지 1~5년 이내, 어릴 때 마시는 것이 가장 좋다. 산도가 높고 타닌이 낮아 음식과 친화력이 강한 덕분에 이 생기 넘치는 레드 와인은 매우 다양한 용도로 사용된다. 다양한 맛과 질감, 향, 풍미와 함께 춤을 출 수 있는 것이다.

이 카테고리의 범위는 아주 넓다. 저렴한 레드 와인 대부분, 초심자용 와인, 냉온대기후에서 재배된 레드 와인이 여기에 속한다. 예외라면 세심한 주의가 필요하고 재배하기 까다로운 품종의 레드 와인이 있다. 그 한 가지 예인 피노 누아는 어떤 스타일이든 가격이 저렴한 경우가 거의 없다. 하지만 확신이 서지 않을 때는 가격을 길잡이로 삼아라. 낮은 가격대를 찾으라는 말이다.

바디감이 가볍고 즙이 많아 쥬시한 레드 와인을 구입할 때는 먼저 포도 품종을 근거로 걸러낸 다음 적절한 유형을 찾아라. 다음에 생산지의 기후가 더 시원한 순서대로 와인을 나열해 놓았으니 처음에는 이를 참고로 와인을 찾아라. 북유럽과 태즈메이니아 같은 남반구 오지 같은 곳을 생각하고 겨울에 눈이 내리지 않는 지역은 피하라. 알코올 함유량도 안내자 역할을 할 것이다. 라이트바디의 레드 와인은 거의 13~13.5퍼센트 정도 된다.

- ✔ 바르베라
- ✔ 카베르네 프랑
- ✔ 가메
- ✔ 피노 누아
- ✔ 산지오베제

- ✔ 템프라니요

일부 국가 및 지역에서 재배되는 바디감이 가벼운 레드 와인 품종은 다음과 같다.

- ✔ **아르헨티나** : 파타고니아에서 생산된 와인(피노 누아, 말벡)
- ✔ **호주** : 태즈메이니아산 피노 누아
- ✔ **오스트리아** : 츠바이겔트, 기본적인 블라우프랭키쉬, 생 라우렌트
- ✔ **캐나다** : 나이아가라 페닌슐라에서 생산된 저가에서 중가의 레드 와인 대부분, 프린스 에드워드 카운티, 노바스코샤와 브리티시 컬럼비아의 북부 오카나간 밸리 및 밴쿠버 아일랜드에서 생산된 레드 와인
- ✔ **프랑스** : 모르공이나 물랭 아 방 같은 최고급 크루를 제외한 보졸레, 앙주-투렌에서 생산된 카베르네 프랑을 기반으로 한 기본적인 레드 와인, 알자스와 루아르 밸리에서 생산된 피노 누아, 기본적인 버건디, 쥐라에서 생산된 초보자용 보르도, 베르주라크, 트루소, 풀사르
- ✔ **독일** : 블라우어 포르투기저, 기본적인 피노 누아
- ✔ **헝가리** : 카다르카, 기본적인 케크프랑코스, 헝가리 북부에서 생산된 피노 누아
- ✔ **이탈리아** : 북서부에서 생산된 기본적인 바르베라와 가벼운 돌체토, 베네토에서 생산된 발폴리첼라와 바르돌리노, 알토-아디제와 발 다오스타의 마운틴 레드, 기본적인 키안티와 기타 산지오베제를 기본으로 한 와인, 시실리에서 생산된 우아한 프라파토와 기본적인 에트나 로소, 리구리아 레드 와인
- ✔ **뉴질랜드** : 비교적 가벼운 스타일의 말보로 피노 누아
- ✔ **포르투갈** : 다웅, 바이라다, 리스보아(리스본)에서 생산된 저렴한 가격의 와인
- ✔ **스페인** : 우드 숙성을 거치지 않은 호벤, 리오하, 리베라 델 두에로, 비교적 가벼운 비에르소, 발데페냐스, 나바라와 페네데스에서 생산된 기본적인 레드 와인
- ✔ **스위스** : 돌 뒤 발레

미디엄-풀바디의 균형 잡히고 중간 정도의 타닌을 함유한 레드 와인

여기에 속하는 와인은 와인계에서 중량급에 해당한다. 쥬시하고 가벼운 와인보다 충실하고 구조가 탄탄하지만 무거운 와인처럼 강력하거나 츄이하지 않다. 이런 와인의 가장 큰 특징은 균형이다. 산도, 알코올, 타닌 같은 구성 요소들이 과하지도, 부족하지도 않다. 가장 숙성할 가치가 있는 세계 최고의 와인 가운데 다수가 이 카테고리에 속한다. 주로 수확한 지 몇 년이 지나야 흐르는 물에 마모되어 둥글고 매끄럽게 변하는 조약돌같이 속까지 부드러워지고 향과 풍미가 최대한 드러난다.

처음에는 가격을 기준으로 와인을 선택하라. 모든 지역에서 마음만 먹으면 어떤 품종으로든 중량급 와인을 만들 수 있다. 와인 생산지 가운데 가장 기후가 추운 곳에만 제약이 따른다. 이 말은 이런 지역에서는 이상 기후로 기온이 평소보다 높은 해에만 빈티지가 나온다는 의미다. 수확량을 줄이고 더 긴 시간 동안 종종 값비싼 우드 배럴 안에서 숙성하는 데 비용이 추가되므로 깜짝 세일이라도 발견하지 않는 이상 평균 가격이 상대적으로 높은 수준에서 시작된다.

미디엄-풀바디를 지닌 레드 와인을 구입할 때는 다음 국가, 지역, 포도 품종, 혹은 이 모든 것을 고려하라. 다음에 소개할 타입 이외의 와인을 찾으려면 판매상이나 소믈리에에게 당신이 관심을 갖고 있는 와인에 대해 물어보는 것도 좋은 방법이다. 예를 들어 그 와인이 얼마나 타닌과 떫은맛이 강한지, 바디감은 미디엄에 가까운지 풀에 가까운지 묻는 것이다. 와인 제조자의 영향력과 빈티지(생산된 해)에 따라 같은 지역과 포도 품종으로 만들어도 다양한 스타일의 와인이 탄생한다는 사실을 명심하라. 알코올 함량도 길잡이 노릇을 해줄 것이다. 미디엄-풀바디의 레드 와인은 대체로 13~14.5퍼센트의 알코올을 함유한다.

- ✔ **아르헨티나** : 파타고니아와 살타에서 생산된 말벡, 멘도사, 특히 우코 밸리 아구에서 생산된 가벼운 스타일의 와인, 멘도사에서 생산된 보나르다
- ✔ **호주** : 클레어, 이든, 헌터 밸리에서 생산된 쉬라즈, 모닝턴 페닌슐라와 아델레이드 고산 지대에서 생산된 피노 누아, 쿠나와라와 마거릿 강에서 생산된 쉬라즈와 카베르네, 그리고 그 블렌드
- ✔ **오스트리아** : 리저브 레벨의 블라우프랭키쉬와 부르겐란트에서 생산된 레드 블렌드

- ✔ **캐나다** : 중앙 및 북부 오카나간 밸리와 브리티시컬럼비아 시밀카민 밸리에서 생산된 레드 와인, 온타리오 주 나이아가라 반도에서 생산된 웜 빈티지와 레드 블렌드
- ✔ **칠레** : 마이포, 콜차구아 계곡에서 생산된 전통적인 스타일의 보르도 블렌드와 카르메네르, 마울레 밸리, 비오비오, 리마리, 엘키 밸리에서 생산된 올드 바인 카리냥 레드 와인
- ✔ **프랑스** : 클래식 보르도와 버건디, 북부 론에서 생산된 시라, 남부 론과 랑그도크 루시용에서 생산된 가장 빅한 것을 제외한 모든 블렌드
- ✔ **헝가리** : 에그리 비카바; 사크사르드디 비카바; 케크프랑코스, 피노 누아, 그리고 발라톤 호수 남부 연안은 물론 빌라니, 세크사르, 에게르에서 생산된 보르도 블렌드
- ✔ **이탈리아** : 리파소 스타일의 발폴리첼라, 시실리에서 생산된 네로 다볼라, 아스티와 알바에서 생산된 배럴 숙성 바르베라, 로소 코네로, 몬테풀치아노 다부르조, 전통적인 스타일의 키안티 클라시코, 비노 노빌레 디 몬테풀치아노, 카르미냐노, 모렐리노 디 스칸사노, 산지오베제 디 로마냐, 발테리나의 네비올로, 카노나우 디 사르데냐, 테롤데고 로탈리아노, 프리울리 레드 블렌드
- ✔ **뉴질랜드** : 말보로, 마틴버러, 센트럴 오타고에서 생산된 피노 누아; 혹스베이와 와이헤케 섬에서 생산된 보르도 블렌드와 시라
- ✔ **포르투갈** : 알렌테호, 리스보아, 세투발 반도, 그리고 다웅에서 생산된 블렌드, 도루 밸리에서 생산된 균형 잡힌 레드
- ✔ **스페인** : 전통적인 리오하, 리베라 델 두에로, 비에르조
- ✔ **남아프리카공화국** : 스텔렌보쉬, 파를 프란스후크에서 생산된 클래식 카베르네 블렌드와 피노타지; 워커 밸리 오버베르그와 콘스탄티아에서 생산된 피노 누아
- ✔ **미국** : 소노마, 센트럴 코스트 산타크루즈 산맥에서 생산된 관능적인 피노 누아, 메를로, 카베르네 프랑, 가벼운 스타일의 진판델, 오리건 피노 누아, 워싱턴 주에서 생산된 가벼운 메를로

딥하고 로부스트하며 터보차지되고 츄이한 질감을 지닌 풀바디감의 레드 와인

와인계의 헤비급인 이 로부스트한 레드 와인은 구성이 풍부하고 풀바디감을 지녔으며 숙성할 가치가 매우 높다. 대부분 가장 높은 가격대를 형성하지만 따뜻한 비유럽 지역에서 생산될 경우 이 가혹한 레드 와인을 중간 가격대에 공급하기도 한다. 여기에 속하는 와인은 대부분 알코올 함량이 14퍼센트 이상으로 비교적 높은 편이며, 이러한 도수를 만들기 위해 포도가 완전히 무르익어야 하고 이를 위해 많은 햇살과 따뜻한 기후가 필요하다. 또한 껍질은 태양광이 침투함으로써 두꺼워지고, 그 결과 다량의 폴리페놀, 즉 색과 타닌을 지니게 된다. 이 카테고리에 속하는 최고의 와인은 저장고에서 20여 년에 걸쳐 품질이 더 향상될 수 있고, 드물지만 반세기가 지난 뒤에도 여전히 맛이 좋은 경우도 있다.

꽉 찬 바디감을 지닌 레드 와인을 구입할 때는 국가, 지역, 포도 품종을 기준으로 한 다음 유형을 고려하라. 누구나 한 번쯤 들어보았을 가장 인기 있고 유명한 지역에서 생산된 와인이 진열된 곳에서 찾을 수 있다. 알코올 함량은 약 14퍼센트 이상이며 가격은 프리미엄급이다.

- ✔ **호주** : 바로사 밸리와 맥라렌 베일, 특히 쉬라즈, 카베르네 소비뇽, GSM 블렌드
- ✔ **캐나다** : 카베르네 블렌드, 남부 브리티시컬럼비아의 오카나간에서 생산된 쉬라즈(시라)
- ✔ **프랑스** : 샤토네프 뒤 파프, 대부분의 고급 남부 론 블렌드, 북부 론의 에르미타주와 코트 로티, 프로방스의 방돌, 랑그도크 루시용에서 생산된 가격대가 높은 와인들, 웜 빈티지의 모던 스타일 보르도, 특히 포므롤, 생테밀리옹, 마고, 포이약, 생테스테프, 생쥘리앵
- ✔ **이탈리아** : 바롤로, 바르바레스코, 아마로네 델라 발폴리첼라, 브루넬로 디 몬탈치노, 슈퍼 투스칸 블렌드, 풀리아 주에서 생산된 프리미티보, 몬테풀치아노 다부르조, 캄파니아 타우라시와 바실리카타에서 생산된 알리아니코, 움브리아 주의 사그란티노 디 몬테팔코, 롬바르도 주의 스포르자토 델라 발텔리나
- ✔ **포르투갈** : 알렌테 주의 최고급 와인, 타닌 함량이 높고 바가를 기반으로

한 바이라다의 레드 와인, 최고 등급의 도루와 다웅 블렌드

- ✔ **스페인** : 토로, 프리오라트, 레제르바 및 그란 레제르바 뉴 웨이브 리오하, 리베라 델 두에로
- ✔ **남아프리카공화국** : 스워틀랜드에서 생산된 론 스타일 블렌드, 최고 등급의 카베르네 블렌드, 스텔렌보쉬에서 생산된 시라
- ✔ **미국** : 소노마의 알렉산더 밸리와 나이트 밸리는 물론 나파 밸리에서 생산된 카베르네 소비뇽, 파소 로블레스에서 생산된 보르도와 론 스타일 블렌드, 아다모르 카운티와 시에라 고원에서 생산된 진판델, 워싱턴 스테이트 시라와 카베르네 블렌드

레드 와인과 잘 어울리는 음식

레드 와인과 음식을 페어링할 예정이라면 제대로 찾아왔다. 이제 소개할 세 가지 페어링 트리는 가능한 보완적 페어링을 시각적으로 보여줄 것이다. 중앙에 와인 스타일을 중심으로 다양한 주재료와 조리법으로 가지를 친 다음 마지막에 이러한 와인 스타일과 훌륭한 페어링을 이루는 특정한 재료 및 음식을 소개할 것이다.

그림 10-1, 10-2, 10-3을 사용하여 당신이 이미 선택한 와인(이미 와인이 어떤 카테고리에 속하는 스타일인지 알고 있을 것이다)과 어울리는 특정한 음식을 찾아라. 아니면 각 스타일의 일반적인 페어링 원칙을 기반으로 합리적으로 판단하고 영감을 얻어 새로운 보완적 음식을 생각해 낼 수도 있다.

그림 10-1

풀바디의 로부스트하고 터보차지된 레드 와인의 페어링 트리

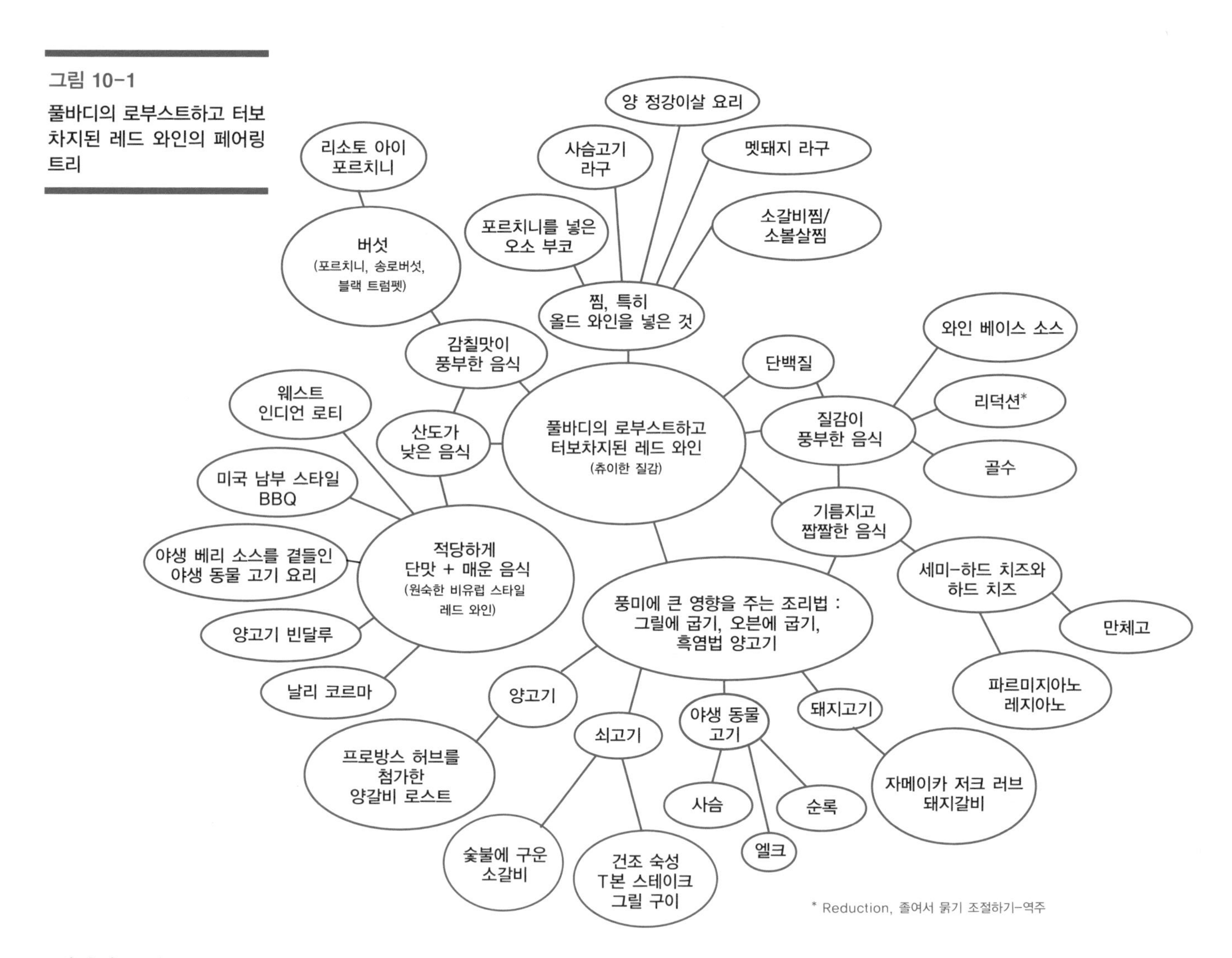

* Reduction, 졸여서 묽기 조절하기–역주

그림 출처 : Wiley, Composition Services Graphics

그림 10-2

미디엄-풀바디의 균형 잡히고 중간 수준의 타닌을 함유한 레드 와인의 페어링 트리

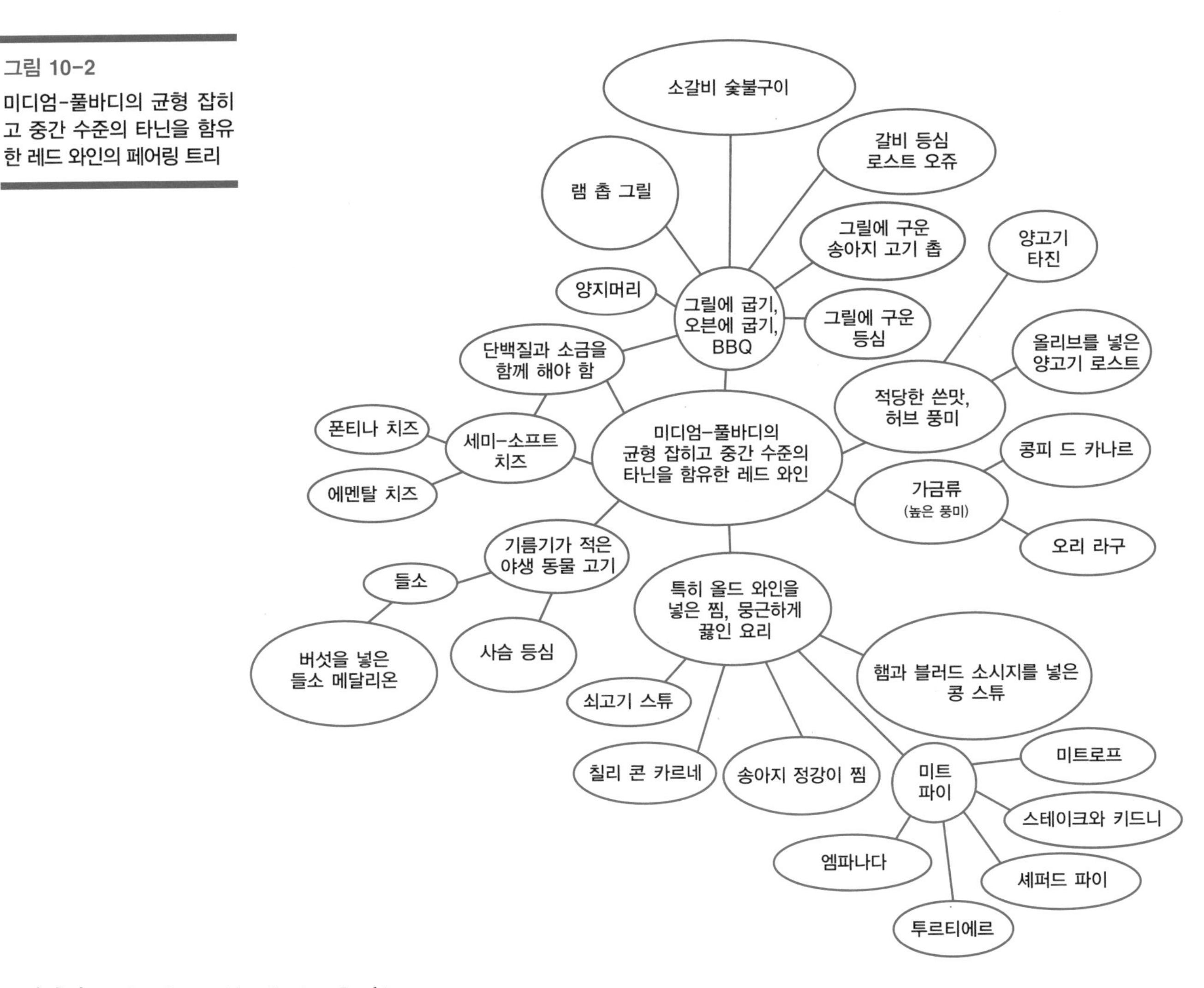

그림 출처 : Wiley, Composition Services Graphics

그림 10-3

라이트한 바디감을 지니고 제스티하며 타닌 함량이 낮은 레드 와인과 드라이 로제 와인의 페어링 트리

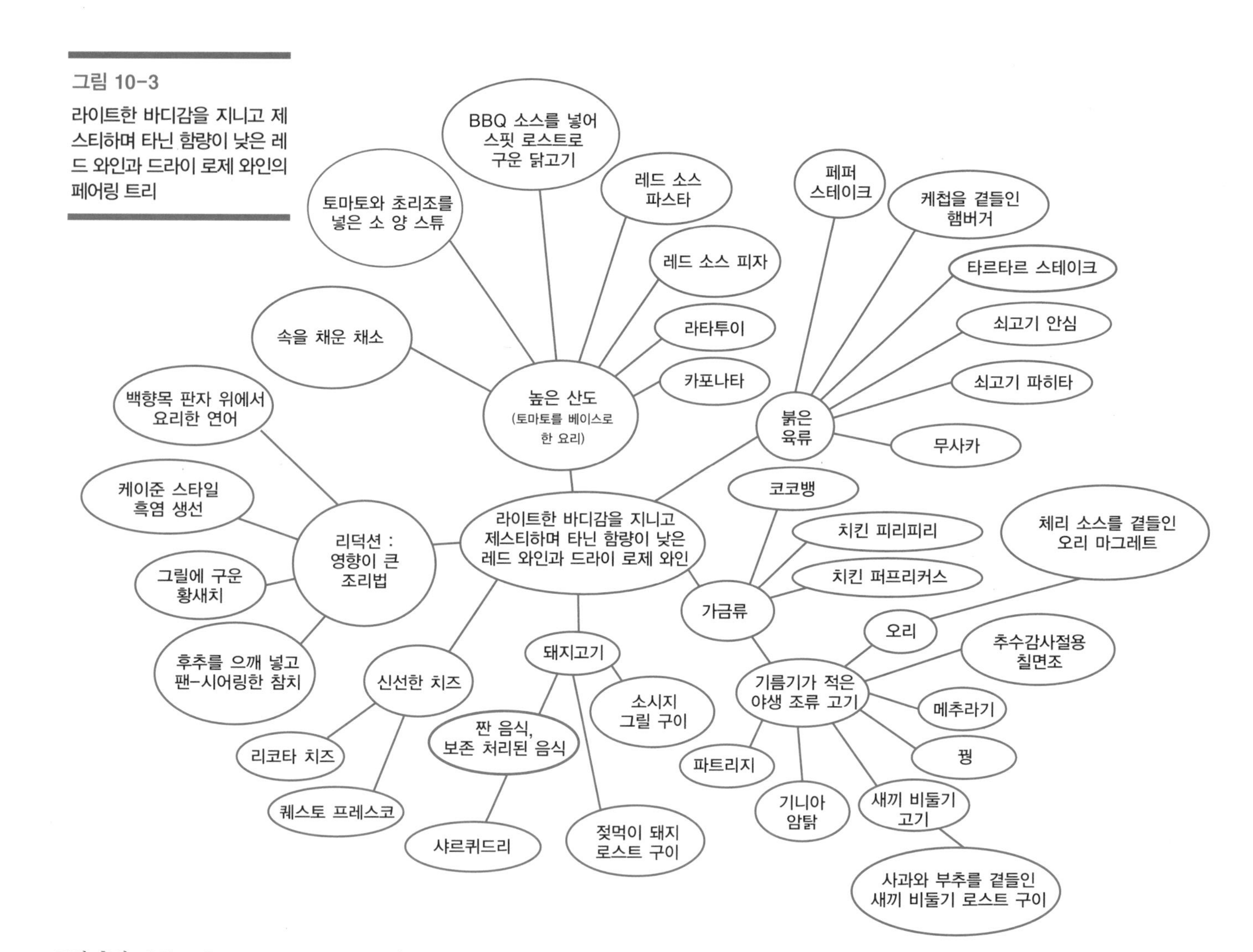

그림 출처 : Wiley, Composition Services Graphics

chapter

11

기포가 있는 스파클링 와인

제11장 미리보기

- 발포 와인을 어떤 포도 품종과 재배지에서 찾을 수 있는지 살펴본다.
- 제조자들은 어떻게 와인에 기포를 넣는가.
- 스파클링 와인과 페어링하기에 적합한 음식을 찾는다.

스파클링 와인은 스타일이 다양하며 전 세계 거의 모든 와인용 포도 재배 지역에서 생산된다. 이론적으로 이산화탄소가 기포를 만들어내는 스파클링 와인은 모든 포도 품종으로 만들 수 있지만 실질적으로 정말 좋은 샴페인을 만들어내는 품종은 소수에 불과하다. 와인 제조자들은 몇 가지 방법을 사용하여 와인에 기포를 주입한다. 각각의 생산 방법에 따라 스파클링 와인은 약간씩 다른 스타일이 만들어지므로 완벽한 페어링을 위해서는 지역과 품종만이 아니라 제조 방법도 고려해야 한다.

이번 장에서는 생산 기술에 대한 필수적인 정보는 물론 어떤 품종과 지역에서 탁월한 스파클링 와인을 생산하는지 살펴볼 것이다. 물론 스파클링 와인과 페어링할 수 있는 세상을 엿볼 수 있는 통로도 몇 가지 제공할 것이다.

최고의 스파클링 와인을 만드는 품종과 재배 장소

세계 최고의 스파클링 와인은 프랑스 북부, 이탈리아 북부, 캘리포니아에서 가장 기후가 선선한 지역, 캐나다 등 차가운 기후의 지역에서 생산되지만 장소에 상관없이 재배 시즌은 상대적으로 길다. 또한 날씨가 선선해야 포도에 너무 많은 당이 축적되고 산도가 떨어지기 전에 적절한 수준의 풍미가 잘 발달할 수 있다. 지나치게 익은 포도를 사용하면 조악하고 알코올이 강하며 산도가 부족한 스파클링 와인이 만들어진다. 이런 스파클링 와인을 만들고자 하는 생산자는 드물 것이다. 모든 품종으로 스파클링 와인을 만들 수 있지만 스파클링 와인에 가장 적합한 포도 품종은 다음과 같다.

- ✔ **샤르도네** : 전 세계 샴페인을 비롯한 트래디셔널 메소드 스파클링 와인 생산에 가장 많이 사용되는 화이트 품종이다. 100퍼센트 샤르도네로 만든 스파클링 와인은 때로 라벨에 '화이트에서 만들어진 화이트'라는 의미로 블랑 드 블랑(Blanc de Blancs)이라는 문구가 적힌다.
- ✔ **슈냉 블랑** : 루아르 밸리에서 생산된 화이트 그레이프로서 드라이, 또는 세미-드라이 스파클링 와인 제조에 사용된다. 몇 가지 지정된 이름으로만 생산된다.
- ✔ **머스캣/무스카토** : 향이 매우 풍부한 품종이며, 이를 재료로 만든 샴페인 가운데 가장 유명한 것은 이탈리아 북부, 피에몬트에서 생산된 단맛이 강하고 거품이 이는 모스카토 다스티다.
- ✔ **피노 블랑** : 다양한 피노 품종 그룹 가운데 하나이며, 부드럽고 중간 정도의 향을 지닌 스파클링 와인으로 탄생한다. 또한 다른 와인과 종종 블렌딩된다.
- ✔ **피노 므니에** : 샴페인계에서 주전이 아닌 후보 선수격인 레드 품종으로 간주되고, 프루티한 향 때문에 블렌드에 사용된다. 피노 므니에를 베이스로 한 스파클링 와인은 샤르도네나 피노 누아로 만들어진 것처럼 잘 숙성되지 않는다.
- ✔ **피노 누아** : 피노 누아는 그 구조와 복합성을 높이 평가받으며, 샴페인용 레드 그레이프 가운데 대표주자라 할 수 있다. 샴페인과 스파클링 와인은

100퍼센트 피노 누아로 만들어진다. 아니면 피노 누아를 피노 므니에 같은 다른 레드 품종과 함께 블렌딩하여 만들어지며, 이 경우 주로 '검은색에서 만들어진 화이트'라는 의미의 블랑 드 누아(Blanc de Noirs)라고 불린다.

✔ **프로세코**(글레라라고도 불린다) : 이탈리아 북서부에서 생산되는 기분 좋은 향이 풍부하고, 배와 풋사과 향이 나는 이 화이트 품종은 신선하고 오프-드라이, 혹은 미디엄-드라이 스파클링 와인을 만드는 데 가장 자주 사용된다.

포도의 품종보다 스파클링 와인의 제조 방법이 풍미 프로파일에 훨씬 큰 영향을 미친다. 프루티한 풍미가 풍부한 와인을 좋아한다면 품종은 샤르마, 제조는 앤세스트럴 메소드(이번 장에서 설명할 것이다)를 사용한 것을 찾아보라. 반대로 토스티하고 신선한 페이스트리와 브리오슈 같은 풍미를 선호한다면 트래디셔널(샴페인) 메소드로 제조된 와인을 선택하라. 트래디셔널 메소드 스파클링 와인은 생산 비용이 높으므로 상대적으로 높은 가격에 판매되지만 가장 풍부한 복합성을 지니고 있다. 달콤한 스타일의 와인을 선호한다면 라벨에 섹(sec), 데미섹(demi-sec), 데미두(demi-doux), 두(doux)

[샴페인과 스파클링 와인 비교]

모든 샴페인은 스파클링 와인에 속하지만 모든 스파클링 와인이 샴페인은 아니다. 샴페인은 프랑스 북부에 위치한 지역의 이름이다. **샴페인**이라는 용어 역시 이 지역에서 제조된 스파클링 와인의 산지 명칭으로서 법적으로 보호받고 있다. 샴페인이라는 라벨을 부착한 경우 그 병 안에 있는 와인이 오로지 공식적으로 인정된 포도 품종으로 샴페인이라는 제한된 지역 안에서 허가된 포도 재배법 및 와인 제조법을 사용하여 생산되었다는 의미다. 그러므로 '샴페인'이라는 명칭 자체가 샴페인이라는 라벨을 부착한 모든 와인이 최소한의 품질 수준을 충족시키고 허용된 와인 스타일에 적합하다는 사실을 보장하는 것이다.

샴페인의 생산 및 판매를 감독하는 공공기관은 샴페인이라는 이름을 보호하기 위해 막대한 시간과 돈을 소모해 왔다. 과거 덜 양심적인 생산자들 다수가 진품인 오리지널 샴페인의 성공과 명성에 기대려 했고, 샴페인 정부는 이들이 샴페인이라는 라벨을 부착하지 못하도록 했다. 그렇지만 세계 일부 지역, 그 가운데서도 특히 캘리포니아와 남아메리카에서는 오랫동안 '샴페인'을 생산 판매해 왔고 이러한 법령에서 제외되어 이 용어를 사용할 수 있었다. 샴페인 지역의 샴페인 제조자들에게는 실망스러운 일이 아닐 수 없었다.

샴페인은 대부분 빈티지가 없는 논빈티지다. 이는 재배 연도, 즉 빈티지가 각기 다른 두 가지 이상의 와인을 섞는다는 의미다. 크뤼그(Krug)라는 샴페인 제조사는 논빈티지 대신 **멀티빈티지**라는 용어를 사용하는데, 실제로 이것이 더 정확하고 혼란을 막을 수 있는 용어다. **빈티지** 샴페인은 오로지 같은 재배 연도에 생산한 포도로만 만들었다는 의미다. 그리고 몇 년도에 포도를 수확했는지는 라벨에 표시되어 있다. 빈티지 샴페인은 법적으로 논빈티지보다 오랜 시간 숙성한 다음 판매를 위해 배포될 수 있게 되어 있다.

같은 말이 적혀 있는지 살펴보라('라벨 읽기 : 와인의 이름이 진짜 의미하는 것은 무엇인가' 섹션에서 다룰 것이다). 스파클링 머스캣 역시 모스카토 다스티나 아스티 스푸만테처럼 주로 달게 만들어진다.

기포가 와인 안에 어떻게 녹아드는지 이해하라

당신이 직접 스파클링 와인을 제조하기 시작할 가능성은 낮지만 스파클링 와인이 어떻게 만들어지는지는 이해하는 것이 좋다. 이러한 정보를 갖춘다면 각각의 스파클링 와인이 어떻게 다른지, 스타일별로 가격이 왜 그렇게도 차이가 나는지는 물론 어떤 스타일이 어떤 음식과 가장 잘 어울리는지를 이해할 수 있을 것이다. 모든 스파클링 와인은 평범한, 기포가 없는 와인에서 시작된다(이를 베이스 와인이라고 부른다). 보글거리는 기포 하나만으로 베이스 와인이 얼마나 달라지는지를 보면 마법 같다고밖에 할 수 없다. 스파클링 와인은 크게 네 가지 방식으로 제조되며, 이제부터 그 내용을 살펴볼 것이다.

트래디셔널 메소드

때로 샹파뉴, 혹은 클라시코, 캡 클라시크라고도 말하는 트래디셔널 메소드는 가장 비용이 많이 들고 노동집약적이며 매우 존중되는 스파클링 와인 제조 방식이다. 샴페인과 세계 최상급의 스파클링 와인은 바로 이러한 방식으로 제조된다. 트래디셔널 메소드로 만든 스파클링 와인은 토스티-이스티한 향과 풍미를 지니고 기포가 매우 정교하며, 숙성에 따라 품질이 향상되고, 더 풍미가 강한 음식에 곁들여도 결코 지지 않고 본연의 풍미를 유지한다.

이 제조 방식의 핵심은 병에 담은 다음 이루어지는 2차 발효에 있다. 기포가 없는 베이스 와인을 소량의 효모, 설탕과 함께 병에 넣은 다음 밀봉한다. 이렇게 하면 효모가 활동을 시작하여 설탕을 발효하고 약간의 알코올과 이산화탄소를 만들어낸다. 병이 밀봉되었으므로 이 이산화탄소는 병에서 빠져나오지 못한 채 와인 안에 녹은 상태로 유지된다.

트래디셔널 메소드 스파클링 와인의 경우 베이스 와인이 효모 세포와 얼마나 오래 접촉하느냐에 따라 풍미에 중대한 영향을 미친다. 병을 밀봉한 다음, 베이스 와인은 사용된 효모 세포와 오랜 시간 접촉한다. 논빈티지 샴페인은 최소 15개월, 빈티지 샴페인은 3년 이상, 또는 그 이상 접촉하는 경우도 자주 있다. 이 숙성 기간 동안 와인은 프루티함을 잃는 대신 살짝 구운 것 같은 토스티 향과 효모 같은 이스티 향, 그리고 브리오슈 같은 향을 지니게 된다. 또한 더 라운드하고 크림 같은 질감이 발달한다. 숙성 기간이 길수록 풍미의 변화는 더욱 두드러진다. 판매를 위해 옮기기 전에 효모 세포를 제거하고 약간의 설탕(이를 도오세쥐dosage라고 부른다)을 첨가한 다음 다시 코르크로 병을 막는다. 이 도오세쥐가 바로 완성된 와인의 당도를 결정한다. 샴페인의 라벨을 읽는 데 도움이 될 정보는 뒤에 나오는 섹션 '라벨 읽기 : 와인의 이름이 진짜 의미하는 것은 무엇인가'에서 다룰 것이다.

트래디셔널 메소드 스파클링 와인을 구입할 때는 지갑이 가벼워질 것을 각오해야 한다. 어떤 시장에서든 가격이 가장 비싼 스파클링 와인이다. 다음 국가 및 지역은 최고의 트래디셔널 메소드 스파클링 와인을 만드는 곳이다.

- ✔ **호주** : 태즈메이니아, 애들레이드 고원
- ✔ **캐나다** : 나이아가라 반도, 프린스에드워드 카운티, 오카나간 밸리, 노바스코샤 주
- ✔ **프랑스** : 샴페인, 드 알자스, 드 부르고뉴, 뒤 루아르, 드 보르도, 드 쥐라 등 **크레망**(crémant)이라는 라벨이 붙은 모든 와인, 부브레, 소뮈르
- ✔ **이탈리아** : 롬바르디아의 프란치아코르타 DOCG, 트렌티노의 트렌토 DOC, 라벨에 **메토도 트라디치오날레**(metodo tradizionale)라고 적힌 모든 와인
- ✔ **포르투갈** : 바이라다 에스푸만테 DOC
- ✔ **스페인** : 주로 페네데스에서 생산되는 카바, 라벨에 **메토도 트라디시오날**(metodo tradicional)이라고 적힌 모든 와인
- ✔ **남아프리카공화국** : 라벨에 **메토도 캡 클라시크**(metodo cap classique)라고 적힌 모든 와인
- ✔ **미국** : 캘리포니아 주; 멘도시노, 나파 밸리(특히 카네로스 지역), 앤더슨 밸리, 소노마(러시안 리버 밸리, 그리고 특히 그린 밸리 지역), 오리건 주, 뉴욕 주, 워싱턴 주, 뉴멕시코 주

샤르마

가장 널리 사용되는 스파클링 제조 방식인 **샤르마 메소드**(Charmat method)는 20세기로 접어들 무렵 이 제조 과정을 만들어낸 프랑스인 외젠 샤르마의 이름을 딴 것이다. 때로 이 제조법은 마르티노티, 이탈리안 메소드, 탱크 메소드, 퀴브 클로스라고도 불린다. 샤르마 메소드 와인은 프루티하고 플로럴하며 기포 발생은 중간 정도이고 어릴 때 소비하기에 가장 적합하다. 무게감이 가볍고 드라이한 화이트 와인, 혹은 엑스트라-드라이 프로세코처럼 약간 달콤한 경우 오프-드라이 화이트 와인과 같은 음식과 페어링할 수 있다.

트래디셔널 메소드와 달리 샤르마 메소드는 베이스 와인을 그대로 탱크 안에 둔 채 효모와 설탕을 첨가한 다음 탱크를 밀봉하여 2차 발효를 한다. 병에 담았을 때보다 탱크 안에 있는 경우 효모에 비해 베이스 와인의 양이 상대적으로 많기 때문에 와인은 아주 적은 토스티-이스티 풍미를 얻는다. 실제로 이러한 유형의 와인은 대체로 2차 발효가 끝난 직후 그 어떤 숙성 과정도 거치지 않고 병에 담는다. 이는 포도의 품종 자체가 지닌 프루티하고 플로럴한 향을 보존하기 위해서다. 그리고 샤르마 메소드는 이런 목적에 최적화된 방법이다. 이러한 스타일의 와인 가운데 가장 상징적인 것은 단맛이 있는 이탈리아의 모스카토 다스티와 드라이/오프-드라이 프로세코다.

샤르마 메소드 와인은 트래디셔널 메소드 와인보다 생산 단가가 낮다. 병에 일일이 수작업으로 담는 노동집약적 과정이 필요 없고 숙성 기간 또한 상대적으로 짧기 때문이다. 그리고 복합성과 숙성 가능성도 떨어지며, 이는 신선함을 포착하기 위해서는 가능한 한 어릴 때 마셔줘야 한다는 의미다.

샤르마 메소드 와인은 트래디셔널 메소드 스파클링 와인보다 저렴한 가격에 구입할 수 있다. 전 세계 어디를 가나 이러한 유형의 와인을 찾을 수 있지만 품질은 각양각색이므로 신뢰할 수 있는 사람의 조언을 따르거나 가격표를 보고 결정하라. 평균보다 약간 높은 가격인 와인을 고르면 아마도 틀림없을 것이다. 이탈리아 북부에서 생산되는 프로세코는 세계에서 가장 인기 있는 샤르마 메소드 스파클링 와인이다. 자신이 없을 때는 그냥 대세를 따라보는 것도 좋은 방법이다.

샤르마 메소드 스파클링 와인은 라벨의 다음과 같은 용어로 식별할 수 있다.

- ✔ **프랑스** : 라벨에 뱅 무쉬(vin mousseux)라고 적힌 와인
- ✔ **독일** : 라벨에 젝트(sekt), 또는 도이처 젝트(Deutscher sekt)라고 적힌 와인, 트래디셔널 메소드 와인에도 가끔 적용되는 용어지만 독일에서 그런 경우는 드물다.
- ✔ **이탈리아** : 라벨에 강한 스파클링이라는 의미의 스푸만테(spumante)가 적힌 와인. 프로세코 디 발도비아데네 데 코넬리아노; 모스카토 다스티/아스티 스푸만테, 람브루스코같이 약한 스파클링이라는 의미의 프리잔테(frizzante)가 적힌 와인
- ✔ **포르투갈** : 라벨에 에스푸모소(espumoso)라고 적힌 와인, 이는 트래디셔널 메소드 와인이 되기 위해 리저브된다는 의미다.
- ✔ **스페인** : 라벨에 에스푸만테(espumante)나 에스푸모소(espumoso)라고 적힌 와인, 샤르마 메소드는 그란바스(granvás)라고도 알려져 있다.
- ✔ **기타** : 라벨에 샤르마, 또는 퀴브 클로스(cuve close)라고 적힌 와인

시간을 거슬러 가보자 : 앤세스트럴 메소드

메토데 안세스트랄레(methode ancestrale)라고도 알려진 앤세스트럴 메소드는 가장 오래된 스파클링 와인 제조 방법이다. 간략하게 말하자면 앤세스트럴 메소드 와인은 발포성이 약하고 드라이에서 미디엄-드라이이며 프루티하고 가끔 약간 뿌옇기도 하다. 이러한 와인과 페어링할 수 있는 음식은 드라이, 또는 오프-드라이 비발포성 화이트 와인 및 로제 와인과 같다.

앤세스트럴 메소드는 아직 발효가 진행 중인 와인을 병에 담는 방법이다. 이렇게 하면 효모는 폐쇄된 병 안에서 당을 알코올로 전환하는 작업을 계속한다. 그리고 발효의 부산물로 생성된 이산화탄소가 빠져나가지 못하고 병 안에 갇히는 것이다. 짜잔, 이렇게 해서 또 한 가지 스파클링 와인이 탄생한다. 죽은 효모 세포가 병에 남아 있을 경우 앤세스트럴 메소드 와인은 병째로 발효하는 다양한 종류의 맥주처럼 때로 뿌옇게 변할 수 있다. 그리고 스파클링 와인 가운데 발포성이 가장 낮고 때로 발효가 끝나기 전에 효모 세포의 활동이 중단되면 약간의 단맛을 지니기도 한다.

[앤세스트럴 메소드]

앤세스트럴 메소드는 가장 오래된 스파클링 와인 제조 방법으로서 샴페인보다 한 세기 이상 앞선 것이다. 프랑스 랑그도크의 리무 인근에 위치한 생 일레르 수도원에 보관된 기록에 따르면 스파클링 와인이 최초로 만들어진 것은 1531년이었다.

앤세스트럴 스파클링 와인은 의도적으로 개발했다기보다 우연히 발견된 것이었다. 아마도 유리병이 개발되고 널리 사용된 다음이라 가능한 일이었을 것이다. 와인 제조자들은 이미 봄철이면 특정한 와인이 '생기를 되찾는다'는 사실을 알고 있었다. 이는 기온이 올라가면서 효모가 깨어나서 와인에 남아 있는 당을 계속 발효해서 생기는 현상이었다. 하지만 유리병을 사용하기 전에는 와인의 대부분을 다양한 크기의 우드 배럴인 **캐스크**에 저장, 운반했다. 캐스크는 다공성을 지닌 용기이므로 저장이나 운반 도중 2차 발효가 일어나 이산화탄소가 생성된다 해도 자연적으로 소실되었다. 하지만 와인이 되살아나기 전에 병에 담겼다면 이산화탄소는 도망갈 구멍도 없이 그 안에 갇혀 있을 것이다. 그렇게 해서 놀랄 만큼 생동감 있는 와인이 탄생했다. 종종 내부 압력 때문에 병이 저절로 폭발하여 와인 저장고에서 일하는 사람들에게 심각한 부상을 입히기도 했다. 이제 유명해진 수도승 몽 페리뇽은 종종 샴페인을 발명한 사람으로 잘못 인식되지만 실제로 그는 평생의 대부분을 병이 폭발하지 않는 방법을 연구하는 데 헌신했다.

오늘날 프랑스 리무의 스파클링 와인인 블랑케트 드 리무, 뷔제 세르동, 그리고 클레레트 드 디는 여전히 앤세스트럴 메소드로 충실하게 제조되고 있다. 드물기는 하지만 캐나다 등 세계 다른 지역에서도 일부 와인 제조자들이 이 방식을 되살려냈다.

이산화탄소를 인위적으로 주입하는 방법

스파클링 와인을 제조하는 가장 저렴하고 쉬운 방법은 이산화탄소 주입법이다. 이러한 방식은 와인계에서 '청량음료' 정도로 취급받는다. 저렴하고 너무나도 단순한 샴페인으로서 진지하게 와인을 마시는 사람들에게 무시당한다. 만드는 방법은 간단하다. 그저 폐쇄된 탱크에 비발포성 와인을 넣고 이산화탄소를 주입한 다음 압력을 가한 상태에서 병에 담으면 된다. 여기에는 품질이 중간 정도 되는 와인이 베이스로 사용된다.

이런 와인은 기포가 조악하고 와인은 금세 발포성을 잃는다. 또한 적어도 미국에서는 이러한 와인의 라벨에 카보네이티드 와인(carbonated wine)이라고 명시하도록 법으로 규정하고 있는데 이런 문구를 라벨에서 찾았다면 뒤도 돌아보지 말고 가라. 이런 와인은 대부분 끔찍할 정도로 형편없다.

라벨 읽기 : 와인의 이름이 진짜 의미하는 것은 무엇인가

스파클링 와인은 제품마다 당도가 다르다. 드라이 와인에 속한다 할지라도 절대 다수가 여전히 잔여 당, 즉 와인에 용해된 당이 존재한다. 최고급 샴페인이 가장 많이 제조되는 찬 기후에서 재배된 포도로 와인을 만들 경우 자연적인 결과로 강렬한 신맛을 지니는데, 잔여 당은 이런 신맛과 매우 훌륭하게 균형을 이룬다. 하지만 라벨에 적힌 내용을 보면 헷갈리거나 잘못 이해할 수 있다. 예를 들어 라벨에 엑스트라-드라이라고 적혀 있다 해도 실제로는 단맛이 꽤 강하다.

마트의 와인 코너 앞, 혹은 와인 매장에서 어떤 샴페인이 드라이하거나 달지 궁금하다면 표 11-1을 참고하라. 진정한 본 드라이부터 매우 달콤한 것까지 흔한 스파클링 와인 라벨 용어를 순서대로 간략하게 기록해 놓았다.

라벨에 브뤼 제로라고 적힌 와인은 당 함량이 0.5퍼센트 미만이며, 이는 와인 1리터에 당이 5그램 미만 포함되어 있다는 의미다. 이런 와인은 정말 드라이한 맛을 지닌다. 브뤼 스타일은 와인 1리터당 당이 최대 15그램까지 함유되어 있지만 산도가 높아 역시 드라이하다. 와인에서 단맛을 느끼려면 엑스트라-드라이 이상은 되어야 한다. 라벨에 두라고 적힌 와인은 달콤하고 그 가운데는 정말 단 것도 있다. 자신이 원

표 11-1 스파클링 와인의 라벨 해독하기

라벨 용어	잔여 당 허용치(유럽연합 기준)
브뤼 제로(brut zero), 브뤼 농 도제(brut non-dosé), 파 도스(pas dose), 파 오페레(pas opéré), 브뤼 소바주(brut sauvage), 브뤼 나튀르(brut nature), 엑스트라 브뤼(extra brut)도 해당됨	0~0.5%
브뤼(Brut)	0.5~1.5%
엑스트라-드라이(Extra-Dry)	1.2~2.0%
섹(sec)	1.7~3.5%
데미섹(demi-sec)	3.3~5.0%
두(Doux)	5.0% 초과

[드라이 와인인데 왜 드라이하지 않을까]

샴페인과 스파클링 와인의 당도를 지칭하는 용어의 체계는 혼란스럽기만 하다. 이는 모든 샴페인이 달게, 아니 엄청나게 달게 만들어지던 시대부터 진화된 것이다. 예를 들어 1876년 처음 러시아 황제 알렉산더 2세를 위해 루이스 로데러는 크리스털이라는 그 유명한 프리스티지 쿠베를 만들었는데, 여기에는 원래 30퍼센트가 넘는 당이 함유되어 있었다. 이는 와인 1리터당 300그램 이상의 당이 함유되어 있다는 의미이며 이것이 바로 스위트 버블리, 즉 달콤한 샴페인이다. 그보다 드라이한 스타일의 샴페인이 유행하기 시작한 것은 1800년대 후반이었다. 이 와인들은 실제로 상당한 양의 당을 함유했지만 사실 비교적 드라이했고, 이 때문에 매우 단 샴페인과 구분하기 위해 라벨에 섹, 또는 드라이라고 명시되었다. 오늘날의 기준으로 본다면 1800년대 말 상당히 드라이하다고 여겨지던 와인이 실제로는 단맛이 꽤 강했다. 시장에 더 드라이한 와인이 등장하며 이러한 와인이 드라이한 것보다 더 드라이하고(엑스트라-드라이) 궁극적으로 거의 설탕이 첨가되지 않았다는 사실을 표시하기 위해 이러한 용어는 마침내 브뤼와 브뤼 제로라고 개량되었다.

하는 것이 어떤 스타일인지 파악하고 라벨에서 그에 맞는 용어를 찾아라.

스파클링 와인과 음식 페어링

스파클링 와인은 소믈리에의 최고의 친구다. '샴페인' 하면 흔히 뭔가를 축하하는 일을 떠올리므로 사람들은 대부분 샴페인을 마실 때 축제 같은 분위기에 젖는다. 그리고 행복한 사람들은 먹고 마시는 일은 물론 모든 일을 즐기려는 자세가 강하고 그 덕에 더 큰 즐거움을 만끽한다. 그러므로 스파클링 와인을 서빙한다는 것은 기억할 만한 경험을 만들어낸다는 소믈리에의 임무 가운데 이미 절반은 완수했다는 의미다.

드라이 스파클링 와인 역시 매우 다양한 음식과 페어링할 수 있으므로 음식과 페어링할 때 매우 다양하게 사용된다. 실제로 샤르마나 트래디셔널 메소드로 제조된 드라이 스파클링 와인과 정말 나쁜 페어링을 찾는 일은 불가능에 가깝다. 또한 이산화탄소가 스파클링 와인의 전체 프로파일에서 가장 큰 특징을 만들어내는 것은 사실이지만 드라이 스파클링 와인과 음식의 페어링이라는 면에서 보자면 바디감이 가볍고 크리스프하며 발포성이 없는 화이트 와인과 매우 비슷하게 작용한다. 이러한 까닭에 나는 드라이 스파클링 와인을 제9장, 라이트바디감을 지닌 화이트 와인의 페어링 트리에 포함시켰다.

달콤한 스파클링 와인은 음식과 만났을 때 다른 달콤한 비발포성 와인과 비슷하게 작용하므로 스위트 스파클링 와인을 제12장, 스위트 와인 스타일의 페어링 트리에도 포함시켰다. 이 페어링 트리를 스위트 스파클링 와인을 위한 보완적 음식과의 페어링이라고 생각하라.

chapter

12

오프-드라이, 스위트, 강화 와인

제12장 미리보기

- 단맛과 단 느낌의 차이를 구분한다.
- 스위트 와인의 다양한 스타일을 이해한다.
- 스위트 와인과 달콤하고 풍미가 강한 음식을 페어링한다.

스위트 와인과 강화 와인은 한때 지구상에서 가장 각광받는 스타일이었다. 고대에서 가장 최근으로는 20세기까지, 문헌에 언급된 내용을 대충 살펴보더라도, 심지어 오래전 경매 카탈로그와 최초의 레스토랑 및 판매용 와인 목록을 언뜻 보기만 해도 이러한 와인이 엄청난 인기를 누렸고 매우 높은 가치를 지녔었다는 사실을 알 수 있다. 실제로 철도와 증기선 덕분에 수송 기간이 단축되기 전까지 전 세계로 정기적으로 교역이 가능한 와인은 스위트 와인과 강화 와인뿐이었다. 마차에 실려 끊임없이 덜컹거리고 강과 바다에서의 긴 항해를 견딜 정도로 안정된 와인은 스위트 와인과 강화 와인뿐이었기 때문이다. 또한 설탕이 귀하던 시절, 꿀과 스위트 와인처럼 천연적으로 단 물질은 어떻게 보면 종교 수준으로 외경의 대상이었다.

오늘날 이 달콤한 결정들은 어디에나 존재하며, 그 덕에 스위트 와인의 맛이 지닌 희소성이 줄었고 그만큼 가치도 낮아졌다. 슈퍼마켓 어디를 둘러봐도 설탕이 첨가된 물품을 찾을 수 있고 그만큼 천연 스위트 와인은 만찬의 외곽으로 밀려나고 축하하는 자리에 등장하는 횟수도 줄었다. 소믈리에들은 이러한 사실을 한탄한다. 스위트 와인은 가장 기억에 남을 만한 페어링을 만들 수 있는 와인이기 때문이다. 알코올이 추가된 강화 와인 역시 인기가 이전만 못하다. 하지만 와인 분야 종사자들은 포트, 마데이라, 마르살라, 셰리 같은 세계적으로 알려진 위대한 클래식 와인들이 비용에 비해 가장 환상적인 복합성을 지닌 와인이라는 사실을 알고 있다. 내 인생에서 가장 잊지 못할 페어링으로 각인된 순간 중에는 드라이 팔로 코르타도 셰리와 풍미가 풍부한 숙성 만체고 치즈 한 조각이 뜻밖의 아름다움을 빚어낸 때가 있다. 마치 거위 간이 빠진 푸아그라처럼 놀라운 일이었다.

스위트 와인과 강화 와인의 영역으로 모험을 떠나기로 결심한 사람은 이번 장에서 이 와인들이 지닌 비밀은 물론 어떤 음식과 가장 잘 어울리는지 발견할 것이다.

단맛의 정체

단맛은 인간에게 가장 친숙한 맛일 것이다. 인간은 유전적으로 단맛을 가장 좋아하도록 프로그램된 것이 분명하다. 쓴 커피나 차에 설탕이 있고 없고의 차이는 분명하지만 일부 와인이 주는 단 느낌은 단순한 설탕 이외의 곳에서 만들어지기도 한다. 다음 섹션에서는 스위트 와인이 정확히 어떤 의미인지, 그 밖에 어떤 것이 단맛을 느끼게 만드는지 밝힐 것이다. 단맛의 정도, 즉 당도는 겨우 인지할 수 있는 수준에서 캐러멜 시럽처럼 엄청나게 단 것까지 범위가 매우 넓다.

진짜 단맛과 단 느낌을 구분하라

그렇다면 도대체 스위트 와인과 그저 약간 단 것 같은 와인의 차이는 정확히 무엇일까? 표현을 통일하기 위해 먼저 분명히 짚고 넘어가야 할 것은 다음과 같다.

> ✔ **스위트 와인** : 여기에 속하는 와인은 와인 전문용어로 RS라고도 부르는 잔여 당을 상당량 함유하고 있다.

- **단 느낌이 나는 와인** : 여기에 속하는 와인은 희미하게 단맛이 있지만 이는 당 때문이 아니다. 그 원인이 되는 요소들은 다음에 설명할 것이다.

이러한 차이를 구분해야 하는 까닭은 다른 구성 요소 사이의 작용 때문에 설탕이 전혀 없는데도 단 느낌을 주는 와인이 많다는 데 있다. 그러한 와인의 구성 요소는 다음과 같다.

- **산** : 산은 뛰어난 평형 장치로서 단맛을 인지하는 데 큰 영향을 준다. 드라이 와인일지라도 산이 너무 적으면 희미한 단맛이 나고(알코올 때문에) 산이 너무 많으면 진정으로 단 와인조차 궁극적으로 드라이한 맛이 난다.
- **알코올** : 알코올은 그 자체에 약한 단맛이 내재되어 있으며, 바디감, 질감, 미각에 대한 중량감에 영향을 미친다.
- **잘 익은 과일의 풍미** : 난온대기후 지역에서 재배된 잘 익은 포도가 주는 풍미 역시 실제 단맛과 혼동될 수 있다.
- **오크 배럴의 영향** : 오크 배럴, 특히 225리터 정도 되고 새것인 소형 오크 배럴에서 숙성된 와인은 풍미가 더해진다. 몇 가지만 언급하자면 캐러멜, 토피, 초콜릿, 단풍나무 시럽의 여운이 드라이 와인에 단 느낌을 주기도 한다.

이 네 가지가 한데 모이면 엄밀히 말해 드라이 와인인 것조차 분명히 단 느낌을 낸다. 그리고 이 네 가지 요소, 잘 익은 과일, 낮은 산도, 높은 알코올, 배럴 숙성은 자주 한 묶음으로 존재한다.

아주 잘 익고 잼 같은 오스트리아 쉬라즈, 무화과와 자두, 송진 같은 풍미를 지닌 아르헨티나의 말벡, 또는 부드럽고 열대 과일, 캐러멜-오크 풍미를 지닌 캘리포니아의 샤르도네를 생각해 보라. 이 세 가지 모두 엄밀히 말해 드라이 와인이지만 분명 상당히 단맛을 낸다. 더욱 중요한 사실은 테이블에서 오프-드라이 와인과 같은 역할을 한다는 것이다. 이는 어느 정도 단 와인이 필요한 음식이 있더라도 굳이 단맛이 있는 와인을 선택할 필요가 없다는 의미다. 달다는 착각을 일으키는 것만으로도 좋은 페어링을 만들 수 있으므로 스위트 와인을 좋아하지 않는 사람들에게는 희소식일 것이다. 이런 와인은 가장 단 음식은 물론 매운 음식과도 잘 어울리는 파트너가 될 수 있기 때문이다.

얼마나 달아야 달게 느껴질까?

사람들은 와인을 맛보며 그 와인이 드라이인지, 오프-드라이나 미디엄-드라이인지, 또는 미디엄 스위트나 엄청나게 단 스위트 와인인지 판단하기를 원할 것이다. 라벨만 보고도 알 수 있을 때도 있지만 막연히 추측해야 할 때도 있다. 안타깝게도 쉬운 해결 방법은 없다. 그저 와인의 맛을 보거나 판매하는 사람을 믿는 수밖에.

페어링할 때 어떤 경우든 음식 대 와인의 상대적인 당도, 즉 단 느낌이 가장 중요하다. 이번 장에서 단 한 가지만 기억해야 한다면 바로 이것이다. "와인이 음식보다 달아야 한다. 그렇지 않다면 적어도 같은 수준이어야 한다." 그렇지 않으면 와인은 원래보다 묽고 바디감이 가벼우며 드라이하게 느껴질 것이다. 이런 와인을 환영할 사람이 몇이나 되겠는가.

와인을 달게 만들어라

와인 제조자들은 수많은 방법을 사용해서 스위트 와인을 만들며, 그 목적은 단 하나, 잔여 당이 함유된 와인을 만드는 것이다. 이번 섹션에서는 맛, 풍미, 단맛 프로파일을 중심으로 다양한 스위트 와인 제조 방법을 탐험할 것이다. 이는 이러한 와인들의 최고의 페어링을 찾는 열쇠 역할을 할 것이다.

발효를 멈춰라

발효는 당을 알코올로 전환하는 작용이므로 완료되기 전에 이 과정을 멈추면 스위트 와인을 얻을 수 있다. 발효를 멈추기 위해 선택할 수 있는 방법은 다음 두 가지다.

- ✔ 알코올을 첨가한다. 더 자세한 정보는 이 장 후반부의 '알코올 첨가하기 : 강화' 섹션을 보라.
- ✔ 효모가 활동을 멈추는 지점까지 와인의 온도를 낮추고 이산화황을 첨가하여 효모를 완전히 케이오시킨 다음 걸러낸다. 이는 전 세계적으로 사용되는 방법이다.

지나치게 익거나 다른 방법으로 농도가 진해진 포도에 비해 단순히 익은 포도는 상대적으로 당도가 낮아 알코올로 전환될 수 있는 당분이 적다. 그러므로 이런 포도를 재료로 만들 경우 발효를 멈춰 만들어진 와인은 상대적으로 알코올 함량이 낮지만 오프-드라이나 미디엄-드라이 와인만큼 낮지는 않을 것이다. 라벨에 카비네트(kabinett), 또는 슈페트레제(Spätlese)라고 적힌 독일산 리슬링이 가장 좋은 예다. 그 가운데서도 모젤에서 생산된 리슬링은 대체로 산도가 매우 높아 잔여 당이 발을 붙이기 힘들다. 알코올 함량이 8~9퍼센트에 이르면 발효가 멈춰 당이 약간 남아 맛의 균형을 이룬다. 이러한 와인은 보틀링하기 전에 숙성을 거의 하지 않거나 전혀 하지 않아 프레시하고 프루티하다(하지만 일단 병에 담고 나면 잘 숙성되기도 한다). 디저트와 페어링할 정도로 단 것은 드물지만 적당하게 달고 풍미가 있거나 약간 매운 음식, 또는 두 가지 맛을 모두 지닌 음식과도 잘 어울린다.

발효를 중지하는 방법이 사용된 것 가운데 매우 유명한 와인으로는 달콤하고 거품이 이는 이탈리아 피에몬테산 모스카토 다스티가 있다. 그리고 그보다 덜 알려졌지만 맛이 아주 좋고 레드 품종 가운데 사촌 격인 브라케토 다퀴도 있다. 이 와인들에서는 알코올 함량이 약 5.5퍼센트일 때 발효를 멈춰 가벼운 발포성을 지녔으며, 과일과 포도의 향과 풍미가 강한 미디엄-스위트 와인이 만들어진다. 이는 단독으로 마셔도 좋고 과일을 베이스로 한 디저트와 페어링을 해도 좋다.

레이트 하비스트

제목을 보면 알 수 있듯이 레이트 하비스트 와인은 드라이 와인을 만들기 위해 정상적인 시기보다 늦게 수확한 포도로 만들어진다. 이제부터 레이트 하비스트 와인을 크게 세 가지로 나눠 설명할 것이다.

레이트 하비스트 와인

레이트 하비스트 와인은 너무 익을 때까지 나무에 매달린 채로 두었다가 이름 그대로 늦게 수확한 포도로 만들어지며 대부분 화이트 품종으로 만들어진다. 프랑스어로 방당주 타르디브(vendanges tardives), 이탈리아어로 빈데미아 타르디바(vendemmia tardiva)라고 한다. 재배 기간 후반에 접어들면 포도 열매에 당이 축적되고 산도가 떨어지며 과육은 쪼그라들기 시작한다. 수확을 미루는 동안 수분이 더 증발하고, 그 결과 당이 더 농축된다. 와인 양조장에 도착할 무렵이면 포도는 효모가 알코올로 전환할 수 없을 정도로 많은 당을 함유하게 된다. 모든 당을 발효하기 전에 효모가 죽고, 그 결과 와인은 발효되지 않은 천연 잔여 당을 함유한다. 이 카테고리에 속하는 와인은 미디엄-드라이에서 미디엄-스위트 정도에 해당하는 당도를 지니지만 레이트 하비스트 와인은 수확 시기, 그리고 그에 따른 과도한 숙성 정도에 따라 단순한 오프-드라이에서 풀-스위트까지 다양한 당도를 지닌다. 또한 배, 복숭아, 살구 등 주로 잘 익은 과수 열매 범위에 속하는 풍미를 지니며, 더 늦게 수확할 경우 말린 과일과 꿀 같은 미묘한 향까지 더해진다. 여기에 속하는 와인의 숙성에는 대체로 배럴이 사용되지 않는다. 물론 예외는 얼마든지 있다.

레이트 하비스트 와인은 전 세계에서 생산되는 스위트 와인 가운데 가장 흔한 종류지만 대체로 최고 품질의 와인은 프랑스 북부(루아르 밸리, 알자스), 독일, 오스트리아, 캐나다, 미국의 뉴욕 주 등 품종 자체의 산도가 높아 천연적으로 당도와 균형을 이루는 포도가 생산되는 냉온대기후 지역에서 생산된다.

귀부 와인

보트리티스 감염 와인이라고도 알려진 귀부와인은 프랑스어로 푸리튀르 노블(Pourriture noble), 독일어로 에델파울레(Edelfaüle), 이탈리아어로 무파 노빌레(Muffa nobile), 헝가리어로 아수(aszú)라고 불린다. 귀부 와인은 레이트 하비스트 와인과 마찬가지로 재배 기간 후반기까지 포도를 나무에 그대로 뒀다가 수확해서 만들어진다. 하지만 단순히 지나치게 익은 상태에 도달할 때까지 놔두는 것이 아니라 자연적으로 발생하는 보트리티스 시네레아라는 곰팡이에 포도가 감염되도록 놔두는 것이다. 적합한 조건이 갖춰지면 보트리티스는 껍질을 뚫고 포도에 침입해 들어가고, 그 결과 수분이 증발된다(조리대에 과일을 너무 오래 놔두면 그릇에 담긴 과일에 곰팡이가 피는 것과 같다). 그 결과 열매는 쪼그라들고 매우 진하게 농축된다(그리고 정말 맛없어 보인다). 하지만 발효되었을 때 지구상에서 가장 경이로운 복합성을 지닌 스위트 와인이 탄생한다.

보트리티스는 매우 특정한 조건에서만 생육이 가능하다. 일단 일정 기간 습도가 높은 기후가 유지되었다가 온화하고 건조한 날씨로 이어져야 한다. 지속적으로 습도가 높은 기후 조건은 단순히 포도를 썩게 만들지만 와인 제조자들이 얻고자 하는 것은 '고귀한' 종류의 보트리티스이므로 습도만 높아서는 안 된다. 그리고 전 세계에서 해마다 이러한 과정이 반복되기에 적합한 자연 조건을 갖춘 장소는 몇 군데에 불과하다. 따라서 귀부 와인은 상당히 희소가치가 있고 대부분 가격이 높다.

생산 지역이나 포도 품종에 상관없이(하지만 거의 언제나 화이트 품종이다) 귀부 와인은 몇 가지 특성을 공통적으로 지닌다. 우선 중간에서 진한 톤의 금색을 띠고 미각적으로는 부드럽고 풍부한 맛을 지녔으며 대체로 매우 달고, 진한 크림처럼 두껍고 끈적끈적한 질감을 지닌다. 최고의 귀부 와인은 너무 시럽 같아지는 것을 방지하기 위해 기본적으로 산도가 매우 높다(그리고 보트리티스는 당은 물론 산도 농축한다). 전형적인 풍미로는 말린 복숭아와 자두, 마르멜로 열매, 마멀레이드, 꿀, 인동이 포함된다. 또한 종종 배럴 숙성 과정을 거치는데, 이 경우 캐러멜, 토피, 버터스카치, 홍차, 담뱃잎, 이국적 향신료, 달콤한 식용 향신료의 풍미가 더해진다.

귀부 와인은 소테른과 크렘 브륄레처럼 비슷한 정도의 달콤함과 질감을 지닌 디저트와 함께 내놓아 서로 보완할 때 최고의 페어링을 이룬다. 푸아그라(팬 시어링, 무스, 또는 파테)처럼 질감과 감칠맛이 풍부한 음식이 몇 군데 지역에서 귀부 와인과 고전적인 지역적 페어링을 이루는 반면 로크포르, 고르곤졸라 같은 블루치즈 역시 고전적인 페어링을 이룬다. 이번 장 후반부, '스위트 와인과 잘 어울리는 음식' 섹션에서 더 많은 페어링을 다룰 것이다.

세계에서 가장 유명한 귀부 와인과 품종은 다음과 같다.

- ✔ **오스트리아** : 베렌아우스레제, 아우스부르크, 트로켄베렌아우스레제, 다양한 품종, 다양한 지역, 특히 노이지들러 호 인근의 부르겐란트 주
- ✔ **프랑스** : 소테른, 바르삭, 몽바지악, 세롱, 카디악, (보르도, 세미용 소비뇽 블랑-뮈스카델 블렌드); 리슬링, 피노 그리, 게뷔르츠트라미너, 무스카트로 알자스에서 생산된 셀렉시옹 드 그랭 노블; 숌, 카르 드 숌, 코토 뒤 레이용, 부브레이 무엘(루아르 밸리, 슈냉 블랑)
- ✔ **독일** : 베렌아우스레제, 트로켄베렌아우스레제, 다양한 품종, 그 가운데서도 모젤과 라인가우에서 생산된 리슬링
- ✔ **헝가리** : 토카이 아수 헝가리 북동부 토카이 시 인근에서는 주로 푸르민트,

하르쉬레벨류, 무스코털리(무스카트) 품종 등의 블렌드로부터 만들어진다. 라벨에는 당도가 증가하는 순서대로 3, 4, 5, 또는 6 푸토뇨스 토카이 아수라고 표시된다. 또는 가장 단맛이 강한 것은 아수에시센치아, 그리고 순수한 나투르 에시센치아라고 적혀 있다.

아이스와인

독일어로 아이스바인(Eiswein)이라고도 알려진 아이스와인은 레이트 하비스트 와인의 극단적 형태라 할 수 있으며, 소수의 지역에서만 생산된다. 캐나다 와인 제조자들은 기온이 영하 7~8℃ 이하로 내려가 포도가 거의 완전하게 얼어버리는 늦가을이나 초겨울까지, 때로 한겨울이나 초봄까지 인내심을 갖고 기다린다. 그런 다음 포도를 수확하여 언 상태에서 포도를 으깨서 얼음 결정체 형태인 수분만 압착해서 제거한다. 이렇게 당분이 매우 풍부하고 얼지 않은 포도즙 부분만 추출해서 농축된 즙을 발효한다. 하지만 당도가 워낙 높아 당이 모두 알코올로 전환되기 전에 효모가 죽어버린다. 아이스와인은 대부분 매우 달고 우드 숙성을 거치는 경우가 드물기 때문에 순수하고 농축된 과수 열매의 풍미를 유지한다.

아이스와인이 태어난 곳은 독일이지만 독보적인 세계 제1 생산국 지위를 차지하고 있는 것은 캐나다다. 다른 생산지에 대해서도 가끔 들을 수 있겠지만 애초에 포도를 재배할 수 있을 정도로 여름이 따뜻하고 아이스와인 생산이 상업적으로 이윤을 낼 수 있을 정도로 추운 겨울이 지속되는 지역은 몇 군데 되지 않는다. 아이스와인 제조에 사용되는 포도 품종은 적어도 열두 가지는 된다. 여기에는 카베르네 프랑과 카베르네 소비뇽 같은 레드 품종도 포함되지만 균형을 잡아주는 천연 산도를 지닌 리슬링이야말로 최고의 아이스와인을 만들어내는 품종이다. 하지만 가장 광범위하게 사용되는 품종은 비달이며, 그 대부분은 캐나다 온타리오 주에서 생산된다.

포도 말리기 : 파시토 스타일

평범하게 익은 건강한 포도를 수확한 다음 건조하는 방법으로도 당을 농축하여 스위트 와인을 만들 수 있다. 고대 그리스 등에서 처음 스위트 와인을 만들었던 방법이었을 가능성이 높으며, 오늘날 판매용 건포도를 만들 때 같은 방식이다. 그 옛날 그리스와 스페인에서 그러했듯이 매트를 깔고 그 위에 포도를 놓은 다음 태양광으로 말리거나 이탈리아 베네토나 토스카나 같은 지역에서 더 흔히 볼 수 있듯이 환기가 잘 되는 공간에 두는 것이다. 이탈리아에서는 이러한 과정을 **아파시멘토**(appassimento)라고 부른다. **파시토**(passito) 또는 **레치오토**(recioto) 스타일 와인을 만들기 위한 과정이다. 레드 품종과 화이트 품종 모두 이러한 건조 처리를 통해 와인을 만들 수 있으며, 그렇게 만들어진 와인은 너 나 할 것 없이 매우 달고 진하며 건포도, 말린 무화과, 자두, 캐러멜화된 감귤류 같은 건조 과일의 풍미로 가득 차 있다. 건조된 포도로 만든 와인은 종종 배럴에서 장기간 숙성 과정을 거치며, 그러는 동안 토피, 캐러멜, 눌은 설탕, 단풍나무 시럽, 당밀, 구운 견과류 등 매력적인 수많은 풍미가 발달된다.

건조 포도로 만든 스위트 와인, 파시토 와인의 대표적인 예는 다음과 같다.

- ✔ **사이프러스** : 코만다리아
- ✔ **프랑스** : 론 밸리와 쥐라의 뱅 드 빠유, 프랑스 남서부의 쥐랑송
- ✔ **그리스** : 파트라스, 리오 파트라스, 사모스 섬의 무스카트, 파트라스의 마브로다프네, 산토리니의 빈산토
- ✔ **이탈리아** : 다양한 지역, 특히 토스카나의 빈산토, 베네토의 레치오토 디 소아베와 레치오토 델라 발폴리첼라, 그리고 프리울리의 피콜리트

알코올 첨가 : 강화 와인

포도 과즙에 정확히 언제부터 포도를 베이스로 증류한 알코올을 첨가했는지, 부분적으로 또는 완전히 발효시켜 와인을 만든다는 생각을 했는지는 명확하지 않다. 하지만 적어도 수 세기 동안 사용된 기술이다. 아마 원래는 멀리 떨어진 땅으로 운반할 때 와인이 식초로 변하는 일을 막기 위한 단순한 수단이었을 것이다. 다들 알겠지만 증류주가 와인보다 훨씬 안정적이므로 상대적으로 썩기 쉬운 와인에 알코올을 첨가하면 마찬가지로 저장 수명이 길어진다. 또한 와인 제조자들은 알코올을 첨가해서 얻은 술 역시 맛이 좋고 다양한 스타일로 만들 수 있다는 사실을 어렵지 않게 발견했을 것이다. 알코올을 첨가하는 과정은 강화라고 부르며, 그 결과로 탄생한 것이 바로 강화 와인이다. 그리고 알코올을 첨가하는 시점에 따라 드라이 강화 와인도, 스위트 강화 와인도 만들 수 있다.

[빅 앤 비터]

스위트 와인만 포도를 건조하는 방식을 취하는 건 아니다. 빅하고 리치한 드라이 와인을 만들 때도 짧은 시간이나마 건조하는 과정을 거친다. 그 가운데서도 가장 유명한 것은 이탈리아 베네토의 아마로네 델라 발폴리첼라와 롬바르디아의 스포르자토 델라 발텔리나다. 약 2개월 동안 포도를 건조하면 수분이 2/3 수준으로 줄어들고 이는 으깨서 발효할 때 효모가 모든 당을 알코올로 전환할 수 있는 수준이다. 이렇게 하면 풀바디를 지니고 알코올 함량이 15~17퍼센트인 드라이 와인이 만들어진다. 실제로 **아마로네**는 아마로(amaro), 즉 '쓰다(bitter)'에서 나온 말로 있는 그대로 해석하면 '크고 쓴'이라는 의미다. 그리고 이는 다른 레치오토 스타일 와인에 비해 단맛이 부족하다. 하지만 알코올 함량이 높고 달콤한 건포도의 프루티한 풍미 덕분에 미각에 단 느낌을 만들어내고, 그 결과 정말 단 스위트 와인과의 페어링에 잘 사용되지 않는 다크 초콜릿 등과도 잘 어울린다.

드라이 강화 와인

드라이 강화 와인은 먼저 당이 전혀 남지 않을 때까지 포도 원액을 완전히 발효시킨 다음 알코올을 첨가하여 만들어진다. 드라이 강화 와인은 약 15.5~22퍼센트의 알코올을 함유하며 잔여 당은 0이다. 가장 좋은 예는 피노와 만사니야, 세르시알 마데이라 같은 드라이 셰리다. 드라이 강화 와인 가운데는 병에 담기 직전에 스위트 와인이나 신선한 포도즙, 또는 포도 원액 농축액을 첨가하여 당도를 높이는 경우도 있다. 이번 장 후반부의 '달콤한 것을 더하라'에서 자세한 내용을 다룰 것이다.

스위트 강화 와인

스위트 강화 와인은 드라이 강화 와인보다 훨씬 일반적인 형태로서 모든 품종의 포도로 만들 수 있다. 먼저 신선한 포도즙이나 부분적으로 발효된 와인에 알코올을 첨가한다. 갑자기 알코올 함량이 18퍼센트 이상으로 증가하고, 이는 효모에게는 독성을 띠는 수준이므로 효모는 모두 죽는다. 이때 발효되지 않은 당은 그대로 와인에 남는다. 스위트 강화 와인은 천연 스위트 와인, 또는 넓은 의미의 뱅 두 나뛰렐(vin doux naturels, VDN) 카테고리 안에 모두 속한다. 잔여 당이 첨가된 것이 아니라 원래 포도에 존재하는 당이므로 천연 스위트 와인에 속한다.

강화의 시기는 얼마나 달게 만들 것인지에 따라 달라진다. 발효를 멈추기 위해 알코올을 일찍 첨가할수록 단맛이 강한 와인이 만들어진다. 전혀 발효되지 않은 포도즙에 증류주가 첨가되어 만들어지는 와인은 단맛이 매우 강하다. 정확히 와인이라고 할 수 없고 그저 포도즙과 알코올을 혼합한 것이므로 이론적으로 이는 미스텔(mistelle)이라고 불린다. 그리고 이 와인에는 잘 익은 포도가 지녔던 모든 당이 남아 있다. 발효 과정을 거치지 않고 만들어졌기 때문에 상대적으로 단순하고 포도 같은 풍미를 지닌다. 그리고 스위트 강화 와인을 배럴 숙성시켜 견과류, 건조 과일 같은 풍미를 더하는 것이 바로 이 때문이다. 고전적인 미스텔에는 코냑 지역에서 생산한 피노 데 샤랑트, 아르마냑에서 생산한 플록 드 가스코뉴, 샴페인에서 생산한 라타피아, 막뱅 드 쥐라 등이 있다. 모두 프랑스산이다.

미스텔 외의 스위트 강화 와인은 부분적으로 발효된 다음 강화된다. 예를 들어 포트 와인의 경우 제조자의 전형적인 양조장 스타일에 따라 알코올을 첨가하는 시기가 결정된다. 그레이엄 포트 하우스 스타일은 강화 시기가 빨라 단맛이 강한 반면 테일러 프라디게이트, 코크번, 다우의 경우 상대적으로 드라이한 스타일이다. 하지만 아무리 달게 만들어도 아이스와인, 귀부 와인, 건조 포도로 만든 단맛이 엄청 강한 스위트 와인만은 못하다.

VDN 스타일 와인의 핵심 생산지는 원래 포르투갈의 도루 밸리와 마데리아 섬, 프랑스의 미디, 시실리의 마르살라지만 이제는 전 세계적으로 생산되고 있다. 예를 들어 20세기 초반, 호주 와인 산업은 오로지 스위트 강화 와인에 의존했다. 그 유산은 빅토리아 주의 루터글렌 같은 일부 지역에 아직까지 전해져 내려오고 있다. 이곳에서 생산된 무스카트는 19세기로 접어들 무렵까지 호주 와인 생산량 전체에서 자그마치 25퍼센트를 차지했다.

나는 셰리를 스위트 와인 스타일이라고 언급했다. 이는 엄밀히 말해 VDN 와인은 아니지만 셰리가 스위트 강화 와인 카테고리에 속하기 때문이다. 크림 셰리, 스위트 올로로소 등이 발효 후 강화되어 완전히 드라이한 스타일이 된 와인이다. 이런 와인은 원하는 달콤함을 얻기 위해 건조 포도로 만든 스위트 와인, 또는 익힌 포도 원액이나 신선한 원액 등 다양한 감미료와 블렌딩된다.

이러한 와인을 음식과 페어링할 때 핵심적인 고려 사항은 병에 담기 전에 캐스크에서 숙성하는 기간이다. 스위트 강화 와인은 숙성을 약간만 하거나 아예 하지 않은 채 아주 어릴 때 병에 담을 수 있다. 다양한 유형의 무스카트 VDN이 그러하며, 그 덕에 신선하고 포도 같으며 플로럴한 풍미 모두를 원래대로 잘 보존해 낸다. 토니 포트, 바뉼, 마데이라 같은 다른 스타일의 스위트 강화 와인은 병에 담기 전, 배럴에서 몇 년, 심지어 몇십 년을 보낼 수 있다. 랑시오라는, 매우 긴 숙성 과정을 거친 와인을 특별히 일컫는 말도 있다. 랑시오 스타일로 만든 와인은 배럴에서 숙성되며, 이때 종종 직사광선 아래에서 과정이 이루어진다. 이를 마데라이즈화(마데이라 와인처럼 익는다는 의미)되고 산화된다고 한다. 그 결과 산패한 견과류, 완전히 캐러멜화되고 건조된 과일 같은 특이하지만 매혹적인 풍미를 지닌다. 프랑스 남부와 스페인에서 전형적으로 사용되는 기술이다.

어떤 경우든, 어떤 와인이든, 배럴에서 오래 머물수록 신선함은 떨어지는 반면 견과류, 건조되거나 익거나 조리된 과일, 향신료, 캐러멜 같은 풍미를 지닌다. 와인이 배럴에서 얼마나 오래 머물렀는지를 알기 위해서는 색을 보는 것이 가장 좋은 방법이다. 오랜 시간 숙성을 거치고 나면 화이트 와인은 짙은 호박색에서 갈색을 띠는 반면 레드 와인은 색이 밝아져서 황갈색에서 갈색이 도는 붉은색으로 변한다.

흔하게 볼 수 있는 스위트 강화 와인은 다음과 같다.

- ✔ **호주** : 빅토리아(루터글렌 리큐어 무스카트, 토카이)
- ✔ **프랑스** : 바뉼, 리브잘트, 모리, 뮈스카 생장 드 미네르부아, 뮈스카 드 프론티냥, 뮈스카 봄 드 브니스, 라스토
- ✔ **이탈리아** : 마르샬라(피네, 수페리오레, 베르지네, 스트라베키오)
- ✔ **포르투갈** : 포트(빈티지 및 토니 스타일), 마데이라(부알과 맘지), 모스카텔 드 세투발
- ✔ **스페인** : 셰리(스위트 올로로소, PX, 모스카텔, 크림)

달콤한 것을 더하라

스위트 와인을 만드는 가장 단순한 방법은 설탕, 포도즙, 포도 농축액, 또는 다른 스위트 와인과 섞어 드라이 와인을 달게 만드는 것이다. 이러한 방식은 대부분 저가의 기본적인 대량생산용 와인에만 사용된다. 독일에서는 이러한 감미료를 슈스레제르베(süssreserve), 즉 '달콤한 저장품'이라고 부른다. 신선한 포도즙을 주로 품질이 낮은 와인에 첨가하면 이 와인은 품질이 약간 올라간다. 앞서 언급한 달콤한 셰리 스타일과

달리 이런 와인은 단맛이 강화되었다 해도 오프-드라이에서 미디엄-드라이 이상 단 경우는 드물고 병에 담기 전에 숙성을 거치지 않으므로 그저 신선하고 프루티하다.

스위트 와인과 잘 어울리는 음식

스위트 와인과 음식을 페어링한다고 하면 사람들은 디저트 코스를 가장 먼저 떠올린다. 스위트 와인과 디저트의 환상적인 페어링이 수없이 많이 존재하는 것은 분명하지만 스위트 와인과 잘 어울리는 것은 디저트만이 아니라는 사실을 명심하라. 사실 나는 바로 그러한 이유로 스위트 와인을 '디저트' 와인이라고 부르는 것을 싫어한다. 사람들은 스위트 와인이 감칠맛이 풍부한 음식과 매우 잘 어울린다는 사실을 깜빡한다. 이제 디저트를 먹기 전에 스위트 와인을 마시는 사람들이 적고 다양한 코스 요리와 스위트 와인을 페어링하면 전체적으로 너무 무거워질 수 있다. 하지만 때로 단맛과 감칠맛의 페어링을 탐험하여 기존의 틀에서 벗어나는 일은 그만한 가치가 있을 것이다. 단맛과 감칠맛의 조합이 얼마나 좋은지 놀라게 될 것이다.

다음 섹션에서는 쉽게 이해할 수 있는 시각적 자료로서 페어링 트리를 제공하는 것은 물론 다양한 유형의 스위트 와인과 음식을 페어링하는 요령을 소개할 것이다.

단순히 디저트만을 위한 와인이 아니다

내가 경험한 최고의 페어링 가운데 하나는 다섯 가지 코스로 구성된 저녁식사를 손님들에게 대접했을 때였다. 당시 나는 코스마다 다른 스타일의 토카이 아수를 함께 내놓았다. 하지만 그날 밤, 가장 칭송받은 페어링은 고전적인 푸아그라와 토카이의 조합이 아니라 바로 꽤 달지만 균형이 잡힌 5 푸토뇨스 토카이 아수와 뭉근하게 끓인 들소 갈비찜이었다(푸아그라와 스위트 와인은 알자스와 프랑스 남서부처럼 동시에 생산되는 곳에서는 정말로 고전적인 페어링이다). 갈비찜에는 이국적인 아시아 향신료 다섯 가지를 곁들여 생기를 불어넣었다(조리법은 다양하지만 펜넬, 계피, 팔각, 정향, 쓰촨 고추 다섯 가지는 항상 들어갔다). 이 페어링은 향과 맛에서 완벽한 시너지를 만들어내는 마법 같은 이중주였다. 스위트 와인의 당도가 짭짤하고 매콤한 음식의 균형을 잡아주고 산도는 찜을 만든

고기와 그 육수가 지닌 풍성한 기름기를 씻어주며 감칠맛과 감칠맛이 정면으로 만난 형상이었다. 배럴 숙성 과정에서 생긴 와인의 계피와 정향, 육두구 향이 갈비찜과 공명하는 동시에 원래 감초 같은 펜넬과 팔각의 풍미는 건조 과실의 풍미까지 뿜어냈다.

이는 극단적인 사례지만 오프-드라이나 미디엄 스위트 와인은 흔히 생각하는 것보다 다양한 용도로 사용할 수 있다. 레이트 하비스트 피노 그리와 숯불이나 오븐에 구운 돼지고기를 페어링하거나 오프-드라이 리슬링과 은은한 단맛을 지닌 게 샐러드, 또는 오프-드라이 부브레와 토끼 리예트를 페어링해 보라. 야생 동물 고기 역시 적당히 단 스위트 와인을 완벽하게 돋보이게 해줄 수 있다. 이런 고기는 강렬한 풍미를 지니고 있어 그만큼 강한 와인과 페어링해야 한다. 블루베리나 건포도, 월귤을 베이스로 한 소스, 복숭아나 자두를 곁들여 도자기 냄비에 쪄낸 멧돼지나 사슴 요리 같은 조리법이 왜 그렇게 많겠는가? 야생 동물 고기의 강렬한 풍미는 단맛과 잘 어울리므로 이 전략을 페어링에 반영할 수 있다. 음식에 단 성분이 있다면 이와 시너지를 일으킬 풍미를 지닌 스위트 와인이 기대에 부응할 가능성이 매우 높다.

하지만 역시 디저트를 위한 와인이다

물론 스위트 와인은 메인 코스가 서빙된 다음, 치즈나 디저트 차례가 왔을 때 가장 자주 모습을 드러낸다. 고전적인 와인과 치즈의 페어링에 대한 요령은 제20장을 참고하라. 여기에는 일부 고전적인 디저트 페어링도 다루고 있다.

성공적인 디저트 페어링은 대부분 향과 풍미를 보완하는 관계에서 가장 효과를 발휘한다. 신선한 과일과 신선한 과일, 건조 과일과 건조 과일의 페어링을 예로 들어보자. 신선하고 레몬 같은 향을 지녔으며 적당한 단맛을 지닌 레이트 하비스트 와인을 마시며 새콤달콤한 레몬 타르트나 과일 파이를 마실 때 얻을 수 있는 풍미의 시너지는 너무나도 매력적이다. 하지만 너티하고 건조 과일 풍미를 지닌 랑시오 스타일의 토니 포트나 스위트 올로로소 셰리는 주로 서양 자두 푸딩이나 크리스마스 케이크 등 비슷한 건조 과일 풍미를 지닌 디저트와 더 잘 어울린다. 커스터드와 크렘 브륄레는 그와 비슷하게 달콤한 향신료(바닐라)의 풍미와 크리미하고 엉취어스한 질감을 지닌 배럴 숙성 귀부 와인과 환상적으로 잘 어울린다.

패스티 셰프가 디저트를 어떻게 플레이팅할지 생각하는 것과 같은 방식으로 스위트 와인 페어링을 선택하라. 어떤 것이 잘 어울릴지를 생각해야 한다는 말이다. 베리, 복숭아, 살구를 모두 넣은 플랑 초콜릿과 라즈베리, 초콜릿과 캐러멜, 커스터드와 바닐라, 꿀과 견과류 등의 디저트에서 주요 주제가 무엇인지 파악한 다음 그것을 반영한 와인을 찾아라. 빈티지 포트나 바늪이 지닌 설탕에 절인 잘 익은 베리 같은 풍미와 밀가루를 사용하지 않은 초콜릿 케이크, 우드 숙성된 소테른이 지닌 달콤한 캐러멜과 바닐라의 풍미와 커스터드, 또는 크렘 브륄레, 또는 빈산토의 견과류 같은 강렬한 특징과 관능적인 피칸 파이와 페어링해 보라. 이러한 보완적 페어링은 '와인은 디저트만큼 달거나 그보다 달아야 한다'라는 규칙만 명심한다면 누워서 떡 먹기에 불과하다.

그림 12-1에서 스위트 와인의 페어링 트리를 확인해 보라. 중앙에 와인 스타일에서 시작해서 다양한 스타일의 스위트 와인으로 파생되어 각각 가능한 보완적 페어링을 시각적으로 표현한 것이다. 각각의 스타일과 주요 식재료 및 조리법이 연결되고, 마지막으로 각각의 와인 스타일에 가장 적합한 특정한 재료와 음식으로 이어진다.

다음은 몇 가지 스위트 와인 페어링의 지침이다.

- ✔ **레이트 하비스트** : 감귤류와 과실수 열매를 베이스로 한 디저트, 신선한 것, 익힌 것, 가벼운 무스, 엔젤 푸드 케이크, 아몬드 케이크
- ✔ **귀부 와인** : 커스터드, 크림, 조리용 향신료(계피, 바닐라, 육두구) 향을 지닌 디저트(특히 배럴 숙성된 BA 와인), 당근 케이크
- ✔ **신선한 VDN(배럴 숙성을 거치지 않거나 단기간 거친), 스위트 스파클링 와인** : 이러한 와인은 대체로 신선한 과일을 베이스로 한 디저트와 가장 잘 어울린다.
- ✔ **숙성된 VDN과 단맛이 강화된 와인** : 이러한 스위트 강화 와인은 건조 무화과, 자두, 대추를 베이스로 한 디저트, 견과류를 포함한 모든 디저트, 또는 캐러멜, 초콜릿, 커피의 풍미를 지닌 모든 디저트와 환상적으로 잘 어울린다.

그림 12-1
스위트 와인의 페어링 트리

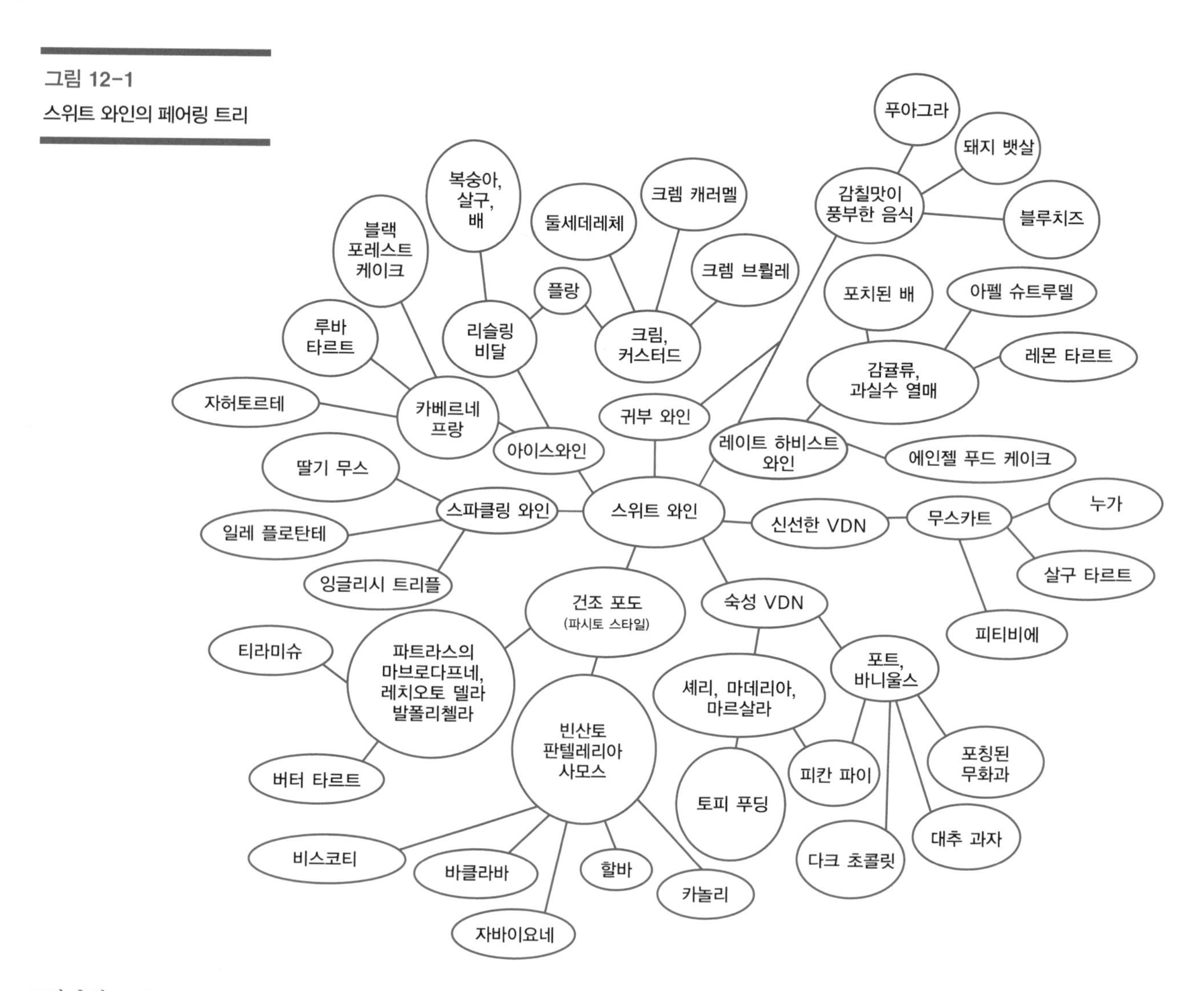

그림 출처 : Wiley, Composition Services Graphics

전 세계 음식 및 치즈와 가장 잘 맞는 최고의 와인

제4부 미리보기

- 전 세계 특정한 음식과 함께 마실 와인을 찾을 때 참고로 활용할 수 있는 내용을 다룰 것이다. 머릿속이 복잡해질 이론이나 설명 따위를 하는 대신 딱 맞는 와인을 콕 집어 추천할 것이다. 로스트 터키, 더블 치즈버거, 클램을 곁들인 스파게티와 어떤 와인이 잘 어울릴지 궁금한가? 여기에 그 해답이 있다.

- 아시아에서 북유럽과 지중해, 북미와 남미, 그 사이에 있는 일부 지역 등 지구촌 곳곳을 다루지만 각 지역의 독특한 음식문화를 다룬 종합 백과사전 수준은 아니다. 그래도 각 장마다 인근 레스토랑이나 지역 음식을 다룬 요리책에서 마주칠 전통적인 음식은 물론 지역 음식문화의 특정한 유형에 적합한 와인을 페어링하는 여러 가지 방법을 소개할 것이다.

- 음식별로 최고의 페어링을 이룰 와인 스타일은 물론 좋은 페어링을 이루는 특정한 품종과 이름(생산자나 빈티지 햇수는 표시하지 않았다)을 소개할 것이다. 그 가운데 와인도 생산하는 국가 및 지역의 경우 전형적인 로컬 페어링도 소개할 것이다. 즉, 그곳 레스토랑에서 식사를 할 때면 지역 소믈리에가 당신에게 추천할 만한 것들이다. 그리고 이 내용으로 혹시 부족할까 싶어 각 음식마다 대체할 수 있는 와인 스타일과 추천 와인도 소개할 것이다. 세상에 유일무이한 것이 얼마나 되겠는가.

- 치즈 코스도 잊지 않았다. 각종 치즈와 거기에 가장 잘 어울리는 와인 스타일, 그리고 와인과 치즈 파티를 여는 요령은 제20장에서 다룰 것이다.

chapter

13

올리브 오일의 땅 : 지중해

제13장 미리보기

- 지중해식 식사의 생활화를 실천한다.
- 이탈리아 남부의 음식과 와인을 페어링한다.
- 프랑스 남부의 음식을 먹고 와인을 마신다.
- 스페인 음식과 와인을 즐긴다.
- 포르투갈 음식과 와인으로 가벼운 식사를 한다.
- 그리스 음식과 와인을 즐긴다.

지중해식 식단이 건강에 매우 이롭다는 사실은 이미 오래전에 알려졌다. 그리고 그로부터 수십 년이 지난 지금, 전 세계 수많은 곳에서 이 지역 국가들의 전통 음식과 조리법을 받아들이고 있다. 지중해식 식단은 신선한 채소와 과일, 허브, 곡류, 두류, 쌀, 파스타, 해산물, 가금류로 풍성하게 채워졌다는 점에서 다른 지역의 음식과 차별화된다. 물론 올리브 오일이 빠질 수 없다. 북유럽이 버터의 땅이라면 남유럽과 지중해는 올리브의 땅이다. 이곳에서는 조리용 지방으로 올리브 오일을 가장 많이 사용한다. 뿐만 아니라 재료로 사용하고 뿌려 먹는 등 궁극적으로 모든 음식에 넣는다. 물론 달콤한 디저트도 예외는 아니다.

와인 역시 이 지역에서 빠지지 않는 기본 식품이다. 포도가 지중해 연안 전역에서 재배되고 북유럽에 전파되는 데 크게 기여한 것은 고대 로마인이었다. 이들은 와인을 영양가 높은 음료로 여기고 끼니마다 마셔야 한다고 생각했다. 이 지역에 속하는 모든 국가에서, 외진 곳에서조차 비슷한 재료로 각자 고유의 지중해식 스타일의 조리법을 만들어냈다. 또한 대개 지역마다 이러한 로컬 음식들과 완벽한 페어링을 이루는 고유의 와인을 보유하고 있다.

이번 장에서는 지역별로 가장 상징적인 전통 페어링을 탐험할 것이며, 그 가운데 다수는 이미 사람들에게 친숙한 조합일 것이다. 먼저 각 지역의 음식과 고전적인 페어링을 이루는 와인 스타일을 소개하는 것은 물론 여기에 해당되는 와인도 추천할 것이다. 또한 드문 경우지만 로컬 와인이 없을 때는 선택할 수 있는 다른 스타일을 소개하고 그 예를 소개할 것이다. 이번 장 다른 모든 섹션과 마찬가지로 이렇게 추천하는 와인은 최종 결과가 아니라 앞으로 더 많이 발견하기 위한 시작점이라는 사실을 잊지 말라.

남부 이탈리아와 섬들

캄파니아, 바실리카타, 아브루치, 몰리세, 아풀리아, 칼라브리아, 그리고 시칠리아 섬과 여기에 속하며 환상적인 디저트 와인의 생산지인 아름다운 리파리 섬과 판텔레리아 섬 등 로마 이남의 모든 지역이 남부 이탈리아로 간주된다. 거대한 섬인 사르데냐 역시 조상과 역사는 전혀 다르지만 남부 이탈리아에 속한다.

역사적으로 일부 부유한 지주를 제외하고 남부 이탈리아는 매우 가난한 지역이었다. 사람들은 대부분 밭으로 돌아가 일할 수 있는 에너지를 얻기 위해 마당에서 재배한 채소와 푸른 야채, 빵과 파스타, 과일에 의존하는 채식 위주의 식사를 했다. 하지만 이런 가난 덕분에 음식문화에 있어서 놀라운 상상력을 발휘하게 되었고, 결국 얼마 안 되는 재료로 진정한 만찬을 뚝딱 만들어내는 경지에 올랐다. 모든 음식은 기본적인 재료의 질과 신선함을 기반으로 한다. 이 지역은 베수비오 화산 자락에서 재배된 이탈리아 최고의 무화과, 레몬, 블러드 오렌지, 고추, 가지, 케이퍼, 그리고 토마토

계의 롤스로이스라 불리는 산 마르자노를 얻을 수 있는 곳이다.

바다에 접해 있는 만큼 오징어에서 황새치, 농어, 참치 등 해산물이 풍부한 지역이기도 하다. 만찬이 있는 날이면 양고기, 새끼 염소, 가금류, 사냥한 새 등을 굽기도 한다. 이곳은 소나 유제품이 풍부한 땅이 아니다. 치즈는 대부분 숙성된 경질 치즈이며 예외라면 캄파니아에서 버펄로젖으로 만든, 놀랍도록 부드럽고 신선한 모차렐라와 아풀리아에서 생산된 부라타가 있다.

그런 만큼 이 지역의 음식을 두 마디로 표현하자면 신선함과 단순함이다. 생동감 넘치는 풍미와 살아 숨 쉬는 듯한 허브, 그리고 토마토와 레몬, 케이퍼가 주는 강렬한 신맛, 짭짜름한 맛이 생명인 앤초비(지중해산 멸치류의 작은 물고기-역주)가 등장한다. 산도가 높은 화이트 와인과 감칠맛이 풍부하지만 오크 향이 강하지 않은 레드 와인이 가장 잘 어울린다. 당연히 남부 이탈리아 와인은 이러한 음식과 어울리는 세 가지 스타일에 속한다(유럽보다는 비유럽 스타일을 목표로 한 나머지 한 가지, 울트라-모던 버전은 나중을 위해 남겨두기로 하겠다). 세대를 거듭하며 마셔온 스타일의 와인을 고수한다면 잘못될 가능성이 매우 희박하다. 다음 섹션에서는 일반적인 남부 이탈리아 음식 몇 가지와 거기에 추천할 만한 와인을 소개할 것이다.

샐러드와 스타터

이탈리아에서는 마지막에 어떤 형태로든 샐러드가 나와야 식사가 마무리된다. 하지만 코스의 첫 번째로 나오는 샐러드는 주로 조리법이 더 복잡하고 해산물, 육류, 치즈 등 단백질 식품을 재료로 사용한다. 비네그레트를 곁들인 단순한 채소 샐러드는 소화를 돕기 위해 언제나 메인 코스 다음 순서로 서빙되며 여기에는 따로 와인을 곁들이지 않는다.

안티파스티(단수형은 안티파스토다)란 말 그대로 '주식 전'이라는 의미다. 지역마다 다양한 구성과 종류의 안티파스티가 서빙되지만 공통적으로 해산물, 다진 고기, 올리브, 채소 피클이나 구운 채소, 치즈가 자주 사용된다. 프랑스의 오르되브르와 달리 안티파스티는 전통적인 식사에서 첫 번째 코스로 서빙되며, 사람들이 식탁 앞에 앉기 전에 끝이 난다.

표 13-1 남부 이탈리아 스타터와 와인 페어링

음식	가장 잘 어울리는 와인 스타일(예)	대체할 수 있는 와인 스타일(예)
부타리가/보타르가(훈제 가숭어, 캐비어, 올리브 오일을 넣은 사르데냐 음식)	화이트 : 라이트웨이트, 크리스프, 스토니(베르멘티노 디 갈루라)	화이트 : 라이트웨이트, 크리스프, 스토니(산토리아 아시르티코)
인살라타 카프레제(토마토, 모차렐라 디 부팔라, 바질)	화이트 : 라이트웨이트, 크리스프, 스토니(코스타 다말피 비앙코)	화이트 : 라이트웨이트, 크리스프, 스토니(리아스 바이샤스 알바리뇨)
인살라타 디 폴리포(레몬과 올리브 오일을 넣고 끓인 문어)	화이트 : 라이트웨이트, 크리스프, 스토니(캄파니아 팔랑기나)	화이트 : 아로마틱, 프루티, 라운드(그레코 디 투포)
칼라마리 프리티 알라 시실리아나(커민을 넣고 볶은 오징어)	화이트 : 라이트웨이트, 크리스프, 스토니(에트나 비앙코)	화이트 : 라이트웨이트, 크리스프, 스토니, 스파클링(프란치아코르타)
아란치니(모차렐라를 채워 딥 프라이로 튀긴 라이스 볼)	화이트 : 라이트웨이트, 크리스프, 스토니(프라스카티)	화이트 : 라이트웨이트 크리스프, 스토니, 스파클링(프로세코)
인살라타 시실리아나(체리 토마토, 케이퍼, 앤초비, 바질)	화이트 : 라이트웨이트, 크리스프, 스토니(에트나 비앙코)	화이트 : 라이트웨이트, 크리스프, 스토니(베르멘티노 디 갈루라)
카포나타(볶은 가지, 토마토, 케이퍼, 그린 올리브)	레드 : 라이트바디, 브라이트, 제스티(시실리 프라파토)	레드 : 라이트바디, 브라이트, 제스티(루아르 밸리 카베르네 프랑)
카르초피 알라 로마나(민트, 마늘, 빵가루를 채워 로마 스타일로 뭉근히 끓인 아티초크)	화이트 : 라이트웨이트, 크리스프, 스토니(프라스카티)	화이트 : 라이트웨이트, 크리스프, 스토니(상세르 소비뇽 블랑)

전형적인 안티파스티에는 다양한 재료가 사용되고 어느 부분에든 식초가 뿌려지므로 대체로 브라이트하고 크리스프하며 오크 숙성을 거치지 않은 드라이 화이트 와인, 로제 와인, 심지어 살짝 차갑게 서빙되는 레드 와인과 최고의 페어링을 이룬다. 표 13-1은 몇 가지 잘 알려진 음식과 거기에 추천할 만한 와인이다. 완벽한 페어링을 찾으려 애쓸 필요는 없다. 단지 다양한 용도로 사용되는 레몬즙처럼 와인을 안티파스티에 적합한 향신료쯤으로 생각하라.

프리미 : 첫 번째 코스 요리

남부 이탈리아 식사의 첫 번째 코스 요리인 프리미(primi)는 우선 파스타 세카(pasta secca)가 종종 등장한다. 이는 달걀을 넣지 않고 반죽해서 건조한 파스타다(달걀을 넣은 파스타는 이탈리아 북부 고유의 식문화다). 또한 수프나 쌀 요리가 포함되기도 한다. 안티파

표 13-2 남부 이탈리아 프리미와 와인 페어링

음식	가장 잘 어울리는 와인 스타일(예)	대체할 수 있는 와인 스타일(예)
페파타 디 코체(토마토를 넣은 홍합과 백합 수프)	화이트 : 라이트웨이트, 크리스프, 스토니(팔레르노 델 마시코 비앙코)	로제 와인 : 드라이(코트 드 프로방스)
스파게티 콘 피셀리 에 멘타(민트, 완두콩, 마늘을 넣은 스파게티)	화이트 : 라이트웨이트, 크리스프, 스토니(캄파냐 팔랑기나)	화이트 : 라이트웨이트, 크리스프, 스토니(루아르 밸리 소비뇽 블랑)
파스타 콘 레 사르데(정어리를 넣은 파스타)	화이트 : 라이트웨이트, 크리스프, 스토니(시실리 인졸리아)	화이트 : 라이트웨이트, 크리스프, 스토니(리아스 바이샤스 알바리뇨)
파스타 알 네로 디 세피아(갑오징어 먹물 소스를 곁들인 파스타)	화이트 : 아로마틱, 프루티, 라운드(피아노 디 아벨리노)	화이트 : 아로마틱, 프루티, 라운드(콜리 오리엔탈리 델 프리울리 프리울라노)
스파게티 알레 봉골레(마늘, 올리브 오일, 고추를 넣은 화이트소스와 백합을 곁들인 파스타)	화이트: 라이트-웨이트, 크리스프, 스토니(그레코 디 투포)	화이트 : 라이트웨이트, 크리스프, 스토니(가비 디 가비)
파스타 푸타네스카(앤초비, 블랙 올리브, 케이퍼, 칠리를 곁들인 파스타)	레드 : 라이트바디, 브라이트, 제스티(라크리마 크리스티 로소)	레드 : 라이트바디, 브라이트, 제스티(키안티 산지오베제)
부카티니 알라마트리치아나(토마토, 염장한 돼지고기인 구안치알레를 곁들인 긴 관 모양의 파스타)	레드 : 라이트바디, 브라이트, 제스티(체사네제 델 필리오)	레드 : 라이트바디, 브라이트, 제스티(로소 디 몬탈치노)
스파게티 알라 카르보나라(달걀노른자, 구안치알레, 페코리노를 곁들인 스파게티)	화이트 : 라이트웨이트, 크리스프, 스토니(카스텔리 로마니 비앙코)	화이트 : 라이트웨이트, 크리스프, 스토니(샤블리)
오르키에테 알레 치메 디 라파(래피니를 곁들인 귀 모양의 파스타)	화이트 : 라이트웨이트, 크리스프, 스토니(로코로톤도 비앙코)	화이트 : 라이트웨이트, 크리스프, 스토니(무스카데트)
말로레두스(사프란 소스를 곁들인 세몰리나 뇨키)	화이트 : 라이트웨이트, 크리스프, 스토니(베르멘티노 디 갈루라)	로제 : 드라이(코트 뒤 론)
스파게티 알라글리오 올리오 에 페페론치노(올리브 오일, 마늘, 매운 고추를 곁들인 파스타)	화이트 : 라이트웨이트, 크리스프, 스토니(캄파니아 코다 디 볼페)	화이트 : 아로마틱, 프루티, 라운드(알토 아디제 피노 그리지오)

스티 다음 순서인 프리미는 그 뒤로 메인 코스, 샐러드, 디저트가 나오기 때문에 양이 적다. 표 13-2에서 프리미와 페어링할 수 있는 와인을 추천했다.

피자 : 무한한 다양성

이탈리아 남부는 그 종류가 너무나도 다양한 피자, 이탈리아어로 피체(pizze)를 전 세계에 선사했다. 로마의 피자는 특히 얇고 바삭거리는 크러스트로 만들어지는 반면 나폴리 피자는 그보다 약간 더 두껍고 부드러운 크러스트로 만들어진다. 피자는 대부분 그 자체로 한 끼 식사가 되지만 때로 가벼운 안티파스토 다음, 단순한 채소 샐러드 전에 서빙된다. 표 13-3에서 가장 전통적인 유형의 피자를 소개했다. 피자의 종류는 무궁무진하다고 해도 과언이 아니다.

어떤 와인을 페어링할지 고려할 때는 아래에서 위로 올라가라. 즉, 가장 밑에 깔리는 소스부터 시작하는 것이다. 모든 피자는 토마토를 베이스로 한 레드 소스를 사용한 피자, 즉 피자 비앙카와 토마토를 사용하지 않은 화이트 피자로 나뉜다. 키안티나 산지오베제를 베이스로 한 레드 와인처럼 제스티하고 감칠맛이 풍부하며 산도가 높은 레드 와인은 산도가 높고 감칠맛이 풍부한 토마토 소스와 정확하게 맞아떨어지므로 레드 피자와 고전적인 페어링을 이룬다. 그 밖에도 매콤한 소시지와 칠리 등의 양념, 앤초비와 올리브, 다진 고기 등의 짠맛, 또는 아티초크 등의 미묘한 쓴맛에 따라 페어링이 약간 달라질 수 있다. 화이트 피자는 어떤 재료를 사용했는지에 따라 화이트, 레드, 로제 와인 가운데 한 가지와 페어링할 수 있지만 어쨌든 기본적으로 피자로서 다뤄야 한다. 그래도 굳이 말하자면 일반적으로 빅하고 잼 같으며 타닌이 강하고 오크 향이 강한 레드 와인과 오크 향이 강하고 크리미한 화이트 와인(햄과 파인애플을 넣은 피자와 근사한 페어링을 이루지만)은 피하는 것이 상책이다. 이 와인들은 전통적인 피자의 소박한 풍미와 대체로 잘 어울리지 않는다.

표 13-3 피자와 와인 페어링

음식	가장 잘 어울리는 와인 스타일(예)	대체할 수 있는 와인 스타일(예)
피자 마리나라(토마토, 마늘, 오레가노)	레드 : 라이트바디, 브라이트, 제스티(캄파니아 피에디로소, 알리아니코)	레드 : 라이트바디, 브라이트, 제스티(키안티 산지오베제)
피자 나폴레타나(토마토, 앤초비, 케이퍼, 오레가노)	레드 : 라이트바디, 브라이트, 제스티(알리아니코 델 타부르노)	레드 : 라이트바디, 브라이트, 제스티(발폴리첼라)
피자 마르게리타(토마토, 바질, 모차렐라)	레드 : 라이트바디, 브라이트, 제스티(페니솔라 소렌티나 로소)	로제 : 드라이(방돌 로제)
피자 비앙카(저민 감자, 올리브 오일, 소금, 로즈마리)	화이트 : 아로마틱, 프루티, 라운드(피아노 디 아벨리노)	로제 : 드라이(산지오베제 로사토)

세콘디 : 메인 코스

몇 가지 전통적인 채식 음식도 있지만 이탈리아 남부의 세콘디(Secondi), 즉 메인 코스는 주로 생선과 가금류, 또는 육류를 기본으로 한다. 이탈리아 정통 레스토랑은 채소를 재료로 한 사이드 디시로 콘토르니(contorni)를 별도로 판매하기도 하지만 와인과의 페어링을 고려할 때는 일단 메인 코스 자체에 초점을 맞춰라(표 13-4에서 다루었다). 또한 주재료로 사용된 단백질 식품이 아니라 소스가 페어링을 이끄는 요소로 작용하

표 13-4 이탈리아 남부 세콘디와 와인 페어링

음식	가장 잘 어울리는 와인 스타일(예)	대체할 수 있는 와인 스타일(예)
폴로 알 마토네(허브를 넣고 잰 닭을 벽돌로 눌러 구운 요리)	화이트 : 아로마틱, 프루티, 라운드(피아노 디 아벨리노)	레드 : 라이트바디, 브라이트, 제스티(체라수올로 디 비토리아)
폴로 알 마르살라(마르살라 소스를 넣은 닭 요리)	화이트 : 풀바디, 소프트, 우드 숙성(콘테사 엔텔리나 비앙코)	화이트 : 아로마틱, 프루티, 라운드(샤토네프 뒤 파프 블랑)
칼라마리 리피에니 알라 시실리아나(건포도, 앤초비로 속을 채운 오징어)	화이트 : 아로마틱, 프루티, 라운드(시실리 그릴로)	화이트 : 라이트웨이트, 크리스프, 스토니(알자스 리슬링)
페세 스파다 알라 기요타(토마토 소스를 곁들인 황새치)	레드 : 라이트바디, 브라이트, 제스티(체라수올로 디 비토리아)	로제 : 드라이(카베르네 로제)
토노 알라 팔레르미타나(화이트 와인, 레몬, 마늘, 로즈마리를 넣고 팔레르모 스타일로 잰 다음 구워서 팬-시어링 정어리와 함께 내는 참치)	화이트 : 아로마틱, 프루티, 라운드(그레코 디 투포)	로제 : 드라이(시실리 네로 다볼라 로사토)
포르체토(머틀을 곁들인 젖먹이 돼지)	화이트 : 라이트웨이트, 크리스프, 스토니(베르멘티노 디 갈루라)	레드 : 라이트바디, 브라이트, 제스티(키안티 산지오베제)
티엘라 디 베르두레(모차렐라와 바질을 곁들인 익힌 채소 캐서롤)	화이트 : 라이트웨이트, 크리스프, 스토니(로코론톤도 비앙코)	레드 : 라이트바디, 브라이트, 제스티(나이아가라 페닌슐라 카베르네 프랑)
살팀보카 알라 로마나(익히지 않은 햄, 세이지와 함께 화이트 와인과 버터를 넣고 뭉근하게 끓인 로마 스타일의 송아지 커틀렛	화이트 : 아로마틱, 프루티, 라운드(소아베 클라시코)	화이트 : 라이트웨이트, 크리스프, 스토니(베르디치오 데이 카스텔리 디 제시)
아니엘로 콘 레 올리베(올리브를 넣은 로스트 램)	레드 : 미디엄-풀바디, 균형 잡힘, 적절한 타닌(몬테풀치아노 다브루초)	레드 : 미디엄-풀바디, 균형 잡힘, 적절한 타닌(살리체 살렌티노, Salice Salentino)
브라촐레 디 마이알레(토마토 소스, 마늘, 케이퍼, 잣을 넣은 돼지 등심 요리)	레드 : 라이트바디, 브라이트, 제스티(알리아니코 델 불투레)	화이트 : 아로마틱, 프루티, 라운드(피아노 디 아벨리노)

표 13-5 이탈리아 남부 디저트와 와인 페어링

음식	가장 잘 어울리는 와인 스타일(예)	대체할 수 있는 와인 스타일(예)
토르타 아이 피스타치(피스타치오 타르트)	스위트 : 파시토(파시토 디 판텔레리아)	스위트 : 파시토(사모스 머스캣)
토르타 카프레세(밀가루를 사용하지 않은 초콜릿 케이크)	레드 : 스위트 강화 와인(알레아티코 디 풀리아 리쿠오로소)	스위트 : 강화 레드 와인(도루 밸리 레이트 보틀드 빈티지 포트)
토르타 리코타 에 페라(리코타 크림, 포칭한 배, 비스코티로 만든 타르트)	스위트 : 파시토(모스카토 디 판텔레리아)	스위트 : 스파클링 와인(모스카토 다스티)
카놀리(반죽 안에 리코타 치즈, 건포도, 계피로 속을 채워 튀긴 음식)	스위트 : 강화 앰버(마르살라 수페리오레 리제르바)	스위트 : 레이트 하비스트, 귀부 와인(루스터 아우스브루크)
브루셀라토(말린 무화과, 건포도, 아몬드로 속을 채운 쇼트브레드 케이크)	레드 : 스위트 강화 와인(알레아티코 디 라치오, 풀리아)	스위트 : 파시토 레드(레치오토 델라 발폴리첼라)
스트루폴리(꿀을 곁들인 튀긴 반죽)	스위트 : 파시토 화이트(파시토 디 판텔레리아)	스위트 : 스파클링 화이트 와인(모스카토 다스티)

는 경우가 빈번하다는 사실을 잊지 말아야 한다.

돌치 : 디저트

이탈리아 남부의 디저트는 단순한 제철 과일 이상인 경우가 많다. 작은 잔에 담은 모스카토나 파시토 디 판텔레리아 같은 전통적인 파시토 스타일 스위트 와인은 달콤한 스파클링 모스카토 다스티처럼 디저트에 곁들이기 매우 훌륭한 와인이다. 더 공을 들인 디저트는 주로 축제와 명절에만 먹는 음식이었지만, 이제는 이탈리아는 물론 세계 각국의 레스토랑에서 언제든 제공된다. 표 13-5는 이탈리아 남부의 전통적인 디저트를 다루고 있으며, 대개 신선한 과일이나 건조 과일, 견과류, 꿀, 신선한 치즈를 재료로 사용한다. 그리고 이러한 디저트와 페어링하기 좋은 와인도 소개했다.

프랑스 남부 지역

같은 프랑스 남부 지역이지만 프로방스와 미디의 음식문화는 그 자연 경관처럼 '미묘한 차이가 있다'고 표현하는 것이 가장 적절할 것이다. 이 지역을 가득 메운 부드러운 파스텔 색상은 전 세계 화가들을 매혹시켜 그곳에 정착하여 풍경을 그리게 만들었다. 마찬가지로 이곳의 음식은 온갖 색상의 재료와 신선함, 생기로부터 영감을 받아 만들어지고, 지극히 온화하고 부드러운 형태, 질감, 그리고 풍미를 제공한다. 라벤더, 월계수, 타임, 로즈마리, 바질, 재스민 등의 허브는 음식을 향으로 물들인다.

프랑스 남부는 1,000년 이상 음식과 와인이 함께 발전해 온 지역이다. 여기에는 전통적인 음식과 로컬 와인 스타일 사이에 너무나도 훌륭한 시너지가 존재한다. 해안 지역 가운데 가장 잘 알려진 것은 로제 와인이다. 프로방스 산허리에서 생산되는 로제 와인은 빛깔이 엷고 섬세하며 매우 다양한 용도로 사용된다. 이 로제 와인들은 이 지역에서 가리그(garrigue)라고 부르는 살짝 달콤하고 수지 같은 허브 향을 지닌다. 이는 마치 바다의 결실을 주재료로 사용하는 은은하고 향이 풍부하며 허브를 활용한 이곳 음식에 맞춤 제작된 것 같다. 그리고 내륙으로 들어가면 음식은 조금 더 기름기가 많고 감칠맛이 풍부하며, 와인 역시 깊고 풍부해진다. 론 남부와 랑그도크의 견고한 레드 블렌드에서 론 북부의 정교하게 각인된 스모키하고 스파이시한 시라까지, 질감이 풍부한 화이트 와인과 스위트 강화 레드 및 화이트 와인을 살펴보다 보면 각 음식마다 페어링에 적합한 로컬 와인이 있다는 사실을 깨달을 것이다.

다음 섹션에서는 이 마법 같은 땅에서 짧게나마 식도락 여행을 하고 프랑스 남부 방식으로 먹고 마시는 데 영감을 줄 것이다.

샐러드와 스타터

거의 1년 내내 신선한 채소가 다양하게 수확된다는 사실을 감안하면 프로방스에서는 채소를 주재료로 사용한다. 생으로는 물론 조리해서도 먹으며 궁극적으로 매 끼니마다 등장한다. 표 13-6에 샐러드와 페어링하기에 적합한 와인을 제안했다.

메인 코스

다른 지중해 지역처럼 바다에 인접한 덕에 프랑스 남부에서는 해산물을 음식의 주재료로 사용한다. 하지만 론 밸리를 향해 내륙으로 들어가면 육류, 특히 새끼 양인 램과 24개월 이상 된 양인 머튼을 주재료로 더 많이 사용한다.

표 13-6 프랑스 남부 스타터와 와인 페어링

음식	가장 잘 어울리는 와인 스타일(예)	대체할 수 있는 와인 스타일(예)
살라데 니수아즈(참치, 그린 빈, 삶은 달걀, 앤초비를 곁들인 혼합 샐러드)	로제 : 드라이(코트 드 프로방스)	화이트 : 라이트웨이트, 크리스프, 스토니(말보로 소비뇽 블랑)
피살라디에르(양파, 앤초비, 블랙 올리브 타르트)	로제 : 드라이(타벨)	레드 : 미디엄-풀바디, 균형 잡힌, 적절한 타닌(리베라 델 두에로 호벤)
레굼 파르시(붉은 피망, 가지, 또는 토마토에 쌀, 염장 돼지고기, 치즈로 속을 채운 음식)	로제 : 드라이(코트 드 프로방스)	레드 : 라이트바디, 브라이트, 제스티, 낮은 타닌(코트 뒤 론, 기본 스타일)
브렁다드 드 모류(대구, 올리브 오일, 마늘, 우유로 만든 걸쭉한 퓌레)	화이트 : 아로마틱, 프루티, 라운드(카시스)	로제 : 드라이(코트 드 프로방스)
수프 오 피스투(피스투 소스를 곁들인 토마토, 부추, 혼합 콩 수프)	화이트 : 아로마틱, 프루티, 라운드(코트 뒤 론 블랑)	화이트 : 아로마틱, 프루티, 라운드(알자스 피노 그리)
에스카르고 알라 프로방살(마늘, 올리브 오일, 화이트 와인으로 조리한 달팽이 요리)	로제 : 드라이(코트 드 프로방스)	화이트 : 아로마틱, 프루티, 라운드(크로즈 에르미타주 블랑)
테판나드(다진 블랙 올리브, 마늘, 케이퍼, 오일)	로제 : 드라이(코토 액상 프로방)	화이트 : 아로마틱, 프루티, 라운드(코토 바루아 블랑)

이 지역의 음식에는 강렬한 양념이 사용되지 않는다. 프로방스 음식은 오로지 섬세한 향이 중요하다. 셰프들은 신선한 생선과 채소, 수프, 스튜, 육류의 모든 맛과 향, 질감 등을 향상시키기 위해 마늘 마요네즈인 아이올리, 바질 페스토인 피스투, 올리브 오일과 마늘, 빵가루, 사프란, 붉은 피망으로 만든 루예 같은 양념으로 음식의 맛을 낸다. 표 13-7은 이러한 메인 코스와 페어링할 수 있는 와인들이다.

디저트

프로방스 지역에서는 복잡한 디저트를 내놓는 일이 드물다. 신선한 과일과 건조 과일, 견과류, 꿀, 또는 가벼운 과일 타르트나 페이스트리처럼 단순한 경우가 많다. 론 남부 지방의 고전적인 강화 화이트 와인은 무스카트 드 뮈스카 봄 드 브니스이며, 이는 주로 환상적인 머스캣 품종의 향을 놓치지 않기 위해 어릴 때 서빙된다. 또한 프로방스에서 대부분의 디저트와 페어링하는 와인이다. 물론 페어링하기에 좋은 다른 와인도 있다. 표 13-8에서는 대체할 수 있는 와인 몇 가지도 소개했다.

표 13-7 프랑스 남부 메인 코스와 와인 페어링

음식	가장 잘 어울리는 와인 스타일(예)	대체할 수 있는 와인 스타일(예)
물 마리니에르(와인과 허브를 곁들인 홍합)	화이트 : 라이트웨이트, 크리스프, 스토니(픽폴 드 피네)	화이트 : 아로마틱, 프루티, 라운드(알토 아디게 피노 그리지오)
부야베스(작은 생선, 사프란, 허브를 넣은 해산물 스튜)	로제 : 드라이(코트 드 프로방스)	화이트 : 아로마틱, 프루티, 라운드(카시스)
라타투이(가지, 애호박, 벨 페퍼, 토마토를 넣은 야채 스튜)	레드 : 라이트바디, 브라이트, 제스티, 낮은 타닌(코트 뒤 론, 기본적인 스타일)	로제 : 드라이(방돌 로제)
도브 프로방살(레드 와인, 채소, 마늘, 프로방스 허브를 넣고 찐 쇠고기)	레드 : 풀, 딥, 로부스트, 터보차지, 츄이한 질감(방돌 무르베드르)	레드 : 풀, 딥, 로부스트, 터보차지, 츄이한 질감(샤토네프 뒤 파프)
카레 다뇨 오 에르브 드 프로방스(프로방스 허브를 넣은 양갈비)	레드 : 풀, 딥, 로부스트, 터보차지, 츄이한 질감(방돌 무르베드르)	레드 : 풀, 딥, 로부스트, 터보차지, 츄이한 질감(샤토네프 뒤 파프)
수리 다그노 브레즈(타임과 로즈마리를 넣어 찐 양고기)	레드 : 풀, 딥, 로부스트, 터보차지, 츄이한 질감(지공다스)	레드 : 풀, 딥, 로부스트, 터보차지, 츄이한 질감(바로사 밸리 쉬라즈)

표 13-8 프랑스 남부 디저트와 와인 페어링

음식	가장 잘 어울리는 와인 스타일(예)	대체할 수 있는 와인 스타일(예)
피티비에(아몬드 페이스트를 넣은 퍼프 페이스트리 파이)	화이트 : 스위트 강화 와인(뮈스카 뒤 캬프 코르스)	스위트 : 레이트 하비스트 귀부 와인(부브레이 무엘)
칼리송 덱스(오렌지를 첨가한 꽃잎 모양의 아몬드 쿠키)	화이트 : 스위트 강화 와인(뮈스카 봄 드 브니스)	스위트 : 파시토(모스카토 디 판텔레리아)
타르트 오 아브리코(꿀을 넣은 살구 타르트)	화이트 : 스위트 강화 와인(뮈스카 봄 드 브니스)	스위트 : 아이스와인(나이아가라 페닌슐라 비달)
누가(아몬드, 꿀, 정제당)	화이트 : 스위트 강화 와인(뮈스카 봄 드 브니스)	스위트 : 레이트 하비스트 귀부 와인(저먼 리슬링 베렌아우스레제)
타르트 트로페지엔느(페이스트리 크림, 키르슈로 속을 채운 대형 브리오슈)	화이트 : 스위트 강화 와인(뮈스카 봄 드 브니스)	스위트 : 강화 앰버 와인(리브잘트 앙브르)

스페인

'스페인' 하면 사람들은 대부분 해변과 투우, 사정없이 내려쬐는 태양을 떠올릴 것이다. 이러한 이미지는 스페인 남부, 고전적인 안달루시아의 모습이다. 안달루시아는 그라나다, 세비야 같은 상징적인 도시가 있고, 셰리가 생산되는 지역이다. 하지만 스페인은 생각보다 훨씬 다분화된 곳이다. 표준 스페인어 외에도 카탈루냐어, 발렌시아어, 갈리시아어, 바스크어를 포함해서 다섯 가지 이상의 언어가 사용된다. 마찬가지로 음식문화도 이러한 언어적 다양성을 반영하는 배경을 지닌다. 내가 '녹색' 스페인이라고 부르는 스페인 북부 해안 지방은 풍부한 해산물과 크리스프한 화이트 와인의 고장이다. 바스크는 그 언어만큼 독특한 음식을 보유하고 있으며 유럽 전체에서 가장 잘 발달된 식문화를 지닌 곳이다. 스페인 남부는 다른 EU 회원국에 재료를 공급하는 유럽의 채소밭이자 과수원 역할을 한다. 그렇지만 스페인 하면 뭐니 뭐니 해도 올리브 오일의 땅이라 할 수 있다. 세계 최대의 올리브 오일 생산지이기 때문이다.

다음 섹션에서는 스페인 음식과 와인의 특징을 간략하게 살펴보고 고전적인 음식과 와인 페어링을 소개할 것이다.

타파스/핀초스, 애피타이저

타파스, 즉 핀초스는 바스크에서 알려진 대로 바에서 내놓는 한 입 크기의 맛있는 간식거리를 말한다. 주로 점심시간이나 늦은 오후, 또는 이른 저녁, 저녁 정찬 전에 제공된다. 이 이름은 '뚜껑'이라는 의미의 스페인어 타파(tapa)에서 유래했다.

타파스를 먹으며 사람들은 활발하게 교류하므로 이는 음식 스타일이라기보다 라이프 스타일, 즉 식사하는 방식에 가깝다. 사람들은 주로 무리를 지어, 혹은 친구들과 함께 타파스를 먹으러 나간다. 주로 퇴근한 다음이나 주말 오후에 술 몇 잔 하고 간식을 즐기는 형태로 섭취하며 언제나 바에서 선 채로 대화를 나눈다. 그리고 으레 이 술집에서 저 술집으로 이동하며 한 곳에서 한두 잔 이상 마시는 경우는 드물다. 이렇게 함으로써 몇 군데 술집의 특별 메뉴를 경험할 수 있다. 타파스는 다양함이 생명이다.

전통적인 타파스에는 하드 치즈, 보존 처리된 다양한 소시지(엠부티도)와 햄(하몽), 보존

표 13-9 스페인 타파스와 와인 페어링

음식	가장 잘 어울리는 와인 스타일(예)	대체할 수 있는 와인 스타일(예)
토르티야 에스파뇰라(토마토를 넣어 올리브 오일에 포칭한 두툼한 오믈렛)	화이트 : 라이트웨이트, 크리스프, 스토니, 스파클링(카바)	화이트 : 아로마틱, 프루티, 라운드(발데오라스 고델로)
하몬 세라뇨/이베리코/하부고(도토리를 먹여 키운 스페인 돼지로 만든 보존 처리된 햄)	화이트 : 강화 드라이 와인(피노, 만자니야 셰리)	화이트 : 라이트웨이트, 크리스프, 스토니(리오하 레제르바 블랑코, 숙성된 것)
엠부티도(초리조, 모르시야, 살라미 등 다양한 종류의 소시지)	레드 : 라이트바디, 브라이트, 제스티, 낮은 타닌(리오하 호벤 템프라니요)	로제 : 드라이(나바라 로사도 블렌드)
풀포 아 라 갈레가(올리브 오일과 파프리카를 곁들인 갈리시아 스타일 삶은 문어 샐러드)	화이트 : 라이트웨이트, 크리스프, 스토니(리아스 바이샤스 알바리뇨)	화이트 : 라이트웨이트, 크리스프, 스토니(산토리니 아시르티코)
보케로네스 알 비네그레(식초로 맛을 낸 앤초비)	화이트 : 라이트웨이트, 크리스프, 스토니(차콜리 데 비스케이)	화이트 : 라이트웨이트, 크리스프, 스토니, 스파클링(무스카데트)
보케로네스 프리토스(튀긴 앤초비) 칼라마레스 프리토스(볶은 오징어) 감바스 알 아히요(마늘 새우) 감바스 필필(칠리를 곁들인 마늘 새우) 부뉴엘로스 데 바칼라오(짭짤한 대구 프리터) 브렌헤나스 프리타스(볶은 가지) 아메하스 콘 비노 블랑코(화이트 와인을 넣은 백합) 페사카이토 프리토(올리브 오일로 튀긴 작은 생선)	화이트 : 라이트웨이트, 크리스프, 스토니(차콜리 데 비스카야)	화이트 : 라이트웨이트, 크리스프, 스토니, 스파클링(카바)
엔살라다 데 아툰 이 우에보스(참치와 달걀) 피미엔토 아사도 이 아툰(참치와 붉은 피망 샐러드) 아툰 이 아세이투나스 콘 판(참치와 올리브 타페나데 크로스티니)	로제 : 드라이(시갈레스 템프라니요 로사도)	레드 : 라이트바디, 브라이트, 제스티, 낮은 타닌(크뤼 보졸레 가메)
크로케타스(토마토 크로켓) 샴피뇨네스 알 아이요(마늘과 버섯) 샴피뇨네스 알 피미엔타(버섯과 고추)	화이트 : 풀바디, 소프트, 우드 숙성(리오하 블랑코 키안자 또는 리제르바)	화이트 : 풀바디, 소프트, 우드 숙성(코트 뒤 루시용 빌라주 블랑)
파타타스 브라바스(매콤한 토마토 소스를 곁들인 바삭한 감자)	레드 : 라이트바디, 브라이트, 제스티, 낮은 타닌(리베로 델 두에로 호벤 템프라니요)	화이트 : 아로마틱, 프루티, 라운드(루에다 베르데호)

가공된 채소(고추, 올리브, 아티초크, 화이트 아스파라거스), 또는 해산물이 포함된다. 이제 타파스 문화는 눈부신 발전을 이뤄 그 어느 때보다 공들인 음식을 제공하고 있다. 그 모든 목록을 나열하는 것은 불가능하므로 표 13-9에서 가장 일반적으로 만날 수 있

는 메뉴를 소개했다. 이는 같은 와인과 최고의 페어링을 이루는 것끼리 한데 묶은 형태다. 다양한 타파스 요리를 한데 모았으니 이제 와인을 차게 식히고 친구들을 초대하라.

수프와 스튜

스페인은 수프와 스튜에 있어서 엄청난 전통을 자랑한다. 렌틸콩, 병아리콩 등 다양한 두류인 협과를 풍부하게 사용하여 추운 겨울 동안 에너지와 영양을 공급하는 건강한 일품요리를 만든다. 대부분의 지역마다 독특한 스타일의 수프와 스튜가 있다. 대부분 한 끼 식사로 충분하며, 여기에는 아스투리아스 지방 전통 음식 **파바다 아스투리아나**, 마드리드의 유명한 스튜 **코지두 마드릴레뇨**가 포함된다. 전자는 큰 화이트빈, 돼지 어깨살, 초리조, 블러드 소시지로, 후자는 병아리콩, 양배추, 돼지 뱃살, 초리조, 블러드 소시지로 만들어진다.

스페인 북서부 끝에 있는 갈리시아의 경우 수산업이 주요 산업이며, 해산물을 기본으로 한 스튜가 일반적이다. 여기에는 주로 문어, 대구, 거위목 따개비(페르세베)가 사용된다. 스페인에서는 점심이 가장 중요한 끼니이며, 이렇듯 영양가가 풍부한 음식

표 13-10 스페인 수프와 와인 페어링

음식	가장 잘 어울리는 와인 스타일(예)	대체할 수 있는 와인 스타일(예)
가스파초(토마토를 베이스로 한 야채 수프, 차갑게 낸다)	로제 : 드라이(나바라 로사도 가르나차 또는 템프라니요)	화이트 : 라이트웨이트, 크리스프, 스토니(루아르 밸리 소비뇽 블랑)
살모레호(토마토, 빵, 오일, 마늘, 식초를 재료로 세라노 햄과 함께 차갑게 내는 수프)	화이트 : 강화 드라이(피노 또는 만자니아 셰리)	화이트 : 라이트웨이트, 크리스프, 스토니(발데오라스 고델로)
코시도 마드릴레뇨(병아리콩을 주재료로 양배추, 돼지 뱃살, 초리조, 블러드 소시지로 만든 스튜)	레드 : 미디엄-풀바디, 균형 잡힌, 적절한 타닌(발데페냐스 템프라니요)	레드 : 라이트바디, 브라이트, 제스티, 낮은 타닌(카리녜나 가르나차)
칼로스 아 라 마드릴레냐(토마토, 블러드 소시지, 초리조로 만든 마드리드의 곱창 스튜)	레드 : 라이트바디, 브라이트, 제스티, 낮은 타닌(리오하 호벤 템프라니요)	레드 : 미디엄-풀바디, 균형 잡힌, 적절한 타닌(나파 밸리 메를로)
파바다 아스투리아나(콩을 주재료로 넓적다리 관절, 초리조, 블러드 소시지를 넣고 만든 아스투리아스식 스튜)	레드 : 미디엄-풀바디, 균형 잡힌, 적절한 타닌(비에르조 멘시아)	레드 : 미디엄-풀바디, 균형 잡힌 적절한 타닌(리베라 델 두에로 템프라니요)

은 언제나 점심식사용이다.

해마다 여름이면 기온이 40℃를 넘는 스페인 남부에서 사람들은 기름기가 적은 가벼운 수프, 심지어 차게 식힌 수프를 즐긴다. 가장 좋은 예가 바로 생 토마토 퓌레를 오이, 벨 페퍼, 마늘, 올리브 오일, 식초로 만들어 바삭한 빵과 함께 내는 가스파초다. 여기에는 차갑게 식힌 피노 셰리 와인이나 가볍고 크리스프한 드라이 화이트 와인, 또는 로제 와인을 곁들이는 것이 좋다. 표 13-10은 이러한 음식과 어울릴 만한 와인을 소개했다.

메인 디시

스페인은 해산물만이 아니라 가금류, 야생 동물, 붉은 육류 요리도 풍부한 나라다. 이곳의 음식은 정교한 조리법이나 복잡한 소스를 사용하기보다 재료의 질에 의존하는 단순한 것이 많다. 그러므로 메인 코스 대부분은 와인과 페어링하기에 매우 적합하다. 표 13-11에는 내가 가장 좋아하는 스페인 음식과 고전적인 로컬 와인 페어링, 그리고 각각 추천할 만한 와인 스타일을 담았다.

표 13-11 스페인 메인 디시와 와인 페어링

음식	가장 잘 어울리는 와인 스타일(예)	대체할 수 있는 와인 스타일(예)
출레티야스 알 사르미엔토(포도 덩굴 가지에서 구운 젖먹이 양 촙)	레드 : 미디엄-풀바디, 균형 잡힌, 적절한 타닌(리오하 레제르바)	레드 : 풀바디, 딥, 로부스트, 터보차지, 츄이한 질감(토로 템프라니요)
코치니요 아사도(젖먹이 돼지 로스트)	레드 : 라이트바디, 브라이트, 제스티, 낮은 타닌(리베라 델 두에로 호벤)	화이트 : 아로마틱, 프루티, 라운드(루에다 베르데호)
코르데로(레차조) 아사도(장작 오븐에 구운 젖먹이 양고기)	레드 : 풀바디, 딥, 로부스트, 터보차지, 츄이한 질감(후미야 모나스트렐)	레드 : 풀바디, 딥, 로부스트, 터보차지, 츄이한 질감(보르도 오메독)
바칼라오 아 라 비츠카이나(마늘, 붉은 고추를 넣고 염장한 대구로 만든 스튜)	화이트 : 라이트웨이트, 크리스프, 스토니(차콜리 데 비스카야)	레드 : 라이트바디, 브라이트, 제스티, 낮은 타닌(피에몬트 바르베라)
코네호 아 라 카자도라(버섯, 토마토, 브랜디, 화이트 와인을 넣고 만든 사냥꾼 스타일 토끼고기 찜)	화이트 : 풀바디, 소프트, 무드 숙성(프리오라트 블랑코 화이트 블렌드)	레드 : 라이트바디, 브라이트, 제스티, 낮은 타닌(버건디 피노 누아)
파토 알 헤레즈(셰리 소스로 만든 오리 요리)	드라이 강화 : 앰버(아몬티라도 셰리)	레드 : 미디엄-풀바디, 균형 잡힌, 적절한 타닌(리오하 레제르바)

표 13-11 스페인 메인 디시와 와인 페어링(계속)

음식	가장 잘 어울리는 와인 스타일(예)	대체할 수 있는 와인 스타일(예)
라보 데 토로(레드 와인을 넣고 만든 소꼬리 찜)	레드 : 풀바디, 딥, 로부스트, 터보차지, 츄이한 질감(리베라 델 두에로 레제르바)	레드 : 풀바디, 딥, 로부스트, 터보차지, 츄이한 질감(마이포 밸리 카베르네 소비뇽)
트루차 아 라 나바라(세라노 햄으로 속을 채워 볶은 송어)	화이트 : 라이트웨이트, 크리스프, 스토니(발데오라스 고델로)	화이트 : 라이트웨이트, 크리스프, 스토니(샤블리)
파엘라 발렌시아나(닭, 토끼, 오리 고기와 달팽이, 콩을 넣은 사프란 밥)	화이트 : 라이트웨이트, 크리스프, 스토니(리오하 블랑코 레제르바)	레드 : 라이트바디, 브라이트, 제스티, 낮은 타닌(비에르조 멘시아)
파엘라 데 마리스코스(해산물 파에야)	화이트 : 라이트웨이트, 크리스프, 스토니(리아스 바이사스 알바리뇨)	화이트 : 라이트웨이트, 크리스프, 스토니(오스트리아 그뤼너 벨트리너)

디저트

스페인 사람들은 커스터드를 비롯해서 우유, 또는 크림을 베이스로 한 디저트를 좋아한다. 캐러멜 소스와 함께 서빙되는 플랑은 스페인에서 가장 인기 있는 디저트 가운데 하나다. 아몬드와 헤이즐넛은 스페인의 유명한 누가인 투론은 물론 다양한 케이크에 자주 사용된다. 밀가루 반죽을 튀겨 설탕을 뿌리거나 때로 초콜릿 소스를 입힌 추로스는 늦은 밤이나 이른 아침, 특히 길고 긴 밤을 끝내고 마침내 모든 술집이 문을 닫은 다음 먹는 간식으로 인기가 높다.

표 13-12 스페인 디저트와 와인 페어링

음식	가장 잘 어울리는 와인 스타일(예)	대체할 수 있는 와인 스타일(예)
투론(아몬드와 굴로 만든 누가)	스위트 : 강화 앰버(올로로소 둘세 셰리)	스위트 : 파시토(리우 파트라스의 머스캣)
토르타 데 산티아고(아몬드 케이크)	스위트 : 강화 화이트(페일 크림 셰리)	스위트 : 레이트 하비스트(모젤 리슬링 아우스레제)
플랑(캐러멜 소스를 곁들인 커스터드)	스위트 : 강화 앰버(올로로소 둘세 셰리)	스위트 : 레이트 하비스트 귀부 와인(바르삭)
아로스 콘 레체(쌀 푸딩)	스위트 : 강화 앰버(모스카텔)	스위트 : 레이트 하비스트 와인(나이아가라 페닌슐라 아이스와인 비달)
추로스 콘 초콜라테(초콜릿 소스를 곁들인 튀긴 반죽)	스위트 : 강화 앰버(PX 셰리)	스위트 : 파시토(파트라스의 마브로다프네)

안달루시아는 스위트 강화 와인으로 가장 잘 알려져 있으며, 그 가운데서도 가장 주목할 만한 와인은 셰리와 말라가다. 이 두 가지는 스페인에서 대부분의 디저트와 함께 마시기 좋은 와인이다. 표 13-12는 가장 일반적인 디저트와 여기에 추천할 만한 와인 스타일, 그리고 전형적인 로컬 페어링을 보여준다.

포르투갈

국가 전체가 스페인에 인접해 있지만 포르투갈은 지역마다 스페인에게서 각기 다른 영향을 받았다. 예를 들어 식민지였던 모잠비크산의 불타는 듯 매운 피리피리 칠리 고추는 이제 포르투갈 주방에서 흔히 볼 수 있다. 그리고 피리피리를 주재료로 만든 매운 소스는 인기 만점인 그릴이나 추라스케이라스라는 회전구이로 조리한 치킨 요리와 곁들여서 먹는다.

하지만 피리피리를 제외하고 전통적인 포르투갈 음식은 대부분 상대적으로 맛이 강하지 않아 쉽게 와인과 페어링할 수 있다. 또한 자체적으로 생산되는 와인 가운데 선택할 여지가 아주 많다. 포르투갈에서 재배되는 고유 포도 품종은 어림잡아 200종은 되고, 그 덕분에 비뉴 베르드 같은 선선한 해안 지역의 와인에서 도루와 다웅의 견고한 산악 지대의 와인, 그리고 알렌테주 같은 남부 평야에서 생산되는 부드럽고 원숙한 와인까지 각양각색의 와인이 생산된다. 다음 섹션들에서 포르투갈 전통 음식 몇 가지와 이 지역 사람들이 가장 흔하게 페어링하는 와인을 소개할 것이다.

생선과 해산물

포르투갈은 해양 국가인 만큼 해산물이 음식문화 곳곳에 자리하고 있다. 포르투갈에서 소비되는 수많은 해산물 가운데서도 가장 중요한 것은 포르투갈 음식의 상징이라 할 수 있는 대구, 즉 바칼라우다. 대구는 주로 소금에 절여 말린 형태로 사용하며, 이는 냉장 보관이 불가능하던 시절 북대서양에서 대구를 낚아 저장하기 위해 사용하던 방법이다. 과거의 보존 방법이 오늘날까지 전통으로 이어지고 있는 셈이다.

대구를 조리하는 방법은 여러 가지가 있지만 그 가운데서 독특한 것은 포르투갈 고

표 13-13 포르투갈 해산물 요리와 와인 페어링

음식	가장 잘 어울리는 와인 스타일(예)	대체할 수 있는 와인 스타일(예)
슈림프 피리피리(피리피리 고추 소스를 곁들인 새우 요리)	화이트 : 라이트웨이트, 크리스프, 스토니(비뉴 베르드)	화이트 : 라이트웨이트, 크리스프, 스토니(알자스 리슬링)
카타플라나 데 마리스코(전통 구리 조리 용기인 카타플라나에 토마토, 감자를 넣고 만든 해산물 스튜)	화이트 : 라이트웨이트, 크리스프, 스토니(부셀라스 아린투)	화이트 : 라이트웨이트, 크리스프, 스토니(상세르 소비뇽 블랑)
아코르다 데 마리스코(잘게 부순 빵, 마늘, 고수, 올리브 오일, 물, 소금, 달걀을 넣고 만든 해산물 요리)	화이트 : 풀바디, 부드러운 우드 숙성(다웅 엔크루자도 블렌드)	화이트 : 라이트웨이트, 크리스프, 스토니(비뉴 베르드 알바리뇨)
사르디나 그렐랴다(그릴에 구운 정어리)	화이트 : 라이트웨이트, 크리스프, 스토니(비뉴 베르드)	화이트 : 라이트웨이트, 크리스프, 스토니(뮈스카데)

유의 조리 용기 카타플라나를 사용한 방법이다. 해산물 요리를 할 때 흔하게 사용되는 이 용기는 전통적으로 구리를 재료로 대합 껍질 모양으로 만들어지며, 재료를 안에 넣고 빗장을 잠가 밀폐할 수 있는 형태를 지니고 있다. 이렇게 용기에 넣은 해산물을 끓이거나 찌면 완성된 음식 안에 그 모든 풍미가 그대로 살아 있게 된다. 표 13-13에는 포르투갈 해산물 요리와 페어링할 수 있는 와인을 소개했다.

메인 디시

포르투갈의 메인 코스 요리는 영양가가 풍부하고 포만감이 높다. 가장 흔하게 사용되는 조리법은 끓이기, 스튜로 만들기, 그릴에 굽기지만 젖먹이 돼지를 장작 오븐에 굽는 바이라다 지역 고유의 음식 레이타웅은 예외에 해당한다. 또 다른 독특한 음식으로는 카르네 데 포르코 아 알렌테하나가 있는데, 이는 알렌테호 지역의 전형적인 음식으로서 양념에 잰 돼지고기에 대합, 감자, 고수를 넣고 살짝 볶은 것이다. 여기에는 화이트 와인은 물론 레드 와인도 페어링할 수 있다(표 13-14를 보라). 하지만 개인적으로 이 지역에서 생산된, 부드럽고 원숙하며 모자란 점이 하나도 없는 레드 블렌드를 추천하고 싶다.

표 13-14 포르투갈 메인 디시와 와인 페어링

음식	가장 잘 어울리는 와인 스타일(예)	대체할 수 있는 와인 스타일(예)
프랑고 나 추라스코(피리피리를 넣은 양념에 재서 그릴에 구운 닭고기)	레드 : 라이트바디, 브라이트, 제스티, 낮은 타닌(다웅 레드 블렌드)	레드 : 라이트바디, 브라이트, 제스티, 낮은 타닌(피에몬테 바르베라)
카르네 데 포르코 아 알렌테하나(감자, 대합, 파프리카, 고수를 넣은 돼지고기 요리)	레드 : 풀바디, 딥, 로부스트, 터보차지, 츄이한 질감(알렌테호 레드 블렌드)	레드 : 라이트바디, 브라이트, 제스티, 낮은 타닌(센트럴 오타고 피노 누아)
코지도 아 포르투구에사(소 정강이살, 돼지고기, 블러드 소시지, 채소로 만든 스튜)	레드 : 라이트바디, 브라이트, 제스티, 낮은 타닌(다웅 레드 블렌드)	레드 : 라이트바디, 브라이트, 제스티, 낮은 타닌((버건디 피노 누아)
트리파스 아 모다 두 포르투(화이트 빈과 조리한 소 내장)	화이트 : 풀바디, 부드러운 우드 숙성(다웅 화이트 블렌드)	화이트 : 풀바디, 부드러운 우드 숙성(버건디 샤르도네)
레이타오(젖먹이 돼지 로스트 구이)	레드 : 라이트바디, 브라이트, 제스티, 낮은 타닌(바이라다 바가)	화이트 : 아로마틱, 프루티, 라운드(알자스 피노 그리)

디저트

포르투갈 디저트에는 기본적으로 달걀, 크림, 설탕이 사용된다. 특히 커스터드가 인기가 많으며, 그 가운데서도 기름기가 많은 나타스 두 세우, 즉 '천상에서 온 크림'과 본국은 물론 해외의 모든 포르투갈 베이커리에서 만드는 고칼로리 소형 커스터드 타르트 파스테이스 데 나타가 사랑받는다. 이러한 유형의 디저트에는 단맛이 매우 강한 와인을 페어링해야 한다. 가장 대표적인 예는 세투발 반도 전역에서 생산되며 뮈스카, 즉 머스캣을 베이스로 한 뛰어난 스위트 강화 와인 모스카텔 드 세투발이다. 이는 몇 달 동안 포도 껍질을 불린 다음 아주 긴 시간 동안, 때로 20년까지 숙성한 다음 병에 주입하며, 그 결과 놀라운 오렌지 꽃 꿀과 캐러멜의 특징을 모두 지니게 되고, 결국 신선한 머스캣이 지닌 단순한 플로럴한 특징을 넘어선다. 그리고 이러한 점에서 프랑스 남부의 다른 머스캣 강화 와인과 차별화된다. 표 13-15에 포르투갈 디저트와 페어링할 와인을 추천했다.

표 13-15 포르투갈 디저트와 와인 페어링

음식	가장 잘 어울리는 와인 스타일(예)	대체할 수 있는 와인 스타일(예)
나타스 두 세우(천상의 크림 커스터드)	스위트 : 강화 앰버(모스카텔 드 세투발)	스위트 : 레이트 하비스트(나이아가라 페닌슐라 아이스와인 비달)
볼로 델 멜(마데이라 꿀 케이크)	스위트 : 강화 앰버(맘지 마데이라)	스위트 : 레이트 하비스트 귀부 와인(부브레이 무엘 슈냉 블랑)
파스테이스 데 나타(달콤한 커스터드 타르트)	스위트 : 강화 앰버(모스카텔 드 세투발)	스위트 : 레이트 하비스트 귀부 와인(몽바지악)

그리스 제도

그리스, 정확하게는 크레타 제도는 지중해식 음식의 기원으로 여겨지는 곳이다. 와인은 말할 것도 없고 엑스트라 버진 올리브 오일, 보존 처리한 올리브, 야생에서 자라는 녹색 채소 오르타, 향기로운 허브, 파바빈, 스플릿피, 병아리콩, 렌틸콩 등의 두류, 각양각색의 생선과 해산물, 달팽이, 견과류, 참깨, 통곡물, 산양유와 양젖으로 만든 몇 가지 단순한 치즈가 그리스 식탁 위에 올라오는 주요 재료다. 그리고 이제 지중해 지역 전체의 식탁을 장악했다.

이곳은 지역마다, 철마다 구할 수 있는 재료가 바뀌는 만큼 음식도 여기에 맞춰 변한다. 수블라키와 기로스 같은 몇 가지 뻔한 그리스 음식만 제한적으로 경험했다면 그리스에 여행을 갔을 때 제대로 즐겨보라. 아니면 세계 도처에 에스티아토리오스(그리스어로 레스토랑이라는 의미이며 타베르나보다 약간 아늑하다)가 생기고 있으니 이 환상적인 곳에서 식사를 맛보라. 발전 속도가 느리기는 하지만 그리스 레스토랑에서도 그리스 가정의 주방처럼 깊이와 다양성을 지닌 음식을 제공하고 있다. 타베르나는 여전히 전통 음식을 서빙하고 있는 반면 에스티아토리오스는 유구한 역사를 지닌 음식과 식문화의 혁신이 만나는 곳이다.

수많은 그리스 전통 조리법은 채소, 콩, 쌀의 조합으로 이루어지며 여기에 조금 더 값비싼 단백질 식품이 추가되어 다양함이 더해진다. 그리스에서 주식으로 사용하는 곡물은 밀이며, 가장 많이 사용하는 채소는 토마토, 가지, 감자, 그린빈, 오크라, 그린

벨 페퍼, 양파, 마늘이 있다. 타임, 바질, 펜넬 씨앗, 로즈마리가 그러하듯 오레가노, 민트, 딜, 월계수 잎이 음식에 자주 등장한다. 그리스 북부, 마케도니아에서는 육류 요리에 계피와 정향같이 단맛을 지닌 향신료가 그 어느 곳보다 많이 사용된다.

지중해식 음식 대부분이 그러하듯 그리스 음식은 와인과의 친화성이 매우 높다. 신선하고 감칠맛이 풍부한 재료들, 그리고 종종 굽거나, 올리브 오일과 레몬즙을 뿌리는 정도로 끝나는 단순한 조리법, 강한 양념과 향신료를 사용하지 않는 점 때문에 그리스 음식은 광범위한 와인과 조화를 이룰 수 있다. 그리스 식탁에는 와인이 빠지지 않는다는 사실을 생각하면 1,000년 이상 음식과 와인이 공존하며 조화를 이루도록 진화한 것은 당연한 일일 것이다.

메제 : 그리스 스타일의 타파스

전형적인 그리스 식사는 한 테이블에 여러 가지 음식이 한꺼번에 차려지거나 코스로 연달아 나오는 형태를 지닌다. 이를 전통적인 메제라고 부르며, 색과 질감 온도가 다양하고 감칠맛이 풍부한 소량의 음식들을 언제나 술과 함께 나눠 먹는 방식을 취한다. 스페인에 타파스가 있다면 그리스에는 메제가 있다. 물론 타파스와 달리 메제는 주로 몇 시간 동안 테이블 앞에 앉아 있는 방식이긴 하지만 말이다. 또한 메제에서 와인과 다른 술이 중요한 역할을 하며, 메제는 와인은 물론 우조(ouzo, 그리스산의 맑고 달콤한 아니스향의 리큐어-역주)에도 친화적으로 디자인되었다고 볼 수밖에 없다. 메제는 그리스식 삶의 방식이라고 할 수 있다.

표 13-16에는 오후의 식사 시간 동안 그리스 전통 타베르나에서 맛볼 만한 음식이 소개되었다. 한 번에 다양한 음식이 테이블에 놓이므로 와인을 페어링할 때 평소 코스에 따라 식사를 하지 않는 곳에서 겪는 것과 같은 어려움에 맞닥뜨리지만, 대부분의 음식이 와인과 친화적이므로 한두 가지 크리스프하고 다재다능한 와인이라면 다양한 음식을 감당할 수 있을 것이다. 음식마다 각각 적절한 와인을 추천했지만 실제로 한 번에 너무 많은 종류의 와인을 서빙할 필요는 없다. 그래도 가장 바람직한 방법이 있다면 동시에 몇 가지 와인을 서빙하여 각자 다른 페어링을 시도해 보는 재미를 선사하는 것이다.

표 13-16 그리스 메제와 와인 페어링

음식	가장 잘 어울리는 와인 스타일(예)	대체할 수 있는 와인 스타일(예)
사가나키(표면을 팬에 구운 케팔로티리 치즈에 브랜디를 넣고 불을 붙였다 끄는 음식)	화이트 : 라이트웨이트, 크리스프, 스토니(펠로포네세 로디티스)	화이트 : 풀바디, 소프트, 우드 숙성(남부론 화이트 블렌드)
구운 문어	화이트 : 라이트웨이트, 크리스프, 스토니(산토리니 아시르티코)	화이트 : 라이트웨이트, 크리스프, 스토니(리아스 바이샤스 알바리뇨)
구운 칼라마리 오징어	화이트 : 라이트웨이트, 크리스프, 스토니(산토리니 아시리티코)	화이트 : 라이트웨이트, 크리스프, 스토니(알토 아디게 피노 그리지오)
돌마데스(포도나무 잎에 쌀, 건포도, 잣을 채운 다음 차지키를 곁들여 내는 음식)	화이트 : 라이트웨이트, 크리스프, 스토니(케팔로니아의 로볼라)	화이트 : 라이트웨이트, 크리스프, 스토니(카사블랑카 밸리 소비뇽 블랑)
케프테데스(커민, 계피를 넣은 미트볼)	레드 : 라이트바디, 브라이트, 제스티, 낮은 타닌(아민데온 시노마브로)	화이트 : 풀바디, 소프트, 우드 숙성(캘리포니아 비오니에)
파솔라키아(감자, 애호박, 토마토를 넣은 그린 빈 스튜)	로제 : 드라이(아민데온 시노마브로 로제)	레드 : 라이트바디, 브라이트, 제스티, 낮은 타닌(시농 카베르네 프랑)
스코르달리아(마늘과 감자 퓌레)	화이트 : 라이트웨이트, 크리스프, 스토니(레치나)	화이트 : 라이트웨이트, 크리스프, 스토니(모젤 리슬링 카비네트)
티로피타(안에 치즈를 넣은 필로 페이스트리)	화이트 : 아로마틱, 프루티, 라운드(마케도니아 말라구지아)	화이트 : 트래디셔널 메소드 스파클링(샴페인)
스파나코피타(시금치와 페타 치즈를 넣은 필로 페이스트리)	화이트 : 라이트웨이트, 크리스프, 스토니(만티니아 모스코필레로)	화이트 : 라이트웨이트, 크리스프, 스토니(상세르 소비뇽 블랑)
타라모살라타(으깬 감자, 레몬즙, 식초, 올리브 오일과 함께 먹는 대구나 잉어 딥)	화이트 : 라이트웨이트, 크리스프, 스토니(레치나)	화이트 : 라이트웨이트, 크리스프, 스토니(클레어 밸리 리슬링)
멜리차노살라타(마늘, 레몬즙, 올리브 오일을 넣은 가지 퓌레)	화이트 : 라이트웨이트, 크리스프, 스토니(만티니아 모스코필레로)	화이트 : 라이트웨이트, 크리스프, 스토니(말보로 소비뇽 블랑)
호리아티키(토마토, 벨 페퍼, 오이, 올리브, 페타 치즈를 넣은 그리스식 샐러드)	화이트 : 라이트웨이트, 크리스프, 스토니(만티니아 모스코필레로)	화이트 : 라이트웨이트, 크리스프, 스토니(푸이 퓌메 소비뇽 블랑)

메인 코스

전통적인 그리스 음식에는 채소로 만든 메인 코스가 엄청나게 많이 있다. 이는 음식 문화가 그리스정교 달력과 금식 기간에 맞춰 발전했기 때문이다. 결국 종교적 이유 때문에 자연스럽게 1년 가운데 거의 절반에 해당하는 기간 동안 모든 동물성 식품과

표 13-17 그리스 메인 코스와 와인 페어링		
음식	가장 잘 어울리는 와인 스타일(예)	대체할 수 있는 와인 스타일(예)
무사카(가지, 애호박, 간 쇠고기, 감자 파이 캐서롤을 베샤멜 소스와 곁들여 먹는다.)	레드 : 라이트바디, 브라이트, 제스티, 낮은 타닌(나오우사 시노마브로)	레드 : 라이트바디, 브라이트, 제스티, 낮은 타닌(루아르 밸리 카베르네 프랑)
스페초파이(벨 페퍼, 토마토, 오레가노 소스와 함께 먹는 매콤한 양고기 소시지)	레드 : 라이트바디, 브라이트, 제스티, 낮은 타닌(라프사니 레제르베)	레드 : 미디엄-풀바디, 균형 잡힌, 중간 수준의 타닌(네메아 레제르베 아기오르기티코)
루카니코(그릴에 구운 돼지고기 소시지)	레드 : 라이트바디, 브라이트, 제스티, 낮은 타닌(네메아 아기오르기티코)	화이트 : 라이트웨이트, 크리스프, 스토니(산토리니 아시르티코)
기로스(차지키와 함께 내는 꼬치구이)	화이트 : 아로마틱, 프루티, 라운드(에파노미 말라구지아)	레드 : 라이트바디, 브라이트, 제스티, 낮은 타닌(나우사 시노마브로)
파이다키아(레몬, 오레가노, 소금, 후추로 양념한 다음 그릴에 구운 양고기 촙)	레드 : 라이트바디, 브라이트, 제스티, 낮은 타닌(나우사 시노마브로)	화이트 : 라이트웨이트, 크리스프, 스토니(산토리니 아시르티코)
스티파도(펄 어니언, 레드 와인, 식초, 계피를 넣은 토끼고기 스튜)	레드 : 라이트바디, 브라이트, 제스티, 낮은 타닌(나우사 시노마브로)	레드 : 라이트바디, 브라이트, 제스티, 낮은 타닌(크뤼 보졸레 가메)
파솔라다(토마토, 양파, 당근, 셀러리, 허브를 넣고 끓인 채소 콩 스튜이며 마지막에 올리브 오일로 마무리한다.)	레드 : 라이트바디, 브라이트, 제스티, 낮은 타닌(아미데온 시노마브로)	레드 : 미디엄-풀바디, 균형 잡힌, 중간 수준의 타닌(보르도 생테밀리옹)

생선이 금지된다(붉은 피를 흘리지 않는 해산물은 제외된다).

전통적으로 그리스에서는 일요일이나 축제에서만 육류를 섭취한다. 특히 본토에서 양, 염소, 돼지(특히 시골 지방에서), 가금류, 사냥한 야생 동물, 그 가운데서도 야생 조류와 산토끼(오늘날에는 집토끼도 포함된다)가 주요 동물성 단백질원으로 사용된다. 생선과 해산물, 그중에서도 통째로 그릴에 구운 생선과 문어는 그리스 섬과 해안 마을 식탁에서 빠지지 않는 메뉴다. 표 13-17에는 그리스 메인 디시와 페어링할 수 있는 와인이 나와 있다.

디저트

그리스는 고유의 설탕절임, 케이크, 쿠키로 잘 알려져 있다. 금식 기간 때문에 동물성 재료 없이 다양한 음식을 만들어낸 것처럼 전통적인 그리스 디저트는 올리브 오

표 13-18 그리스 디저트와 와인 페어링

음식	가장 잘 어울리는 와인 스타일(예)	대체할 수 있는 와인 스타일(예)
루쿠마데스(계피와 허니 시럽을 곁들인 튀긴 반죽)	스위트 : 강화/파시토 앰버(사모스 넥타 머스캣)	스위트 : 스파클링 화이트(모스카토 다스티)
할바(꿀과 피스타치오를 곁들인 참깨 페이스트 컨펙션)	스위트 : 파시토(산토리니 빈산토)	스위트 : 레이트 하비스트 귀부 와인(콰르트 데 숌 슈냉 블랑)
스푼 스위트(보존 처리된 신선한 계절 과일, 덜 익은 견과류, 채소를 단미 시럽과 함께 내는 음식)	스위트 : 강화 화이트(림노스의 머스캣)	스위트 : 강화/파시토(파트라스의 마브로다프네)
바크라바(견과류로 속을 채워 꿀을 바른 필로 페이스트리)	스위트 : 강화/파시토(사모스 넥타 머스캣)	스위트 : 강화 앰버(리브잘트 앙브르 머스캣)
갈라토부레코(커스터드를 넣고 레몬 향을 첨가한 허니 시럽에 담근 필로 페이스트리)	스위트 : 강화 앰버(사모스 그랑 크뤼 머스캣)	스위트 : 레이트 하비스트(알자스 리슬링 방당주 타르디브)

일을 사용해서 만들어진다. 그 가운데서도 가장 흔하게 먹는 것이 견과류나 크림으로 속을 채우고 맛을 내서 그리스 허니 시럽을 곁들여 먹는 필로다.

그리스의 꿀은 매우 품질이 높으며 주로 과즙이나 감귤류 나무의 꽃에서 만들어진다. 최고의 꿀 가운데는 타임을 비롯해 레몬, 오렌지, 비터 오렌지, 소나무 꿀이 있다.

그리스는 스위트 와인으로도 유명하다. 이는 지구상에서 가장 오래된 '고대 스타일'을 유지하고 있는 와인이다. 수분을 증발시켜 당분의 농도를 높이기 위해 포도를 태양 아래에서 며칠 동안 마르게 두는 기술은 그리스에서 만들어졌을 가능성이 매우 높다. 그 결과 달콤하고 건조 과일 풍미가 가득하며 놀라운 복합성을 지닌 와인이 탄생했다. 이는 대체로 꿀과 견과류 풍미가 강한 수많은 그리스식 디저트와 잘 어울린다. 표 13-18에서 그러한 디저트와 와인을 추천했다.

chapter

14

전 세계 고향의 맛 : 북아메리카

제14장 미리보기

- 가벼운 식사를 한다.
- 명절에 온 가족과 함께 식사를 한다.
- 남부 스타일의 바비큐를 마음껏 즐긴다.
- 케이준, 크레올 음식을 살펴본다.
- 텍사스와 멕시코의 결합 : '텍스-멕스'
- 태평양 북서부 음식
- 캐나다 음식

북아메리카는 지구상에서 가장 다양한 음식문화를 지닌 곳 가운데 하나다. 문화도 그렇지만 이곳의 음식은 말 그대로 멜팅폿이다. 도시 중심지 전역, 어디서든 발견할 수 있는 다양한 민족의 전통 레스토랑에서 '고향에 온 느낌'을 주는 음식을 제공한다. 또한 창의적인 북아메리카 셰프들은 전 세계, 방방곡곡의 다양한 음식문화의 영향을 이용해서 새롭고 독특한 풍미를 맛볼 수 있는 기회를 만들어냈다. 기존의 그 어떤 전통적인 기준으로도 이들을 제대로 규정할 수 없다. 자신만의 스타일로 승부하는 지역의 전통이 된 것이다. 미국 남동부 프랑스 크레올이나 남서부 텍스-멕스 음식에 다양한 풍미가 녹아든 것은 문화를 혼합한 결과 새로운 음식 카테고리가 탄생한 사실을 보여준다. 그리고 이 장을 쓰고 있는 지금도 북아메리카는 계속해서 음식문화의 한계를 넓혀나가고 있다.

와인 문화 역시 번창하고 있다. 미국은 세계 5대 와인 생산지에 속한다. 또한 아직 상대적으로 규모가 작기는 하지만 캐나다 역시 빠른 속도로 이미 정립된 유럽의 와인 스타일과 차별화되는 고유의 스타일을 개발하고 있다. 이곳 사람들은 자신의 지역에서 생산되는 로컬 와인에 상당한 자부심을 지니고 있으며, 새로운 로컬 음식과 와인 페어링을 계속해서 만들어내고 있다. 하지만 북아메리카는 선택의 여지가 너무나도 많이 주어진다. 와인 생산이 증가하는 전 세계 모든 지역에서 이곳으로 진출하고 있으며, 소믈리에와 와인을 마시는 사람들은 말 그대로 세계를 갖고 놀 수 있게 되었다. 뉴 월드 스타일의 와인에 더 적합한 음식이 있는 반면 올드 월드 스타일에 가장 적합한 음식도 있다. 그래도 좋은 소식이 한 가지 있다. 북아메리카에는 수 세기 동안 반복되어 사람들의 뇌리에 각인된 규칙이 없다는 것이다. 이곳은 모험적이고 개척자 정신을 품은 사람들의 땅이고 그만큼 새로운 조합을 탐험하려는 의지가 강하다. 그리고 이번 장은 그 시작점에 불과하다.

격식을 갖추지 않은 식사

격식을 갖추지 않은 가벼운 식사는 그야말로 유행을 타지 않는 일이다. 이는 부담 없는 순수한 즐거움이며 격식을 갖춘 식사에서처럼 당혹감을 느낄 필요도 없다. 게다가 이번 장에서 소개할 음식은 가격 부담까지 없으니 누구든 야식으로 즐길 수 있을 것이다.

북아메리카 사람들은 평소 식사에 와인을 곁들이지는 않지만 맛과 향이 뛰어난 캘리포니아 진판델과 토핑이 산처럼 쌓인 미국 전통 방식 버거라면 근사한 조합이 될 것이다. 누구나 컴포트 푸드가 있듯이 컴포트 와인이 있다. 만족감을 원할 때면 믿고 찾는 그런 와인 말이다. 또한 당신이 가장 좋아하는 음식과 와인은 행복한 자리를 만들어줄 것이므로 엄밀히 말해서 '올바른', 또는 '잘못된' 페어링이란 존재하지 않는다. 하지만 이번 장에서 소개할 맛있는 음식들의 경우, 나 자신이 만족스러웠던 와인 스타일도 포함시켰다. 이 페어링이 당신의 안전지대에서 벗어난다 해도 딱 한 번만 도전해 보기 바란다. 좋아하는 페어링을 또 하나 발견될지도 모르는 일 아닌가. 대체로 느긋하고 소프트하며 감미롭고 원숙하며 프루티한 풍미를 지닌 뉴 월드 와인이 영혼까지 만족시키는 음식과 가장 잘 어울린다.

고전적인 샌드위치

샌드위치 가게에서는 와인을 판매하지 않는다. 적어도 아주 좋은 와인은 갖추고 있지 않다. 그러므로 표 14-1에 소개한 샌드위치 가운데 한 가지를 사서 집으로 가라. 그리고 거실에서 와인까지 곁들여 피크닉을 즐겨라.

햄버거와 핫도그

햄버거 하면 역시 맥주다. 하지만 맛을 생각한다면 버거와 와인에 도전해 보라. 표 14-2에 몇 가지 추천 페어링을 담았다.

맥 '앤' 미트로프

맥 '앤' 치즈와 미트로프는 또 다른 전통적인 컴포트 푸드다. 대부분 강한 풍미를 지니

표 14-1 북아메리카 샌드위치와 와인 페어링

음식	가장 잘 어울리는 와인 스타일(예)	대체할 수 있는 와인 스타일(예)
필리 치즈 스테이크(갈비 스테이크, 치즈, 캐러멜화한 양파, 스위트 페퍼, 바삭한 이탈리안 롤)	레드 : 미디엄-풀바디, 균형 잡힌, 중간 수준의 타닌(나파 밸리 메를로)	레드 : 라이트바디, 브라이트, 제스티, 낮은 타닌(피에몬테 바르베라)
루벤 샌드위치(콘 비프, 스위스 치즈, 사우전드 아일랜드 드레싱, 사워크라우트, 호밀빵)	화이트 : 라이트웨이트, 크리스프, 스토니(핑거 레이크 리슬링)	화이트 : 풀바디, 소프트, 우드 숙성(소노마 샤르도네)
캘리포니아 클럽 샌드위치(오븐에 구운 칠면조, 베이컨, 토마토, 아보카도, 마요네즈)	화이트 : 아로마틱, 프루티, 라운드(멘도시노 피노 그리)	화이트 : 라이트웨이트, 크리스프, 스토니(몬테레이 리슬링)
머스터드를 곁들인 호밀빵과 파스트라미	화이트 : 아로마틱, 프루티, 라운드(산타바바라 비오니에)	화이트 : 라이트웨이트, 크리스프, 스토니(나이아가라 페닌슐라 오프-드라이 리슬링)

표 14-2 북아메리카 햄버거 및 핫도그와 와인 페어링

음식	가장 잘 어울리는 와인 스타일(예)	대체할 수 있는 와인 스타일(예)
드레싱을 완전히 갖춘 클래식 고메 치즈 버거	레드 : 미디엄-풀바디, 균형 잡힌, 중간 수준의 타닌(캘리포니아 메를로)	레드 : 라이트바디, 브라이트, 제스티, 낮은 타닌(산타바바라 피노 누아)
론 스타 버거(양지머리 바비큐, 토마토, 양상추, 구운 할라피뇨, 양파 번)	레드 : 미디엄-풀바디, 균형 잡힌, 중간 수준의 타닌(파소 로블레스 진판델)	레드 : 미디엄-풀바디, 균형 잡힌, 중간 수준의 타닌(시실리 네로 다볼라)
버거 쿠바노(갈아서 그릴에 구운 쇠고기, 로스트 햄, 양파, 파프리카, 모히토 소스, 구운 퍼피시드 번)	로제 : 드라이(센트럴 코스트 론 스타일 로제 블렌드)	레드 : 미디엄-풀바디, 균형 잡힌, 중간 수준의 타닌(마이포 밸리 메를로)
시카고 스타일 핫도그(100퍼센트 쇠고기 프랭크 소시지, 옐로 머스터드, 흰 양파, 스위트 피클, 토마토, 절인 고추)	화이트 : 라이트웨이트, 크리스프, 스토니(말보로 소비뇽 블랑)	화이트 : 라이트웨이트, 크리스프, 스토니(컬럼비아 밸리 리슬링)

지 않았기 때문에 두 가지 모두 와인과 매우 친화적이다. 그 내용은 표 14-3에 있다.

캘리포니아, 이탈리아로 가다

캘리포니아에는 수많은 이탈리아 이민자들이 거주하고 있으며, 이들 덕분에 고유의 이탈리아 조리법이 개발되었다. 게다가 기후마저 신선한 재료가 풍성한 지중해성 이탈리아 기후와 닮아 있다. 토마토, 치즈, 구운 도(dough)가 들어간 음식을 먹을 때면 표 14-4처럼 제스티한 레드 와인이 영리한 선택이 될 것이다.

표 14-3 북아메리카 맥 앤 치즈 및 미트로프와 와인 페어링

음식	가장 잘 어울리는 와인 스타일(예)	대체할 수 있는 와인 스타일(예)
바닷가재 맥 앤 치즈(바닷가재, 엘보 마카로니, 숙성된 체다 치즈)	화이트 : 풀바디, 소프트, 우드 숙성(러시안 리버 밸리 샤르도네)	화이트 : 라이트웨이트, 크리스프, 스토니(모젤 자르 리슬링)
클래식 맥 앤 치즈(마카로니, 숙성된 체다 치즈, 베샤멜 소스)	화이트 : 풀바디, 소프트, 우드 숙성(카네로스 샤르도네)	화이트 : 아로마틱, 프루티, 라운드(앤더슨 밸리 피노 그리)
미트로프(간 쇠고기, 마늘, 체다 치즈, 말린 허브, 블랙 페퍼)	레드 : 미디엄-풀바디, 균형 잡힌, 중간 수준의 타닌(캘리포니아 메를로)	레드 : 미디엄-풀바디, 균형 잡힌, 중간 수준의 타닌(카네로스 피노 누아)

표 14-4 캘리포니아 '이탈리아' 음식과 와인 페어링

음식	가장 잘 어울리는 와인 스타일(예)	대체할 수 있는 와인 스타일
씬 크러스트 피자(토마토 소스, 바질, 모차렐라, 파마산 치즈)	레드 : 라이트바디, 브라이트, 제스티, 낮은 타닌(소노마 코스트 피노 누아)	레드 : 라이트바디, 브라이트, 제스티, 낮은 타닌(키안티 산지오베제)
시카고 딥 디시 피자(크러스트, 큼지막하게 다진 토마토, 토마토소스, 모차렐라, 로마노 치즈)	레드 : 라이트바디, 브라이트, 제스티, 낮은 타닌(윌래밋 밸리 피노 누아)	레드 : 라이트바디, 브라이트, 제스티, 낮은 타닌(나파 밸리 산지오베제)
'아피자' 피자(오레가노, 토마토 소스, 페코리노 로마노 치즈, 앤초비, 모차렐라 치즈)	레드 : 미디엄-풀바디, 균형 잡힌, 중간 수준의 타닌(나파 밸리 프티 시라)	레드 : 미디엄-풀바디, 균형 잡힌, 중간 수준의 타닌(키안티 클라시코 산지오베제)
칼조네(진판델 소시지, 구운 레드 페퍼, 그릴에 구운 가지, 토마토, 리코타 치즈, 구운 마늘, 토마토, 타임)	화이트 : 풀바디, 소프트, 우드 숙성(러시안 리버 밸리 샤르도네)	레드 : 미디엄-풀바디, 균형 잡힌, 중간 수준의 타닌(센트럴 코스트 시라)

명절 음식

명절에 가족, 전통, 먹어도 끝이 없는 음식 말고 중요한 것이 무엇이겠는가. 각 가정마다 좋아하는 조리법과 특별한 음식이 있고, 이는 종종 시대를 거듭하며 전수되었으며 그 덕에 '우리 가족'만의 전통이 만들어진다. 또한 하루 세 번, 끼니마다 주 메뉴로 삼을 음식의 종류는 무한대이며, 한 번에 식탁에 올라가는 음식의 종류 역시 매우 다양하므로 특정한 명절에 딱 맞는 단 한 가지 이상적인 와인 페어링이란 존재하지 않는다.

또한 온 가족이 모인 자리에 손님까지 몰려든다면(거기다 와인에 대한 흥미도 천차만별일 것이다) 필요한 와인의 양이 어마어마할 것이므로 예산 역시 고려 대상에 포함시켜야 한다. 하지만 내가 해주고 싶은 말은 간단하다. 지갑이 허락하는 한 좋은 것을 마셔라. 그리고 너무 무리하지 말라. 사람들은 종종 명절이야말로 저장고에서 최고의 와인을 꺼낼 때라고 생각한다. 물론 그래도 되지만 모인 사람의 절반이 맥주로도 충분히 만족하고 나머지 절반은 화이트든 레드든 상관하지 않는다면 최고의 와인은 더 친밀한 시간을 위해 남겨두기를 바란다.

매우 다양한 음식이 서빙되고 손님의 수도 많으며 그들이 선호하는 바도 그 수만큼 많다면 특정한 코스에 특정한 와인을 페어링해야 한다는 강박을 버려라. 그리고 산탄총 전략으로 나가라. 명절이란 누가 뭐래도 모든 사람이 행복해야 하지 않겠는가. 그러므로 당신이 해야 할 일은 한꺼번에 작은 총알이 여러 개 발사되는 산탄총을 쏘듯이 테이블 위에 한꺼번에 많은 와인을 펼쳐놓고 가족과 손님들이 각자 알아서 맛보게 하고, 외식할 경우 각자 알아서 원하는 와인을 주문하게 하는 것이다. 산탄총이 제대로 장전되었다면, 그리고 발사된 산탄들이 충분히 넓게 퍼진다면 적어도 한두 개의 과녁은 명중시킬 것이다. 다시 말해서 와인의 종류의 수가 충분하다면 모든 손님이 각자 마음에 들어 하는 와인, 그리고 각각의 음식과 어울리는 와인이 그 가운데 있을 가능성이 매우 높아진다.

사랑하는 가족과 저녁을 먹고 있는데 페어링이 제대로 되지 않았다고 뭐 대단한 문제겠는가. 죽고 사는 문제도 아닌데(뭐, 적어도 대부분의 가정에서는) 아무 잘못 없는 음식이나 와인을 원망하지는 말자. 게다가 식탁 위에 수많은 음식이 동시에 차려졌고 내 접시에 각기 다른 열두 가지 풍미가 존재한다면 단 한 방의 와인으로 정확하게 그 모든 풍미에 맞춘다는 것은 100미터 밖에서 야생 칠면조를 사냥하는 것보다 어려울 것이다. 이런 자리에서는 다양한 풍미와 질감을 맛볼 수 있어야 하지만 동시에 그러한 음식의 대부분과 잘 어울릴 다재다능한 와인을 선택해야 한다. 이럴 때는 주로 브라이트하고 프레시하며 미각을 헹궈주는 산도를 지닌 와인을 선택한다. 이때, 오크통을 연상시키는 느낌은 최소여야 하고(이런 건 벽난로 앞에서나 어울리는 와인이다) 타닌 함량이 낮아 이미 바싹 익혀 기름기가 빠진 칠면조나 닭 요리가 더 퍽퍽하게 느껴지지 않아야 한다. 고구마나 펌킨 파이가 메뉴에 있을 경우 여기에 약간의 단맛까지 더해진 와인을 선택하면 좋다.

다음 섹션에서는 몇 가지 전통적인 명절 음식과 두어 가지 추천 와인 스타일을 소개할 것이다. 이것만 있으면 당신은 제대로 페어링을 할 수 있을 것이다.

칠면조와 햄

칠면조는 기름기가 매우 적으므로 너무 많이 익히면 금세 말라 푸석해진다. 완벽하게 조리된 칠면조 요리는 부드럽고 나긋나긋한 와인과 가장 잘 어울린다. 이런 와인은 떫은맛이 없어 타닌 때문에 음식이 더 퍽퍽하게 느껴지지 않게 해준다. 레드, 화이트, 로제 등 달콤하며 잘 익은 과일 느낌을 지니고 소프트하며 중간 정도의 타닌을 특징으로 한다면 색에 관계없이 모든 와인과 잘 어울린다. 피노 누아, 가벼운 진판델, 그르나슈를 베이스로 한 남부 론 블렌드, 쥬시한 스페인 템프라니요 등이 여기에 포함된다. 신경 쓸 타닌이 없는 화이트 와인이나 로제 와인의 경우 선택의 여지는 더 넓어진다. 칠면조를 어떤 속으로 채우는지, 어떤 그레이비 소스를 사용하는지를 생각하면 답이 나올 것이다. 이때 건조 과일 등으로 만들어 속의 단맛이 상당히 강하다면 약간 단 와인을 선택하는 것도 영리한 선택이 될 것이다.

전통적인 추수감사절 햄은 주로 **습식염지**(소금물에 재는 방법-역주)로 간을 한 다음 훈연실에 넣거나 훈제 향을 주입한다. 또한 종종 황설탕, 꿀, 당밀, 파인애플, 심지어 단풍나무 시럽까지, 어떤 것이든 단맛을 지닌 재료를 넣고 익힌다. 그러므로 달콤 짭짜름한 단백질 식품을 대상으로 페어링을 한다고 생각해야 한다. 단맛이 있으므로 그와 비슷한 정도로 달콤한 와인을 페어링해야 한다. 산도 역시 짭짤한 풍미와 좋은 대조를 이루므로 잘 익은 전통적인 슈페트레제의 저먼 리슬링이나 알자스의 피노 그리 등 크리스프한 오프-드라이 와인이 이상적인 선택이 될 것이다. 기후가 온화한 지역

표 14-5 칠면조 및 햄과 와인 페어링

음식	가장 잘 어울리는 와인 스타일(예)	대체할 수 있는 와인 스타일(예)
세이지 허브 그레이비, 로즈마리-크랜베리 속을 곁들인 버몬트 스타일 칠면조	레드 : 라이트바디, 브라이트, 제스티, 낮은 타닌(파소 로블레스 론 블렌드)	로제 : 드라이(나이아가라 페닌슐라 카베르네 로제)
메인 스타일 칠면조(칠면조 통구이, 사과주 허브 그레이비, 세이지 허브 속)	화이트 : 아로마틱, 프루티, 라운드(나파 밸리 소비뇽 블랑)	화이트 : 라이트웨이트, 크리스프, 스토니(사브니에르 슈냉 블랑)
케이준 터더큰(뼈를 제거한 닭과 오리, 칠면조를 재료로 소시지로 소스를 내고 빵 부스러기를 뿌려 그레이비 소스로 맛을 낸 요리)	화이트 : 풀바디, 소프트, 우드 숙성(나파 밸리 비오니에)	화이트 : 풀바디, 소프트, 우드 숙성(센트럴 코스트 루싼느/마르싼느)
베이크드 햄(훈제한 허니 햄, 마늘, 디종 머스터드, 황설탕, 오렌지 껍질, 허브)	화이트 : 라이트웨이트, 크리스프, 스토니(오프-드라이)(모젤 자르 리슬링 슈페트레제)	화이트 : 아로마틱, 프루티, 라운드(알자스 피노 그리)
베이크드 햄(뼈를 발라내지 않은 햄, 당밀, 브라운 에일, 드라이 머스터드, 사과주 식초, 정향, 혼합 허브, 빵가루)	화이트 : 아로마틱, 프루티, 라운드(알자스 레이트 하비스트 피노 그리)	레드 : 미디엄-풀바디, 균형 잡힌, 중간 수준의 타닌(로디 진판델)

에서 생산된 소비뇽 블랑, 비오니에, 오크 향이 너무 강하지 않은 샤르도네처럼 적당히 풍만하고 열대 과일의 풍미를 지닌 동시에 잘 익은 과일의 달콤한 느낌을 지닌 화이트 와인이 아주 잘 어울릴 것이다.

표 14-5에는 칠면조, 햄과 곁들이기 좋은 와인을 담았다.

프라임 립과 어린 양

단순하지만 놀랍도록 풍미가 풍부한 프라임 립(소갈비)을 먹을 때야말로 최고의 레드 와인을 꺼내야 할 순간이다. 프라임 립은 레드 와인을 돋보이게 해주는 완벽한 포일(foil), 즉 감싸주는 와인이다. 립 로스트는 와인과 충돌하는 경우가 드물며, 잘 숙성되고 감칠맛이 풍부한 레드 와인과 근사한 시너지를 만들어낸다. 전통을 중시하는 사람이라면 최고의 피노를 꺼내 들겠지만 보르도와 카베르네 팬들 역시 행복을 느낄 것이다.

그릴에 굽든 오븐에 굽든, 찜을 하든, 어린 양고기는 풍미가 더 강하고 독특하므로 주로 같은 수준으로 터보차지되고 인텐스(강렬하고 두드러지는 향)한 레드 와인과 가장 잘 어울린다. 표 14-6에 내가 가장 좋아하는 페어링 몇 가지를 소개했다.

표 14-6 프라임 립 및 어린 양과 와인 페어링

음식	가장 잘 어울리는 와인 스타일(예)	대체할 수 있는 와인 스타일(예)
프라임 립 로스트(통 프라임 립, 마늘, 올리브 오일, 소금, 타임, 블랙 페퍼)	레드 : 미디엄-풀바디, 균형 잡힌, 중간 수준의 타닌(러시안 리버 밸리 피노 누아)	레드 : 풀바디, 딥, 로부스트, 터보차지, 츄이한 질감(바롤로 네비올로)
레드 와인 쥐(jus, 고기, 야채, 과일즙, 또는 뼈 육수-역주)를 곁들인 프라임 립 로스트	레드 : 미디엄-풀바디, 균형 잡힌, 중간 수준의 타닌(알렉산더 밸리 카베르네 소비뇽)	레드 : 미디엄-풀바디, 균형 잡힌, 중간 수준의 타닌(클레어 밸리 쉬라즈)
어린 양 정강이 요리(브레이즈한 어린 양 정강이, 발사믹 식초, 레드 와인, 샬롯, 당근, 양파, 황설탕, 사과주 식초, 로즈마리)	레드 : 풀바디, 딥, 로부스트, 터보차지, 츄이한 질감(나파 밸리 카베르네 소비뇽)	레드 : 풀바디, 딥, 로부스트, 터보차지, 츄이한 질감(타우라시 알리아니코)
양갈비(으깬 피스타치오, 에르브 드 프로방스, 디종 머스터드, 버터, 빵가루, 블랙 페퍼)	레드 : 풀바디, 딥, 로부스트, 터보차지, 츄이한 질감(바로사 쉬라즈)	레드 : 풀바디, 딥, 로부스트, 터보차지, 츄이한 질감(샤토네프 뒤 파프)

남부 스타일 바비큐

미국 남부 스타일 바비큐의 인기는 그야말로 최고다. 숯불구이에서 훈제, 땅을 판 구멍을 오븐처럼 사용하는 핏-쿠킹(pit-cooking), 꼬치에 꽂아 굽는 것까지, 그 방법은 다양하지만 공통점은 조리법을 통해 풍미가 한 차원 더 높아진다는 것이다. 미국 남부에서는 사람들이 바비큐를 거의 종교처럼 신성시한다. 고기를 드라이럽(dry rub, 소금과 향신료를 섞은 가루 형태의 양념-역주), 또는 습식염지로 양념하거나 마리네이드를 주입하거나 수없이 많은 종류의 바비큐 소스에 푹 재서 준비한다. 전형적인 바비큐 소스에 일반적으로 사용되는 재료만 해도 식초, 당밀, 위스키, 우스터 소스, 간장, 케첩, 꿀, 각종 고추 등이 있다. 하지만 정확한 조리법은 가문의 비밀에 붙여지고 오직 '계승자'에게만 은밀하게 전해진다.

남부 스타일 바비큐는 향신료가 많이 사용되고 단맛, 타트, 그리고 매운맛이 혼합되어 있는 만큼 강력하게 터보차지된 와인만이 살아남을 수 있다. 따뜻한 기후의 뉴 월드에서 생산된 와인이 최고의 선택이 될 것이다. 이런 곳의 태양과 열기는 곧 풀바디의 숙성되고 매우 프루티한 와인을 의미하기 때문이다. 또한 조리법만으로도 오크향이 매우 강한 와인이 필요하다. 배럴 숙성으로 만들어진 탄 듯한 풍미를 지닌 레드 와인이나 화이트 와인은 그릴에서 훈연한 음식의 풍미를 잘 반영한다. 달콤하고 감칠맛이 풍부한 캔자스시티 바비큐 소스를 사용한 육즙이 풍부한 돼지갈비 구이에서 향신료와 식초를 베이스로 한 캐롤라인 바비큐 소스로 양념한 풀드 포크(pulled pork, 익힌 고기를 잘게 찢는 방법-역주), 또는 텍사스의 로즈마리와 메스키트로 양념하여 스모키하고 제스티한 풍미를 지닌 훈제 치킨까지, 수많은 음식이 당신의 선택만을 기다리고 있다. 자, 이제 불을 지필 시간이다.

지상낙원

육즙과 기름기가 풍부한 돼지고기는 그 자체로 남부 스타일 바비큐와 환상적인 페어링을 이룬다. 살과 지방 모두 1인치마다 엄청난 양의 풍미를 흡수하기 때문이다. 대부분 소프트하고 향이 매우 뚜렷한 레드 와인과 가장 잘 어울리지만 오프-드라이 화이트 와인과 로제 와인 역시 그냥 넘길 수 없다. 썩 근사한 조합이 아닐 수도 있지

표 14-7 바비큐와 와인 페어링

음식	가장 잘 어울리는 와인 스타일(예)	대체할 수 있는 와인 스타일(예)
매콤한 식초 소스를 곁들인 내장을 발라낸 돼지 BBQ 로스트(황설탕, 파프리카, 마늘, 양파, 소금, 드라이 머스터드, 사과식초, 케첩)	레드 : 미디엄-풀바디, 균형 잡힌, 중간 수준의 타닌(파소 로블레스 레드 론 블렌드)	레드 : 라이트바디, 브라이트, 제스티, 낮은 타닌(산타바바라 피노 누아)
토마토-칠리 페퍼 우스터셔 소스를 곁들인 멤피스 돼지 어깨살 BBQ(커민, 파프리카, 마늘, 세이지, 생강, 드라이 머스터드)	레드 : 풀바디, 딥, 로부스트, 터보차지, 츄이한 질감(아마도르 카운티 진판델)	레드 : 미디엄-풀바디, 균형 잡힌, 중간 수준의 타닌(마이포 밸리 카르메네르)
타마린드 BBQ 소스를 곁들여 자메이카 소스인 저크로 잰 돼지갈비(올스파이스, 스카치 보네트, 세이지, 계피, 너트메그, 황설탕, 양파, 타마린드, 건포도, 당밀, 생강, 마늘)	레드 : 풀바디, 딥, 로부스트, 터보차지, 츄이한 질감(드라이 크리크 밸리 진판델)	레드 : 미디엄-풀바디, 균형 잡힌, 중간 수준의 타닌(산타바바라 그르나슈, 시라, 무르베드르)
숯과 화산암 핏 쿠킹으로 구운 카일루아 돼지요리(하와이 바다 소금으로 간을 내고 바나나 잎에 싸서 구운 돼지 통구이)	레드 : 미디엄-풀바디, 균형 잡힌, 중간 수준의 타닌(센트럴 코스트 시라)	레드 : 풀바디, 딥, 로부스트, 터보차지, 츄이한 질감(센트럴 오타고 피노 누아)

만 분명 시너지가 일어난다. 표 14-7에서 바비큐와 페어링하기 좋은 추천 와인을 확인하라.

올바른 방향으로 핸들을 틀어라

값비싼 쇠고기 컷은 대부분 단순한 스테이크하우스 스타일로서 단순히 그릴에 굽는 방식이다. 하지만 남부 바비큐 도사들은 그 오프컷이 가장 풍미가 풍부하고 남부 스타일에 완벽하게 맞아떨어진다는 사실을 안다. 독자들도 예상했겠지만 이러한 음식들에 가장 잘 어울리는 것은 미디엄-풀바디의 로부스트하고 터보차지된 레드 와인이다. 그 내용은 표 14-8에 있다.

치킨

닭고기는 풍미를 담을 수 있는 매우 뛰어난 캔버스다. 아무런 양념도 하지 않은 상태에서 상당히 중립적인 닭고기는 바비큐의 양념을 수용하는 뛰어난 포일 역할을 한다. 집에서 요리하려 한다면 프리레인지(free range, 축사 밖으로 나갈 수 있는 환경에서 사육한

표 14-8 바비큐 스테이크와 와인 페어링

음식	가장 잘 어울리는 와인 스타일(예)	대체할 수 있는 와인 스타일(예)
카슨 시티 마리네이티드 BBQ 삼각살 스테이크(간장, 발사믹 식초, 황설탕, 마늘, 으깬 말린 칠리 고추, 라임)	레드 : 미디엄-풀바디, 균형 잡힌, 중간 수준의 타닌(나파 밸리 메를로)	레드 : 미디엄-풀바디, 균형 잡힌, 중간 수준의 타닌(이든 밸리 시라)
말린 향신료 러브와 맥주로 양념하여 참나무로 훈연한 쇠고기 양지머리 요리(파프리카, 할라페뇨, 사과식초, 황설탕, 블랙 페퍼)	레드 : 미디엄-풀바디, 균형 잡힌, 중간 수준의 타닌(센트럴 코스트 시라)	레드 : 라이트바디, 브라이트, 제스티, 낮은 타닌(소노마 피노 누아)
드라이럽을 사용하고 숯불에 구운 소갈비(화이트 비니거, 마늘, 오레가노, 셀러리 씨앗, 파프리카, 칠리 가루, 블랙 페퍼)	레드 : 풀바디, 딥, 로부스트, 터보차지, 츄이한 질감(나파 밸리 카베르네 소비뇽)	레드 : 풀바디, 딥, 로부스트, 터보차지, 츄이한 질감(투스카니 카베르네 또는 산지오베제)
루이지애나 럽을 사용하고 자극적인 소스를 곁들여 숯불에 천천히 구운 양지머리 요리(케첩, 파인애플즙, 콘시럽, 사과즙, 황설탕, 잘게 썬 칠리, 우스터셔소스, 훈연액)	레드 : 풀바디, 딥, 로부스트, 터보차지, 츄이한 질감(드라이 크리크 밸리 진판델)	레드 : 미디엄-풀바디, 균형 잡힌, 중간 수준의 타닌(몬테풀치아노 다부르조)

닭 등의 가금류-역주)의 헤리티지 품종으로서 물을 주입(무게를 늘려 값을 더 받는)하지 않은 닭을 구해보라. 닭 요리와 가장 잘 어울리는 와인은 마리네이드(양념에 재기), 염장, 드라이럽, 글레이즈 등 양념 방법에 따라 결정된다. 와인의 색은 상관없지만 풍미의 강도는 최고 수준인 것으로 선택해야 한다. 그러한 추천 와인은 표 14-9에 있다.

표 14-9 닭고기 BBQ와 와인 페어링

음식	가장 잘 어울리는 와인 스타일(예)	대체할 수 있는 와인 스타일(예)
식초에 절이고 새콤달콤한 BBQ 소스를 발라 스핏에 넣어 구운 통닭구이(마늘, 세이지, 로즈마리, 레몬 껍질)	레드 : 라이트바디, 브라이트, 제스티, 낮은 타닌(오리건 피노 누아)	로제 : 드라이(캘리포니아 로제 블렌드)
하바네로 소스를 곁들인 미시시피 루트 비어 BBQ 치킨(루트 비어, 식초, 당밀, 마늘, 케첩, 파프리카, 말린 허브, 양파, 하바네로 칠리, 후추)	화이트 : 아로마틱, 프루티, 라운드(센트럴 코스트 비오니에)	화이트 : 풀바디, 소프트, 우드 숙성(콜차구아 밸리 샤르도네)
루이빌 버번 BBQ 치킨(켄터키 버번, 버터, 토마토 소스, 당밀, 드라이 머스터드, 양파, 마늘)	화이트 : 라이트웨이트, 크리스프, 스토니(핑거 레이크 오프-드라이 리슬링)	화이트 : 라이트웨이트, 크리스프, 스토니(모젤 리슬링 슈페트레제)

뉴올리언스 : 케이준과 크레올 카운티

북아메리카에서 가장 독특한 음식문화를 지닌 곳이라면 케이준과 크레올을 꼽을 수 있다. 사람들은 케이준 지역을 애정 어린 시선으로 바라보며, 이곳 사람들은 아케이디아에 처음 정착한 프랑스 식민지 사람들의 후손이다. 이스턴 캐나디언 마리팀(캐나다 동부, 뉴브런즈윅, 노바스코샤, 그리고 프린스에드워드아일랜드의 세 주로 구성된 지역-역주)에 설립된 뉴프랑스의 식민지였다. 크레올은 미국 외부에서 유입된 정착민을 통틀어 일컫는 말이다.

케이준과 크레올은 공통적으로 양파, 샐러리, 벨 페퍼가 많이 사용되며, 이는 '성스러운 3개의 별'이나 다름없다. 이 지역의 창의적인 조리사들은 인근 지역에서 구할 수 있는 채소와 악어, 주머니쥐, 가재 같은 단백질 식품을 주재료로 사용해야 했다.

시간을 거슬러 올라가서 생각하면 유럽의 유산을 물려받은 것은 사실이다. 하지만 케이준과 크레올 음식이 지닌 활기찬 향과 질감, 풍미에는 주로 뉴 월드 스타일 와인이 가장 적합하다.

라준 케이준

케이준 음식은 대부분 프랑스 프로방스의 소박한 음식에서 유래한다. 밀가루를 기본으로 만들어지고 소스와 수프를 걸쭉하게 만드는 재료인 루(roux)는 케이준 음식의 기본이다. 검보(gumbo, 농도가 진한 스튜 비슷한 요리-역주)에서 에투페(étouffée, 해산물 덮밥-역주), 그리고 각종 차우더까지 모든 음식에 사용된다. 카이옌 페퍼가 자주 재료로 사용되어 오프-드라이 와인을 페어링해야 하지만 부드럽고 솔직하게 프루티한 화이트 와인과 단 느낌이 약간 도는 레드 와인도 꼭 맞아 떨어진다. 표 14-10에 몇 가지 예를 소개했다.

크레올 효과

크레올 음식은 프랑스, 스페인, 포르투갈, 카리브해, 아프리카, 미국 인디언의 영향이 혼합된 독특한 스타일을 지니고 있다. 그 가운데서도 프랑스 크레올 음식은 유럽

표 14-10 케이준 음식과 와인 페어링

음식	가장 잘 어울리는 와인 스타일(예)	대체할 수 있는 와인 스타일(예)
케이준 가재 에투페(가재 꼬리 부분, 쌀, 벨 페퍼, 샐러리, 마늘, 루, 양파, 카이옌, 파슬리)	로제 : 오프-드라이(파소 로블레스 시라)	화이트 : 아로마틱, 프루티, 라운드(아르헨티나 토론테스)
케이준 레몬 라이스(레몬으로 맛을 낸 산뜻한 맛의 밥-역주)를 곁들인 케이준 블랙큰드 연어 필레(연어 살코기, 쌀, 레몬 껍질, 파프리카, 양파, 카이옌, 부추, 바질)	레드 : 라이트바디, 브라이트, 제스티, 낮은 타닌(카네로스 피노 누아)	화이트 : 라이트웨이트, 크리스프, 스토니(리아스 바이사스 알바리뇨)
케이준 스파이시 슈림프(새우, 파프리카, 토마티요, 타임, 버터, 오레가노, 마늘, 카이옌)	화이트 : 아로마틱, 프루티, 라운드(워싱턴 스테이트 리슬링)	로제 : 오프-드라이(캘리포니아 화이트 진판델)
부뎅 누아(동물의 피, 양파와 향신료가 들어간 블랙 푸딩-역주)와 옥수수를 곁들인 케이준 마케 슈(블러드 소시지, 옥수수, 버터, 블랙 포레스트 햄, 포블라노 칠리, 에르브 드 프로방스, 플럼 토마토, 고수 잎과 줄기, 화이트 페퍼)	화이트 : 아로마틱, 프루티, 라운드(알자스 피노 그리)	로제 : 오프-드라이(소노마 카운티 메를로)

덕분에 탄생했다 해도 과언이 아니다. 이곳의 음식 다수는 원래 숙련된 프랑스 조리사가 만들어낸 것이기 때문이다. 이들은 프랑스 혁명을 피해 미국으로 건너와 루이지애나에 정착했다. 고전적인 크레올 음식으로는 곁들이는 음식인 더티 라이스(dirty rice, 미국 남부의 루이지애나와 미시시피에서 볼 수 있는 대표적인 케이준 쌀요리-역주), 오크라 스튜, 마케 슈 등은 물론이고 잠발라야, 새우 크레올 송어 뫼니에르도 포함된다. 아로마틱하고 프루티하며 라운드한 스타일을 지니고 있어 대담하고 때로 매콤한 풍미를 지닌 크레올 음식을 감당할 수 있는 화이트 와인이 가장 잘 어울린다. 추천 와인은 표 14-11을 참고하라.

크레올 디저트

프랑스 음식문화유산을 물려받은 만큼 이곳 사람들은 디저트에 대한 애정이 넘친다. 그러므로 크레올 음식의 레퍼토리에서 디저트는 큰 부분을 차지하며, 바나나 포스터(banana foster, 바나나와 바닐라 소스로 만든 디저트-역주), 베녜(beignets, 과일에 달콤한 반죽을 입혀서 식용유에 튀긴 것-역주), 피칸 파이 같은 유명한 디저트의 고전이 포함된다.

크레올 디저트는 대부분 엄청나게 달다. 그러므로 높은 당도를 감당하려면 가장 단 와인을 선택해야 한다. 추천할 만한 와인을 표 14-12에 제시하였다.

표 14-11 크레올 음식과 와인 페어링

음식	가장 잘 어울리는 와인 스타일(예)	대체할 수 있는 와인 스타일(예)
크레올 치킨 검보(루, 베이컨, 벨 페퍼, 앙두유 소시지, 새우, 가재, 마늘, 오크라, 토마토, 필레 가루)	화이트 : 아로마틱, 프루티, 라운드(센트럴 코스트 비오니에)	로제 : 오프-드라이(타벨 그르나슈/생소)
소시지와 새우 크레올 잠발라야(타소 소시지, 파프리카, 커민, 토마토, 벨 페퍼, 현미, 새우, 부추)	화이트 : 아로마틱, 프루티, 라운드(아르헨티나 토론테스)	화이트 : 아로마틱, 프루티, 라운드(윌래밋 밸리 피노 그리)
크레올 가재와 오크라 딥(가재, 마늘, 벨 페퍼, 오크라, 카이엔, 마요네즈, 차이브, 레몬 페퍼)	화이트 : 아로마틱, 프루티, 라운드(멘도치노 게뷔르츠트라미너)	화이트 : 라이트웨이트, 크리스프, 스토니(뮈스카데 믈롱 드 부르고뉴)
크레올 쇠고기 캐서롤(간 쇠고기, 체다 치즈, 구운 감자, 케첩, 황설탕, 크레올 조미료, 카이엔 페퍼, 골드피시 크래커)	레드 : 라이트바디, 브라이트, 제스티, 낮은 타닌(소노마 피노 누아)	화이트 : 아로마틱, 프루티, 라운드(알자스 게뷔르츠트라미너)
크레올 송어 뫼니에르(밀가루, 버터, 샬롯, 레몬즙, 염장한 그린 페퍼콘, 파슬리)	화이트 : 라이트웨이트, 크리스프, 스토니(컬럼비아 밸리 리슬링)	화이트 : 풀바디, 소프트, 우드 숙성(샌타 이네즈 밸리 비오니에)

표 14-12 크레올 디저트와 와인 페어링

음식	가장 잘 어울리는 와인 스타일(예)	대체할 수 있는 와인 스타일(예)
바나나 포스터(바나나, 버터, 올스파이스, 너트메그, 럼, 오렌지 제스트, 바나나 리큐어)	스위트 : 귀부 와인(소테른)	스위트 : 귀부 와인(토카이 아수 5 푸토뇨스)
피칸 파이(파이 반죽, 설탕, 피칸, 콘시럽, 달걀, 바닐라 추출물)	레드 : 스위트 강화(캘리포니아 진판델)	스위트 : 강화 앰버(올로로소 둘세)
초콜릿 비녜(비터 초콜릿, 휘핑 크림, 콘시럽, 퍼프 페이스트리, 설탕, 달걀)	레드 : 스위트 강화(바뉼 그르나슈)	레드 : 스위트 강화 와인(레이트 보틀드 빈티지 포트 와인)

텍사스와 멕시코 블렌딩 : 텍스-멕스

북아메리카에서 자생적으로 만들어진 음식 가운데 가장 인기 있는 것이 텍스-멕스 음식이라고 주장하는 사람도 있을 것이다. 몇 곳의 성공적인 패스트푸드 체인을 포함해서 북미 대륙에는 텍스-멕스 스타일 음식을 하는 레스토랑이 수없이 많다.

1875년 완공된 텍사스-멕시코 간 철도에서 이름을 따온 텍스-멕스는 멕시코, 그리고 멕시코와 국경을 접한 미국의 주들이 지닌 풍미를 혼합한 음식 스타일이다.

텍사스 스타일 : 칠리, 나초, 파히타

텍스-멕스 음식에는 콩, 쇠고기, 향신료가 들어가며 주로 그 위에 치즈를 잔뜩 얹어 녹이고 사워크림을 산처럼 쌓아 부드럽거나 바삭한 토르티야와 함께 낸다. 많은 사람이 진짜 멕시코 음식이라고 혼동하지만 칠리 옥수수 카르네, 나초, 파히타 같은 음식은 모두 텍스-멕스가 원산지다. 텍스-멕스 음식에는 커민, 고수 등의 향신료가 사용되는데, 이 역시 전형적인 멕시코 음식의 재료는 아니며, 전부 다른 음식에서 가져온 것이다.

멕시코 조리법을 사용한 만큼 텍스-멕스 음식의 대담한 풍미와 묵직한 질감은 로부

표 14-13 전통적인 텍스-멕스 음식과 와인 페어링

음식	가장 잘 어울리는 와인 스타일(예)	대체할 수 있는 와인 스타일(예)
파이브-알람 칠리 콘 카르네(소 부채살, 앤초 칠리, 모블라노, 할라페뇨, 하바네로, 치포틀레, 커민, 마늘, 토마토, 고수 잎과 줄기, 라임, 케소 치즈)	레드 : 미디엄-풀바디, 균형 잡힌, 중간 수준의 타닌(몬태규 카운티 시라)	레드 : 미디엄-풀바디, 균형 잡힌, 중간 수준의 타닌(리오하 호벤 템프라니요 또는 가르나차)
칠면조, 옥수수, 콩 칠리(간 칠면조 고기, 블랙 빈, 핀토 빈, 옥수수, 양파, 할라페뇨, 커민, 오레가노, 토마토, 에파조테, 몬테레이 잭 치즈)	레드 : 미디엄-풀바디, 균형 잡힌, 중간 수준의 타닌(파소 로블레스 레드 론 블렌드)	레드 : 미디엄-풀바디, 균형 잡힌, 중간 수준의 타닌(샤토네프 뒤 파프, 그르나슈 또는 무르베드르)
비프 파히타(소 옆구리살, 남서부 양념, 아보카도, 체다 치즈, 양파, 벨 페퍼, 익혀서 으깬 리프라이드 빈, 피코 데 가요, 부추, 밀가루 토르티야)	레드 : 라이트바디, 브라이트, 제스티, 낮은 타닌(센트럴 오타고 피노 누아)	레드 : 라이트바디, 브라이트, 제스티, 낮은 타닌(돌체토 달바)
콘 토르티야 나초(옥수수 토르티야 칩, 닭고기, 과카몰리, 블랙 올리브, 몬테레이 잭 치즈, 할라페뇨, 토마토 살사, 사워크림, 고수 잎과 줄기)	화이트 : 라이트웨이트, 크리스프, 스토니(소노마 카운티 소비뇽 블랑)	화이트 : 라이트웨이트, 크리스프, 스토니(알토 아디제 피노 그리지오)
튜나와 블랙빈 케사디야(참치 스테이크, 블랙빈, 옥수수, 양파, 할라페뇨, 몬테레이 잭 치즈, 케소 프레스코, 고수 잎과 줄기, 커민, 밀가루 토티야)	화이트 : 아로마틱, 프루티, 라운드(텍사스 루싼느)	화이트 : 아로마틱, 프루티, 라운드(아르헨티나 토론테스)
세븐-레이어 빈 딥(아보카도, 마요네즈, 타코 양념, 리프라이드 빈, 토마토, 고수 잎과 줄기, 부추, 블랙 올리브, 체다 치즈, 사워크림, 카이옌)	화이트 : 아로마틱, 프루티, 라운드(나파 밸리 소비뇽 블랑)	화이트 : 아로마틱, 프루티, 라운드(컬럼비아 밸리 리슬링)

스트하고 프루티함을 풍부하게 갖춘 풀바디 와인이 가장 잘 어울린다. 바로 전통적인 헤비급 카테고리의 페어링이다. 텍사스와 멕시코 모두 이러한 스타일의 와인을 생산하는 곳이므로 새로운 전통적인 지역 음식과 와인 페어링을 경험할 수 있다. 표 14-13에 추천 목록이 담겨 있다.

바하칼리포르니아 드리밍

텍스-멕스에 가장 큰 영향을 준 곳이라면 역시 텍사스다. 하지만 애리조나, 뉴멕시코 그리고 멕시코의 바하칼리포르니아 주 역시 영향을 미쳤다. 표 14-14에는 바하칼리포르니아 음식에 추천할 만한 와인이 몇 가지 담겨 있다. 레드든 화이트나 로제든 대담하고 프루티한 풍미를 지닌 뉴 월드 와인을 선택해야 한다.

웨스트코스트 : 퍼시픽 노스웨스트 음식

퍼시픽 노스웨스트는 미국의 오리건 주, 워싱턴 주, 알래스카 주, 그리고 캐나다의 브리티시컬럼비아 주를 일컫는 말이다. 최근 아시아계 이민자의 급격한 증가 때문에

표 14-14 바하-멕스 음식과 와인 페어링

음식	가장 잘 어울리는 와인 스타일(예)	대체할 수 있는 와인 스타일(예)
토마틸로 살사를 곁들인, 뼈를 제거한 돼지 타말리(어깨살, 마사, 치포틀레, 옥수수, 건포도, 라임즙, 고수 잎과 줄기, 토마틸로)	화이트 : 라이트웨이트, 크리스프, 스토니(컬럼비아 밸리 리슬링)	레드 : 미디엄-풀바디, 균형 잡힌, 중간 수준의 타닌(코트 뒤 론)
치킨 치미창가(닭고기, 쌀, 엔칠라다 소스, 잭 치즈, 블랙 올리브, 리프라이드 빈, 할라페뇨, 고수 잎과 줄기, 사워크림, 체다 치즈)	화이트 : 아로마틱, 프루티, 라운드(앤더슨 밸리 게뷔르츠트라미너)	화이트 : 아로마틱, 프루티, 라운드(마거릿 리버 세미용/소비뇽)
피시 타코(만새기, 옥수수 토르티야, 키 라임, 오레가노, 커민, 카이옌, 토마토, 루콜라, 고수 잎과 줄기, 세라노 햄, 쌀)	화이트 : 아로마틱, 프루티, 라운드(윌래밋 밸리 피노 그리)	로제 : 드라이(코트 드 프로방스)
바하 토르티야 수프(옥수수 토르티야, 토마토, 파실라 칠리, 양파, 치포틀레, 고수 잎과 줄기, 아보카도, 사워크림, 오악사카 치즈)	레드 : 미디엄-풀바디, 균형 잡힌, 중간 수준의 타닌(소노마 카운티 메를로)	화이트 : 아로마틱, 프루티, 라운드(카사블랑카 밸리 소비뇽 블랑)

음식문화가 지대한 영향을 받고 있지만 이 지역은 모두 태평양 연안에 위치해 있는 만큼 공통점이 있다.

이곳은 사람의 손이 닿지 않은 드넓은 해안 지대 덕분에 숲이 깊게 우거진 야생의 땅이다. 태평양뿐 아니라 각 지역의 호수, 하천, 강 덕분에 풍부한 어족자원을 보유하고 땅에는 재배되는 것이든 야생이든 과실수 열매와 풍요로운 채소가 자라고 있다. 이곳은 진정으로 '밭에서 식탁으로'라는 말이 걸맞는 지역이다. 또한 부모 세대에 이어 미래 세대 역시 자연이 선사하는 아름다운 것들을 누리고자 하는, 유기농 재배와 지속 가능성을 이끄는 지역이다.

오리건 주와 워싱턴 주, 캐나다의 브리티시컬럼비아는 모두 걸출한 와인 생산지이며 가능한 한 지역 업체를 이용한다는 이곳의 철학은 와인에도 적용된다. 퍼시픽 노스웨스트 소믈리에는 기회가 있을 때면 언제나 로컬 와인을 소개하므로 리치하고 풍부한 레드 와인에서 라이트웨이트의 아로마틱한 화이트 와인, 스파클링 와인과 아이스와인까지 다양한 와인을 선택할 수 있다.

해산물

퍼시픽 노스웨스트 음식의 제왕은 해산물이다. 이곳에서는 자연산 연어, 은대구, 굴, 그리고 대짜은행게, 성게, 다양한 조개 등 갑각류를 흔하게 접할 수 있다. 다양한 조리법이 사용되지만 그 가운데서도 참나무 플랭킹(planking, 판자 위에서 요리하는 방법-역주), 돌판 구이, 숯불에 굽기가 매우 사랑받는 조리법이다. 숯불에 굽기와 참나무 플랭킹 등 재료에 큰 영향을 주는 방법을 사용하여 생선을 조리하는 탓에 레드 와인과의 페어링은 다소 불안정할 수 있지만 대부분 크리스프하고 아로마틱한 화이트 와인이라면 식탁 위에 놓았을 때 거부감이 거의 없을 것이다. 표 14-15에 추천할 만한 와인이 나와 있다.

야생 동물 고기

퍼시픽 노스웨스트에는 사냥해서 잡은 야생 동물의 고기가 풍부하며 무스라 불리는 말코손바닥사슴, 엘크, 순록, 곰, 사슴 등이 많은 레스토랑 메뉴에 등장한다. 버섯 역시 매우 사랑받는 재료다. 이 지역에서는 북아메리카에서 가장 다양하고 품질이 뛰

표 14-15 퍼시픽 노스웨스트 생선 요리와 와인 페어링

음식	가장 잘 어울리는 와인 스타일(예)	대체할 수 있는 와인 스타일(예)
오이스터 차우더(태평양 굴, 버터, 베이컨, 감자, 옥수수, 벨 페퍼, 샐러리, 파슬리)	화이트 : 아로마틱, 프루티, 라운드(오카나가 밸리 피노 그리)	화이트 : 라이트웨이트, 크리스프, 스토니(컬럼비아 밸리 리슬링)
시더 플랭크 새먼(태평양 연어, 레몬, 딜, 파슬리, 황설탕, 타임, 화이트 페퍼)	레드 : 라이트바디, 브라이트, 제스티, 낮은 타닌(윌래밋 밸리 피노 누아)	레드 : 라이트바디, 브라이트, 제스티, 낮은 타닌(바르베라 다스티)
빙어 팬프라이	화이트 : 라이트웨이트, 크리스프, 스토니(오카나간 밸리 리슬링)	화이트 : 아로마틱, 프루티, 라운드(예키모 밸리 루싼느/마르싼느)
마늘 아이올리를 곁들인 콘밀 크러스티드 하마 하마 오이스터	화이트 : 라이트웨이트, 크리스프, 스토니(오리건 언오크드 샤르도네)	화이트 : 아로마틱, 프루티, 라운드(윌래밋 밸리 피노 그리)
베리 렐리시를 곁들인 스모크드 알라스칸 광어(자연산 태평양 광어, 링곤베리, 멜론베리, 타임, 오렌지 제스트)	화이트 : 아로마틱, 프루티, 라운드(오카나간 밸리 게뷔르츠트라미너)	화이트 : 아로마틱, 프루티, 라운드(나파 밸리 소비뇽 블랑)
새먼 앤 와일드 비트 아스파라거스 샐러드(홍연어, 골든 비트, 아스파라거스, 사워크림-호스래디시 드레싱, 물냉이)	화이트 : 아로마틱, 프루티, 라운드(나파 밸리 소비뇽 블랑)	화이트 스파클링 : 라이트웨이트, 크리스프, 스토니(오카나간 밸리 샤르도네)

표 14-16 퍼시픽 노스웨스트 야생 동물 고기 요리와 와인 페어링

음식	가장 잘 어울리는 와인 스타일(예)	대체할 수 있는 와인 스타일(예)
사과와 부추를 곁들인 새끼비둘기 구이(새끼비둘기, 사과, 로즈마리, 머스터드, 펜넬, 생강)	레드 : 라이트바디, 브라이트, 제스티, 낮은 타닌(윌래밋 밸리 피노 누아)	레드 : 미디엄-풀바디, 균형 잡힌, 중간 수준의 타닌(오카나간 밸리 시라)
야생 엘크와 블루베리 소시지(로스트 엘크, 블루베리, 로즈마리, 마늘, 베이컨, 양파, 레드 와인, 주니퍼 베리)	레드 : 미디엄-풀바디, 균형 잡힌, 중간 수준의 타닌(워싱턴 스테이트 시라)	레드 : 미디엄-풀바디, 균형 잡힌, 중간 수준의 타닌(워싱턴 스테이트 메를로)
베니슨 셰퍼드 파이(사슴고기, 매시드 포테이토, 타임, 양파, 당근, 완두콩, 토마토, 그뤼에르 치즈)	레드 : 미디엄-풀바디, 균형 잡힌, 중간 수준의 타닌(오카나간 밸리 카베르네 블렌드)	화이트 : 풀바디, 소프트, 우드 숙성(오카나간 밸리 샤르도네)
딜 아이올리를 곁들인 알래스카 에일-배터드 머쉬룸(지역 에일, 양송이)	화이트 : 라이트웨이트, 크리스프, 스토니(컬럼비아 밸리 리슬링)	화이트 : 풀바디, 소프트, 우드 숙성(산타바바라 화이트 론 블렌드)

어난 자연산 버섯이 생산되며, 여기에는 매우 귀하고 가격이 높은 일본 송이버섯도 포함된다. 수많은 야생 식물과 허브 역시 음식 재료와 치료제를 목적으로 재배된다. 야생 동물 고기는 대부분 풍미가 강하고 로부스트한 레드 와인과 페어링해야 하며, 웨스트코스트 지역에서 이런 와인은 부족함 없이 찾을 수 있다. 그 가운데 몇 가지 추천할 만한 목록을 표 14-16에 담았다.

캐나다

캐나다는 지역마다 독특한 유산을 간직한 문화를 지닌 까닭에 하나에 녹아든 멜팅 폿이라기보다 모자이크 같은 곳이다. 하지만 경계가 서로 녹아든 데다 계절별로 구할 수 있는 먹거리가 다른 까닭에 차별화되고 지역을 기반으로 한 조리법이 만들어졌고 계속해서 발전했다. 퀘벡은 여전히 프랑스의 강력한 영향을 유지하고 있지만 온타리오와 프레리 지역의 음식은 퍼스트 네이션스(First Nations, 이누이트와 메티스를 제외한 캐나다 토착민을 일컫는 말-역주) 등 여러 민족의 배경이 혼합되어 만들어졌다. 이곳의 음식과 와인 분야는 급격하게 확장되고 성장하고 있다. 토론토와 몬트리올은 세계에서 저녁식사를 즐기기에 최고의 도시에 속한다.

캐나다 사람처럼 집 밖에서 식사를 할 때는 캐나다에서 생산되는 뛰어난 와인을 함께 마시는 것도 잊지 말라. 지난 30여 년 동안 캐나다 와인 생산 및 문화는 급속도로 발전했고, 캐나다 포도 재배 지역의 특성상 이는 모두 냉온대기후 와인에 속한다.

퀘벡 사람들

캐나다에서 음식문화가 올드 월드와 가장 밀접하게 연결되어 있는 곳이 바로 퀘벡이다. 음식에 대한 진지한 열정을 지닌 장인의 문화라고 할 정도다. 돼지, 오리, 소 등 어떤 재료로 만들든 전통적인 퀘벡 음식은 지방 함량이 높으며 이는 프랑스 북부와 매우 흡사하다. 혹독한 자연 환경에서 살아남기 위해서는 에너지가 많을수록 유리하고 퀘벡의 추운 겨울을 생각한다면 이는 합리적인 선택이었다.

퀘벡은 고유의 미트파이인 **투르트**, 미트 그레이비 소스와 치즈 커드를 뿌린 프렌치프라이인 푸틴, 프랑스계 이민자들의 콩 수프, 단풍나무 시럽, 북아메리카 최고의 우유 치즈를 만들어내는 수많은 수제 치즈 제조자로 유명하다.

퀘벡에서 가장 오래된 음식 전통 가운데 단풍나무 시럽이 있다. 수많은 음식 축제가 해마다 시럽 채취 시기에 맞춰 단풍나무 수액이 흐르기 시작할 무렵부터 열린다. 많은 퀘벡 사람들은 단풍나무 시럽으로 만들 수 있는 모든 먹거리를 즐기기 위해 일종의 설탕 오두막(sugar shack, 수액을 끓여 시럽으로 가공하는 장소-역주)을 찾아 모험을 떠난다. 달걀, 햄, 콩 요리를 달콤하고 향이 강하며 황금빛을 띤 이 진한 액체에 담근 음식도 여기에 포함된다. 하지만 깊은 숲에 들어가서 수액을 채취하는 일은 당신의 몫이 아니니 모험을 두려워할 필요는 없다. 유럽 분위기가 나는 우아한 최고급 레스토랑에서 근사한 선술집과 간편한 식사를 할 수 있는 작은 레스토랑까지, 퀘벡의 레스토랑 문화는 매우 발달되어 있다. 저녁식사를 하러 레스토랑에 가면 무료로 와인 교육도 받을 수 있다. 퀘벡은 북아메리카 대륙에서 와인 문화가 가장 발전한 곳 가운데 하나이며, 레스토랑에서는 대부분 소믈리에를 고용하는 것을 당연한 일로 받아들인다.

뱃속까지 끈적일 것 같은 이곳의 음식은 레드든 화이트든 견고한 와인과 페어링해야

표 14-17 퀘벡 음식과 와인 페어링

음식	가장 잘 어울리는 와인 스타일(예)	대체할 수 있는 와인 스타일(예)
퀘벡식 완두콩 수프(옐로 피, 햄 호크, 양파, 샐러리, 당근, 세이보리, 셰리)	화이트 : 풀바디, 소프트, 우드 숙성(나이아가라 페닌슐라 샤르도네)	화이트 : 아로마틱, 프루티, 라운드(알자스 피노 그리)
돼지고기와 송아지 고기 투르트(깍둑썰기한 돼지고기, 송아지 고기, 쇠고기, 마늘, 양파, 세이지, 타임, 정향을 페이스트리 크러스트에 넣음)	레드 : 미디엄-풀바디, 균형 잡힌, 중간 수준의 타닌(오카나간 밸리 시라)	레드 : 미디엄-풀바디, 균형 잡힌, 중간 수준의 타닌(샤토네프 뒤 파프)
캐나다식 푸친(유콘 골드 감자, 치즈 커드, 쇠고기 그레이비, 소금, 후추)	레드 : 라이트바디, 브라이트, 제스티, 낮은 타닌(프린스 에드워드 카운티 피노 누아)	레드 : 라이트바디, 브라이트, 제스티, 낮은 타닌(보졸레 빌리 가메)
몬트리올 베이크드 빈(돼지 지방, 네이비 빈, 양파, 샐러리, 케첩, 당밀, 드라이 머스터드, 단풍나무 시럽, 로즈마리)	레드 : 미디엄-풀바디, 균형 잡힌, 중간 수준의 타닌(샤토네프 뒤 파프)	레드 : 미디엄-풀바디, 균형 잡힌, 중간 수준의 타닌(리베라 델 두에로 템프라니요)
사과즙, 단풍나무 시럽 글레이즈를 곁들인 퀘벡식 어린 양고기 로스트(단풍나무 시럽, 사과즙, 오렌지 제스트, 민트, 핑크 페퍼콘을 첨가함)	화이트 : 아로마틱, 프루티, 라운드(오프-드라이/레이트 하비스트)(알자스 게뷔르츠트라미너)	오프-드라이 : 사과주(퀘벡 스파클링 하드 사이더)

한다. 몇 가지 추천 와인은 표 14-17에 있다.

온타리오와 프레리

캐나다에서 인구가 가장 많은 지역이자 다양한 문화를 지닌 곳이 바로 온타리오 주다. 이곳의 주도인 토론토는 토종 이탈리아, 중국, 인도, 그리스, 포르투갈, 폴란드, 베트남, 자메이카, 라틴, 우크라이나 등 다양한 민족과 전 세계 수많은 음식으로 구성된 거대한 문화 모자이크 같은 도시다. 그러므로 이곳의 셰프들은 수많은 영감을 바탕으로 자신만의 음식을 창조해 낼 수 있었다. 그리고 느리지만 확실하게 온타리오 지역 음식문화에 대한 세간의 관심은 높아지고 있다.

캐나다 전국에 최고 품질의 쇠고기를 공급하는 앨버타는 캐나다 목축업의 수도라 할 수 있다. 육지에 둘러싸인 지리적 특성 때문에 사람들은 간단하게 조리한 쇠고기 요리를 통해 거의 모든 단백질을 섭취한다.

표 14-18 온타리오 음식과 와인 페어링

음식	가장 잘 어울리는 와인 스타일(예)	대체할 수 있는 와인 스타일(예)
청나래고사리를 곁들인 북 온타리오식 피클 강꼬치고기(식초, 소금, 설탕, 피클로 만든 향신료, 버섯, 칠리)	화이트 : 라이트웨이트, 크리스프, 스토니(나이아가라 페닌슐라 드라이 리슬링)	화이트 : 라이트웨이트, 크리스프, 스토니(프린스 에드워드 카운티 샤르도네)
아이스와인에 포칭한 복숭아를 곁들인 팬-시어드 푸아그라(펄 어니언, 타라곤, 타임을 첨가함)	스위트 : 레이트 하비스트(나이아가라 페닌슐라 비달[오크 숙성])	스위트 : 귀부 와인(소테른)
앨버타 쇠고기 스튜(소 앞다리 구이, 양파, 감자, 베이컨, 드라이 허브, 계피, 레드 와인, 당근, 루타바가)	레드 : 미디엄-풀바디, 균형 잡힌, 중간 수준의 타닌(오카나간 밸리 카베르네 블렌드)	레드 : 미디엄-풀바디, 균형 잡힌, 중간 수준의 타닌(버건디 피노 누아)
구운 버섯을 곁들인 들소 메달리온(들소 안심, 버섯, 세이지, 마늘, 레드 와인)	레드 : 미디엄-풀바디, 균형 잡힌, 중간 수준의 타닌(오카나간 밸리 시라)	레드 : 미디엄-풀바디, 균형 잡힌, 중간 수준의 타닌(바로사 밸리 시라)
밀 맥주 꿀 글레이즈를 곁들인 돼지갈비찜(돼지 갈비, 맥주, 황설탕, 꿀, 카이엔, 마늘, 머스터드, 타임)	레드 : 라이트바디, 브라이트, 제스티, 낮은 타닌(오카나간 밸리 피노 누아)	화이트 : 라이트웨이트, 크리스프, 스토니(모젤 리슬링 슈페트레제)
새스커툰 시금치와 펜넬 샐러드(시금치, 펜넬 구근, 아마씨, 파프리카, 새스커툰 베리, 피칸)	화이트 : 아로마틱, 프루티, 라운드(오카나간 밸리 아로마틱 화이트 블렌드)	화이트 : 아로마틱, 프루티, 라운드(나이아가라 페닌슐라 소비뇽 블랑)

[호주 와인]

북아메리카에 사는 사람이라면 호주 와인도 고려해 보는 것이 바람직할 것이다. 1788년 처음 영국 죄수들이 오늘날 시드니로 알려진 뉴사우스웨일스 주의 항구에 정박했을 때 포도나무도 함께 도착했다. 호주가 아직 죄수들의 유형지이던 시절, 와인 제조 전문가들은 와인을 만들어도 판매할 곳이 없었다. 하지만 1800년대 금을 찾아 유럽 자유 정착민들이 도착하면서 포도밭은 생존을 넘어서 번창할 수 있었다. 호주는 1980년대와 1990년대 와인 분야에서 엄청난 수출 호황을 누렸고, 21세기 초반에는 수익성을 높이는 기술이 개발되었다. 게다가 영리한 마케팅을 통해 프루티하고 햇살이 가득 담긴 와인이 폭넓은 소비자의 호응을 끌어내며 그 기세에 박차를 가했다. 호주 남서부 광범위한 지역에서 생산된 와인으로 지역적 블렌드가 탄생한 덕에 호주는 물량과 스타일의 일관성이라는 두 마리 토끼를 모두 잡았다. 이는 성공을 위한 조리법 아닌가.

오늘날 호주 와인 분야는 엄청나게 다분화되었으며 호주는 더 이상 라벨만 사랑스러운 저렴한 와인으로 규정할 수 없게 되었다. 남부와 서부의 여러 주 전역에서 포도가 재배되지만 가장 활발하게 생산되는 곳은 사우스오스트레일리아다. 그리고 바로사 밸리, 맥라렌 베일, 쿠나와라 등 호주에서 가장 유명한 와인 생산지가 바로 여기에 속한다. 다양한 품종이 재배되고 있지만 사우스오스트레일리아는 뭐니 뭐니 해도 볼드하고 리치하며 매우 원숙한 스타일의 쉬라즈로 가장 잘 알려져 있다. 이곳의 쉬라즈는 풀바디의 터보차지된 카테고리에 확실하게 맞아 떨어진다. 이런 와인은 커리, 숯불에 구운 붉은 육류 등 같은 수준으로 대담한 풍미를 지닌 음식이 테이블에 올라올 때면 매우 훌륭한 페어링을 이룬다. 기후가 약간 더 차가운 쿠나와라, 그 가운데서도 **테라 로사**라고 불리는 토질을 지니고 시가 모양을 한 작은 포도 경작지는 호주 최고의 카베르네 소비뇽 생산지 가운데 한 곳이다. 사우스오스트레일리아, 그중에서도 주로 클레어와 이든 밸리에서 최고의 드라이 리슬링이 생산되며, 이 와인들은 드라이하고 크리스프하며 스토니한 풍미와 라임 음료 같은 독특한 향을 지닌 스타일이다. 이곳의 리슬링은 숙성하면 정말 엄청나게 좋은 와인으로 성장한다.

샤르도네와 피노 누아 애호가라면 빅토리아 주의 와인을 살펴보는 것이 좋을 것이다. 배스 해협을 따라 위치한 모닝턴 반도, 조금 더 내륙인 야라 밸리 지역 등은 기후가 더 차고, 그 결과 정제되고 음식 친화적인 와인이 활발하게 생산되고 있다. 이곳의 와인은 고전적인 버건디보다 약간 묵직하지만 전형적인 캘리포니아 스타일 피노나 샤르도네보다 덜 적극적이다. 웨스턴오스트레일리아는 호주 전체 연간 와인 생산량에서 고작 5퍼센트만 차지하지만 그 소량이 엄청난 호평을 받으며, 특히 마거릿 리버 지역에서 생산된 고전적인 보르도 스타일 블렌드, 레드 와인, 화이트 와인, 샤르도네는 세계적으로 각광받고 있다. 하지만 소믈리에들은 뉴사우스웨일스 주의 헌터 밸리에서 생산된 놀라운 세미용을 선택할 것이다. 어릴 때는 날카롭게 드라이하고 산도가 강하지만 10년 이상 시간이 흐르면 남반구에서 가장 놀라운 화이트 와인으로 피어난다.

물론 캐나다에서는 아이스와인 말고도 많은 와인이 생산된다. 특히 온타리오의 경우 식탁 위에서 매우 다재다능하고 고급스러운 냉온대기후 스타일의 와인이 알려지고 있다. 주요 화이트 와인은 샤르도네와 리슬링이지만 개인적으로 나는 레드 와인의 경우 피노 누아와 카베르네 프랑을 선택할 것이다. 가끔은 보르도 스타일의 블렌드도 더할 나위 없을 것이다. 표 14-18에는 각각의 추천 와인이 담겨 있다.

chapter

15

버터와 동물성 지방의 땅 : 북유럽

제15장 미리보기

- 프랑스 북부식으로 식사를 한다.
- 이탈리아, 로마 북쪽 지방의 음식문화를 탐험한다.
- 게르만계 중앙 유럽 음식을 먹는다.
- 영국에서 펍 호핑을 한다.

이번 장에서는 북유럽의 음식을 살펴볼 것이다. 이곳은 올리브 오일을 주로 사용하는 지중해 지역과 달리 버터와 동물성 지방을 조리에 사용한다. 이번 장에서는 독일과 오스트리아, 스위스, 영국은 물론 프랑스 북부 지방과 이탈리아 북부를 살펴볼 것이다. 제4부의 다른 장과 마찬가지로 이 지역의 모든 전통 음식을 포괄적으로 살펴보지는 않을 것이다. 대신 해당 지역으로 여행을 하면서, 또는 여행에서 돌아와 자신이 사는 지역에서 이곳들의 영향을 받은 레스토랑(혹은 자신의 집)에서 발견할 음식 가운데서 예를 들 것이다.

같은 지역에서 생산된 음식과 와인으로 페어링이 탄생하기도 한다. 대단한 소믈리에가 아니더라도 **뵈프 부르기뇽**(쇠고기 볼살 스튜-역주)에는 레드 버건디를, 바롤로를 넣고 만든 쇠고기 찜인 브라사토 알 바롤로에는 바롤로가 좋은 페어링이 될 거라는 생각 정도는 할 수 있다. 하지만 훨씬 북쪽인 유럽, 와인이 생산되지 않는 곳에 가면 맥주와 독한 사과주, 벌꿀주, 증류주가 전통적으로 서빙된다. 이곳에는 시행착오를 거치며 정립된 음식과 와인 페어링이 존재하지 않으므로 이제 지구상 어디서든 구할 수 있는 광범위한 와인의 세계에서 몇 가지 제안을 이끌어낼 것이다.

프랑스 북부

공식적으로 의견이 통일된 것은 아니지만 일반적으로 프랑스는 루아르 강을 기준으로 정확하게 나뉜다. 길이가 1,000킬로미터에 달하는 루아르 강은 수원지인 론 강 인근의 마시프상트랄에서 시작되어 북쪽으로 흐르다가 서쪽으로 방향을 틀어 대서양에 면한 낭트로 향한다. 날씨, 언어, 수확물, 와인, 그리고 음식까지 루아르 북쪽에서는 모든 것이 확실하게 북쪽 느낌이 난다. 지역적으로 이는 북서쪽으로는 노르망디와 브르타뉴, 동쪽으로는 버건디와 알자스, 중앙에는 루아르 계곡에서 벨기에와 국경을 접한 프랑스 최북단 노르파드칼레까지 포함된다. (프랑스 남부에 대해서는 제13장에서 다루었다.)

프랑스 북부와 남부 음식은 어떻게 다를까

프랑스 북부와 남부를 오가며 여행할 때 지역 시장에 가거나 레스토랑 메뉴만 보더라도 이곳이 같은 국가라는 사실을 믿기 힘들 것이다. 북쪽은 맥주와 사과주는 말할 것도 없고 녹색의 목축지와 방목해서 풀을 먹이는 가축, 쇠고기, 버터, 크림, 우유로 만든 치즈, 한류에 서식하는 갑각류와 생선, 과실수 열매뿐이다. 예상했겠지만 이곳은 대대로 이런 재료만 구할 수 있었고, 그 때문에 지역의 음식이 탄생하게 되었다. 게다가 추운 기후 탓에 더 기름지고 크림을 주재료로 한 음식이 만들어졌다.

반면 남부로 갈수록 기온이 높아지고 햇살은 더 밝게 빛나며 농산물의 재배 기간이 훨씬 길어진다. 바위가 많고 건조한 땅에서 생존할 수 있는 것은 양과 염소뿐이다. 그리고 올리브 나무의 생육이 잘 되므로 올리브 오일이 왕인 지역이다. 프랑스 남부에서는 신선한 농작물로 최소한의 조리 과정을 거쳐 기름기가 적은 가벼운 음식이 만들어진다.

하지만 프랑스를 하나로 통합하는 것이 있다. 바로 와인이다. 프랑스인은 모두 대대로 내려오는 와인 문화에 큰 자부심을 느낀다. 북쪽이든 남쪽이든 프랑스에서는 조리는 물론이고 힘든 일상을 마치고 피로를 씻어낼 때 와인을 이용한다.

한 끼로 손색없는 수프와 샌드위치

프랑스 북부에서는 수프와 샌드위치를 매일 주식으로 먹는다. 조리법은 대대로 전수되며, 전통적 삶의 방식을 고수하는 것과 마찬가지로 가족의 전통으로 지켜지고 있다.

세계의 수프 종류에 기여한 것 중 가장 유명한 것이라면 아마도 알자스 지방의 고전적인 프랑스 양파 수프일 것이다. 이제 이 음식은 전 세계 고급 레스토랑은 물론 저렴한 펍에서도 인기를 끌고 있다. 추운 겨울날, 따뜻하게 덥힌 바삭한 바게트를 곁들여 뜨거운 수프 한 접시를 호호 불어가며 먹는 것만큼 몸과 마음을 덥혀줄 수 있는 것은 드물다. 물론 와인 한 잔도 곁들여야 할 것이다. 표 15-1에서는 프랑스 수프 및 샌드위치와 와인 페어링을 살펴보았다.

표 15-1 프랑스 수프 및 샌드위치와 와인 페어링

지역	음식	가장 잘 어울리는 와인 스타일(예)	대체할 수 있는 와인 스타일(예)
알자스	수프 알 로뇽(버터, 쇠고기 육수, 코냑, 프렌치 브레드, 그뤼에르 치즈, 파슬리)	화이트 : 아로마틱, 프루티, 라운드(알자스 피노 그리)	화이트 : 풀바디, 소프트, 우드 숙성(파소 로블레스 루싼느)
로렌	스트링 빈 수프(그린 빈, 훈제 베이컨, 양파, 감자, 크림, 파슬리)	화이트 : 라이트웨이트, 크리스프, 스토니(알자스 리슬링)	로제 : 드라이(타벨 그르나슈)
샴페인-아르덴	샴페인 주트(당근, 순무, 감자, 양배추를 넣고 햄, 베이컨, 소시지, 닭고기로 만든 스튜)	화이트 : 아로마틱, 프루티, 라운드(알자스 피노 그리)	레드 : 미디엄-풀바디, 균형 잡힌, 중간 수준의 타닌(버건디 피노누아)
파리 일 드 프랑스	크로크무슈(구워서 버터를 바른 브리오슈에 햄, 에멘탈 치즈, 그뤼에르 치즈를 곁들인 음식)	화이트 : 아로마틱, 프루티, 라운드(알자스 게뷔르츠트라미너)	화이트 스파클링 : (샴페인)

육류, 가금류, 야생 동물 고기

세상 거의 모든 육류 요리책을 프랑스 사람이 썼다고 해도 과언이 아니다. 용기 하나에 모든 재료를 넣고 뭉근하게 끓여 내는 찜과 스튜부터 요새 인기를 끄는 수비드(sous vide, 주머니에 넣고 끓인다는 의미다) 조리법을 사용한 음식, 그리고 풍성한 일요일 저녁식사용 구이로 지방을 넣고 포칭하여 만든 콩피까지 프랑스인은 최대한 육즙을 보존하면서도 단백질이 지닌 풍미와 감칠맛을 극대화하는 법을 안다. 이러한 조리법, 그리고 그렇게 만들어진 음식은 와인과의 친화력이 너무나도 높다. 마치 음식을 할 줄 아는 프랑스인은 누구나 와인과의 페어링을 염두에 두고 있는 것 같다.

숲에 사는 야생 조류에서 쇠고기, 오리고기, 닭고기, 토끼와 사슴고기, 그리고 산토끼고기까지 재료로 사용된다. 그리고 그 모든 것이 구리로 바닥을 댄 찜기, 또는 도기로 만들거나 주물로 떠서 광택을 낸 주철 용기 안에 담긴다. 표 15-2에는 일반적인 프랑스 육류 요리와 와인의 페어링을 몇 가지 소개했다.

표 15-2 프랑스 육류 요리와 와인 페어링

지역	음식	가장 잘 어울리는 와인 스타일(예)	대체할 수 있는 와인 스타일(예)
알자스	알자스 베케오프(당근, 부추, 프렌치 허브와 와인을 넣고 끓인 어린 양고기, 돼지고기, 쇠고기 캐서롤 스튜)	화이트 : 아로마틱, 프루티, 라운드(알자스 게뷔르츠트라미너)	레드 : 미디엄-풀바디, 균형 잡힌, 중간 수준의 타닌(버건디 피노 누아)
버건디	뵈프 부르기뇽(감자, 당근, 양파, 마늘, 부케 가르니와 함께 레드 버건디에 넣고 익힌 쇠고기 찜)	레드 : 미디엄-풀바디, 균형 잡힌, 중간 수준의 타닌(버건디 코트 드 뉘 피노 누아)	레드 : 풀바디, 딥, 로부스트, 터보차지, 츄이한 질감(샤토네프 뒤 파프)
버건디	코코뱅(레드 버건디, 베이컨, 버섯, 펄 어니언, 마늘, 당근, 부케 가르니와 함께 익힌 수탉 찜)	레드 : 미디엄-풀바디, 균형 잡힌, 중간 수준의 타닌(버건디 피노 누아)	레드 : 라이트바디, 브라이트, 제스티, 낮은 타닌(크뤼 보졸레 가메)
루아르 밸리	르망 리예트 드 포(돼지 뱃살, 린 햄, 녹인 돼지 지방, 고수 씨앗, 타임, 마늘, 페퍼콘을 테린이라는 질그릇에 담아 바게트, 코니숑과 함께 내는 음식)	화이트 : 라이트웨이트, 크리스프, 스토니(부브레 데미섹 슈냉 블랑)	레드 : 라이트바디, 브라이트, 제스티, 낮은 타닌(시농 카베르네 프랑)
노르망디	시베 드 세(오렌지즙, 레드 와인, 쇠고기 육수에 레드 커런트, 오렌지 제스트, 주니퍼를 넣고 함께 익힌 사슴고기 찜)	레드 : 풀바디, 딥, 로부스트, 터보차지, 츄이한 질감(생테스테페 보르도 블렌드)	레드 : 풀바디, 딥, 로부스트, 터보차지, 츄이한 질감(타우라시 알리아니코)

육류를 와인에 넣고 '프랑스식' 찜을 만들더라도 와인을 남겨놓아라. 아니면 식탁에 내놓을 것과 비슷하지만 가격은 저렴한 와인으로 찜을 하라. 예를 들어 일반적인 부르고뉴 루즈를 넣고 쇠고기 부르기뇽을 만든다면 이보다 더 품질이 높은, 빌라주 수준의 버건디, 혹은 그 이상의 와인을 서빙해야 한다.

생선과 조개

브르타뉴와 노르망디는 어업이 매우 발달한 곳으로서 브르타뉴에서만 프랑스 조개 채취의 80퍼센트가 이루어진다. 이 지역에는 굴, 게, 바닷가재, 국자가리비, 작은 새우, 홍합, 경단고둥이 풍부하다. 또한 화이트 와인, 크림, 마늘과 함께 조리한 물 뫼니에르(moules marinières, 선원의 홍합이라는 의미다)를 비롯한 많은 전통 음식이 있다. 가자미도 있지만 이 지역 바다 특산품인 서대기의 경우 단순하지만 세월의 흐름에도 사랑받는 음식 솔 뫼니에르(sole meunière)의 재료로 사용된다. '제분업자의 서대기'라는 의미를 지닌 이 요리는 버터를 두른 팬에 레몬즙과 후추를 넣고 지지기 전, 생선에 밀

표 15-3 프랑스 해산물 요리와 와인 페어링

지역	음식	가장 잘 어울리는 와인 스타일(예)	대체할 수 있는 와인 스타일(예)
파리 일 드 프랑스	퀴스 드 그허노이유(밀가루를 묻혀 튀긴 다음 마늘, 버터, 파슬리 소스를 곁들여 내는 개구리 다리)	화이트 : 라이트웨이트, 크리스프, 스토니(상세르 소비뇽 블랑)	화이트 : 라이트웨이트, 크리스프, 스토니(말보로 소비뇽 블랑)
노르망디	플레통 오 크러베트 에 크렘 프레슈(새우, 홍합, 사과주, 버터, 꾀꼬리버섯, 핑거링 감자와 함께 레몬, 크렘 프레슈로 만든 소스에 넣고 포칭한 가자미 요리)	화이트 : 라이트웨이트, 크리스프, 스토니(알자스 리슬링)	화이트 : 라이트웨이트, 크리스프, 스토니(루아르 밸리 슈냉 블랑)
노르망디	솔 뫼니에르(버터, 레몬즙, 블랙 페퍼, 파슬리를 곁들인 튀긴 서대기)	화이트 : 풀바디, 소프트, 우드 숙성(풀리니-몽라셰 샤르도네)	화이트 : 풀바디, 소프트, 우드 숙성(모닝턴 페닌슐라 샤르도네)
브르타뉴	물 마리니에르(마늘, 샬롯, 파슬리, 타임, 화이트 와인, 크림과 함께 조리하여 빵 한 조각과 함께 내는 홍합 요리)	화이트 : 라이트웨이트, 크리스프, 스토니(뮈스카데)	화이트 : 아로마틱, 프루티, 라운드(앙트르 두 메르 소비뇽/세미용)
브르타뉴	코트리아드(감자와 함께 끓인 다음 토스트로 구운 바게트 위에 부어서 내는, 여러 가지 생선으로 만든 스튜)	화이트 : 라이트웨이트, 크리스프, 스토니(부브레 섹 슈냉 블랑)	화이트 : 아로마틱, 프루티, 라운드(바하우 그뤼너 벨트리너)

가루를 입히는 데서 이름이 만들어졌다.

라이트하고 크리스프한 드라이 와인은 침샘을 자극하는 새콤한 음식과 잘 어울리고, 풀바디감을 지니고 향이 강한 와인은 짭짤하고 바다 향을 지녔으며 정교한 풍미를 지닌 많은 조개류와 잘 어울린다. 루아르 밸리와 알자스는 이러한 카테고리에 속하는 와인이 많이 생산된다. 하지만 전 세계에서 생산되는 이와 유사한 스타일의 다양한 와인 가운데 하나를 선택할 수도 있다. 표 15-3은 일반적인 프랑스 해산물 요리와 와인의 페어링을 담았다.

디저트–파티셰리

프랑스 음식의 레퍼토리는 놀랍도록 다양한 정교한 음식으로 구성되며, 여기에는 퇴폐적이라 할 수 있는 파이, 케이크, 트뤼플, 타르트, 에클레르, 그리고 각종 크렘 뷜레

표 15-4 프랑스 디저트와 와인 페어링

지역	음식	가장 잘 어울리는 와인 스타일(예)	대체할 수 있는 와인 스타일(예)
여러 지역	크렘 카라멜(캐러멜 소스를 위에 올린 크림 커스터드)	스위트 : 레이트 하비스트 귀부 와인(소테른)	스위트 : 파시토 스타일(빈산토 디 토스카나)
여러 지역	크렘 뷜레(경화된 캐러멜화 설탕을 위에 얹은 크림 커스터드)	스위트 : 레이트 하비스트 귀부 와인(소테른)	스위트 : 강화 화이트 와인(뮈스카 드 봄 드 브니스)
파리 일 드 프랑스	타르트 타탱(완성한 다음 뒤집은 캐러멜화 애플 타르트)	스위트 : 레이트 하비스트 귀부 와인(코토 뒤 레이용 슈냉 블랑)	스위트 : 레이트 하비스트 귀부 와인(라인가우 리슬링 베렌아우스제레)
로렌	타르트 아 라 리바르브(페이스트리 크러스트와 정제당, 바닐라, 달걀, 크림, 우유로 만든 루바브 타르트)	스위트 : 레이트 하비스트 아이스와인(나이아가라 페닌슐라 카베르네 프랑)	스위트 : 스파클링 레드 와인(브라케토 다퀴)
여러 지역	일 플로통트(크렘 앙글레즈를 얹는, '떠다니는 섬'이라는 의미를 지닌 머랭)	스위트 : 레이트 하비스트 귀부 와인(바르삭)	스위트 : 레이트 하비스트 아이스와인(나이아가라 페닌슐라 비달)
파리	크레페 수제트(캐러멜화한 버터와 설탕 소스, 오렌지 주스와 제스트와 함께 그랑 마니에르 리큐어에 넣고 끓인 크레페)	스위트 : 레이트 하비스트 와인(알자스 게뷔르츠트라미너 방당주 타르디브)	스위트 : 파시토 스타일(산토리니 빈산토 아시르티코 블렌드)
여러 지역	샤를로트 오 프레즈(딸기 퓨레, 커스터드를 발라 층층이 쌓은 스펀지케이크)	스위트 : 강화 레드 와인(바뉼 그르나슈)	스위트 : 레이트 하비스트 아이스와인(나이아가라 페닌슐라 카베르네 프랑)

같이 커스터드를 베이스로 한 디저트가 포함된다. 프랑스 북부는 특히 버터와 크림을 재료로 만든 디저트로 잘 알려져 있다. 이는 이 지역에서 주요 산업이 낙농업이라는 사실을 고려하면 당연한 일이다. 표 15-4에서는 프랑스 북부의 수많은 디저트 가운데 극히 일부를 소개했지만 전 세계 프랑스 비스트로에서 찾을 수 있는 기본적인 전통 디저트가 포함되어 있다.

이탈리아 북부

이탈리아 북부와 남부의 음식은 극적으로 다르다. 남부에서는 밀과 드라이 파스타가 주를 이루는 반면 북부에서는 쌀, 옥수수, 감자, 리소토, 폴렌타, 뇨키, 막 반죽한 에그 파스타가 중심을 이룬다. 이를 보면 프랑스와 게르만에서 영향을 받았다는 사실이 명확하게 드러난다. 반면 남부는 아랍과 무어인에게서 영향을 받았다. 또한 남부는 조리에 올리브 오일을 반드시 사용하는 반면 북부는 버터가 빠지지 않는다. 식사의 시작 단계에서 마무리까지 수많은 조리법에 버터가 사용된다. 북부 음식은 토마토를 덜 사용하는 대신 고기 육수인 브로도나 와인으로 음식에 촉촉함을 더한다. 그 밖에도 수많은 차이점이 있다.

다음 섹션에서는 로마의 북쪽에 위치한 부유한 지역의 전통적인 음식 몇 가지를 살펴볼 것이다. 파르미지아노 레지아노, 프로슈토 디 파르마, 볼로냐, 숙성 발사믹 식초 등 많은 재료가 북부에서 생산되고 일반적으로 사용된다.

이탈리아 북부는 와인도 놀랄 정도로 풍부하며, 음식과 가장 친화적인 최고 품질의 와인을 어디서든 생산하고 있다. (나는 전 세계 수많은 장소 가운데 음식을 먹고 와인을 마실 곳을 딱 한 군데 고른다면 어디냐는 질문에 피에몬테라는 대답을 자주 한다.) 이곳에서는 다양한 이름을 걸고 생산되는 가비, 돌체토, 바르베라 등 유명한 와인을 찾을 수 있다. 그 밖에 몇 가지만 더 언급하더라도 바르바레스코와 바롤로, 발폴리첼라와 아마로네, 키안티, 브루넬로 디 몬탈치노, 비노 노빌레 디 몬테풀치아노가 있다.

지역적 차이에 따라 음식과 와인 스타일이 달라지기는 하지만 와인과 음식의 페어링은 정치적 목적만을 위해 그어놓은 경계를 뛰어넘는다. 물론 고전적인 지역의 페

어링이 존재하며, 이는 몇 세기 동안 조리법과 와인 제조 방식을 시험하고 정제한 끝에 서로 잘 어울리게 만들어진 것이다. 하지만 무슨 일이 있어도 지켜야 하는 관습은 없다. 이탈리아에서도 다른 지역과 나라에서 생산된 셀 수 없이 많은 와인을 구할 수 있고 이는 이탈리아 고유의 지역 음식과 조화를 이룰 수 있다. 그러므로 고전적인 페어링은 시작점으로만 삼고 직접 도전해야 한다. 지금 우리에게 주어진 것 같은 기회가 있었다면 르네상스 시대 사람들 역시 그렇게 했으리라 확신한다.

수프

이탈리아 수프는 그 자체로 소박하지만 영양가가 풍부한 한 끼 식사다. 다른 곳에서라면 액체를 마시는 동시에 또 다른 액체를 마신다는 것이 이상하게 보일지 몰라도 이탈리아인들은 이 영양가 높은 수프를 마시며 와인을 마시는 일을 당연하게 생각한다. 실제로 둘은 떼려야 뗄 수 없는 관계에 있다. 표 15-5의 내용을 따라 해보는 건 어떨까. 이탈리아 북부의 인기 있는 수프에는 미네스트로네, 파스타 에 파지올리가 있다. 두 가지 모두 콩을 주재료로 만들어지고 매우 와인 친화적이다.

파스타, 뇨키, 폴렌타, 리소토

파스타 아시우타는 듀럼밀로 만들어지는 건조 파스타이며 세몰리나라고도 알려진 파

표 15-5 이탈리아 수프와 와인 페어링

지역	음식	가장 잘 어울리는 와인 스타일(예)	대체할 수 있는 와인 스타일(예)
토스카나	파스타 에 파지올리(마카로니, 올리브 오일, 마늘, 양파, 토마토 페이스트, 햄 트로터, 허브, 닭고기 육수로 만든 카넬리니 빈 수프)	레드 : 라이트바디, 브라이트, 제스티, 낮은 타닌(키안티 산지오베제)	레드 : 미디엄-풀바디, 균형 잡힌, 중간 수준의 타닌(버건디 피노 누아)
에밀리아 로마냐	추파 디 페세(토마토, 마늘, 파슬리, 올리브 오일, 블랙 페퍼를 넣고 가숭어, 쏨뱅이, 오징어, 문어, 넙치로 만든 생선 스튜)	화이트 : 라이트웨이트, 크리스프, 스토니(베르디치오 데이 카스텔리 디 예지)	화이트 : 아로마틱, 프루티, 라운드(소아베 가르가네가)
리구리아	미네스트로네 알라 제노베제(토마토, 당근, 샐러리, 바질, 타임, 파슬리, 육수, 파르미지아노-레지아노 치즈를 넣고 끓인 파스타 및 콩 수프)	화이트 : 아로마틱, 프루티, 라운드(콜리 디 루니 베르멘티노)	화이트 : 아로마틱, 프루티, 라운드(알토 아디제 피노 그리지오)

스타로서 이탈리아 전역에서 사랑받지만 남부 특산물에 더 가깝다. 북부에서는 달걀을 넣어 즉석에서 반죽한 파스타 프레스카가 주요 메뉴다. 많은 이탈리아인이 이탈리아 최고의 파스타 생산자로 에밀리아 로마냐 주의 로마뇰리를 꼽는다. 갓 반죽한 두툼한 탈리아텔레, 파파르델레, 그리고 라자냐 국수의 경우 특히 그러하다. 라비올리와 아뇰로티는 물론 배꼽이라는 의미의 토르텔리니, 작은 모자라는 의미의 카펠레티 등 속을 채운 형태의 파스타도 있다.

이탈리아 북부의 소스 레퍼토리는 남부의 전통적인 토마토 소스를 훨씬 뛰어넘는 수준이다. 그 덕분에 더욱 다양한 와인과 페어링할 수 있는 통로가 열리며 이때 화이트 와인이 큰 활약을 한다. 속을 채울 경우 단순히 파스타와 어울리는 것과는 다른 와인을 페어링해야 하지만 이러한 와인이 여전히 조화를 이루는 원동력은 바로 소스에 있다. 예를 들어 버섯으로 속을 채운 라비올리라 해도 크림 소스를 곁들인다면 우

표 15-6 이탈리아 파스타 요리와 와인 페어링

지역	음식	가장 잘 어울리는 와인 스타일(예)	대체할 수 있는 와인 스타일(예)
에밀리아 로마냐	카펠레티 로마뇰리(리코타 치즈, 너트멕, 간 닭고기, 파르미지아노-레지아노 치즈, 레몬 과피, 파슬리로 속을 채워 닭 육수를 부어 내는 카펠레티 파스타)	화이트 : 라이트웨이트, 크리스프, 스토니(알바나 디 로마냐)	화이트 : 풀바디, 소프트, 우드 숙성(러시안 리버 밸리 샤르도네)
에밀리아 로마냐	스파게티 볼로네제(미트 소스를 곁들인 스파게티)	레드 : 미디엄-풀바디, 균형 잡힌, 중간 수준의 타닌(산지오베제 디 로마냐)	레드 : 풀바디, 딥, 로부스트, 터보차지, 츄이한 질감(바롤로 네비올로)
리구리아	뇨키 알 페스토(생 바질, 마늘, 올리브 오일 퓨레에 치즈를 곁들인 토마토 뇨키)	화이트 : 라이트웨이트, 크리스프, 스토니(리비에라 디 포넨테 피가토)	화이트 : 라이트웨이트, 크리스프, 스토니(헌터 밸리 세미용)
피에몬테	아뇰로티 알 프린(송아지고기로 속을 채우고 각종 채소와 함께 세이지-버터 소스와 내는 생 파스타)	화이트 : 아로마틱, 프루티, 라운드(로에로 아르네이스)	화이트 : 풀바디, 소프트, 우드 숙성(아델레이드 힐스 샤르도네)
발레다오스타	폴렌타 리카(그뤼에르, 폰티나, 홀 밀크, 버터, 소금, 파슬리, 화이트 페퍼와 함께 만든 폴렌타)	화이트 : 아로마틱, 프루티, 라운드(발레 다오스타 페티테 아르비네)	화이트 : 아로마틱, 프루티, 라운드(프리울리 피노 그리지오)
롬바르디아	리소토 밀라네즈(카르나롤리 라이스, 골수, 버터, 화이트 와인, 사프란, 닭 육수, 파르미지아노-레지아노 치즈, 블랙 페퍼로 만든 리소토)	레드 : 라이트바디, 브라이트, 제스티, 낮은 타닌(발폴리첼라)	화이트 : 아로마틱, 프루티, 라운드(소아베 가르가네가)

드 숙성된 견고한 화이트 와인을 추천하고 싶다. 하지만 똑같이 버섯으로 속을 채운 라비올리라 해도 레드 소스, 즉 토마토 소스를 곁들인다면 흙 내음이 나고 제스티한 레드 와인을 선택할 것이다. 마찬가지로 감자 뇨키(만두), 폴렌타(옥수수 죽), 리소토(쌀을 주재료로 한 음식)를 주 메뉴로 한 음식의 경우 페어링의 주인공은 파스타가 아니라 소스와 주재료이므로 여기에 맞춰 페어링을 시작해야 한다. 이에 대해 제안할 수 있는 것을 표 15-6에 담았다.

육류, 가금류, 야생 동물 고기

소, 돼지, 어린 양, 닭, 토끼, 그리고 멧돼지, 꿩, 산토끼 등의 다양한 야생 동물은 물론 말까지 다양한 동물의 고기가 이탈리아 북부의 메뉴에 올라 있다. 보존 처리한 육류와 소시지는 그 자체로든 요리의 재료로 사용되든 주식으로도 섭취하고 곁들이는 음식으로도 서빙된다. 얇게 썬 흰 서양송로버섯을 곁들여 타르타르 스타일로 만든 다진 생 쇠고기 요리는 피에몬테 지역의 고전적인 음식 가운데 하나다. 에밀리아 로마냐의 볼로냐가 기원인 고전적인 볼로네즈처럼 많은 소스가 육류를 기본으로 만들어진다. 전형적인 메뉴에는 어린 양, 염소, 다양한 부위의 쇠고기를 스튜, 통구이, 숯불구이로 조리한 음식이 오른다.

음식의 종류가 너무도 광범위해서 실질적으로 모든 드라이 레드 와인 스타일, 심지어 더 풀하고 우드 숙성된 화이트 와인까지 페어링할 수 있다. 찌거나 천천히 익힌 육류 요리는 일반적으로 더 로부스트한 레드 와인이 필요하지만 붉은 육류가 아니라면 제스티한 레드 와인이나 풀 화이트 와인이 잘 어울릴 것이다. 표 15-7은 각각의 음식에 맞는 특정한 와인을 소개했다.

생선과 해산물

이탈리아 북부는 다양한 해수어와 담수어를 자랑한다. 조개류, 뱀장어, 정어리, 그리고 송어와 잉어 같은 강에 사는 물고기를 지역 레스토랑에서 맛볼 수 있다. 해안 지역에서는 생선 스튜가 사랑받는다.

이탈리아 북부는 지역의 해산물 요리와 페어링할 더 가벼운 레드 와인은 물론 신선하고 크리스프한 화이트 와인이 대량 공급되는 지역이므로 선택할 여지가 매우 다

표 15-7 이탈리아 육류 요리와 와인 페어링

지역	음식	가장 잘 어울리는 와인 스타일(예)	대체할 수 있는 와인 스타일(예)
베네토	페가토 알라 베네치아나(양파, 화이트 와인, 세이지와 함께 뭉근하게 끓인 송아지 간 스튜)	화이트 : 아로마틱, 프루티, 라운드(소아베 클라시코 가르가네가)	레드 : 라이트바디, 브라이트, 제스티, 낮은 타닌(코트 뒤 론)
피에몬테	카르네 크루다(흰 송로버섯, 마늘, 앤초비, 파슬리, 레몬으로 양념한 소 안심 생고기)	레드 : 미디엄-풀바디, 균형 잡힌, 중간 수준의 타닌(바르바레스코 네비올로)	화이트 : 아로마틱, 프루티, 라운드(로에로 아르네이스)
롬바르디아	오소부코 콘 포르치니(포르치니 버섯 소스로 찐 송아지 정강이 요리)	레드 : 풀바디, 딥, 로부스트, 터보차지, 츄이한 질감(발테리나 수페리오레 네비올로)	레드 : 풀바디, 딥, 로부스트, 터보차지, 츄이한 질감(아마로네 델라 발폴리첼라)
롬바르디아	카포네 콘 레 노치(호두와 빵으로 속을 채운 케이폰)	레드 : 미디엄-풀바디, 균형 잡힌, 중간 수준의 타닌(테레 디 프란치아코르타 샤르도네)	레드 : 미디엄-풀바디, 균형 잡힌, 중간 수준의 타닌(버건디 피노 누아)
베네토	파스티사다 디 카발(베이, 너트멕, 정향을 넣고 만든 말고기 스튜)	레드 : 풀바디, 딥, 로부스트, 터보차지, 츄이한 질감(아마로네 델라 발폴리첼라)	레드 : 풀바디, 딥, 로부스트, 터보차지, 츄이한 질감(샤토네프 뒤 파프)
피에몬테	레프레 알 비노 로소(베이컨, 계피, 주니퍼, 세이보리 허브와 함께 레드 와인을 넣고 찐 토끼고기 요리)	레드 : 미디엄-풀바디, 균형 잡힌, 중간 수준의 타닌(바르베라 달바)	레드 : 라이트바디, 브라이트, 제스티, 낮은 타닌(센트럴 코스트 피노 누아)
토스카나	비스떼까 알라 피오렌티나(숯불에 구운 키아니나 종의 소 티본 스테이크)	레드 : 풀바디, 딥, 로부스트, 터보차지, 츄이한 질감(브루넬로 디 몬탈치노)	레드 : 풀바디, 딥, 로부스트, 터보차지, 츄이한 질감(나파 밸리 카베르네 소비뇽)

양하다. 표 15-8에는 전통적인 이 지역의 페어링을 담았다.

디저트-돌치 효과

이탈리아 북부는 스펀지케이크인 **주코토**(zuccotto), 층층이 쌓은 에스프레소 케이크인 **티라미수**(tiramisù), 그리고 달콤한 에그 커스터드인 **피에몬테제 자바이오네**(Piedmontese zabaglione) 등 많은 전통적인 디저트의 고향이다. 스위트 와인의 종류도 그에 못지않게 다양하다. 그 명단에는 피에몬테, 모스카토 다스티, 브라케토 다퀴 같은 스위트 스파클링 와인은 물론 토스카나에서 생산된 빈산토, 베네토에서 생산된 **레치오토인**

표 15-8 이탈리아 해산물 요리와 와인 페어링

지역	음식	가장 잘 어울리는 와인 스타일(예)	대체할 수 있는 와인 스타일(예)
베네토	사르데 인 사오르(양파, 레드 와인 식초, 잣, 건포도, 밀가루, 레몬, 파슬리로 만든 소스를 곁들여 차게 내는 튀긴 정어리 요리)	스파클링 : 드라이(프로세코 브루트)	화이트 : 라이트웨이트, 크리스프, 스토니(비앙코 디 쿠스토차 트레비아노)
리구리아	필레토 디 오라타 알라 리구레(감자, 잣, 그린 올리브, 레몬, 바질, 화이트 와인, 올리브 오일을 넣고 익히는 농어 요리)	화이트 : 아로마틱, 프루티, 라운드(리비에라 디 포넨테 베르멘티노)	화이트 : 아로마틱, 프루티, 라운드(캄파니아 팔랑기나)
베네토	칼라마리 프리티 알라 파델라(올리브 오일, 빵가루, 로즈마리, 붉은 양파를 곁들인 팬-프라이 오징어 요리)	화이트 : 라이트웨이트, 크리스프, 스토니(알토 아디제 피노 그리지오)	화이트 : 라이트웨이트, 크리스프, 스토니(상세르 소비뇽 블랑)
프리울리 베네치아 줄리아	체르니아 알 부로(레몬-마늘 버터 소스를 곁들인 그루퍼 요리)	화이트 : 풀바디, 소프트, 우드 숙성(콜리 오리엔탈리 델 프리울리 화이트 블렌드)	화이트 : 아로마틱, 프루티, 라운드(오스트리아 그뤼너 벨트리너)

발폴리첼라와 소아베 등 다양한 파시토 스타일(부분적으로 건조한 포도로 만든) 와인이 오른다. 표 15-9는 이탈리아 디저트와 페어링할 만한 몇 가지 와인을 소개했다.

표 15-9 이탈리아 디저트와 와인 페어링

지역	음식	가장 잘 어울리는 와인 스타일(예)	대체할 수 있는 와인 스타일(예)
베네토	티라미수(층층이 쌓은 에스프레소 케이크)	스위트 : 파시토 레드(레치오토 델라 발폴리첼라)	스위트 : 강화 앰버(루테르글렌 뮈스카)
토스카나	주코토(브랜디, 아이스크림과 함께 반쯤 얼려 초콜릿, 휘핑크림을 얹어 내는 스펀지케이크)	스위트 : 파시토 화이트(빈산토 디 토스카나)	스위트 : 레이트 하비스트 귀부 와인(토카이 아수 5 푸토뇨스)
롬바르디아	파네토네(설탕에 절인 감귤류 과일과 건포도가 들어간 달콤한 빵)	스위트 : 스파클링(모스카토 다스티)	스위트 : 파시토 화이트(빈산토 디 토스카나)
피에몬테	자바이요네 콘 마르살라(달걀노른자에 설탕, 마살라, 바닐라를 함께 넣고 휘저어 익힌 디저트)	스위트 : 파시토 화이트(레치오토 디 소아베)	스위트 : 강화 앰버(마르살라 수페리오레)

독일

독일, 오스트리아, 스위스는 유럽에서 독일어권의 중심지에 해당한다. 이곳은 소시지와 보존 처리한 육류의 땅이다. 실제로 독일과 오스트리아에서만 1,600여 가지 소시지를 만든다.

세 나라 모두, 특히 독일과 오스트리아는 상당한 양의 와인을 생산하는 국가들이며 이 와인은 전 세계로 수출된다. 선선한 기후의 지역인 이곳에서 생산되는 레드 와인과 화이트 와인 모두 대체로 신선하고 크리스프하며 산도가 높아 특히 음식과 친화적이며 영양가가 높은 지역의 고지방 음식과 적절한 페어링을 이룬다. 가장 중요한 품종은 리슬링과 그뤼너 벨트리너다. 저먼 리슬링은 종종 오프-드라이하고 라이트 바디인 반면(경고 : 예외는 언제나 있다는 사실!) 오스트리아 리슬링은 대부분 드라이하고 더 풀바디감을 지닌다. 그뤼너는 오스트리아의 대표적인 와인이며 페어링이 불가능한 음식이 거의 없을 정도로 다재다능하다. 스위스의 대표적인 와인은 샤슬리이며 주로 신선하고 오크에서 숙성, 저장되지 않는다.

보존 처리된 육류–소시지와 포스미트

'독일' 하면 보존 처리된 육류와 소시지의 전문가들이 사는 곳이다. 그리고 그 대부분은 돼지고기로 만들어진다. 소시지의 짠맛과 지방의 기름진 맛은 크리스프한 화이트 와인과 오크 숙성 및 저장을 최소한으로 거친 라이트한 레드 와인과 아주 잘 어울린다. 표 15-10에는 보존 처리된 육류와 와인의 페어링을 담았다.

샐러드와 퐁듀

독일과 오스트리아에서는 주로 당근, 순무, 비트 같은 뿌리채소를 넣어 코울슬로 비슷하게 만든 샐러드를 먹는다. 익히지 않은 사과, 오이, 양배추, 그리고 겨울 호박 역시 샐러드에 자주 첨가되어 신맛과 소박한 단맛을 더해준다. 대부분의 샐러드는 물론 그러한 조리법으로 만든 음식의 절대 다수는 프루티하고 아로마틱하며 산도가 높은 화이트 와인, 또는 라이트하고 제스티한 레드 와인과 가장 잘 어울린다. 표 15-11에 독일식 샐러드와 페어링할 수 있는 와인을 몇 가지 소개했다.

와인을 선택할 때 샐러드 드레싱의 신맛을 고려해야 한다. 즉, 드레싱이 새콤할수록 와인의 산도가 높아야 하는 것이다. 보존 처리된 육류, 소시지, 콜드컷을 곁들인 샐러드는 더 견고한, 그러나 터보차지되지 않은 레드 와인과 잘 어울리기도 한다. 스위

표 15-10 독일 보존 처리된 육류와 와인 페어링

국가(지역)	음식	가장 잘 어울리는 와인 스타일(예)	대체할 수 있는 와인 스타일(예)
독일(바이에른)	쥘체(헤드치즈 : 돼지 머리, 혀, 양파, 말린 살구, 블랙 페퍼, 올스파이스, 식초, 육즙 젤리, 파슬리)	화이트 : 아로마틱, 프루티, 라운드(알자스 게뷔르츠트라미너)	화이트 : 풀바디, 소프트, 우드 숙성(콘드리유 비오니에)
독일(바덴-부르템부르크)	바이스부르스트(화이트 소시지 : 잘게 썬 송아지 고기, 간 돼지고기, 베이컨, 파슬리, 레몬, 메이스, 카르다몸, 생강, 양파, 화이트 페퍼)	화이트 : 라이트웨이트, 크리스프, 스토니(바덴 피노 그리)	화이트 : 아로마틱, 프루티, 라운드(알자스 피노 블랑)
오스트리아(잘츠부르크)	보스나(브라트부루스트 소시지 : 간 돼지고기와 쇠고기)	레드 : 라이트바디, 브라이트, 제스티, 낮은 타닌(카르눈툼 츠바이겔트)	레드 : 미디엄-풀바디, 균형 잡힌, 중간 수준의 타닌(코트 뒤 론)
스위스(제네바)	파페 보두아(보두아 부추 핫포트 : 훈제한 돼지고기 소시지 보두아와 두 번 훈제한 돼지고기 소시지 프리부르를 넣은 수프	화이트 : 라이트웨이트, 크리스프, 스토니(발레 샤슬라)	화이트 : 아로마틱, 프루티, 라운드(알자스 피노 그리)

표 15-11 독일 샐러드와 와인 페어링

국가(지역)	음식	가장 잘 어울리는 와인 스타일(예)	대체할 수 있는 와인 스타일(예)
독일(바덴-부르템부르크)	뷔르스트살라트(리오너 소시지와 슈타트부르스트 소시지, 양파, 호박씨 오일, 오이의 일종인 게르킨, 무, 파슬리, 차이브를 넣은 소시지 샐러드)	레드 : 라이트바디, 브라이트, 제스티, 낮은 타닌(바덴 피노 누아)	화이트 : 라이트웨이트, 크리스프, 스토니(판츠 리슬링 카비네트)
오스트리아(부르겐란트)	살라트 아우스 그뤼넨 보넨(베이컨, 붉은 양파, 딜, 호박씨 오일, 사과식초로 만든 그린 빈 샐러드)	화이트 : 라이트웨이트, 크리스프, 스토니(슈타이어마르크 소비뇽 블랑)	화이트 : 라이트웨이트, 크리스프, 스토니(콜리 오리엔탈리 델 프리울리 프리울라노)
스위스(프리부르)	퐁듀(그뤼에르 치즈, 프리부르 바슈랭 치즈, 에멘탈 치즈, 화이트 와인, 마늘, 키르슈, 블랙 페퍼, 파프리카, 너트메그)	화이트 : 아로마틱, 프루티, 라운드(발레 샤슬라)	화이트 : 아로마틱, 프루티, 라운드(알자스 피노 그리)

스 전통 음식인 퐁듀는 치즈와 화이트 와인, 향신료를 넣고 녹인 것에 채소나 육류, 또는 두 가지 모두를 찍어 먹는 것이다. 그리고 이는 스위스에서 가장 광범위하게 재배되는 화이트 품종인 샤세슬라와 로컬 페어링을 이루어 서빙된다. 하지만 아로마틱한 화이트 와인이라면 그 어떤 것이든 훌륭한 페어링을 이룰 것이다.

육류, 가금류, 야생 동물 고기

로스트, 그릴에 굽거나 스튜로 만든 육류, 미트파이, 그리고 캐서롤은 이들 국가의 음식문화에서 매우 인기가 높다. 가장 많이 사용되는 육류는 돼지고기지만 야생 동물, 가금류, 소, 어린 양의 고기도 음식 레퍼토리에 자리를 차지하고 있다. 전통 조리법에서 많이 사용되는 오펄(offal, 요리에 사용되는 동물의 내장과 사지 부분-역주)은 최근 엄청난 인기를 끌며 '르네상스'를 맞이하고 있다. 표 15-12에 일반적인 독일 육류 요리와 잘 어울리는 와인 몇 가지를 추천했다.

육류 요리와 페어링할 와인을 고를 때는 고기 자체보다 조리법과 소스를 바탕으로 해야 한다. 끓이거나 찐 붉은 육류는 특히 소스에 크림이나 자연산 버섯이 재료로 사용되었을 경우 레드 와인보다 리치하고 배럴 발효된 화이트 와인, 또는 아로마틱한 화이트 와인과 더 잘 어울린다.

디저트

과일과 견과류, 치즈를 넣은 케이크, 플랑, 타르트는 독일과 오스트리아, 스위스 세 나라 모두에서 매우 인기 있는 디저트다. 그 가운데서도 오스트리아의 경우 페이스트리가 더 기름지고 제과에 대한 전통이 강하다. 수도인 빈은 퇴폐적인 페이스트리 매장으로 가득 차 있다. 거리와 축제에서는 슈거 파우더와 시럽을 얹은 얇은 팬케이크와 와플은 물론 토르테와 크라펜이라는 도넛처럼 생긴 볼이 매우 인기를 끈다. 토르테와 크라펜은 잼, 젤리, 또는 바바리안 크림으로 속을 채운다. 표 15-13에는 독일 디저트와 잘 어울리는 와인의 목록을 담았다.

세 국가 모두 스위트 와인의 주요 산지다. 그 가운데서도 독일의 스위트 와인은 다양한 품종으로 와인을 생산하는 모든 지역에서 생산된다고 해도 과언이 아니다. 그 가운데서도 최고의 산지는 바로 리슬링이다. 빈 남동부, 노이지들러 호수 인근에 위

표 15-12 독일 육류 요리와 와인 페어링

국가(지역)	음식	가장 잘 어울리는 와인 스타일(예)	대체할 수 있는 와인 스타일(예)
독일(라인란트-팔츠)	사워브리튼(염장한 쇠고기 덩어리에 사과식초, 레드 와인 식초, 정향, 주니퍼, 머스터드 씨, 설탕, 생강 쿠키, 건포도를 넣어 만든 음식)	레드 : 라이트바디, 브라이트, 제스티, 낮은 타닌(바덴 피노 누아)	레드 : 미디엄-풀바디, 균형 잡힌, 중간 수준의 타닌(리오하 레제르바)
독일(니더작센)	야거 슈니첼(사냥꾼의 커틀릿 : 빵가루를 묻혀 튀겨낸 돼지 커틀릿, 버섯과 베이컨 소스, 사워크림, 차이브를 곁들여 낸다)	화이트 : 풀바디, 소프트, 우드 숙성(버건디 샤르도네)	레드 : 라이트바디, 브라이트, 제스티, 낮은 타닌(아르 피노 누아)
독일(작센-안할트)	후네르프리카세(부추, 샐러리, 당근, 버섯, 정향, 너트멕, 화이트 와인, 달걀노른자, 휘핑크림을 넣고 만든 닭고기 프리카세)	화이트 : 풀바디, 소프트, 우드 숙성(바덴 피노 그리)	화이트 : 풀바디, 소프트, 우드 숙성(버건디 샤르도네)
오스트리아(빈)	타펠슈피츠(삶은 소 등심에 사과와 서양 고추냉이로 만든 소스를 곁들여 내는 음식)	화이트 : 아로마틱, 프루티, 라운드(바하우 그뤼너 벨트리너)	레드 : 미디엄-풀바디, 균형 잡힌, 중간 수준의 타닌(부르겐란트 블라우프랭키쉬)
오스트리아(북부 지역)	하센페프(주니퍼, 훈제 베이컨, 버섯, 브랜디와 레드 와인을 넣고 만든 야생 토끼 찜)	레드 : 풀바디, 딥, 로부스트, 터보차지, 츄이한 질감(미텔부르겐란트 블라우프랭키쉬)	레드 : 풀바디, 딥, 로부스트, 터보차지, 츄이한 질감(드라이 크리크 밸리 진판델)
오스트리아	비너슈니첼(빵가루를 묻혀 튀긴 송아지고기 에스칼로프)	화이트 : 라이트웨이트, 크리스프, 스토니(오스트리아 그뤼너 벨트리너)	화이트 : 라이트웨이트, 크리스프, 스토니(모젤 리슬링 카비네)
오스트리아	린트쉬라울라덴(머스터드 소스에 버무린 게르킨과 당근을 말아서 만든 쇠고기 롤)	화이트 : 아로마틱, 프루티, 라운드(바하우 그뤼너 벨트리너)	화이트 : 풀바디, 소프트, 우드 숙성(나이아가라 페닌슐라 샤르도네)
오스트리아	게뢰스테테 칼브슬레버(송아지 간 소테)	화이트 : 아로마틱, 프루티, 라운드(캄프탈 그뤼너 벨트리너)	레드 : 라이트바디, 브라이트, 제스티, 낮은 타닌(크뤼 보졸레 가메)
오스트리아	플라쉬라베를(다진 쇠고기나 송아지고기 리솔)	화이트 : 라이트웨이트, 크리스프, 스토니(바하우 리슬링 스마락트)	화이트 : 아로마틱, 프루티, 라운드(콜리 오리엔탈리 델 프리울리 피노 그리지오)
스위스(루체른)	취겔리파스타테(스위트 브레드, 간 송아지고기, 버터, 양파, 버섯, 파슬리, 헤비 크림으로 만든 세이보리 미트파이)	화이트 : 풀바디, 소프트, 우드 숙성(러시안 리버 밸리 샤르도네)	레드 : 미디엄-풀바디, 균형 잡힌, 중간 수준의 타닌(보르도 메를로)

치한 부르겐란트 주는 오스트리아에서 최고의 품질과 가치를 지닌 레이트 하비스트 귀부 스위트 와인을 찾을 수 있는 곳이다.

표 15-13 독일 디저트와 와인 페어링

국가(지역)	음식	가장 잘 어울리는 와인 스타일(예)	대체할 수 있는 와인 스타일(예)
오스트리아(빈)	자허토르테(살구 잼을 바르고 초콜릿 아이싱을 뿌린 비터스위트 초콜릿 레이어 케이크)	스위트 : 레이트 하비스트 귀부 와인(부르겐란트 트로켄베레나우스레제)	스위트 : 레이트 하비스트 귀부 와인(토카이 아수 6 푸토뇨스)
독일(노르트라인-베스트팔렌)	부테르쿠헨(아몬드 플레이크, 계피를 넣은 버터 케이크)	스위트 : 레이트 하비스트 귀부 와인(저먼 리슬링 아우스레제)	스위트 : 강화 화이트 와인(뮈스카 드 봄 드 브니즈)
오스트리아(잘츠부르크)	카이저슈마렌(사과, 키르슈, 링고베리 잼을 넣고 설탕 아이싱을 뿌린 달콤한 팬케이크)	스위트 : 레이트 하비스트 귀부 와인[부르겐란트 샤르도네(아우스레제)]	스위트 : 레이트 하비스트(모젤 리슬링 아우스레제)
독일(바덴-부르템부르크)	슈바르츠밸더 키르쉬토르테(블랙 포레스트 케이크 : 체리, 휘핑크림을 넣고 층층이 쌓은 초콜릿 케이크)	스위트 : 스파클링 레드 와인(브라케토 다퀴)	스위트 : 강화 레드 와인(바뉼 그르나슈)
오스트리아(빈)	알트비너 압펠스트뤼델(사과 스트루델)	스위트 : 레이트 하비스트 귀부 와인(부르겐란트 베레나우스레제)	스위트 : 파시토 스타일(빈산토 디 토스카나)

영국

영국의 음식은 잉글랜드, 스코틀랜드, 아일랜드, 웨일스의 음식을 망라한다. 영국 셰프들은 삶은 쇠고기와 갈색 채소로부터 먼 길을 걸어왔다. 제이미 올리버나 고든 램지같이 유명한 셰프가 진정한 음식문화의 혁명을 이끌어냈고, 그 결과 영국에서 미슐랭 별을 받은 레스토랑은 이제 피시 앤 칩스만큼이나 흔해졌다.

하지만 영국 밖에서는 '영국 음식' 하면 영양가가 풍부한 전통적인 잉글리시 브렉퍼스트와 요크셔푸딩을 곁들인 로스트 비프와 더불어 미트파이, 소시지의 한 종류인 뱅거, 달인 차인 매시, 피시 앤 칩스 등 펍에서 제공하는 음식을 떠올린다. 하지만 이제 펍도 업그레이드되었다. 제대로 된 음식을 갖춘 가스트로 펍에서는 이제 더 정갈한 음식과 전통적인 조리법을 우아하게 변형시킨 음식을 서빙하고 있다. 식민지 역사와 최근 이민자가 증가한 사실을 고려하면 북아메리카와 마찬가지로 영국 음식에 민족 고유의 음식, 특히 인도 음식이 엄청난 영향을 준 것은 너무나도 당연한 일이다. 입에서 불이 난 것 같은 팔(phaal) 커리 등 영국과 인도 음식이 융합된 앵글로 인디언 음식은 그 자체로 전통적인 음식이 되었다. 중동, 동남아시아, 동아시아, 지중해 음식문화에서 받은 영향도 자주 발견할 수 있다.

영국은 자체적으로 번창한 와인 산업을 보유하고 있지만(스파클링 와인 부분을 확인하라), 이제 전 세계 곳곳에서 생산된 와인을 영국에서 맛볼 수 있다. 영국에서는 이미 프랑스, 포르투갈 같은 국가와의 관계 덕분에 수백 년 전부터 와인 교역이 발전했다. 그 가운데서 가장 두드러지는 지역은 프랑스의 보르도와 포르투갈의 포트, 도루 밸리다. 그러므로 영국 소믈리에들은 세상을 마음대로 주무를 수 있다. 얼마나 다양한 와인을 영국에서 접할 수 있는지는 영국 최고의 와인 목록에서 쉽게 관찰할 수 있다.

영국 제도 브런치

브런치는 영국 제도의 관습이다. 그 유명한 베이컨, 달걀, 소시지로 구성된 것 외에도 남은 음식을 기름을 두른 팬에 부쳐내는 토요일 저녁식사용 **버블 앤 스퀘크**(bubble and squeak), 블랙푸딩, 살짝 구운 감자 과자, 양의 방광에 속을 채운 **하기스**(haggis), **화이트 푸딩**(오트밀푸딩), 아일랜드식 감자 팬케이크 **복스티**(boxty)가 어디서든 서빙된다. 브런치용 와인에 있어서 세월에 구애받지 않는 전통은 바로 샴페인이다. 결코 실패하지

표 15-14 영국 브런치와 와인 페어링

지역	음식	가장 잘 어울리는 와인 스타일(예)	대체할 수 있는 와인 스타일(예)
잉글랜드	훈제 대구, 바스마티 라이스, 완숙 달걀, 헤비크림, 카이엔, 사프란, 커리 가루	화이트 : 아로마틱, 프루티, 라운드(알자스 게뷔르츠트라미너)	화이트 스파클링 : 라이트웨이트, 크리스프, 스토니(페네데스 카바)
스코틀랜드	감자, 펜넬, 타라곤을 넣은 훈제 연어 해시	화이트 스파클링 : 라이트웨이트, 크리스프, 스토니(부브레 브뤼트 슈냉 블랑)	화이트 : 아로마틱, 프루티, 라운드(말보로 소비뇽 블랑)
아일랜드	콘비프 해시, 달걀 프라이	화이트 : 풀바디, 소프트, 우드 숙성(버건디 샤르도네 뫼르소)	레드 : 미디엄-풀바디, 균형 잡힌, 중간 수준의 타닌(파소 로블레스 진판델)
웨일스	산양 치즈, 부추를 넣은 셰퍼드 파이	화이트 스파클링 : 라이트웨이트, 크리스프, 스토니(알자스 리슬링)	화이트 : 라이트웨이트, 크리스프, 스토니(말보로 소비뇽 블랑)

않을 선택이다. 하지만 샴페인을 대신할 수 있는 와인도 있다. 표 15-14에 그 목록이 있다.

전통 명절 음식

영국에서는 크리스마스, 부활절 같은 명절 만찬이 매우 중요한 의미를 지닌다. 로스트 비프와 요크셔푸딩처럼 맛이 강하지 않지만 풍미가 강한 전통 음식 역시 완벽한 포일 역할을 해서 특히 친밀한 모임에서 특별한 와인을 돋보이게 만들어준다. 일가친척이나 친구, 혹은 친척과 친구 모두 집에 모이면 나는 주로 여러 가지 와인을 내놓고 손님들이 다양한 와인을 마셔보게 한다. 표 15-15는 내가 추천하는 와인을 몇 가지 보여준다.

육류, 생선, 야생 동물 고기

영국의 육류 요리의 대부분은 통구이, 또는 파이, 캐서롤, 스튜 형태의 음식으로 구성된다. 재료 가운데 가장 인기가 높은 것은 쇠고기이며, 어린 양고기, 닭고기, 돼지고기, 염소고기 역시 메뉴에 등장한다. 새끼 비둘기, 자고새, 산토끼, 사슴, 그리고 멧돼지도 뭉근하게 끓여 스튜와 찜 형태로 서빙된다. 해안 지역에서는 생선도 인기가

표 15-15 영국 명절 음식과 와인 페어링

지역	음식	가장 잘 어울리는 와인 스타일(예)	대체할 수 있는 와인 스타일(예)
잉글랜드	로스트 비프, 요크셔푸딩, 구운 채소, 레드 와인 쥐	레드 : 미디엄-풀바디, 균형 잡힌, 중간 수준의 타닌(포므롤 메를로)	레드 : 미디엄-풀바디, 균형 잡힌, 중간 수준의 타닌(버건디 코트 드 뉘 피노 누아)
스코틀랜드	스카치 브로스, 보리, 세이지, 콩과 함께 익힌 자고새 요리	화이트 : 풀바디, 소프트, 우드 숙성(러시안 리버 밸리 샤르도네)	레드 : 라이트바디, 브라이트, 제스티(센트럴 오타고 피노 누아)
아일랜드	아일랜드식 다진 고기 파이(달걀, 버터, 건포도, 커런트, 쇠고기 수이트, 황설탕, 너트메그, 감귤류 제스트, 사과, 블랙 페퍼)	로제 : 스파클링 와인(페네데스 카바 로사도)	화이트 : 풀바디, 소프트, 우드 숙성(모닝턴 페닌슐라 샤르도네)
웨일즈	웰시 램 카울(웨일스 양고기, 베이컨, 부추, 양배추를 넣은 스튜)	레드 : 라이트바디, 브라이트, 제스티, 낮은 타닌(윌래밋 밸리 피노 누아)	레드 : 미디엄-풀바디, 균형 잡힌, 중간 수준의 타닌(리오하 레제르바)

표 15-16 영국 육류 및 생선 요리와 와인 페어링

지역	음식	가장 잘 어울리는 와인 스타일(예)	대체할 수 있는 와인 스타일(예)
잉글랜드	스테이크, 그리고 버섯과 베이컨, 콩을 넣고 만든 콩팥 파이	레드 : 미디엄-풀바디, 균형 잡힌, 중간 수준의 타닌(버건디 코트 드 뉘 피노 누아)	레드 : 풀바디, 딥, 로부스트, 터보차지, 츄이한 질감(샤토네프 뒤 파프)
잉글랜드	멧돼지 시베(레드 와인과 셰리 식초에 졸인 멧돼지에 베이컨, 감자, 당근, 양파, 부추, 주니퍼, 로즈마리, 타임, 계피, 펜넬 씨, 정향을 넣은 음식)	레드 : 미디엄-풀바디, 균형 잡힌, 중간 수준의 타닌(카오르 말벡)	레드 : 미디엄-풀바디, 균형 잡힌, 중간 수준의 타닌(바르바레스코 네비올로)
스코틀랜드	하기스(양의 위, 심장, 폐, 간, 혀와 함께 수에트, 오트밀, 양파, 쇠고기 육수, 너트메그, 메이스를 넣은 소시지 비슷한 음식)	레드 : 라이트바디, 브라이트, 제스티, 낮은 타닌(산타루치아 하이랜드 피노 누아)	화이트 : 풀바디, 소프트, 우드 숙성(노던 론 루싼느)
스코틀랜드	샐러리악, 우드랜드 버섯, 크림을 곁들인 구운 사슴 요리	레드 : 풀바디, 딥, 로부스트, 터보차지, 츄이한 질감(라마로네 델라 발폴리첼라)	레드 : 풀바디, 딥, 로부스트, 터보차지, 츄이한 질감(타우라시 알리아니코)
아일랜드	감자와 체다 치즈를 입혀 시금치와 함께 내는 광어 요리	화이트 : 풀바디, 소프트, 우드 숙성(센트럴 코스트 루싼느)	화이트 : 아로마틱, 프루티, 라운드(바하우 그뤼너 벨트리너)
웨일스	에오그 코티 폽(버터, 오이, 레몬즙, 달걀노른자, 레몬 제스트, 카이엔을 넣고 익힌 연어 요리)	화이트 : 아로마틱, 프루티, 라운드(알자스 피노 그리)	화이트 : 라이트웨이트, 크리스프, 스토니(사베니에르 슈냉 블랑)

높다. 연어, 송어, 혀가자미, 강꼬치고기, 넙치, 광어, 기타 넙치과의 생선을 시장과 레스토랑 메뉴에서 발견할 것이다. 선택의 여지가 너무나도 많으므로 페어링에 적합한 와인도 다양하다. 그 가운데 일부를 표 15-16에 담았다.

디저트

영국의 디저트는 계절을 많이 탄다. 여름에는 신선한 과일이 트리플, 판나코타, 그리고 여름 제철 과일 푸딩과 젤라틴 같은 음식을 통해 테이블 위에 오른다. 겨울에는 보존 처리한 과일 크럼블, 코블러, 그리고 즙이 풍부하고 감칠맛이 풍부한 브레드푸딩을 따뜻하게 데워서 먹는다. 그 가운데 브레드푸딩의 경우 전통적인 영국 간식이자 수이트(소, 송아지, 양, 새끼 양 등의 콩팥과 허리살 주변을 둘러싸고 있는 단단하고 하얀 지방질-역

표 15-17 영국 디저트와 와인 페어링

지역	음식	가장 잘 어울리는 와인 스타일(예)	대체할 수 있는 와인 스타일(예)
잉글랜드	트리플(딸기, 아몬드, 블루베리, 바나나, 오렌지 과즙, 휘핑크림, 마라스치노 체리, 바닐라푸딩을 넣은 스펀지케이크)	스위트 : 스파클링 와인(모스카토 다스티)	스위트 : 강화 화이트 와인(미스텔)(림노스의 머스캣)
스코틀랜드	스티키 토피와 몰트 스카치 푸딩	스위트 : 파시토(빈산토 디 토스카나)	위트 : 강화 레드 와인(토니 포트 20년)
아일랜드	찐 초콜릿과 위스키 푸딩	스위트 : 강화 레드 와인(레이트 보틀드 빈티지 포트)	스위트 : 강화 와인/파시토 앰버(루터글렌 머스캣)
웨일스	푸딩 애플 브랜디(수에트, 브랜디, 그레이엄 크래커, 바닐라, 생강, 크림을 넣고 만든 사과 브랜디 푸딩)	스위트 : 강화 앰버(맘지 마데이라)	스위트 : 레이트 하비스트 아이스 와인(나이아가라 페닌슐라 비달)

주)에 건조 과일과 밀크 페이스트리, 황설탕을 넣고 만든 다음 커스터드를 곁들여 내는 스포티드 딕도 포함된다. 영국 디저트와 잘 어울리는 와인은 표 15-17에 소개했다.

chapter

16

사랑스럽고 가벼운 음식 : 동유럽

제16장 미리보기

- 폴란드 및 동유럽 음식과 와인의 페어링
- 헝가리 음식과 와인의 보완적 페어링

동유럽 음식은 영양가가 풍부하다. 이 지역 어디를 여행하든 다이어트할 생각 따위는 집어치우는 것이 낫다. 탄수화물, 단백질, 지방 모두 일상적으로 섭취한다. 들판에서 오랜 시간 버티고 추운 날씨를 견뎌내려면 당연한 일일 것이다. 이 지역의 모든 국가를 다루기에는 지면의 한계가 있으므로 이번 장에서는 다른 곳보다 두드러지는 폴란드와 헝가리의 고유 음식 두어 가지를 중점적으로 다룰 것이다. 그 때문에 마음이 상할 많은 사람을 위해 한마디 하자면, 폴란드 음식은 우크라이나와 러시아 같은 인근 국가들의 음식과 많은 유사점을 지니고 있으며, 그 자체로 매우 차별화되는 헝가리 음식 역시 이웃한 국가들과 영향을 주고받았다. 특히 헝가리 음식의 경우 전 세계 광범위한 지역에 진출했고, 20세기에는 굴라시가 미국에서 가장 인기 있는 음식 5위 안에 들기도 했다. 이 두 나라 사이에서 당신은 많은 동유럽 고유의 음식을 변형한 형태를 찾을 수 있을 것이다.

피클, 다량의 식초를 넣고 만든 채소 피클 등 이 지역의 뛰어난 보존 식품을 생각하면 와인을 페어링하는 일이 어려운 경우가 많다. 전통적으로 이곳에서는 맥주나 보드카 같은 증류주를 음료로 마시지만 그 전통 안에 와인이 없다고 해서 음식과 와인을 페어링할 수 없다는 의미는 아니다. 바로 얼마 전까지만 해도 동유럽이나 미국이나 선택할 수 있는 와인의 종류가 비슷했다. 그러므로 단순히 새로운 가능성을 찾지 못한 것일 수도 있다.

폴란드

폴란드 음식에는 육류와 탄수화물이 듬뿍 담겨 있다. 향신료와 조미료로 흔하게 사용되는 것으로는 딜, 캐러웨이, 사워크림이 있고 사워크라우트, 비트, 피클, 콜라비, 버섯, 그리고 훈제 소시지 역시 다양한 음식에 재료로 사용된다. 대부분 식사는 보르쉬 같은 수프로 시작되고 다양한 보존 처리된 육류, 생선, 채소 등의 애피타이저로 이어진다. 메인 코스는 삶거나 구운 육류, 가금류에 삶은 감자를 사이드 디시로 곁들인다. 감자 대신에 견과류 풍미가 독특한 카샤(kasza)가 나오기도 하는데, 1,000년 동안 슬라브 음식문화의 일부였던 상징적인 곡물 요리다. 카샤는 주로 메밀을 재료로 만들지만 일반적으로 곡물을 일컫는 말이기도 하다.

수프와 스타터

보르쉬라고 더 일반적으로 알려진 바르슈츠(barszcz)는 동유럽의 전통 음식이다. 비트 뿌리 수프를 주제로 다양한 변형 수프를 발견할 수 있다. 차거나 뜨겁게 내는 수프, 요거트, 사워크림, 케피어 등을 넣은 수프, 감자, 당근, 양배추 등의 채소를 넣은 수프, 토마토만 넣거나 토마토와 육류를 넣고 딜이나 파슬리, 혹은 두 가지를 모두 넣어 마무리한 수프 등이 있다. 각 지역마다 고유의 버전이 있지만 모든 수프에서 가장 주된 미각적 요소는 결국 비트 자체에서 우러나는 소박한 단맛과 식초가 주는 날카로움이다. 이 때문에 산도가 높은 오프-드라이 화이트 와인이 페어링에 적합하다. 우유로 만든 크림을 더 많이 넣은 수프라면 풀바디 스타일의 와인도 소화할 수 있다. 아니면 흙 내음이 나고 비트 뿌리 같은 풍미를 지녔으며 자체적으로 달콤한 프루티

표 16-1 폴란드 스타터 및 수프와 와인 페어링

음식	가장 잘 어울리는 와인 스타일(예)	대체할 수 있는 와인 스타일(예)
보르쉬(사워크림을 곁들인 비트 뿌리 수프)	화이트 : 아로마틱, 프루티, 라운드(모젤 리슬링 카비네트)	레드 : 라이트바디, 브라이트, 제스티(바르베라 다스티)
크루프닉(채소, 훈제 육류를 넣은 보리 수프)	화이트 : 아로마틱, 프루티, 라운드(알자스 피노 그리)	레드 : 라이트바디, 브라이트, 제스티(오스트리아 츠바이겔트)
그로후프카(걸쭉한 완두콩 수프)	화이트 : 아로마틱, 프루티, 라운드(토카이 드라이 푸르민트)	화이트 : 드라이, 강화 와인(올로로소 셰리)
주파 그르지보바(크림을 넣은 버섯 수프)	화이트 : 드라이, 강화 와인(올로로소 셰리)	화이트 : 풀바디, 소프트, 우드 숙성(야라 밸리 샤르도네)
쉴레지 프 슈미타니(양파와 사워크림을 넣은 청어 요리)	스파클링 : 드라이(프로세코 브뤼)	화이트 : 라이트웨이트, 크리스프, 스토니(뮈스카데트)
보체크 스 쉴브콩(베이컨으로 만 자두)	로제 : 드라이(나바라 템프라니요 또는 가르나차)	레드 : 라이트바디, 브라이트, 제스티, 낮은 타닌(발폴리첼라 리파소)

를 지닌 뉴 월드 피노 역시 훌륭하게 페어링될 것이다.

초절임한 청어 같은 스타터와 산도가 높은 와인을 페어링한다면 최고의 하모니를 이룰 것이다.

표 16-1은 일반적인 폴란드 스타터 및 수프와 와인의 페어링이다.

메인 코스

폴란드는 전통적으로 맥주와 보드카 소비가 많지만 그에 비하면 이곳의 전형적인 메인 코스는 와인과 페어링하기 쉽다. 가끔 호스래디시가 들어가는 경우를 제외하고 매운 향신료를 사용하지 않으므로 선택할 수 있는 와인이 많아진다. 소스에 사용된 꿀이나 과일의 단 재료에 와인의 달콤한 정도를 맞춰야 한다. 잘 익은 과일이나 실제 잔여 당 때문에 생기는 단맛 말이다. 예를 들어 돼지고기나 소시지의 풍부한 지방은 물론이고 사워크라우트 같은 절임 채소의 신맛은 신랄한 신맛을 지닌 와인을 필요로 한다. 표 16-2에는 다양한 전통 음식과 여기에 적합한 와인 스타일을 소개했다.

표 16-2 폴란드 메인 디시와 와인 페어링

음식	가장 잘 어울리는 와인 스타일(예)	대체할 수 있는 와인 스타일(예)
골롱카 프 피비(맥주 소스에 넣고 익힌 돼지 도가니)	화이트 : 아로마틱, 프루티, 라운드(토카이 푸르민트)	화이트 : 라이트웨이트, 크리스프, 스토니(샤블리 또는 오크 처리되지 않은 샤르도네)
킬바사 스마조네(튀긴 훈제 소시지)	레드 : 라이트바디, 브라이트, 제스티(바르베라 다스티)	화이트 : 라이트웨이트, 크리스프, 스토니, 오프-드라이(라인가우 리슬링 슈페트레제)
제베르카 프 미오지(꿀을 넣은 돼지갈비 요리)	화이트 : 아로마틱, 프루티, 라운드(오프-드라이)(토카이 레이트 하비스트 푸르민트)	화이트 : 라이트웨이트, 크리스프, 스토니(오프-드라이) (모젤 리슬링 슈페트레제)
비고스(다양한 육류, 소시지를 넣은 사워크라우트)	화이트 : 아로마틱, 프루티, 라운드(바덴 피노 그리)	화이트 : 라이트웨이트, 크리스프, 스토니(버건디 샤르도네)
골롱브키(고기와 쌀을 채워 넣어 토마토 소스와 함께 내는 양배추 요리)	레드 : 라이트바디, 브라이트, 제스티(센트럴 오타고 피노 누아)	레드 : 미디엄-풀바디, 균형 잡힌, 중간 수준의 타닌(헝가리 케크프랑코스)
롤루스(딜 소스에 넣어 익힌 연어 요리)	화이트 : 아로마틱, 프루티, 라운드(말보로 소비뇽 블랑)	화이트 : 풀바디, 소프트, 우드 숙성(나파 밸리 소비뇽 블랑)
피로기 루스키(치즈와 감자로 속을 채운 만두를 끓인 다음 버터와 양파를 넣고 볶은 음식)	화이트 : 아로마틱, 프루티, 라운드(바다초니 피노 그리)	화이트 : 라이트웨이트, 크리스프, 스토니(모젤 리슬링 카비네트)

표 16-3 폴란드 디저트와 와인 페어링

음식	가장 잘 어울리는 와인 스타일(예)	대체할 수 있는 와인 스타일(예)
마코비에츠(건포도, 호두를 넣은 퍼피 시드 케이크)	화이트 : 스위트 강화(올로로소 둘세 셰리)	스위트 : 레이트 하비스트 귀부 와인(토카이 아수 4 또는 5 푸토뇨스)
세르닉(바닐라, 건포도, 오렌지 껍질을 넣은 치즈케이크)	스위트 : 레이트 하비스트 귀부 와인(토카이 아수 5 푸토뇨스)	스위트 : 파시토(파시토 디 판텔레리아)
파보르키(가볍게 튀겨 슈거 파우더를 뿌린 페이스트리)	스위트 : 스파클링(모스카토 다스티)	스위트 : 레이트 하비스트(뮈스카 봄 드 브니스)
쿠티아(퍼피 시드, 견과류, 건포도, 꿀을 넣은 스위트 위트베리 푸딩)	스위트 : 강화 레드(토니 포트)	스위트 : 파시토(빈산토 디 토스카나)

디저트

폴란드는 이웃 국가들과 많은 디저트를 공유한다. 프라이한 반죽, 과일을 기본으로 한 디저트, 호두, 양귀비 씨와 건포도 속, 각종 케이크, 그 가운데서도 치즈케이크(세르닉)가 매우 인기가 높다. 표 16-3에는 전통적인 폴란드 디저트와 여기에 추천할 만한 와인을 소개했다.

헝가리

헝가리 음식은 1,000년이나 되는 그 역사만큼이나 다채롭고 다양하다. 외국인에게 헝가리 언어는 난해하기 이를 데 없지만 음식은 재료로 널리 사용되는 파프리카의 적갈색 풍미로 규정될 수 있다. 파프리카는 단맛을 지닌 체메게와 매운맛을 지닌 치퓌슈가 있으므로 라벨을 확인하거나 주문하기 전에 웨이터에게 확인해야 한다. 헝가리 음식에서 기둥이 되는 두 가지 재료를 더 꼽으라면 양파와 라드가 있다. 여기에 파프리카까지 더해진 삼총사는 수많은 조리법의 첫 단계를 형성한다.

다른 동유럽 지역과 마찬가지로 헝가리의 전통적인 식사는 수프로 시작해서 메인 코스와 디저트로 이어진다. 많은 경우 수프가 단백질을 함유한 영양가 높은 코스인 반면 두 번째 코스는 그보다 가볍고 보완하는 요리가 나오는 것이 보통이다. 전형적인 코스로는 먼저 매운 파프리카를 넣은 어부의 수프, 즉 헐라슬리가 먼저 나오고 이어서 코티지 치즈와 베이컨을 넣은 국수인 투로스 추사가 나온다. 육류를 기본 재료로 한 많은 음식 외에 헝가리는 신선한 밭 채소로도 유명하며, 이러한 사실은 많은 음식과 사이드 디시에 반영된다.

와인 생산 역사가 1,000년 이상에 달하는 만큼 와인은 헝가리 음식문화에서 중요한 부분을 차지한다. 소련 시절과 동구권 안에서 계획 경제가 실행되던 시기 헝가리는 와인 생산국으로 지정되었고 소련이라는 절대 지배 세력에 와인을 공급하는 역할을 담당했다. 그러한 까닭에 와인은 다른 동유럽의 많은 국가에 비해 헝가리 문화에서 더 큰 부분을 차지한다.

[굴라시의 기원을 찾아서]

굴라시(또는 구야시)는 말 그대로 '양치기' 또는 '목동'이라는 의미이며 이 음식의 기원은 9세기까지 거슬러 올라간다. 이곳저곳 떠도는 양치기들은 불을 피운 다음 칼집을 낸 고기와 양파를 함께 넣은 묵직한 철 주전자를 올린 채 물기가 모두 증발될 때까지 천천히 끓였다. 이렇게 해서 만들어진 것을 햇볕 아래 더 바싹 말린 다음 양의 위로 만든 주머니에 보관했다. 그리고 필요할 때면 약간의 물을 넣고 이 즉석 식품을 다시 가열했다. 물을 많이 넣으면 굴라시 수프인 **구야쉬레베쉬**가, 적게 넣으면 수프라기보다 진한 스튜에 가까운 굴라시 미트인 **구야슈**가 된다. 그리고 오늘날까지 이 두 가지 음식은 각각 다른 버전으로 만들어진다.

수프와 스튜

헝가리 음식에서 수프는 중요한 부분을 차지한다. 헝가리 전통 음식에 수프가 빠진다는 건 있을 수 없는 일이다. 그 종류도 매우 다양하고 광범위하여 육류, 채소, 두류를 재료로 사용한 수프라 해도 여러 가지 조리법이 존재한다. 그중 다수, 특히 국수나 만두를 사용하는 경우 단독으로도 메인 코스 역할을 할 정도로 영양가가 높다.

스튜 역시 빠질 수 없는 부분이다. 통상적으로 굴라시라고 불리는 가장 유명한 전통 음식의 경우 특히 그러하다. 굴라시와 비슷한 정도로 농도가 진한 고기 스튜 **푀르쾰트**는 큼직한 고기 덩이를 주재료로 만들어지며 스위트 파프리카나 매운 파프리카, 양파, 베이컨, 또는 라드가 반드시 들어간다. 푀르쾰트와 말 그대로 '파프리카를 넣은'이라는 의미의 퍼프리카스의 차이는 퍼프리카스는 마지막에 사워크림을 넣는다는 것 그리고 푀르쾰트는 쇠고기, 24개월 이상 된 양고기, 야생 동물 고기, 거위고기, 오리고기를 재료로 더 자주 사용하는 반면 퍼프리카스는 닭고기와 송아지고기가 표준이라는 것이다.

특정한 조리법에 상관없이 굴라시, 푀르쾰트, 퍼프리카스는 대부분 미디엄-풀바디의 레드 와인과 잘 어울린다. 같은 굴라시, 푀르쾰트, 퍼프리카스라 해도 매운맛이 더 강한 음식에는 달콤한 과일 맛과 향이 나고 풀바디인 뉴 월드 스타일의 레드 와인을 페어링해야 하는 반면 달거나 사워크림을 넣은 음식의 경우 그에 상응하는 가벼운 스타일의 레드 와인도 잘 어울린다. 표 16-4에 헝가리 수프 및 스튜와 페어링

표 16-4 헝가리 수프 및 스튜와 와인 페어링

음식	가장 잘 어울리는 와인 스타일(예)	대체할 수 있는 와인 스타일(예)
구야쉬레베쉬(양파, 감자, 고추, 캐러웨이, 파프리카를 넣은 쇠고기 수프)	레드 : 미디엄-풀바디, 균형 잡힌, 중간 수준의 타닌(에그리 케크프랑코스)	레드 : 미디엄-풀바디, 균형 잡힌, 중간 수준의 타닌(나파 밸리 메를로)
헐라슬리(매운 파프리카를 넣은 생선 수프)	레드 : 라이트바디, 브라이트, 제스티(섹사르디 카다르카)	레드 : 라이트바디, 브라이트, 제스티(말보로 피노 누아)
요커이 버블레베시(훈제 돼지 족발, 소시지, 돼지갈비, 파프리카를 넣은 콩 수프)	레드 : 풀바디, 딥, 로부스트, 터보차지, 츄이한 질감(빌라니 카베르네 블렌드)	레드 : 풀바디, 딥, 로부스트, 터보차지, 츄이한 질감(마이포 밸리 카베르네 소비뇽)
죌드 버브 푀젤레크(딜을 넣은 걸쭉한 그린빈 수프)	화이트 : 아로마틱, 프루티, 라운드(토카이 하르쉬레벨류)	화이트 : 아로마틱, 프루티, 라운드(알자스 게뷔르츠트라미너)
버디스노 푀르켈트(멧돼지 라구)	레드 : 풀바디, 딥, 로부스트, 터보차지, 츄이한 질감(빌라니 카베르네 프랑)	레드 : 풀바디, 딥, 로부스트, 터보차지, 츄이한 질감(브루넬로 디 몬탈치노)
치르케퍼프리카스(스위트 파프리카, 사워크림을 넣은 닭고기 스튜)	레드 : 미디엄-풀바디, 균형 잡힌, 중간 수준의 타닌(에그리 케크프랑코스)	레드 : 미디엄-풀바디, 균형 잡힌, 중간 수준의 타닌(칠레 카르메네레)

할 수 있는 와인을 추천했다.

메인 코스

표 16-5에는 메인 코스로 서빙되는 헝가리 전통 음식이 나와 있다. 대부분의 음식에는 헝가리컴(Hungaricum)인 재료가 함유되는데, 헝가리컴은 전형적인 헝가리 식품, 동물 품종, 때로 문화에까지 적용되는 비공식적인 용어다. 헝가리컴으로 여겨지는 고유 음식 가운데 몇 가지만 예를 들자면 텔리 설라미(겨울 살라미), 매운 가루 형태는 물론 신선한 상태의 레드, 옐로, 그린 페퍼 등 각종 파프리카, 거위 간인 리바 마이가 있다. 헝가리의 거위 간은 프랑스의 푸아그라보다 대체로 지방질이 적으며 전통적으로 스위트 토카이 한 잔과 함께 서빙된다.

우연인지 의도한 것인지 몰라도 헝가리의 두 가지 전통적인 레드 품종인 케크프랑코스(블라우프랭키쉬라고도 알려져 있다)와 카다르카 모두 독특한 허브페퍼 같은 프로파일을 지녔다는 공통점이 있다. 또한 크리스프한 산도를 지녀 기름기가 많고 파프리카

표 16-5 헝가리 메인 디시와 와인 페어링

음식	가장 잘 어울리는 와인 스타일(예)	대체할 수 있는 와인 스타일(예)
톨퇴트 카포스터(쌀, 간 돼지고기, 쇠고기로 속을 채운 양배추 요리)	레드 : 라이트바디, 브라이트, 제스티(소프로니 케크프랑코스)	레드 : 라이트바디, 브라이트, 제스티(바르베라 다스티)
톨퇴트 퍼프리카(토마토, 간 송아지 고기, 돼지고기로 속을 채운 벨 페퍼 요리)	레드 : 라이트바디, 브라이트, 제스티(세크자르드 카다르카)	레드 : 라이트바디, 브라이트, 제스티(시농 카베르네 프랑)
레초(고추, 토마토, 양파를 재료로 만든 스튜)	레드 : 라이트바디, 브라이트, 제스티(에그리 케크프랑코스)	로제 : 드라이(코트 드 프로방스)
투로시 추서(신선한 양젖 치즈, 베이컨을 넣고 만든 에그 누들)	화이트 : 아로마틱, 프루티, 라운드(바다소니 피노 그리)	화이트 : 아로마틱, 프루티, 라운드(바하우 그뤼너 벨트리너)
리바 마이(로스트로 구운 거위 간)	스위트 : 레이트 하비스트 귀부 와인(토카이 아수 3 푸토뇨스)	스위트 : 레이트 하비스트 귀부 와인(코토 뒤 레이용 슈냉 블랑)
퍼프리카스 크룸플리(파프리카, 스위트 송아지 고기 소시지를 넣은 감자 스튜)	레드 : 라이트바디, 브라이트, 제스티(에그리 카다르카)	레드 : 미디엄-풀바디, 균형 잡힌, 중간 수준의 타닌(크로즈 에르미타쥬 시라)
호르토바기 펄러친터(송아지 고기 파프리카 스튜와 사워크림으로 속을 채운 세이보리 크레페)	레드 : 라이트바디, 브라이트, 제스티(에그리 비커베르 레드 블렌드)	레드 : 미디엄-풀바디, 균형 잡힌, 중간 수준의 타닌(나이아가라 페닌슐라 메리타쥬)
러코트 크룸플리(완숙 달걀, 햄, 소시지, 사워크림을 사이에 넣어 층층이 쌓은 감자 캐서롤)	레드 : 라이트바디, 브라이트, 제스티(빌라니 케크프랑코스)	레드 : 미디엄-풀바디, 균형 잡힌, 중간 수준의 타닌(러시안 리버 밸리 피노 누아)

를 기본 재료로 사용한 육류 음식, 제스티한 토마토와 신선한 페퍼를 사용한 음식과 자연스럽게 짝을 이룬다.

디저트

헝가리는 달콤한 음식에 있어 풍부한 전통을 자랑한다. 헝가리 가정에 방문한 사람은 누구나 각종 케이크나 페이스트리를 대접하는 주인에게서 탈출할 수 없다. 그리고 여기에는 주로 진한 에스프레소 커피, 스위트 디저트 와인, 또는 **팔링카**(과일 브랜디)가 곁들여진다. 조리법 가운데 다수는 프랑스 궁정에서 전해진 오스트리아 페이스트리의 조리법을 응용한 것이다. 거의 모든 디저트에 헝가리에서 생산되는 스위트 귀부 와인인 토카이 아수를 페어링하는 것이 관례지만 약간의 유연성을 발휘해도 된다. 표 16-6에 헝가리 디저트와 페어링하기 적합한 와인을 추천했다.

[달콤함을 준비하라 : 노블 토카이]

500년의 역사를 지닌 토카이 아수는 헝가리는 물론 유럽에서 가장 유명한 스위트 와인이다. 토카이 아수는 헝가리 북동부, 티서 강과 보드로크 강이 합류하는 지점인 토카이 시 주변에서 생산된다. 강과 가까운 위치 때문에 습도가 높아 이곳의 포도밭에서는 해마다 여름이면 보트리티스 곰팡이에 의한 귀부병이 발생하고, 그 결과 포도의 농도가 높아진다. 푸르민트, 하르쉬레벨류, 머스캣 품종이 주를 이루는 이 건조된 '아수(aszú)' 열매가 만들어지면 **푸토뇨스**라 불리는 호퍼(깔때기 모양의 용기)에 담아 수확된다. 그리고 같은 빈티지를 지닌 드라이 베이스 와인이나 아직 발효가 진행 중인 베이스 와인 안에 넣고 으깨진다. 설탕이 풍부하게 함유된 아수 포도가 추가됨으로써 베이스 와인은 더 오래 발효되고 더 많은 풍미가 서서히 녹아 나온다. 잠시 이 상태로 두었다가 전체 혼합물을 압착하여 와인을 배럴에 담고, 와인은 그 안에서 계속 발효되고 숙성한다. 하지만 설탕의 농도가 너무 높아 와인이 완전히 드라이해지기 전에, 즉 단맛이 완전히 사라지기 전에 발효 과정이 중단될 수밖에 없다.

추가된 아수 베리와 베이스 와인의 비율에 따라 완성된 와인의 당도가 결정된다. 푸토뇨스의 비율이 높을수록 단맛이 강한 와인이 탄생한다. 토카이 아수 와인은 당도에 따라 3, 4, 5, 6 푸토뇨스로 표시된다. 베이스 와인에 첨가하지 않고 아수 품종으로만 만들어진 **에센치아**는 매우 리치하고 단맛이 강한 와인이다. 아수 와인은 모두 2년 이상 오크통에서 장기간 숙성되므로 퀸스(마르멜로의 열매-역주) 페이스트와 말린 살구는 물론 매력적인 스파이시하고 견과류 같은 맛을 지니게 된다. **토카이 케쇠이 수레테레수**, 즉 레이트 하비스트 와인 역시 똑같이 보트리티스 곰팡이에 감염된 포도로 만들어지지만 주로 스테인리스 스틸통에 담겨 숙성되고 어릴 때 병에 담긴다. 따라서 더 신선하고 프루티하다. 토카이 이외에 헝가리 디저트와 어울리는 전 세계 다른 와인을 찾는다면 표 16-6에서 추천하는 스타일의 와인을 고려해보라. 아수 또는 레이트 하비스트에 속하는 와인들이다.

표 16-6 헝가리 디저트와 와인 페어링

음식	가장 잘 어울리는 와인 스타일(예)	대체할 수 있는 와인 스타일(예)
군델 펄러친터(군델 스타일 크레페)	스위트 : 레이트 하비스트 귀부 와인(토카이 아수 6 푸토뇨스)	스위트 : 강화 레드 와인(토니 포트 10, 또는 20년)
도보시 토르터(초콜릿 버터크림, 캐러멜 글레이즈를 사이에 넣고 층층이 쌓은 스펀지케이크)	스위트 : 레이트 하비스트 귀부 와인(토카이 아수 6 푸토뇨스)	스위트 : 강화 레드 와인(바뉼 그랑 크뤼 그르나슈)
얼마시 레테시(사과 슈트루델)	스위트 : 레이트 하비스트 귀부 와인(토카이 푸르민트 레이트 하비스트)	스위트 : 레이트 하비스트 귀부 와인(콰르트 드 숌 슈냉 블랑)
솜로이 걸루슈커(초콜릿과 바닐라 스펀지케이크, 바닐라 커스터드, 건포도, 호두, 초콜릿소스, 럼, 휘핑크림을 층층이 쌓은 솜로 스타일 트리플)	스위트 : 레이트 하비스트 귀부 와인(토카이 아수 6 푸토뇨스)	스위트 : 파시토(파트라스의 마브로다프네)
머다르테이(바닐라 커스터드 위에 얹어 내는 머랭)	스위트 : 레이트 하비스트 귀부 와인(토카이 푸르민트 레이트 하비스트)	스위트 : 스파클링 화이트 와인(모스카토 다스티)
마코시 베이글리(퍼피 시드 롤)	스위트 : 레이트 하비스트 귀부 와인(토카이 아수 4 푸토뇨스)	스위트 : 파시토(투스카니 빈산토)

chapter

17

매운맛과 향신료의 세계 : 아시아

제17장 미리보기

- 동남아시아 음식과 와인 페어링
- 중국 음식과 와인 페어링
- 일본 및 한국 음식과 와인 페어링
- 인도 음식과 와인 페어링

이번 장에서는 아주 넓은 지역을 포함한다. 동남아시아와 이 지역의 놀랍도록 다양하고 풍미로 가득한 음식을 다룰 것이다. 다음 섹션들을 따라가는 동안 두어 가지 명심해야 할 사항이 있다.

✔ 먼저 이 국가들에서 와인 소비문화는 실질적으로 성장하고 있지만 아직 초기에 불과하다. 이는 주요 도시의 중심부를 제외하고 와인에 대한 접근성이 제한된다는 의미다. 하지만 테이블에 앉는 곳이든 테이크아웃 형태든, 전 세계에서 현지화된 아시아 레스토랑이 영업하고 있다. 이런 곳에서는 이번 장에서 제시하는 조언의 상당 부분을 적용할 수 있다. 또한 여기에서 추천하는 와인을 보유하고 있을 가능성이 더 높다. 이제 어디서든 독

특한 아시아 음식 재료를 쉽게 구할 수 있으므로 가정에서도 페어링을 실험함으로써 아시아 음식의 풍미와 와인을 즐겁게 경험할 수 있을 것이다.

✔ 또 한 가지 고려해야 할 사항은 아시아에서는 식사할 때 한 번에 여러 가지 음식이 서빙되는 문화를 지니고 있다는 사실이다. 이 때문에 단 한 가지 와인으로 페어링을 해내기 어렵다. (제4장에서 다양한 음식에 와인을 페어링하는 전략에 대해 다룬 바 있다.) 이럴 때 내가 자주 사용하는 한 가지 방법은 동시에 식탁 위에 몇 병의 와인을 놓는 것이다. 이렇게 하면 각자 다양한 조합을 시도해서 자신에게 맞는 것을 찾을 수 있다. 서빙되는 다양한 음식에 맞춰 이번 장의 표에서 추천하는 것 가운데 두 가지 이상의 와인 스타일을 선택하라. 단번에 찾지 못하면 어떠하랴. 훌륭한 페어링을 찾는 일인데 와인을 몇 잔 더 마신다고 해될 건 없다.

동남아시아

다양한 문화가 서로 교류한 결과 동남아시아 음식은 놀랄 만큼 다양한 조리법과 재료로 만들어진다. 대부분 음식의 중심에는 밥이 있으며, 이는 번영의 상징이기도 하다. 하지만 밥을 제외한 나머지 광범위한 종류의 음식은 와인을 페어링하기에 좋기도, 까다롭기도 하다.

엄청나게 다양한 열대 과일은 말할 것도 없고 페퍼콘, 너트메그, 정향, 바닐라 등 이전까지 서구에 알려지지 않았던 모든 종류의 이국적 양념은 동남아시아에서 나온 것이다. 사탕수수 대에 끼워 굽거나 숯, 또는 코코넛 껍질에 구운 치킨 사테 등의 기본적인 조리법에서 생선 커리 페이스트를 곁들여 거대한 도미를 바나나 껍질에 싼 다음 달군 돌로 땅속에서 익히는 방법인 항이(hāngi) 등의 복잡한 조리법까지, 동남아시아는 조리법의 다양함과 풍미의 다채로움에 있어서 그 깊이가 남다른 곳이다.

또한 이런 음식을 맛보기 위해 그 지역으로 여행을 갈 필요도 없다. 전 세계 주요 도시 중심지에서 동남아시아 음식점을 찾을 수 있다. 하지만 식사를 하러 갈 때 직접 와인을 가지고 가야 할지도 모른다. 와인 분야는 유럽 중심으로 돌아가는데 대부분 이런 레스토랑들은 그러한 경향을 아직 수용하지 못하고 있는 실정이다.

이번 섹션에서는 말레이시아, 싱가포르, 필리핀, 인도네시아 같은 국가의 음식을 중점적으로 다룰 것이다. 이곳의 음식에는 주로 오크 숙성하지 않거나 거의 하지 않았으며 더 가볍고 크리스프하며 아로마틱한 화이트 와인이나 로제 와인이 최고의 페어링을 이룰 것이다. 대부분의 음식에 매운 칠리 고추가 주재료로 사용되며, 먹는 사람들은 땀을 흘려 높은 기온을 더 쉽게 견딜 수 있다. 비교적 찬 온도로 와인을 서빙하면 잠시나마 매운맛이 주는 열기를 식힐 수 있고 스파클링이든 비발포성이든 오프-드라이나 미디엄-드라이 와인 역시 타는 듯한 매운맛을 줄여줄 것이다. 매운맛을 만들어내는 성분인 캡사이신은 알코올에 용해되므로 적절한 도수의 와인을 마신다면 도움이 될 것이다. 하지만 어디까지나 14퍼센트 정도가 한계다. 그 이상이 되면 불에 기름을 붓는 꼴이 될 것이다. 발포 와인에 함유된 이산화탄소 역시 화끈거리는 느낌을 악화시킬 수 있다. 그래서 매운 음식을 먹을 때 맥주를 마시면 차가운 온도 외에 별 도움이 되지 않는 것이다.

스타터, 수프, 샐러드, 사테, 삼발

동남아시아 스타터를 먹는 순간 당신은 풍미와 질감이 입안에서 폭발하는 듯한 경험을 할 것이다. 그러므로 다용도 와인, 즉 크리스프하고 오크향이나 타닌이 거의 없거나 아예 없는 와인을 고수해야 한다. 또한 스타터의 양이 적어 식탁 위에 그다지 오래 머물지 않으므로 외식을 할 때는 잔 단위로 주문하는 것이 현명한 선택일 것이다. 비발포성이든 스파클링이든 크리스프한 화이트 와인, 특히 잔여 당이 약간 있는 와인이라면 대부분의 경우 잘 헤쳐 나갈 것이다. 표 17-1에는 인기 있는 동남아시아

표 17-1 동남아시아 스타터와 와인 페어링

국가	음식	가장 잘 어울리는 와인 스타일(예)	대체할 수 있는 와인 스타일(예)
말레이시아	삼발 아삼 사테(타마린드를 넣고 칠리 딥을 곁들인 쇠고기 사테)	화이트 : 풀바디, 소프트, 우드 숙성(노던 론 화이트 블렌드)	화이트 : 라이트웨이트, 크리스프, 스토니(모젤 리슬링)
싱가포르	춘권(야채 스프링 롤)	화이트 : 라이트웨이트, 크리스프, 스토니(루아르 밸리 소비뇽 블랑)	화이트 : 라이트웨이트, 크리스프, 스토니(앤더슨 밸리 트래디셔널 메소드)

표 17-1 동남아시아 스타터와 와인 페어링(계속)

국가	음식	가장 잘 어울리는 와인 스타일(예)	대체할 수 있는 와인 스타일(예)
싱가포르	포피아(새우, 소시지를 넣어 구운 스프링 롤)	화이트 : 라이트웨이트, 크리스프, 스토니(사우스오스트레일리아 리슬링)	레드 : 라이트바디, 브라이트, 제스티, 낮은 타닌(피에몬테 바르베라)
인도네시아	쿠미-무미 이시(고수 잎을 넣은 코코넛 소스로 버무린 새우로 속을 채운 오징어)	화이트 : 아로마틱, 프루티, 라운드(파소 로블레스 마르싼느/루싼느)	화이트 : 풀바디, 소프트, 우드 숙성(캘리포니아 퓌메 블랑)
발리	사테 우당(매운 장을 넣은 새우 사테)	화이트 : 라이트웨이트, 크리스프, 스토니(모젤-자르 리슬링 캐비닛)	화이트 : 라이트웨이트, 크리스프, 스토니(산토리니 아시르티코)

스타터와 몇 가지 와인의 페어링을 소개했다.

밥, 국수, 볶음 요리, 락사

밥과 국수, 만두는 동남아시아 어디에서든 맛볼 수 있는 음식이다. 또한 단순한 흰 쌀밥에서 30가지가 넘는 재료로 만든 복잡한 국수까지 종류도 다양하다. 음식의 지배적

표 17-2 동남아시아 밥 및 국수 요리와 와인 페어링

국가	음식	가장 잘 어울리는 와인 스타일(예)	대체할 수 있는 와인 스타일(예)
말레이시아	비훈 고렝(달걀, 고추, 소시지, 새우, 라임, 스프라우트를 넣은 튀긴 쌀국수)	화이트 : 라이트웨이트, 크리스프, 스토니(사우스 오스트레일리아 리슬링)	레드 : 라이트바디, 브라이트, 제스티, 낮은 타닌(보졸레 가메)
말레이시아	에포크-에포크(돼지고기, 앤초비, 코코넛을 넣은 튀긴 만두)	화이트 : 풀바디, 소프트, 우드 숙성(스텔렌보쉬 슈냉 블랑)	화이트 : 아로마틱, 프루티, 라운드(아르헨티나 토렌테스)
싱가포르	시아 미안(돼지고기, 새우, 콩, 고추, 시금치를 넣은 달걀노른자로 만든 국수)	화이트 : 아로마틱, 프루티, 라운드(오카나간 밸리 게뷔르츠트라미너)	로제 : 오프-드라이(칠레 카베르네 로제)
인도네시아	나시 고렝(달걀, 닭고기, 새우, 고추, 부추를 넣은 튀긴 쌀 요리)	화이트 : 라이트웨이트, 크리스프, 스토니(말보로 소비뇽 블랑)	화이트 : 아로마틱, 프루티, 라운드(바하우 그뤼너 벨트리너)
인도네시아	파이스 우당(고추, 가랑갈, 바질, 라임을 넣고 볶은 새우)	화이트 : 라이트웨이트, 크리스프, 스토니(상세르 소비뇽 블랑)	로제 : 드라이(리오하 로사도)
인도네시아	나시 꾸닝(코코넛, 계피 잎을 넣어 만든 강황 밥)	화이트 : 아로마틱, 프루티, 라운드(알자스 게뷔르츠트라미너)	화이트 : 라이트웨이트, 크리스프, 스토니(프리울리 소비뇽 블랑)

인 재료에 초점을 맞춘 다음 와인을 이 음식을 보완하는 악센트로 생각하라. 잔여 당이 얼마간 함유되고(오프-드라이, 미디엄-드라이, 또는 단 느낌에 대해서는 제12장을 참고하라) 잘 익은 과실과 열대 과일 풍미를 지닌 와인을 차게 서빙한다면 대체로 선방할 것이다. 표 17-2에 동남아시아 밥과 국수 요리와 곁들일 만한 와인을 추천했다.

커리와 스튜

일품요리 가운데 풍미와 질감, 향을 모두 한데 모아 뭉근하게 끓인 동남아시아의 커리와 스튜만 한 것은 없다.

진한 단 과일 풍미를 지니고 원숙한 풀바디 와인을 페어링하라. 단 느낌만 지니거나 사실상 오프-드라이인 동시에 커리와 스튜와 같은 강도의 풍미를 지닌 와인도 잘 어울린다. 맛과 향이 풍부한 화이트 와인, 적당한 맛과 향을 지니고 호화로운 뉴 월드

표 17-3 동남아시아 커리 및 스튜와 와인 페어링

국가	음식	가장 잘 어울리는 와인 스타일(예)	대체할 수 있는 와인 스타일(예)
말레이시아	다깅 마삭 아삼(레몬그라스와 타마린드를 넣은 쇠고기 커리 찜)	화이트 : 아로마틱, 프루티, 라운드(알자스 게뷔르츠트라미너)	레드 : 미디엄-풀바디, 균형 잡힌, 중간 수준의 타닌(버건디, 5년 이상)
말레이시아	굴라이 뚜미스(샬롯, 캔들넛, 레몬그라스, 코코넛, 라임 잎을 넣은 타마린드 생선 커리)	화이트 : 아로마틱, 프루티, 라운드(윌래밋 밸리 피노 그리)	화이트 : 풀바디, 소프트, 우드 숙성(샌타 이네즈 밸리 비오니에)
싱가포르	베이구파시슈(마늘을 넣은 브라운소스에 익힌 표고 버섯과 목이버섯 스튜)	미디엄-드라이 강화 앰버 : (올로로소 셰리)	화이트 : 아로마틱, 프루티, 라운드(알자스 피노 그리)
싱가포르	홍샤오에러우(두부를 넣고 5-스파이스를 사용하여 뭉근하게 끓인 거위 찜)	화이트 : 풀바디, 소프트, 우드 숙성(콩드리유 비오니에)	화이트 : 아로마틱, 프루티, 라운드(토카이 아수 3 푸토뇨스)
필리핀	훔바(식초, 콩, 블랙 빈, 팜 슈거, 팔각을 넣은 돼지 뱃살 찜)	화이트 : 풀바디, 소프트, 우드 숙성(나파 밸리 샤르도네)	레드 : 라이트바디, 브라이트, 제스티, 낮은 타닌(베네토 발폴리첼라)
인도네시아	베 첼렁 바스 마니스(볶은 샬롯과 고추를 넣고 감미 된장으로 간을 맞춘 돼지고기 찜)	화이트 : 아로마틱, 프루티, 라운드(알자스 게뷔르츠트라미너)	레드 : 라이트바디, 브라이트, 제스티, 낮은 타닌(산타바바라 피노 누아)
인도네시아	깜빙 메쿠아(레몬그라스, 코코넛, 카르다몬을 넣은 발리식 어린 양고기 커리)	화이트 : 풀바디, 소프트, 우드 숙성(센트럴 코스트 비오니에)	화이트 : 오프-드라이, 레이트 하비스트, 배럴 숙성(토카이 사모로디니 푸르민트)

스타일의 레드 와인이 가장 무난한 선택이 될 것이다. 배럴 숙성이 빚어낸 달콤한 향을 간직한 화이트 와인 역시 코코넛이 기본 재료인 다양한 커리를 효과적으로 보완하는 페어링이 될 것이다. 표 17-3은 커리 및 스튜와 와인 페어링 몇 가지를 중점적으로 다루었다.

달콤한 간식, 페이스트리, 디저트

캔들넛, 코코넛, 그리고 은행 열매는 동남아시아 디저트에 자주 사용되는 재료로서 음식을 놀랄 만큼 와인 친화적으로 만들어준다.

동남아시아 디저트는 서구의 것보다 대체로 단맛이 덜하여 더 광범위한 와인과 페어링이 가능하다. 한계를 뛰어넘어 평소 서구의 디저트를 먹을 때는 생각조차 하지 않을 와인을 고려해 보라. 페어링하는 음식보다 달거나 적어도 똑같이 단 와인을 선택해야 한다는 절대 규칙은 따라야 하지만 달콤하면서도 풍미가 강한 디저트 가운데는 그저 오프-드라이나 미디엄-드라이만 돼도 근사한 페어링을 이루는 것도 있다. 비교적 가장 리치하고 달콤한 스타일의 와인을 필요로 하는 디저트는 드물지만 그렇다고 어울리지 않는 것은 아니다. 리슬링 아우스레제나 약간의 잔여 당을 함유한 알자스 화이트 와인은 특히 아시아 과일과 향신료 시장만큼 이국적인 향을 지닌 까닭에 동남아시아 디저트와 근사한 하모니를 이룰 것이다. 표 17-4에는 동남아시아 디저트와 와인 페어링을 소개했다.

표 17-4 동남아시아 디저트와 와인 페어링

국가	음식	가장 잘 어울리는 와인 스타일(예)	대체할 수 있는 와인 스타일(예)
말레이시아	낭까 르막(잭프루트를 넣은 코코넛 밀크)	스위트 : 아이스와인(나이아가라 페닌슐라 비달 아이스와인)	스위트 : 레이트 하비스트(부르겐란트 블렌드 베렌아우스레제)
말레이시아	망꾹 꾸에(쪄서 만든 달콤한 떡)	스위트 : 레이트 하비스트(저먼 리슬링 아우스레제)	스위트 : 스파클링 와인(모스카토 다스티)
싱가포르	우 빙(크림을 곁들인 연꽃 반죽 팬케이크)	스위트 : 레이트 하비스트(토카이 레이트 하비스트 하르쉬레벨류)	스위트 : 레이트 하비스트 파시토(시실리 파시토 디 판텔레리아 지비보)
필리핀	비빈캉 가라퐁(코코넛 떡)	스위트 : 레이트 하비스트 귀부 와인(몽바지악)	스위트 : 레이트 하비스트(나이아가라 페닌슐라 비달)

동남아시아 본토

태국, 베트남, 캄바디아, 라오스, 버마 등 동남아시아 본토는 진정한 퓨전 음식의 땅이다. 국경을 마주한 국가들은 점령자로든 무역상으로든 몇 세기 동안 서로 영향을 주었다. 이곳 음식에서는 멀게는 중국, 인도, 말레이시아, 포르투갈, 그리고 몽고의 흔적을, 가깝게는 1940년대 말에서 1950년대 초반, 프랑스의 점령기 동안 베트남에 지대한 영향을 미친 음식을 찾을 수 있다.

이곳의 음식은 그 풍경만큼이나 스타일이 다양하다. 동남아시아 섬나라와 마찬가지로 점성이 강한 것과 길쭉한 모양의 두 가지 쌀을 모두 주식으로 삼지만 여기에 곁들이는 음식을 보면 그 재료가 정말 끝도 없는 것 같다. 개구리, 곤충, 민물 메기, 그린 파파야, 새우 발효 장, 과실수 열매가 접시에 올라와도 놀라지 말라. 그 가운데 차마 건드리지 못하는 것은 드물 것이다.

다음 섹션에서는 태국과 베트남 음식을 집중적으로 다룰 것이다. 이 두 국가의 음식은 이미 전 세계 곳곳에 진출해 있기 때문이다.

간식과 길거리 음식

이 지역의 도로는 음식 가판대와 노점 행상으로 가득 차 있다. 모터 소리를 요란하게 내는 오토바이 판매대도 조심해야 한다. 그리고 이 모든 곳에서 놀라운 음식을 맛볼 수 있다. 길거리 음식이라는 개념은 원래 1800년대 중국에서 유입되었다. 하지만 세월이 흐르고 수요가 증가했으며 커리나 샐러드, 볶음 요리와 국수, 페이스트리처럼 조리가 복잡한 음식의 자리를 그린 파파야나 멜론 샐러드처럼 조리가 단순한 음식이 차지했다. 오늘날 이러한 왁자지껄한 길거리 음식이 사라진 이 지역의 모습은 상상하기 힘들다. 게다가 세계 다른 지역에서도 이러한 콘셉트가 인기를 얻고 있다.

아시아의 거리에서 간단하게 음식을 먹을 때 고를 수 있는 와인은 그다지 많지 않을 것이다. 그러므로 표 17-5에 나와 있는 예를 전 세계 아시아 레스토랑에서 서빙되는 비슷한 음식의 길잡이로 삼아라. (중국에서 기억에 남을 만한 길거리 음식 파티를 즐긴 적이 있지만 이를 위해 와인을 모으느라 꽤나 고생했다.) 일반적으로 가장 다재다능한 라이트하고 크리

표 17-5 동남아시아 간식과 와인 페어링

국가	음식	가장 잘 어울리는 와인 스타일(예)	대체할 수 있는 와인 스타일(예)
태국	까오 드탕 나르 드타응(고추, 새우, 돼지고기 소스를 곁들인 쌀 케이크)	화이트 : 아로마틱, 프루티, 라운드(윌래밋 밸리 피노 그리)	화이트 : 라이트웨이트, 크리스프, 스토니, 오프 드라이 스파클링(프로세코)
태국	또르뜨 만 쁠라(카피르 라임과 커리를 곁들인 튀긴 어묵)	화이트 : 라이트웨이트, 크리스프, 스토니(바하우 그뤼너 벨트리너)	화이트 : 아로마틱, 프루티, 라운드(캘리포니아 비오니에)
베트남	반 꾸온(찐 쌀 전병에 돼지고기, 새우, 목이버섯을 싸서 먹는 음식, 흔히 말하는 월남쌈)	화이트 : 아로마틱, 프루티, 라운드(알자스 게뷔르츠트라미너)	화이트 : 아로마틱, 프루티, 라운드, 오프-드라이(앙주 슈냉 블랑)
베트남	반 코아이(돼지 뱃살, 새우, 스프라우트, 버섯으로 속을 채운 해피후에 팬케이크)	화이트 : 라이트웨이트, 크리스프, 스토니 스파클링(샴페인)	화이트 : 라이트웨이트, 크리스프, 스토니 스파클링(카네로스 트래디셔널 메소드)

스프한 발포 와인이나 비발포성 와인이 가장 적합하다. 이 소량의 음식들이 지닌 찌르는 듯한 자극적인 풍미와 대조되는 프루티한 풍미를 제공하므로 드라이, 또는 오프-드라이 로제 와인 역시 훌륭한 선택이 될 수 있다.

수프, 샐러드, 샌드위치

영양가가 많고 종류도 다양한 베트남의 포(phở) 같은 이 지역의 수프는 만족스러운 한 끼를 제공하는 일품요리다. 이런 음식들은 직접 고르는 국물이 있는 쌀국수이며, 저녁식사로는 생고기, 미트볼, 익힌 양지 등 다양한 방법으로 준비한 닭고기나 쇠고기에 힘줄과 양, 채소, 신선한 숙주, 그리고 타이 바질을 곁들인다. 포는 이제 너무나도 보편화되어 전 세계 도시 중심지에 가면 어디서든 포 레스토랑을 찾을 수 있다. 포와 함께 와인을 마실 생각이라면 식탁마다 구비된 매운 칠리 조미료를 뿌릴 생각은 접어라.

곁들여 먹는 샐러드는 종종 잘게 썬 코코넛, 쌀, 차게 식힌 저민 채소, 그리고 천연 열해소 식품인 피클을 사용해서 메인 디시가 지닌 화염을 누그러뜨릴 수 있다. 이 지역 출신의 셰프는 단맛과 매운맛의 열기의 균형을 잡는 데 능숙하며 미각이 압도되지 않도록 능숙한 감각을 사용한다.

표 17-6 동남아시아 수프 및 샐러드와 와인 페어링

국가	음식	가장 잘 어울리는 와인 스타일(예)	대체할 수 있는 와인 스타일(예)
태국	얌 까이(고수, 젓갈, 라임, 고추를 넣은 닭고기 파파야 샐러드)	화이트 : 라이트웨이트, 크리스프, 스토니(나이아가라 페닌슐라 리슬링)	화이트 : 아로마틱, 프루티, 라운드(아르헨티나 토론테스)
태국	얌 뿌 마무아응(게와 그린 망고 샐러드)	화이트 : 라이트웨이트, 크리스프, 스토니(말보로 소비뇽 블랑)	화이트 : 아로마틱, 프루티, 라운드(오스트리아 그뤼너 벨트리너)
베트남	포 보 하노이(부추, 고수, 고추, 라임을 넣은 쇠고기 육수 국수)	화이트 : 아로마틱, 프루티, 라운드(알자스 게뷔르츠트라미너)	로제 : 드라이(코트 드 프로방스)
베트남	포 가(바질, 라임, 고추, 생 고수를 넣은 닭 육수 국수)	화이트 : 아로마틱, 프루티, 라운드(카사블랑카 밸리 소비뇽 블랑)	화이트 : 아로마틱, 프루티, 라운드(윌래밋 밸리 피노 그리)
베트남	반미(햄, 소시지, 헤드치즈, 마요, 버터, 고수를 사이공식 바게트에 곁들인 음식)	화이트 : 라이트웨이트, 크리스프, 스토니(나이아가라 페닌슐라 리슬링)	로제 : 오프-드라이(나파 밸리 화이트 진판델)

이 지역에서 가장 잘 알려진 샌드위치는 사이공이라고도 알려진 반미(banh mi)다. 이는 식민지 기간 동안 프랑스에 의해 유입되었다. 이 샌드위치는 기름기가 전혀 없는 바게트에 각종 콜드컷(cold cut, 볼로냐 햄, 간 소시지, 로스트 비프, 살라미, 칠면조 같은 것의 냉육을 슬라이스한 것으로 가끔은 다양한 치즈도 쓴다-역주), 돼지 간 파테, 소시지, 오이, 당근 피클, 생 고수 버터, 마요네즈를 곁들인 것이다. 표 17-6에는 이러한 유형의 음식을 위한 추천 와인이 나와 있다.

커리, 국수, 쌀

태국이나 베트남 식사를 하며 단 한 번도 맹렬하게 매운 커리, 매콤한 국수, 또는 쌀을 주재료로 한 음식을 먹지 않고 끝내기란 실제로 불가능에 가깝다. 외국에서 영업 중인 태국과 베트남 레스토랑은 주로 커리, 국수, 쌀을 재료로 한 음식을 수십 가지 갖추고 있다.

와인과의 페어링을 고려할 때 대부분 단백질 식품은 무시해도 된다. 대신 오로지 소스에만 초점을 맞춰라. 쇠고기, 닭고기, 돼지고기, 새우 등 어떤 재료가 들어 있더라도 가장 먼저 고려해야 할 사항은 아니다. 그 모든 재료로 만든 음식에 종종 같은 소스가 사용되기 때문이다. 이 복잡한 풍미를 지닌 음식과 와인을 페어링하는 일은 매

표 17-7 동남아시아 커리 및 국수 요리와 와인 페어링

국가	음식	가장 잘 어울리는 와인 스타일(예)	대체할 수 있는 와인 스타일(예)
태국	꾸아이띠아우(새우, 땅콩, 라임, 고추, 달걀, 고수를 넣은 쌀국수)	화이트 : 라이트웨이트, 크리스프, 스토니(만티니아 모스코필레로)	화이트 : 아로마틱, 프루티, 라운드(프리울리 소비뇽 블랑)
태국	까오 소이(닭고기, 고추장, 코코넛, 라임을 넣은 치앙마이식 국수)	화이트 : 라이트웨이트, 크리스프, 스토니(클레어 밸리 리슬링)	화이트 : 아로마틱, 프루티, 라운드(파소 로블레스 루싼느)
태국	까엥 파나에응 네우아(코코넛, 젓갈, 라임, 타마린드, 고수를 넣은 쇠고기 레드 커리)	화이트 : 아로마틱, 프루티, 라운드(알자스 게뷔르츠트라미너)	레드 : 미디엄-풀바디, 균형 잡힌, 중간 수준의 타닌(센트럴 오타고 피노 누아)
베트남	쏘이(녹두, 땅콩, 코코넛을 넣은 찹쌀 요리)	화이트 : 아로마틱, 프루티, 라운드(리아스 바이사스 알바리뇨)	화이트 : 라이트웨이트, 크리스프, 스토니(오스트리아 리슬링)
베트남	보 싸오 란(쇠고기, 레드 커리, 코코넛, 고추, 레몬그라스, 라임을 넣은 당면)	화이트 : 아로마틱, 프루티, 라운드(샌타 이네즈 비오니에)	레드 : 미디엄-풀바디, 균형 잡힌, 중간 수준의 타닌(소노마 피노 누아)
베트남	까리 가(닭고기, 감자, 고수, 라임을 넣은 옐로 커리)	화이트 : 아로마틱, 프루티, 라운드(알자스 피노 그리)	화이트 : 라이트웨이트, 크리스프, 스토니(소노마 소비뇽 블랑)

우 까다롭지만 불가능하지는 않다. 매운맛의 열기와 통렬함 때문에 정제되고 정교한 와인은 너무도 쉽게 묻혀버릴 수 있다. 새콤 달콤 매콤한 맛이 적절하게 배합되어 린한 와인은 더 린하게, 단단한 와인은 더 단단해진다. 그러므로 비오니에, 피노 그리, 그뤼너 벨트리너, 리슬링, 알바리뇨처럼 라이트하고 프루티하며 아로마틱하거나 심지어 오프-드라이한 화이트 와인과 로제 와인에 집중하라. 아니면 눈에는 눈, 이에는 이 방식으로 볼드하고 리치하며 라이프한, 과일 향이 두드러지지만 오크향이 너무 강하지 않고 알코올 함량이 14퍼센트 이하인 뉴 월드 스타일 와인을 페어링하는 것도 좋은 방법이다. 레드 진판델, 뉴 월드 피노 누아, 호주 시라, 칠레 카베르네 소비뇽, 아르헨티나 말벡, 또는 남부 론의 그르나슈 베이스 블렌드가 여기에 속한다. 표 17-7에 이러한 음식과 페어링하기 좋은 와인을 추천했다.

육류, 생선, 야생 동물 고기

동남아시아에서 육류는 아직까지 고급 식재료로 여겨진다. 또한 육류라는 것은 주로 돼지고기와 닭고기를 의미하며 쇠고기는 먹는 빈도가 훨씬 떨어진다. 양이나 대

표 17-8 동남아시아 육류 및 해산물 요리와 와인 페어링			
국가	음식	가장 잘 어울리는 와인 스타일(예)	대체할 수 있는 와인 스타일(예)
태국	뿌팟퐁커리(절단한 게에 코코넛 커리, 라임, 고수를 곁들인 음식)	화이트 : 아로마틱, 프루티, 라운드(오카나간 밸리 피노 플랑)	화이트 : 라이트웨이트, 크리스프, 스토니(저먼 리슬링 스페트레제)
태국	녹 그라드따 타웃(팜 슈거, 콩, 마늘을 넣은 튀긴 메추라기)	화이트 : 아로마틱, 프루티, 라운드(바하우 그뤼너 벨트리너)	레드 : 라이트바디, 브라이트, 제스티, 낮은 타닌(산타바바라 피노 누아)
태국	까이 양(레몬그라스 양념에 잰 통닭구이)	화이트 : 라이트웨이트, 크리스프, 스토니(사우스오스트레일리아 리슬링)	화이트 : 라이트웨이트, 크리스프, 스토니(산토리니 아시르티코)
베트남	똠 느엉 더우 하오(숯불에 구워 굴 소스와 함께 내는 대하)	화이트 : 라이트웨이트, 크리스프, 스토니(마거릿 리버 소비뇽 블랑/세미용)	화이트 : 라이트웨이트, 크리스프, 스토니(루아르 밸리 슈냉 블랑)
베트남	팃 코 콤(스위트 파인애플을 넣은 설탕에 졸인 돼지고기)	화이트 : 풀바디, 소프트, 우드 숙성(나파 밸리 샤르도네)	화이트 : 아로마틱, 프루티, 라운드(알자스 피노 그리 레이트 하비스트)

형 야생 동물 같은 다른 붉은 육류는 실제로 그보다 더 찾아보기 힘들다. 하지만 다른 지역의 레스토랑에서는 매우 이국적인 육류 요리를 제공하는 경우도 있다.

반면 끝없이 이어진 해안 지대 덕분에 생선과 해산물이 식사의 주 메뉴로 등장한다. 바다는 물론 강과 하천에서도 매일 생선을 잡는다. 민물 농어, 메기, 배스, 잉어, 고등어는 물론 새우와 오징어가 풍부하며, 염장, 염수, 훈제같이 오래된 보존 기술이 광범위하게 사용되어 왔다. 표 17-8에는 페어링할 수 있는 목록이 소개되어 있다.

달콤한 음식, 페이스트리, 디저트

하루 중 언제든 간식을 즐길 수 있으므로 이 지역에서는 식사의 마지막 단계로 단 음식을 잘 먹지 않는다. 디저트와 단 음식은 주로 튀긴 설탕을 첨가한 코코넛 밀크에 튀긴 바나나를 넣은 것에서 바게트 위에 아이스크림을 얹은 다음 연유와 팜 슈거 시럽을 뿌린 것까지 대체로 단순한 조리법으로 만들어진다. 노점에서는 토핑을 얹은 팥빙수나 망고와 팜 슈거로 단맛을 내서 바나나 잎에 싼 검은 찹쌀밥을 판매한다. 하지만 매운 음식으로 식사를 마친 다음이니 달콤한 맛과 차가운 느낌은 환영받을 만하다. 그러므로 차게 식힌 스위트 와인을 함께 곁들인다면 금상첨화다. 디저트

표 17-9 동남아시아 단 음식과 와인 페어링

국가	음식	가장 잘 어울리는 와인 스타일(예)	대체할 수 있는 와인 스타일(예)
태국	카오 냐오 세 담(망고, 딸기, 팜 슈거, 코코넛을 넣은 흑미 푸딩)	스위트 : 아이스와인(나이아가라 페닌슐라 카베르네 프랑)	스위트 : 스파클링(피에몬트 브라케토 다퀴)
태국	상까야 팍 타웅(에그 커스터드와 계피를 넣은 호박)	스위트 : 레이트 하비스트(모젤 자르 리슬링 슈페트레제)	스위트 : 강화 앰버(산토리니 빈산토)
베트남	쩨 밥 디 따(스위트 콘을 넣은 찹쌀 푸딩)	스위트 : 아이스와인(나이아가라 페닌슐라 비달)	스위트 : 강화 화이트 와인(뮈스카 봄 드 베니스)
베트남	다우 싼 붕(튀긴 참깨 만두)	스위트 : 레이트 하비스트(모젤 리슬링, 아우스레제 또는 더 단 종류)	스위트 : 레이트 하비스트, 귀부 와인(바르삭)

보다 단 와인을 선택해야 한다는 사실을 잊지 마라. 표 17-9에 몇 가지 페어링을 제안했다.

중국

중국식 주방 하면 웍이라는 프라이팬과 도끼처럼 생긴 칼이 떠오른다. 또한 중국은 세계에서 가장 풍부하고 다양한 음식 전통을 지닌 나라 가운데 한 곳이지만 실제로 중국 음식이라는 것은 존재하지 않는다. 다만 약 7,000년의 역사 속에서 각 지역에서 생산되는 재료와 고유의 조리법을 사용한 다양한 음식들이 한데 얽혀 있을 뿐이다.

다음 섹션들에서는 쓰촨, 광둥, 만다린, 후난, 이렇게 가장 영향력이 강하고 잘 알려진 중국의 지역 음식 네 가지를 탐험할 것이다. 중국 현지 레스토랑에서는 와인을 제공하는 경우가 드물지만 대개 중국 밖에서도 같은 음식을 서빙하는 레스토랑이 있으므로 얼마든지 함께 즐길 수 있다.

쓰촨 음식

쓰촨 음식은 중국 남서부에 위치한 쓰촨 지방에서 유래되었다. '쓰촨 음식' 하면 대담하고 매콤하며 통렬한 풍미로 가장 잘 알려져 있다. 이는 마늘, 고추, 발효된 검은 콩, 참깨 페이스트, 그리고 쏘는 듯한 매운맛을 지닌 쓰촨 페퍼콘에 크게 의존하기 때문이다. 또한 소금물에 절이는 염수법, 소금을 뿌려 절이는 염장법, 그리고 각종 재료를 말리는 건조법이 자주 사용된다. 거의 모든 음식에 고추기름이 사용되며, 다양한 향신료 가운데서도 팔각, 펜넬 씨앗, 생강 등이 자주 이용된다.

애용되는 조리법에는 볶기, 증기에 찌기, 졸이기 등이 있고 이때 프라이팬인 웍이 반드시 필요하다. 쇠고기는 쓰촨 음식에서 사랑받는 단백질 식품이며 살코기 외에도 버리는 부위가 단 한 군데도 없다.

광둥 음식

광둥은 홍콩 인근, 중국 남동부 해안 지역에 위치해 있다. 이곳 출신의 이민자들이 전 세계에 퍼져 나간 까닭에 서구에 가장 잘 알려진 중국 음식이다. 토론토에서 샌프란시스코, 멜버른까지, 여러 나라의 차이나타운에서 대부분 광둥 음식을 제공한다.

광둥 음식은 균형이 잘 잡혀 있고 기름기가 거의 없으며 산둥이나 후난 음식에 비해 매운맛이 훨씬 덜하다. 이곳의 대표적인 음식은 한 입 크기의 딤섬이다. 딤섬은 찜 바구니 통째로, 혹은 작은 접시에 담겨 1인분씩 제공된다. 고수 외에도 몇 가지 허브가 사용된다는 것 역시 이웃한 지역의 음식과 차별화되는 점이다. 전형적인 광둥 디핑 소스인 해선장, 굴, 자두, 새콤달콤한 소스, 검은콩 페이스트(흑두사) 같은 양념을 많이 사용하여 소스, 글레이즈, 찜 육수의 풍미를 한층 높인다.

베이징(만다린) 음식

외부 세계에 베이징 음식은 만다린 음식으로 더 잘 알려져 있다. 중국 황실 음식에 지대한 영향을 미쳤으며 사회 상류층을 위해 전수되어 온 것이 바로 베이징 음식이다. 중국 전역에서 황족과 최고위급 관료의 요리사가 되어 출세하려는 사람들이 자금성에 입성할 기회를 놓고 경쟁했다. 그 결과 수많은 지역의 음식이 만다린 음식에 영향을 주었다.

그 가운데서도 가장 상징적인 음식은 북경오리(페킹덕)와 맵고 신맛을 지닌 수프다.

주요 양념은 진간장, 참기름, 발효 두부, 부추, 인기 있는 조리법은 오븐과 숯불에서 굽는 방법이다.

후난 음식

후난 음식은 중국에서 가장 맵고 색이 화려하며 향이 강한 지역 고유의 음식 가운데 하나다. 여기에는 다양한 재료가 들어가고 조리법으로는 국물을 넣고 오래 끓이는 스튜잉, 단지에 넣고 굽는 폿 로스팅, 기름에 볶는 프라잉, 훈제, 찜이나 조림과 비슷한 브레이징 모두 사용된다. 다른 것을 섞지 않은 고추를 넣어 강렬한 매운맛을 내는 동시에 마늘과 샬롯(양파의 한 종류-역주)을 첨가하여 조림 육수와 소스에 풍미를 더한다. 추운 겨울용으로 무겁고 영양가가 풍부한 음식을, 여름용으로는 차갑게 식힌 음식까지 갖춘 후난의 음식은 계절에 크게 좌우된다. 이곳의 음식은 중국 음식 레퍼토리에 4,000여 가지 이상을 더했다.

중국 음식과 와인 페어링을 위한 조언

중국 음식은 종종 와인을 완전히 무용지물로 만드는 재료를 다양하게 포함하기도 한다. 중국 된장, 생선, 두부는 물론 고추, 식초, 절인 재료가 사용되는 만큼 페어링하기 매우 어려울 수 있다. 그리고 대부분의 경우 최고의 레드 와인과 화이트 와인은 저장고에 남겨두거나 음식을 한 입 먹은 다음 잠시 시간을 두었다가 와인을 마시는 편이 나을 것이다.

중국 전통 식사에서는 주로 한 번에 여러 가지 음식이 나온다. 따라서 광범위한 풍미와 질감이 존재하는 만큼 페어링하기 까다롭다. 완벽한 한 가지 페어링을 찾느라 고생하지 말고 한두 가지 이상의 다용도 와인을 선택하는 것이 최선의 전술이다. 대체로 화이트 와인과 로제, 특히 프루티한 오프-드라이 스타일의 와인이 중국 음식 스타일 대부분과 더 잘 어울린다. 지극히 매운 후난과 쓰촨 음식에는 게뷔르츠트라미너, 비오니에, 피노 그리, 그뤼너 벨트리너같이 약간의 단맛이 나거나 단 느낌을 지니고 알코올 함량이 13.5~14퍼센트이며 더욱 풀바디하고 과일 향이 선명한 와인이 잘 어울린다. 또한 아주 차게 서빙해야 매운맛을 완화하고 미각을 새롭게 한다는 사실을 명심하라. 레드 와인을 선택해야 한다면 가메, 피노 누아, 츠바이겔트, 바르베라,

템프라니요, 프라파토, 발폴리첼라같이 가볍고 제스티하며 타닌 함량이 낮고 오크 발효나 숙성을 거치지 않은, 또는 단기간 숙성된 와인을 차갑게 서빙하라.

반면 대체로 기름기가 적고 풍미의 강도가 약한 광둥과 만다린 음식, 특히 증기로 찌거나 정교하게 포칭한 해산물 요리의 경우 피노 그리지오, 리슬링, 오크 발효나 숙성을 거치지 않은 샤르도네, 슈냉 블랑처럼 크리스프하고 드라이하며 스토니한 와인이 음식의 풍미를 증가시켜 줄 것이다. 검은콩과 함께 증기로 찐 백합 요리같이 감칠맛이 풍부한 음식의 경우 타닌이 함유된 레드 와인을 피하라. 대신 차게 식힌 모젤 리슬링, 크리스프한 샤블리, 타벨 로제 그리고 이와 유사한 와인이 성공적인 페어링을 만들어낼 가능성이 가장 높다.

기름기가 풍부한 육류 찜 요리에는 풍미가 강한 **샤오싱 와인**(셰리, 드라이 마데이라와 유사한 곡물 와인)이, 생강을 넣은 송아지 볼살찜에는 매끄럽고 리치한 뉴 월드 스타일의 피노 누아나 알코올 도수가 높은 아르헨티나 말벡이 어울린다. 영양가 높은 구이 요리에는 그을린 오크통에서 숙성하여 토스티한 풍미를 지닌 와인이 어울리며, 이럴 때는 호주의 쉬라즈나 스페인의 리오하를 시도해 볼 만하다.

딤섬, 간식, 수프

이번 장에서는 딤섬 식당 홀에서 서버들이 카트에 싣고 돌아다니거나(손님들은 지나가는 카트를 세우고 자신이 원하는 딤섬을 골라 먹을 수 있다-역주) 레스토랑에서 가벼운 음식으로 서빙되는 수많은 와인 친화적 음식 몇 가지를 살펴볼 것이다. 다른 중국 음식과 마찬가지로 이 음식들은 한 상에 차려지거나 쉴 틈 없이 연이어 나올 것이다. 그러므로 표 17-10의 추천 와인 스타일 페어링을 지침으로 삼아 몇 가지 음식과 전반적으로 어떤 유형의 와인이 가장 잘 어울릴지 판단하라. 확신이 서지 않을 때는 프로세코처럼 부드럽고 약간 오프-드라이이며 가장 다양한 용도로 사용되는 발포 와인을 시도해 보라.

가금류와 육류

표 17-11에 명시된 가금류와 육류 요리를 페어링할 때는 단백질 식품 자체보다 소스와 기본 재료들에 초점을 맞춰야 한다. 음식이 지닌 다양한 풍미가 바로 페어링을

표 17-10 중국 딤섬과 와인 페어링

스타일	음식	가장 잘 어울리는 와인 스타일(예)	대체할 수 있는 와인 스타일(예)
쓰촨	생강, 콩, 샤오싱 와인, 고추장, 부추를 넣은 매콤한 새우찜	화이트 : 라이트웨이트, 크리스프, 스토니(말보로 소비뇽 블랑)	로제 : 드라이(리오하 로사도)
광둥	하가우(새우, 부추를 넣은 밀 전분 만두)	화이트 : 라이트웨이트, 크리스프, 스토니(알자스 피노 블랑)	화이트 : 라이트웨이트, 크리스프, 스토니(카네로스 트래디셔널 메소드)
광둥	시우 마이 완탕(간 돼지고기, 새우, 목이버섯, 부추를 넣은 만두)	화이트 : 라이트웨이트, 크리스프, 스토니(클레어 밸리 리슬링)	화이트 : 라이트웨이트, 크리스프, 스토니(페네데스 카바)
광둥	생강, 마늘, 부추와 함께 춘장을 넣고 찐 가리비	로제 : 오프-드라이(뉴 월드 오프-드라이 로제)	레드 : 라이트바디, 브라이트, 제스티, 낮은 타닌(보졸레 빌라주)
만다린	쟈오쯔(고추 디핑 소스, 부추를 곁들이는 돼지고기와 양배추 만두	화이트 : 라이트웨이트, 크리스프, 스토니(프로세코)	화이트 : 라이트웨이트, 크리스프, 스토니(모젤 리슬링 카비네트)
후난	햄, 버섯, 생강, 부추, 참깨를 넣은 가리비 수프	화이트 : 풀바디, 소프트, 우드 숙성(나파 밸리 소비뇽 블랑)	화이트 : 아로마틱, 프루티, 라운드(그뤼너 벨트리너)

표 17-11 중국 가금류 및 육류 요리와 와인 페어링

스타일	음식	가장 잘 어울리는 와인 스타일(예)	대체할 수 있는 와인 스타일(예)
쓰촨	궁바오지딩(고추, 땅콩, 채소를 넣은 닭 요리)	화이트 : 라이트웨이트, 크리스프, 스토니(바하우 그뤼너 벨트리너)	화이트 : 아로마틱, 프루티, 라운드(샌타 이네즈 비오니에)
쓰촨	말린 쇠고기를 잘게 썰어 생강, 마늘, 고추장, 당근, 고추, 부추를 첨가한 요리	레드 : 미디엄-풀바디, 균형 잡힌, 중간 수준의 타닌(소노마 피노 누아)	화이트 : 풀바디, 소프트, 우드 숙성(보르도 블랑 세미용)
광둥	파인애플, 그린 페퍼, 양파를 넣은 새콤달콤한 돼지고기 요리	화이트 : 라이트웨이트, 크리스프, 스토니(나이아가라 세미-드라이 리슬링)	화이트 : 아로마틱, 프루티, 라운드(앙주 블랑 슈냉 블랑)
광둥	발효 검은콩, 칠리 페퍼를 넣어 만든 갈비찜	화이트 : 풀바디, 소프트, 우드 숙성(소노마 샤르도네)	레드 : 미디엄-풀바디, 균형 잡힌, 중간 수준의 타닌(빅토리아 쉬라즈)
만다린	밀쌈과 파, 하이시안장을 넣어 만든 북경오리	화이트 : 라이트웨이트, 크리스프, 스토니(말보로 소비뇽 블랑)	레드 : 풀바디, 딥, 로부스트, 터보차지, 츄이한 질감(러시안 리버 피노 누아)
후난	줘중탕지(진간장, 생강, 마늘을 넣고 빵가루를 묻힌 닭고기 요리)	화이트 : 아로마틱, 프루티, 라운드(산타바바라 화이트 론 블렌드)	로제 : 드라이(코트 드 프로방스)

이루는 원인일 수도, 깨는 원인일 수도 있다.

생선과 해산물

육류 요리와 마찬가지로 생선 및 해산물은 특정한 생선의 종류가 아니라 곁들이는 소스와 주요 풍미에 초점을 맞춰 페어링해야 한다. 중국 생선 및 해산물 요리는 대부분 복합성을 지니고 강렬한 맛과 풍미를 지녔으므로 스파클링 와인은 물론 아로마틱하고 크리스프한 화이트 와인과 로제 와인 가운데 한 가지를 선택해야 할 것이다. 표 17-12에 인기 있는 중국 생선 및 해산물 요리와 여기에 페어링하기 적합한 와인 스타일을 제시했다.

밥과 국수

중국에는 쌀과 국수로 만든 음식이 엄청나게 다양하다. 그리고 그 가운데 다수는 놀랄 정도로 와인 친화적이며, 특히 소프트하고 아로마틱한 화이트 와인 때로 레드 와

표 17-12 중국 생선 요리와 와인 페어링

스타일	음식	가장 잘 어울리는 와인 스타일(예)	대체할 수 있는 와인 스타일(예)
쓰촨	고추장, 검은 버섯, 부추로 만든 매콤한 소스를 곁들인 잉어찜	화이트 : 아로마틱, 프루티, 라운드(오스트리아 그뤼너 벨트리너)	로제 : 드라이(코트 뒤 프로방스)
쓰촨	고추-땅콩 소스, 참깨, 마늘, 부추, 생강을 넣어 만든 튀긴 바닷가재	화이트 : 아로마틱, 프루티, 라운드(칠레 아로마틱 블렌드)	화이트 : 라이트웨이트, 크리스프, 스토니, 오프-드라이(알자스 리슬링)
광둥	참깨, 생강, 페퍼콘, 생 고수를 넣고 만든 농어찜	화이트 : 라이트웨이트, 크리스프, 스토니(소노마 소비뇽 블랑)	화이트 : 아로마틱, 프루티, 라운드(맥라렌 베일 루싼느)
광둥	당면, 부추, 생강을 넣은 게 커리	화이트 : 라이트웨이트, 크리스프, 스토니(오스트리아 리슬링)	화이트 : 아로마틱, 프루티, 라운드(윌래밋 밸리 피노 그리)
만다린	민물 농어를 바삭하게 튀겨 새콤달콤한 소스를 곁들인 요리	화이트 : 라이트웨이트, 크리스프, 스토니(부브레 데미섹 슈냉 블랑)	화이트 : 라이트웨이트, 크리스프, 오프-드라이 스파클링(프로세코)
후난	바삭하게 튀겨 버섯 간장 고추, 당근, 부추, 죽순, 생 고수를 넣은 도미 요리	화이트 : 라이트웨이트, 크리스프, 스토니(상세르 소비뇽 블랑)	화이트 : 라이트웨이트, 크리스프, 스토니(사우스오스트레일리아 리슬링)

표 17-13 중국 밥 및 국수와 와인 페어링

스타일	음식	가장 잘 어울리는 와인 스타일(예)	대체할 수 있는 와인 스타일(예)
쓰촨	쇠고기, 팔각, 배추, 토마토, 된장, 생 고수를 넣은 에그 누들	화이트 : 아로마틱, 프루티, 라운드(바하우 그뤼너 벨트리너)	레드 : 라이트바디, 브라이트, 제스티, 낮은 타닌(카네로스 피노 누아)
광둥	게, 마늘, 생 고수를 넣고 커리로 양념한 당면 요리	화이트 : 아로마틱, 프루티, 라운드(그리스 말라구지아)	로제 : 오프-드라이(뉴 월드, 소프트, 프루티 로제 와인)
광둥	중국 소시지, 건새우, 베이컨, 마늘, 부추를 넣고 볶은 찹쌀 요리	화이트 : 라이트웨이트, 크리스프, 스토니(나파 밸리 퓌메 블랑)	로제 : 드라이(리오하 그르나슈)
광둥	목이버섯, 숙주, 차이브, 생강을 넣고 볶은 돼지고기 쇼메인	화이트 : 아로마틱, 프루티, 라운드(알자스 게뷔르츠트라미너)	화이트 : 풀바디, 소프트, 우드 숙성(칠레 비오니에)
만다린	그린 피, 샬롯, 참깨, 부추를 넣고 달걀과 함께 볶은 밥	화이트 : 아로마틱, 프루티, 라운드(아르헨티나 토론테스)	화이트 : 풀바디, 소프트, 우드 숙성(산타바바라 샤르도네)
만다린	롭청 소시지, 달걀, 굴 소스, 마늘을 넣은 볶음밥	화이트 : 아로마틱, 프루티, 라운드(센트럴 코스트 피노 누아)	화이트 : 오프-드라이, 라이트웨이트, 크리스프, 스토니(모젤 리슬링 슈페트레제)
후난	달걀, 고추, 콩, 참깨, 부추를 넣고 잘게 다진 닭고기와 볶은 밥	화이트 : 오프-드라이, 라이트웨이트, 크리스프, 스토니(모젤 리슬링 슈페트레제)	화이트 : 아로마틱, 프루티, 라운드(알자스 게뷔르츠트라미너)
후난	고추기름에 볶은 쇠고기, 가지, 절인 순무, 부추, 콩, 참깨, 생강을 넣은 쌀국수	화이트 : 아로마틱, 프루티, 라운드(뉴질랜드 게뷔르츠트라미너)	로제 : 드라이(피노 누아 로제)

인과 매우 잘 어울린다. 표 17-13은 몇 가지 인기 있는 음식과 여기에 가장 잘 어울리는 와인을 보여준다.

채소를 주재료로 한 음식

중국 땅에서라면 채식주의자들은 행복한 나날을 보낼 수 있다. 동물성 재료를 사용하지 않고도 가장 창의적이고 풍미가 가득한 음식을 어디서든 먹을 수 있기 때문이다. 주로 크리스프하고 아로마틱한 화이트 와인과 제스티한 레드 와인을 고수하라. 표 17-14는 채소를 주재료로 한 몇 가지 음식과 여기에 페어링하기 적합한 와인의 목록이다.

표 17-14 중국 채소 요리와 와인 페어링			
스타일	음식	가장 잘 어울리는 와인 스타일(예)	대체할 수 있는 와인 스타일(예)
쓰촨	오이, 소형 가지, 붉은 고추, 말린 고추, 부추를 넣은 매콤한 샐러드	화이트 : 아로마틱, 프루티, 라운드(사우스아프리카 소비뇽 블랑)	화이트 : 라이트웨이트, 크리스프, 스토니(비뉴 베르드 알바리뉴)
쓰촨	당근, 숙주, 식초 양념장과 함께 내는 매콤한 두부 롤	화이트 : 라이트웨이트, 크리스프, 스토니(이든 밸리 리슬링)	로제 : 오프-드라이(캘리포니아 화이트 진판델)
광둥	참기름, 부추, 고추장과 함께 웍에서 볶은 두부 요리	화이트 : 아로마틱, 프루티, 라운드(바하우 그뤼너 벨트리너)	레드 : 라이트바디, 브라이트, 제스티, 낮은 타닌(캘리포니아 그르나슈)
만다린	버섯, 마늘, 부추를 넣은 죽순 요리	화이트 : 아로마틱, 프루티, 라운드(오카나간 밸리 아로마틱 블렌드)	로제 : 드라이(뉴 월드 프루티 로제)
후난	말린 새우와 함께 웍에서 볶은 매콤한 오이 요리	화이트 : 라이트웨이트, 크리스프, 스토니(말보로 소비뇽 블랑)	화이트 : 아로마틱, 프루티, 라운드(바로사 비오니에)

일본

일본 음식은 완벽한 재료와 정교한 조리법을 바탕으로 만들어진다. 스시같이 단순해 보이는 음식도 요리하는 법을 배우기 위해서는 오랜 기간이 필요하며 스시 셰프는 적어도 10년은 장인의 밑에서 수련을 해야 인정받을 수 있다. 사실 일본 음식은 서구의 영향을 받았다. 그 가운데 가장 주목할 만한 것은 메이지 유신 기간이던 1888년 일본 황제가 붉은 육류에 대한 금지령을 해제하고 새롭게 만들어진 일본식 유럽 음식 **요쇼쿠**를 장려하기 시작한 일이다. 그때부터 특히 이런 현상이 두드러졌다. 그렇다 해도 여전히 전통에 충실한 방식과 재료 본연의 맛과 향에 대한 종교적 수준의 헌신이 전통으로 남아 있다.

감칠맛이 세상에 알려지고 규정된 곳이 바로 일본이며(상세한 내용은 제2장에서 다루었다.) 일본에서는 여전히 감칠맛이 대부분의 음식에서 중요한 요소로 남아 있다. 일본 음식 재료의 성스러운 삼위일체는 다음과 같다.

- ✔ 미소(콩을 발효한 된장)
- ✔ 가쓰오부시(다랑어를 말려서 훈제한 다음 얇게 썰어 육수에 사용하는 것)
- ✔ 유자(강렬한 향을 지닌 일본 스타일의 작은 레몬)

이 세 가지 모두 많은 조리법에 등장하는 주요 재료다. 일본 음식은 단순해 보이지만 실제로 복잡한 맛과 질감, 풍미를 지니고 있다. 더 중요한 것은 전반적으로 보았을 때 아시아 음식 가운데 가장 와인 친화적인 음식이라는 점이다. 이는 풍미 본연의 모습을 중시하고 대체로 와사비를 제외한 매운 양념을 잘 쓰지 않기 때문이다.

섬세하고 재료 본연의 특징을 간직한 일본 음식의 풍미는 똑같이 순수하고 섬세한 와인을 페어링할 때 가장 돋보인다. 드라이 스파클링 와인을 포함해서 라이트하고 크리스프하며 언오크된 와인이 일본 요리에 가장 좋은 동반자가 될 것이다. 레드 와인을 서빙하고 싶다면 나이가 지긋한 와인을 선택하라. 타닌이 지닌 떫은맛은 실크 같은 질감으로 부드러워진 반면 여전히 산을 품고 있으며 와사비의 강한 공격을 막아준다. 가장 효과적인 접근 방식은 상대적인 무게감을 근거로 하는 것이다. 리슬링이나 샴페인같이 린하고 크리스프한 화이트 와인이나 스파클링 와인을 스시나 사시미에 페어링해 보라. 그런 다음 강도를 높여 단기간 오크 발효나 숙성을 거친 샤르도네, 실크 같은 피노 누아에 그릴에 구운 꼬치 요리인 야키토리를 페어링해 보라. 여기에서 한 단계 더 나아가 시칠리아에서 생산된 네로 다볼라처럼 밸런스된 미디엄-풀 레드 와인과 버섯으로 속을 채워 숯불에 구운 메추라기 요리를 페어링해 보라.

마키 스시, 오니기리 스시, 사시미

얇게 썰어놓은 생선회, 해초, 쌀밥이 차려져 있는 이미지를 본다면 사람들은 십중팔구 일본을 생각할 것이다. 비록 생선을 날것으로 먹는다는 개념이 중국에서 온 것이라고 해도 말이다. 사실 냉장고가 발명되기 전, 보존을 목적으로 생선을 발효, 또는 염장한 다음 여기에 쌀밥과 해초에 얹어 먹는다는 생각을 해낸 것은 중국 승려들이었고 이를 받아들여 꽃을 피운 것이 일본이었다. 에도 시대(1800년대 중반) 말기, 오늘날과 비슷하게 정교하고 다양하며 세심하게 조리해야 하는 음식으로 가다듬어졌다. 스시는 대형 접시나 배 모양의 접시 1개를 기준으로 주문할 수 있으며, 여기에 다양한 유형의 생선, 조개, 기타 이국적 재료가 담긴다는 사실을 고려하면 각각의 스시

표 17-15 일본 스시 및 사시미와 와인 페어링

음식	가장 잘 어울리는 와인 스타일(예)	대체할 수 있는 와인 스타일(예)
니기리스시 모리아와세(참치, 장어, 바다 농어, 방어, 문어) 등으로 구성된 니기리스시 세트	화이트 : 라이트웨이트, 크리스프, 스토니 스파클링(샴페인 블랑 드 블랑 또는 다른 트레디셔널 메소드 스파클링 와인; 프레스코 브루트)	화이트 : 아로마틱, 프루티, 라운드(오스트리아 그뤼너 벨트리너)
스시 모리아와세(오이, 연어, 참치, 새우 롤 등으로 구성된 마키/니기리스시 콤보 세트)	화이트 : 라이트웨이트, 크리스프, 스토니(모젤 자르 리슬링 카비네트)	화이트 : 아로마틱, 프루티, 라운드(프리울리 피노 그리지오)
츠쿠리 모리아와세(새우, 광어, 도미, 방어 등으로 구성된 각종 기름기 없는 사시미 세트)	화이트 : 라이트웨이트, 크리스프, 스토니(리아스 바이사스 알바리뇨; 루아르 밸리 슈냉 블랑; 뮈스카데)	화이트 : 라이트웨이트, 크리스프, 스토니(비노 베르데)
츠쿠리 모리아와세(참치 뱃살, 고등어, 연어, 가리비 등으로 구성된 각종 기름진 사시미 세트)	화이트 : 라이트웨이트, 크리스프, 스토니(말보로 소비뇽 블랑)	레드 : 라이트바디, 브라이트, 제스티, 낮은 타닌(카네로스 피노 누아)
스페셜 하드 롤(후토마키, 스파이더롤)	화이트 : 아로마틱, 프루티, 라운드(센트럴 코스트 비오니에)	화이트 : 라이트웨이트, 크리스프, 스토니(리아스 바이사스 알바리뇨)
우니(성게)	화이트 : 아로마틱, 프루티, 라운드(게뷔르츠트라미너)	화이트 : 라이트웨이트, 크리스프, 스토니(리아스 바이사스 알바리뇨)

유형에 맞춰 와인을 페어링하는 일은 야무진 꿈에 불과하다. 표 17-15에는 일반적인 와인 스타일의 카테고리 가운데 최고의 페어링을 이루는 것은 물론 내가 개인적으로 몇 가지 유형이 한 접시에 담겨 나오는 전형적인 스시에 즐겨 페어링하는 와인들이 담겨 있다.

쌀밥이 포함된 스시와 달리 사시미는 오로지 날생선을 썰어놓은 음식이며 주로 간장과 와사비를 곁들여 낸다. 사시미 역시 일반적으로 다양한 유형의 생선을 한 접시에 담아 내기 때문에 특정한 페어링을 추천하는 일은 무의미하다고 볼 수 있다. 다양한 풍미, 질감, 여러 가지 생선에 함유된 오일 성분을 감당할 수 있는 다용도 와인을 선택하는 것이 합리적인 전략이다.

롤은 아보카도, 각종 채소, 달걀, 매콤한 마요네즈 등 다양한 재료와 함께 생선이나 조개로 만들어지므로 스시나 사시미보다 페어링하기 더 복잡한 음식이다. 또한 매운맛을 지니고 있는 경우 롤의 매운맛이 강할수록 페어링하기 어려워진다. 하지만 다양한 메뉴로 구성된 식사 안에 포함되는 경우가 대부분이므로 스시, 사시미와 마찬가지로 표 17-15에서 추천하는 것같이 융통성 있는 와인이라면 현명한 선택이 될 것이다.

밥과 국수

과거 쌀이 귀했던 만큼 일본인은 국수를 많이 섭취한다. 라면, 시리타키, 소멘, 우동, 히라스메, 그리고 널리 사랑받는 소바(메밀) 등 다양한 유형의 국수를 얼음처럼 차갑게 만들거나 적당히 차게 식히거나 튀기거나 육수에 담그는 등 여러 가지 조리법으로 음미한다. 국수는 아직까지도 일본인의 일상적인 식사에서 중요한 부분을 차지한다. 물론 일본 사무라이가 쌀로 급여를 지급받았던 만큼 밥 역시 음식문화에서 중요한 부분을 차지하며, 지금도 일본인의 사랑을 받는 음식이다. 쌀 한 섬은 1년에 한 사람이 충분히 먹을 수 있는 양을 말한다.

중립적인 탄수화물 식품은 대부분 맛과 향이 온화하므로 일본 국수 및 밥 음식과 페어링할 때는 어떤 소스를 곁들이고 무엇과 함께 서빙되는지를 바탕으로 판단해야 한다. 간장과 참기름, 버섯과 감칠맛이 풍부한 육수가 자주 함께 사용된다는 사실을

표 17-16 일본 밥 및 국수 요리와 와인 페어링

음식	가장 잘 어울리는 와인 스타일(예)	대체할 수 있는 와인 스타일(예)
카키-아게 돈부리(쇼유[일본식 간장]를 곁들인 새우 덴푸라 덮밥)	화이트 : 라이트웨이트, 크리스프, 스토니(비노 베르데)	화이트 : 라이트웨이트, 크리스프, 스토니(샤블리 샤르도네)
토리 고한(밥, 표고버섯을 곁들인 닭 가슴살 요리)	화이트 : 라이트웨이트, 크리스프, 스토니(알자스 피노 블랑)	화이트 : 라이트웨이트, 크리스프, 스토니(나파 밸리 소비뇽 블랑)
우미 노 사치 노 우돈(홍합, 대하, 새우, 브로콜리를 곁들인 해산물 냉우동)	화이트 : 라이트웨이트, 크리스프, 스토니(상세르 소비뇽 블랑)	화이트 : 아로마틱, 프루티, 라운드(산타바바라 카운티 비오니에)
키노코 라멘(다시마 육수와 포레스트 버섯과 함께 내는 라면)	드라이 강화 화이트 : (피노 셰리)	레드 : 라이트바디, 브라이트, 제스티, 낮은 타닌(산타루치아 하이랜드 피노 누아)
히야무기(새우, 버섯, 다시, 달걀과 함께 내는 냉국수)	화이트 : 아로마틱, 프루티, 라운드(바하우 그뤼너 벨트리너)	화이트 : 라이트웨이트, 크리스프, 스토니(컬럼비아 밸리 리슬링)
자루소바(다시, 해조류와 내는 메밀면)	화이트 : 라이트웨이트, 크리스프, 스토니(뮈스카데)	레이트 하비스트 : 미디엄-드라이(저먼/오스트리아 리슬링)

고려하면 타닌이 강한 빅 레드 와인은 피해야 한다. 감칠맛이 풍부한 음식 때문에 와인의 떫은맛이 강해지고 질감이 단단해지기 때문이다. 숙성된 레드 와인, 크리스프한 화이트 와인, 혹은 수분이 많고 달콤한 과일 향이 나는 화이트 와인이 안전한 선택이다. 표 17-16에 몇 가지 와인을 추천했다.

하지만 육수를 기본으로 하는 국수 요리와 와인 사이에서는 그다지 시너지가 일어나지 않는다. 와인을 한 모금 마실 때가 되면 국물은 이미 목구멍으로 넘어간 후일 것이다(동시에 와인과 국물이 섞이도록 동시에 입안에 물고 있는 일은 정말 어렵다). 따라서 와인은 미각을 세척하는 역할이나 다음 한 입을 먹기 전, 막간을 이용한 즐거움 정도의 역할만 하므로 완벽한 페어링을 고민하느라 애쓸 필요가 없다. 반면 셰리, 마데이라 같은 강화 드라이 와인은 음식을 보완하여 즐거움을 제공할 수 있다. 환상적인 입안의 느낌과 바디감을 지녔기 때문이다(여기에 대부분의 와인보다 감칠맛이 풍부한 것처럼 느껴지며, 이는 전통적인 쇠고기 콩소메에 그러하듯 육수의 감칠맛을 높여줄 것이다).

이자카야 음식 : 덴푸라, 로바타, 야키토리, 쿠시야키

일본 이외의 지역에서 이자카야(izakaya)의 인기는 지난 10년간 폭발적으로 높아졌다. 이자카야라는 단어는 두 가지 일본어를 합성한 것이다. 이(i)는 '머물다', 사카야(sakaya)는 '사케를 파는 곳'이라는 의미다. 원래 그저 몇 가지 음식만 팔던 사케 술집인 이자카야가 지금 같은 일본 스타일 식당 겸 술집으로 발전한 것이다. 여기에서는 꼬치구이인 야키토리, 석쇠를 이용해서 숯불에 굽는 음식인 로바타, 얇게 썬 날생선인 사시미같이 각종 간단한 전통 음식에서 유럽-일본식 퓨전의 영향을 약간 받은 복잡한 음식까지 대부분 가벼운 식사를 제공한다. 서양에서는 이자카야가 아직도 큰 인기를 끌고 있으며 도시 지역에 새로운 매장이 빠른 속도로 생겨나고 있다. 표 17-17에서 전통적인 이자카야 음식에 추천할 만한 와인을 다루었다.

달콤한 음식과 디저트

감칠맛이 풍부한 다른 음식과 마찬가지로 일본 디저트는 깔끔하지만 복잡하며, 주로 계절을 반영한다. 젤리, 소스, 페이스트리 소, 과자 등을 단단하게 만드는 데 해초 젤라틴으로 만든 한천이 흔하게 사용된다. 일본인들은 매실을 매우 좋아하며 장아찌

표 17-17 일본 이자카야 음식과 와인 페어링

음식	가장 잘 어울리는 와인 스타일(예)	대체할 수 있는 와인 스타일(예)
에비 마요(매운 마요네즈 소스를 곁들인 새우 덴푸라)	화이트 : 라이트웨이트, 크리스프, 스토니(샤블리)	화이트 : 라이트웨이트, 크리스프, 스토니, 스파클링(샴페인 로제)
타코야키(부추, 우스터셔 마요를 곁들인 튀긴 문어 볼)	화이트 : 라이트웨이트, 크리스프, 스토니(비노 베르데 알바리뇨)	화이트 : 아로마틱, 프루티, 라운드(산토리니 아시르티코)
타이 노 카이센 샐러드(얇게 깎은 일본무, 당근, 폰주 드레싱을 곁들인 도미 샐러드)	화이트 : 라이트웨이트, 크리스프, 스토니(말보로 소비뇽 블랑)	화이트 : 아로마틱, 프루티, 라운드(월래밋 밸리 피노 그리)
우즈라 노 키노코 즈메(발사믹 식초를 넣고 은행과 버섯으로 속을 채워 숯불에 구운 메추리 요리)	레드 : 미디엄-풀바디, 균형 잡힌, 중간 수준의 타닌(시실리 네로 다볼라)	레드 : 라이트바디, 브라이트, 제스티, 낮은 타닌(발폴리첼라)
야키토리(미린[단맛과 감칠맛이 있는 술-역주]과 간장으로 글레이즈를 바른 닭고기와 부추 꼬치구이)	화이트 : 풀바디, 소프트, 우드 숙성(화이트 리오하 크리안자)	레드 : 미디엄-풀바디, 균형 잡힌, 중간 수준의 타닌(센트럴 오타고 피노 누아)
네기 폰(부추와 폰주를 곁들인 돼지 등심 꼬치 요리)	화이트 : 라이트웨이트, 크리스프, 스토니(프리울리 피노 그리지오)	화이트 : 풀바디, 소프트, 우드 숙성(화이트 버건디 샤르도네)
진다라 사이쿄(색이 연하고 단맛이 강한 미소를 넣고 만든 은대구 요리)	화이트 : 풀바디, 소프트, 우드 숙성(버건디 샤르도네 뫼르소)	화이트 : 풀바디, 소프트, 우드 숙성(소노마 코스트 샤르도네)
와푸 스페어리부(간장으로 양념해서 그릴에 구운 돼지갈비)	레드 : 라이트바디, 브라이트, 제스티, 낮은 타닌(소노마 피노 누아)	화이트 : 아로마틱, 프루티, 라운드(바하우 그뤼너 벨트리너)
아사리 노 스이모노 미조 지타테(미소로 육수를 낸 바지락 요리)	화이트 : 풀바디, 소프트, 우드 숙성(러시안 리버 샤르도네)	화이트 : 아로마틱, 프루티, 라운드(알자스 피노 그리)

로 만들어 아이스크림, 소, 소스, 그리고 젤리 등 다양한 디저트에 사용한다. 체리, 호두, 녹차, 배, 초콜릿 등 다른 재료도 자주 사용된다. 반면 인기 있는 녹차 아이스크림은 차가운 온도 때문에 미각을 둔하게 만들고, 결국 와인이든 뭐든 진정한 시너지를 만들기 어려워지므로 따로 즐기는 것이 낫다. 표 17-18에 일본 디저트와 페어링하기 좋은 와인 몇 가지를 추천했다.

표 17-18 일본 디저트와 와인 페어링

음식	가장 잘 어울리는 와인 스타일(예)	대체할 수 있는 와인 스타일(예)
하쿠토 노 젤리 요세(흰색 복숭아 젤리)	스위트 : 레이트 하비스트(모젤 자르 리슬링)	스위트 : 아이스와인(나이아가라 페닌슐라 리슬링)
리무시 노 이모 안 이코미(얌을 넣은 찹쌀떡)	스위트 : 강화 앰버(올로로소 둘세 셰리)	스위트 강화 : 앰버(캘리포니아 오렌지 머스캣)
칸텐 요세(계절 과일로 만든 젤리)	스위트 : 아이스와인(스파클링)(나이아가라 페닌슐라 리슬링)	스위트 : 스파클링(피에몬트 모스카토 다스티)
이치고 노 가루탄(딸기 그라탱)	스위트 : 스파클링(피에몬트 브라케토 다퀴)	스위트 : 아이스 와인(나이아가라 페닌슐라 카베르네 프랑 아이스와인)

한국

인기가 높아지고 있기는 하지만 한국 음식은 중국이나 일본 음식에 비해 외국으로 많이 진출되지 않았다. 하지만 일단 한 번 접하고 나면 십중팔구 풍미가 가득한 불고기 주변에 김치라는 매콤하고 짭짤한 채소(오이, 배추, 무, 부추로 만든) 음식이 놓인 장면을 떠올리게 될 것이다. 메뉴에서 뭘 주문하든 김치는 항상 나온다.

한국 음식은 짠맛, 단맛, 매운맛, 신맛, 그리고 감칠맛을 아낌없이 선보인다. 많은 음식에서 가장 우세한 풍미를 만들어내는 것은 간장, 설탕, 식초, 소금, 마늘, 참깨, 고추, 된장, 그리고 매운 고추장이다. 한국 음식은 고유의 양념인 고추장을 많이 사용하여 다른 아시아 음식과 차별화된다. 이는 감칠맛이 풍부하고 불이 붙은 것처럼 매운 페이스트로서 붉은 고추, 찹쌀, 발효된 대두, 소금으로 만들어지며, 점토로 만든 항아리에 보관된 상태로 실외에서 몇 년 동안 자연 발효 과정을 거친다. 다른 아시아 지역과 마찬가지로 한국도 쌀로 만든 밥이 주식이며 이는 강렬한 매운맛을 누그러뜨리는 데 도움을 주기도 한다.

한국 음식은 두 가지 면에서 와인과의 페어링이 매우 까다롭다. 전통적인 한식은 일부 주요 음식이 한 번에 서빙되고, 그 주변에 반찬이라는 사이드 디시가 다양하게 놓

인다. 너무나도 다양한 맛과 질감, 풍미가 한 식탁에 존재하므로 이 모든 것과 조화를 이룰 단 하나의 와인을 찾는 것은 어려운 일이다. 더욱이 거의 모든 맛에 동시에 존재하는 매운맛과 신맛(절인 음식)은 대부분의 와인을 맹물처럼 만들어버린다. 최선의 전략은 반찬에 신경 쓰지 말고 메인 디시에 초점을 맞추는 것이다. 또 한 가지 방법은 김치를 한 조각이라도 먹은 직후라면 와인을 마시지 않는 것이다. 불고기처럼 감칠맛이 풍부한 음식을 가장 효과적으로 감당하는 것은 볼드하고 리치하며 원숙한 레드 와인과 화이트 와인이다. 그 가운데서도 론 스타일의 화이트 블렌드, 호주 쉬라즈와 캘리포니아 진판델처럼 스파이시(아니스, 계피, 정향, 팔각, 후추 등의 향을 의미함-역주)하고 제스티하며 잼 같은 레드 와인이 특히 제격이다. 하지만 한 가지 명심해야 한다. 와인의 온도를 약간 차게 유지해야 매운맛이 등장했을 때도 페어링의 즐거움을 최대로 만끽할 수 있다. 식사하는 내내 즐기기는 힘들지만 세미스위트, 레이트 하비스트 화이트 와인이라면 나름대로 역할을 해낼 것이다.

밥, 죽, 국수

쌀은 한국 자생 식물이 아니며, 처음 유입되었을 때는 가격이 상당히 높았다. 시간이 지나면서 주요 탄수화물원이 되었지만 사람들은 양을 늘리기 위해 종종 수수, 보리 등 다른 곡물과 섞어서 밥을 지었다. 이러한 사실은 쌀과 보리를 섞어 만든 인기 있

표 17-19 한국 밥 및 국수 요리와 와인 페어링

음식	가장 잘 어울리는 와인 스타일(예)	대체할 수 있는 와인 스타일(예)
비빔밥(밥에 잘게 다진 쇠고기, 표고버섯, 당근, 달걀, 스프라우트 등 다양한 재료를 넣고 매운 소스를 곁들이는 음식)	화이트 : 풀바디, 소프트, 우드 숙성(파소 로블레스 론 스타일 화이트 블렌드)	레드 : 미디엄-풀바디, 균형 잡힌, 중간 수준의 타닌(센트럴 코스트 시라)
비빔국수(오이, 김치, 배, 참기름을 넣어 차게 먹는 매콤한 소면)	화이트 : 아로마틱, 프루티, 라운드(알자스 게뷔르츠트라미너)	화이트 : 아로마틱, 프루티, 라운드(바하우 그뤼너 벨트리너)
비빔냉면(달걀, 오이를 넣은 매운 메밀면)	화이트 : 오프-드라이, 라이트웨이트, 크리스프, 스토니(부브레 데미섹 슈냉 블랑)	화이트: 아로마틱, 프루티, 라운드(오프-드라이)(알자스 피노 그리)
잡채면(표고버섯, 당근, 간장, 얇게 썬 쇠고기, 마늘, 부추를 넣은 당면 요리)	화이트 : 풀바디, 소프트, 우드 숙성(버건디 샤르도네)	로제 : 드라이(타벨 그르나슈)

는 음식인 보리밥에서 드러난다. 쌀 또는 쌀가루는 전, 부침개, 죽, 또는 미음 등 수많은 음식의 재료로도 사용된다. 여기에 때로 채소와 해산물, 육류 등이 혼합되어 포만감을 주는 일품요리가 된다. 반면 국수는 제2차 세계대전 이전에는 거의 특별한 경우에만 먹었던 만큼 한국 음식 가운데 비교적 새롭게 주류로 떠올랐다. 국수는 대부분 각종 양념과 재료를 곁들여 뜨거운 육수를 부어 낸다. 한국 밥, 죽, 국수와 페어링에 추천할 만한 와인은 표 17-19에 있다.

한국식 바비큐와 찜 요리

한국식 바비큐야말로 한국 음식 가운데 가장 잘 알려진 동시에 가장 많이 수출된 형태다. 해외에서 가장 인기 있는 한식 매장은 불고기 레스토랑들이다. 이곳에서는 자리에 앉은 상태에서 테이블마다 놓인 불판에 얇게 썰어 양념에 잰 고기를 직접 익혀 먹는 만큼 소통하는 식사의 결정체라 할 수 있다. 이때 다양한 반찬이 함께 서빙된다. 불고기 외에도 주로 그릴에 구운 음식의 풍미에 대조를 더하기 위해 기본 상차림의 일부로서 고깃국이나 해산물 요리가 서빙된다. 표 17-20은 한국식 바비큐에 추천할 만한 와인의 목록이다.

표 17-20 한국 바비큐와 와인 페어링

음식	가장 잘 어울리는 와인 스타일(예)	대체할 수 있는 와인 스타일(예)
닭 날개 조림(꿀과 후추를 넣은 BBQ소스로 양념한 매콤한 닭 날개 요리)	화이트 : 라이트웨이트, 크리스프, 스토니, 오프-드라이(알자스 리슬링)	레드 : 풀바디, 딥, 로부스트, 터보차지, 츄이한 질감(나파 밸리 진판델)
삼겹살 구이(숯불에 구워 고추, 꿀, 매운 고추, 버섯, 간장과 함께 먹는 돼지 뱃살 요리)	레드 : 미디엄-풀바디, 균형 잡힌, 중간 수준의 타닌(마이포 밸리 카베르네 소비뇽 블렌드)	레드 : 풀바디, 딥, 로부스트, 터보차지, 츄이한 질감(바로사 쉬라즈)
쇠고기 구이(오이, 마늘, 버섯, 쌈장, 간장 소스와 함께 먹는 구운 쇠고기)	레드 : 라이트바디, 브라이트, 제스티, 낮은 타닌(말보로 피노 누아)	화이트 : 풀바디, 소프트, 우드 숙성(론 밸리 화이트 블렌드)
LA 갈비(배, 간장, 참기름으로 양념한 갈비구이)	레드 : 풀바디, 딥, 로부스트, 터보차지, 츄이한 질감(드라이 크리크 밸리 진판델)	화이트 : 풀바디, 소프트, 우드 숙성(카네로스 샤르도네)
불고기(간장, 마늘, 생강, 참기름 양념에 잿다가 구워 먹는 쇠고기 요리)	레드 : 풀바디, 딥, 로부스트, 터보차지, 츄이한 질감(나파 밸리 카베르네 소비뇽)	레드 : 미디엄-풀바디, 균형 잡힌, 중간 수준의 타닌(아르헨티나 말벡)

인도와 인도 아대륙

방글라데시, 파키스탄, 스리랑카, 그리고 인도를 아우르는 인도 아대륙은 15억 인구가 거주하는 광범위한 지역이며 다양한 음식문화가 공존하는 곳이다. 국제적으로 이곳의 음식은 주로 단순하게 인도 음식이라고 일반화되어 불리지만 그토록 넓은 지역에 엄청난 인구가 살고 있으므로 지역적 차이 역시 다양하게 존재한다. 방언의 수만큼이나 음식도 도시마다, 심지어 마을마다 다양하다.

물론 이 지역들 사이에 유사점도 존재한다. 특히 다양한 양념을 듬뿍 사용하는 것을 중요하게 여긴다. 인도 아대륙의 음식은 여러 층으로 된 향과 풍미를 지녀 매우 복잡하다. 이곳의 셰프들은 가람 마살라, 커리 가루 등의 양념을 완벽하게 배합해 내기 위해 일생을 바친다. 그리고 때로 이러한 배합은 가문의 비법으로 비밀에 붙여진다. 또한 향과 색, 맛을 다양한 방식으로 증가시키기 위해 각기 다른 배합이 사용된다. 심지어 양념을 넣는 순서도 최종적으로 만들어진 음식에 극적인 영향을 미친다.

이 책에서는 나라별로 나누는 대신 커리나 밥을 기본으로 한 음식 등 그 유형에 따라 살펴볼 것이다. 인도 레스토랑에서 메뉴를 펼쳤을 때 흔히 볼 수 있는 방식이다.

인도 아대륙 음식과 와인 페어링을 위한 조언

인도 음식을 먹으면서 뭘 마실까 생각할 때 와인이 즉시 떠오르지는 않을 것이다. 사람들은 대부분 양념이 잔뜩 들어가고 매운 이곳의 음식이 와인과 페어링하기 곤란하다는 생각에 와인 대신 맥주를 찾을 것이다. 하지만 똑같이 자극적이고 맵다 하더라도 다른 지역 음식과 달리 훌륭한 인도 음식은 풍미와 향, 맛의 조화를 이룬다. 즉, 단맛, 신맛, 쓴맛, 짠맛, 매운맛이 조화를 이루며 서로 결합하고, 음식이 단 한 가지 맛에 지배되는 일은 드물다. 따라서 아무리 풍미가 강해도 균형이 잡힌 음식은 적절한 와인과 성공적으로 페어링할 수 있다. 카르다몸, 생강, 터메릭, 정향, 팔각, 고수 등 수많은 허브와 향신료가 사용되지만 여기에 상응하는 와인을 찾을 수 있다. 그래서 나는 가끔 인도가 영국이 아닌 포르투갈이나 스페인의 식민지였다면 인도 음식과 와인의 페어링이 더 보편적으로 나오지 않았을까 하는 생각을 떨칠 수 없다. 이 지역에서 와인에 대한 관심이 점점 높아지고 와인 산업이 발전, 확장되고 있는 만큼 분명 인도 음식을 차린 식탁에 와인이 오르는 모습을 더 자주 볼 날이 올 것이다.

상식적으로 생각하면 아로마틱한 오프-드라이 화이트 와인이 인도 음식과 가장 안전하게 페어링할 수 있는 와인일 것이다. 100퍼센트는 아니더라도 대부분 이는 사실이다. 매운맛의 뜨거운 느낌은 단맛이나 단 느낌(잘 익은 과일의)을 지닌 와인을 차게 서빙했을 때(이에 대한 더 자세한 정보를 제2장에서 다루었다) 가장 효과적으로 잠재울 수 있다. 또한 고추의 매운맛을 만들어내는 화합물인 캡사이신은 알코올에 용해되며, 이는 알코올 함량이 높을수록 무거운 인도 음식과 페어링할 수 있는 무게감을 지녔다는 의미일 뿐 아니라 열기를 식히는 데도 효과적이라는 의미다. 물론 알코올 함량 한계는 14퍼센트까지다.

전체적으로 보았을 때 가장 효과적인 전략은 무게감을 맞추고 풍미의 대조를 이루는 것이다(이 내용은 제5장에서 다루었다). 인도 음식은 크림, 요거트, 정제 버터를 사용하므로 지방 함량이 높고 그만큼 열량이 상당히 높으므로 동등하게 묵직한 바디감을 지닌 와인이 잘 어울린다. 동시에 잘 익은 과일 풍미를 지녀 인도 음식과 곁들여 나오는 과일 처트니와 매우 흡사한 깊고 흙 같은 향과 기분 좋은 대조를 이루는 와인을 페어링해야 한다. 보완하는 와인 역시 훌륭한 페어링을 이룬다. 커리의 쏘는 듯한 느낌과 소박한 달콤함을 만들어내는 것은 매우 강력한 방향 화합물인 **소톨론**인데, 프랑스 쥐라에서 생산된 뱅 존 등 와인 가운데서도 특히 나이가 많고 배럴 숙성되거나 효모를 덮은 상태에서 숙성된 와인에 소톨론이 함유되어 있다.

무미건조하고 떫은맛이 강하며 오크 느낌이 매우 강한 본-드라이 레드 와인과 인도 음식을 페어링하는 일은 피해야 한다. 향신료와 매운맛의 열기가 와인을 더 쓰고 하드하게 느껴지고 입안에서 수렴 작용이 일어나게 만들어 결국 와인이 지닌 섬세함이나 미묘한 차이를 모두 제거할 것이다.

티핀 : 가벼운 식사와 간식

오늘날 티핀은 가벼운 식사나 간식을 통틀어 일컫는 말이 되었다. 하지만 1600년대부터 1900년대 사이, 영국령 인도 시절에 사용되게 되었고, 원래 오후 티타임처럼 '술을 마시다', 혹은 '한 모금 마시다'라는 의미의 영국 속어 티핑(tiffing)에서 유래했다. 하지만 이제 쌀이나 검은 렌틸콩을 발효한 걸쭉한 반죽으로 만든 크레페나 팬케이크인 도사, 숙성해서 찐 빵인 이들리, 사모사, 코프타, 파코라, 티카 등이 전형적인 티핀에 포함된다. 인도에서 티핀은 같은 이름을 가진 3단 금속 도시락에 담긴 점심식사를 의미하기도 한다.

샴페인과 스파클링 와인은 대부분의 티핀과 무난한 페어링을 이룬다. 특히 약간의 잔여 당을 함유한 데미섹(로제) 스파클링 와인이 좋다. 표 17-21에 이러한 음식과 페어링하기 좋은 추천 와인을 소개했다.

커리

커리라는 음식의 정의는 사실 명확하지 않다. 오늘날 인도에서는 단순히 '그레이비(육수에 와인, 우유와 포도주 또는 녹말 같은 것을 넣어 만든 소스-역주)'라는 의미로 사용되지만 동시에 소스를 듬뿍 얹은 다양한 음식을 일컫는 말이기도 하다. 커리는 타밀어 카리(kaari)에서 유래한 것으로 여겨진다. 이는 말 그대로 하면 '소스'라는 의미지만 밥과 함께 먹는 모든 메인 코스를 일컫기도 한다.

인도 커리의 주재료는 익힌 생선이나 육류이며 여기에 채소를 곁들이기도 한다. 또한 각종 향신료와 양념, 걸쭉하게 만드는 농후제가 첨가되어 매우 깊은 층을 지닌 음

표 17-21 인도 간식과 와인 페어링

국가	음식	가장 잘 어울리는 와인 스타일(예)	대체할 수 있는 와인 스타일(예)
인도	사모사(감자, 콩, 고수로 속을 채워 튀긴 페이스트리)	화이트 : 라이트웨이트, 크리스프, 스토니(스파클링) (프로세코)	화이트 : 아로마틱, 프루티, 라운드(바하우 그뤼너 벨트리너)
인도	코프타(마늘, 칠리, 요거트, 커민, 민트를 넣은 양고기 미트볼)	화이트 : 풀바디, 소프트, 우드 숙성(소노마 샤르도네)	화이트 : 아로마틱, 프루티, 라운드(알자스 게뷔르츠트라미너)
인도	알루 키 티키(터메릭, 칠리, 차트 마살라를 넣은 튀긴 감자전)	화이트 : 아로마틱, 프루티, 라운드(알자스 드라이 머스캣)	화이트 : 풀바디, 소프트, 우드 숙성(노던 론 화이트 블렌드)
파키스탄	아노크하이 케밥(커민, 감자, 민트를 곁들인 얇게 썬 쇠고기 케밥)	화이트 : 풀바디, 소프트, 우드 숙성(나파 밸리 퓌메 블랑)	레드 : 미디엄-풀바디, 균형 잡힌, 중간 수준의 타닌(바로사 쉬라즈)
방글라데시	하림(생강과 양파를 넣고 닭고기와 렌틸콩을 튀겨 만든 볼)	화이트 : 라이트웨이트, 크리스프, 스토니(모젤 자르 리슬링 카비네트)	화이트 : 풀바디, 소프트, 우드 숙성(나파 밸리 샤르도네)

식이 만들어진다. 커리의 종류는 매우 다양하지만 그 가운데 가장 매운 종류인 빈달루, 또는 팔이라고 적힌 것만 피하면 된다.

밥 외에도 막 구워낸 난도 커리와 즐겨 곁들이는 음식이다 이는 요거트, 달걀, 기(ghee)를 반죽해서 흙 오븐인 탄두르에서 구워낸 납작한 형태의 빵으로 그릇 바닥에 남은 커리를 깔끔하게 처리하거나 매운맛을 진정시키는 데 매우 효과적으로 사용할 수 있다. 로티, 파라타, 차파티 등 다른 여러 가지 발효하지 않은 빵 역시 커리와 자주 곁들여 먹는다.

표 17-22 인도 커리와 와인 페어링

국가	음식	가장 잘 어울리는 와인 스타일(예)	대체할 수 있는 와인 스타일(예)
인도	로간 조시(요거트, 토마토, 기, 고수, 카르다몸을 넣은 양고기 찜)	화이트 : 풀바디, 소프트, 우드 숙성(산타바바라 카운티 비오니에)	레드 : 미디엄-풀바디, 균형 잡힌, 중간 수준의 타닌(소노마 카운티 진판델)
인도	무르크 마크니(칠리, 기, 커민, 정향, 요거트, 라임, 토마토를 넣은 버터 치킨)	화이트 : 풀바디, 소프트, 우드 숙성(나파 밸리 샤르도네)	화이트 : 아로마틱, 프루티, 라운드(알자스 게뷔르츠트라미너)
인도	부나 고쉬트(볶은 양념, 칠리, 생강, 라임, 토마토, 요거트, 고수를 넣은 양고기 커리)	화이트 : 풀바디, 소프트, 우드 숙성(산타바바라 비오니에)	레드 : 라이트바디, 브라이트, 제스티, 낮은 타닌(리베라 델 두에로 템프라니요 호벤)
인도	라스 차왈(라임, 터메릭, 칠리, 캐슈넛, 마늘, 펜넬, 고수를 넣은 생선 커리)	화이트 : 아로마틱, 프루티, 라운드(말보로 소비뇽 블랑)	화이트 : 풀바디, 소프트, 우드 숙성(서던 론 화이트 블렌드)
인도	빈달루(붉은 칠리 향신료, 마늘, 타마린드, 식초, 양파, 재거리[인도산 사탕수수로 만든 흑설탕-역주]를 넣은 돼지고기 커리)	레드 : 풀바디, 딥, 로부스트, 터보차지, 츄이한 질감(아마도르 카운티 진판델)	레드 : 풀바디, 딥, 로부스트, 터보차지, 츄이한 질감(바로사 밸리 그르나슈, 또는 GSM 블렌드)
인도	날리 코르마(캐슈넛, 사프란, 그린 칠리, 마살라, 요거트, 카르다몸을 넣은 양 정강이 찜)	레드 : 풀바디, 딥, 로부스트, 터보차지, 츄이한 질감(나파 밸리 메를로)	레드 : 풀바디, 딥, 로부스트, 터보차지, 츄이한 질감(사우스오스트레일리아 쉬라즈)
인도	팔(말린 칠리, 스카치보네트[자메이카에서 재배되는 아주 매운 고추의 일종-역주], 토마토, 코코넛, 펜넬, 생강을 넣은 쇠고기 커리)	레드 : 풀바디, 딥, 로부스트, 터보차지, 츄이한 질감(바로사 밸리 쉬라즈)	화이트 : 오프-드라이, 레이트 하비스트(알자스 피노 그리 레이트 하비스트)
방글라데시	도 피자(양파, 마늘, 칠리, 정향, 타마린드, 생강, 카르다몸을 넣고 만든 쇠고기 커리)	레드 : 풀바디, 딥, 로부스트, 터보차지, 츄이한 질감(맥라렌 베일 쉬라즈/비오니에)	레드 : 미디엄-풀바디, 균형 잡힌, 중간 수준의 타닌(도루 밸리 레드 블렌드)

고안 빈달루같이 '이보다 더 매울 수 없는' 커리를 먹으며 기어이 와인을 마셔야겠다면 원숙하고 타닌이 제대로 라운드해졌으며 과일 풍미가 풍부하고 과일 향이 이미 피어난 뉴 월드 스타일의 풀바디 레드 와인을 권하고 싶다. 이는 완벽한 페어링은 아니지만 빅하고 사치스러운 레드 와인은 커리처럼 강렬하고 자극적인 맛과 풍미, 열기에 대적할 수 있는 유일한 와인이다. 호주의 쉬라즈, 포르투갈 남부의 레드 블렌드, 프루티한 스페인의 템프라니요 등이 제격이다. 그리고 마지막으로 한 가지 비결을 더 이야기하자면 레드 와인은 평소보다 차게, 화이트 와인은 그보다 더 차게 서빙하면 조화와 즐거움을 극대화할 수 있다. 표 17-22는 이러한 음식과 페어링하기 적합한 와인을 추천한다.

채소와 콩류

인도 아대륙은 세계에서 가장 잘 발달하고 복잡한 채식 음식들을 보유하고 있다. 종교적 신념과 육류가 부족한 상황 때문에 인도 사람들은 채소와 콩류를 재료로 창의력을 발휘하는 법을 깨달았다. 그 결과 채소 재료의 손질, 조리, 그릇에 담는 독창적인 방식이 개발되었다. 이는 동물성 단백질을 주재료로 한 음식과 다를 것이 없다. 즉, 채소에 관심을 두고 이를 중심으로 하여 복합적인 질감과 풍미를 만들어내는 방식인 것이다. 또한 선택의 여지도 엄청나게 많다. 다시 말해서 채식주의자가 먹을 수 있는 음식의 종류만 해도 어마어마한 수준이다.

스플릿 빈, 강낭콩, 렌틸콩 등의 콩류를 통틀어 달이라고 부른다. 달은 점도가 있는 수프나 퓌레처럼 더 걸쭉하고 진한 음식, 그리고 농도가 그 사이인 모든 음식의 재료로 사용된다. 조리 방법과 시간은 완성된 음식의 맛, 풍미, 질감, 향에 막대한 영향을 미치며, 조리 시간의 경우 최소 20분에서 뭉근하게 끓이는 경우 최대 20시간까지 천차만별이다. 달은 그 자체로도 완전한 한 끼 식사가 되지만 대부분 다른 여러 가지 음식과 함께 제공된다.

아로마틱한 미디엄-풀바디의 화이트 와인이라면 가장 안전하게 향이 매우 강한 인도 채식 메인 코스와 페어링할 수 있다. 여기에는 그뤼너 벨트리너, 알자시안 스타일 게뷔르츠트라미너, 피노 그리, 아르헨티나 토렌테스, 비오니에(캘리포니아, 론 밸리, 칠레), 그리고 견고한 산도와 잔여 당, 크리스프하고 날카로운 리슬링 대부분이 포함된다.

표 17-23 인도 채소 요리와 와인 페어링

국가	음식	가장 잘 어울리는 와인 스타일(예)	대체할 수 있는 와인 스타일(예)
인도	알루 고비(구운 감자, 콜리플라워, 토마토에 마살라, 생강을 넣고 머스터드로 양념하여 만드는 음식)	화이트 : 아로마틱, 프루티, 라운드(오카나간 밸리 아로마틱 화이트 블렌드)	화이트 : 라이트웨이트, 크리스프, 스토니(모젤 자르 리슬링 카비네트)
인도	사그 파니르(시금치, 그린 피, 호로파, 마늘, 마살라에 신선한 인도식 압착 치즈를 넣은 샐러드)	화이트 : 아로마틱, 프루티, 라운드(알자스 피노 그리)	화이트 : 풀바디, 소프트, 우드 숙성(콩드리유 비오니에)
인도	차나 마살라(요거트, 칠리, 마살라, 타마린드, 생강, 양파, 고수를 넣고 끓인 병아리콩 스튜)	화이트 : 아로마틱, 프루티, 라운드(바하우 그뤼너 벨트리너)	화이트 : 아로마틱, 프루티, 라운드(루에다 베르데호)
인도	투르 달(향신료와 커리 잎, 토마토, 당밀을 넣고 만든 옐로 렌틸콩 요리)	화이트 : 아로마틱, 프루티, 라운드(알자스 게뷔르츠트라미너)	화이트 : 풀바디, 소프트, 우드 숙성(쥐라 샤르도네)
파키스탄	다히 바잉안(요거트, 칠리, 커민, 카르다몸, 고수를 곁들인 가지 요리)	화이트 : 라이트웨이트, 크리스프, 스토니(모젤 자르 리슬링 슈페트레제)	화이트 : 아로마틱, 프루티, 라운드(캘리포니아 비오니에)

표 17-23에는 이러한 와인 몇 가지를 추천했다.

쌀과 곡물

인도 아대륙은 쌀을 비롯한 다양한 곡물이 자라는 풍요로운 지역이다. 이곳 사람들은 쌀을 커리를 비롯한 각종 음식과 함께 서빙되는 주식으로 섭취하는데, 그 가운데서도 가장 흔하게 접하는 것이 바스마티다. 하지만 이는 수십 가지 장립종과 단립종 쌀 가운데 한 가지일 뿐이다. 인도 아대륙 고유의 쌀 요리를 꼽자면 끝도 없지만 크게 두 가지 카테고리로 나눌 수 있다.

- ✔ 비리야니는 커리, 향신료, 육류, 달걀, 채소 등과 따로 쌀을 끓이거나 튀겨서 만드는 음식이다.
- ✔ 플라오는 끓이거나 튀긴 쌀을 다른 모든 향신료, 양념, 재료와 함께 익히는 음식이다.

그 밖에도 세몰리나, 세비앙(세몰리나보다 곱게 분쇄한 가루-역주) 국수 등 곡물로 만든 맛

표 17-24 인도 쌀 요리와 와인 페어링

국가	음식	가장 잘 어울리는 와인 스타일(예)	대체할 수 있는 와인 스타일(예)
인도	채소 비리야니(양파, 각종 채소, 카르다몸, 터메릭을 넣은 바스마티라이스[독특한 향이 있는 쌀의 일종-역주] 요리)	화이트 : 아로마틱, 프루티, 라운드(만티니아 모스코필레로)	화이트 : 아로마틱, 프루티, 라운드(오스트리아 소비뇽 블랑)
파키스탄	메티 풀라오(토마토, 마늘, 칠리, 터메릭을 넣고 볶은 바스마티라이스)	화이트 : 아로마틱, 프루티, 라운드(바하우 그뤼너 벨트리너)	화이트 : 라이트웨이트, 크리스프, 스토니(만티니아 모스코필레로)
방글라데시	부나 키츠디(삶은 달걀, 정향, 칠리를 넣고 볶은 옐로우 렌틸콩과 쌀 요리)	화이트 : 라이트웨이트, 크리스프, 스토니(오스트리아 리슬링)	화이트 : 아로마틱, 프루티, 라운드(알자스 게뷔르츠트라미너)
스리랑카	카하바트(레몬그라스, 터메릭, 계피, 커리 잎과 함께 코코넛으로 볶은 쌀 요리)	화이트 : 풀바디, 소프트, 우드 숙성(캘리포니아 비오니에)	로제 : 드라이(타벨 그르나슈)

있는 음식이 많이 존재한다.

앞서 채소 요리와 와인 페어링에서 설명한 일반적인 지침을 따라라. 또한 크리스프하거나 아로마틱한, 또는 두 가지 특성을 모두 지닌 화이트 와인과 로제 와인은 인도 아대륙의 쌀과 곡물 음식에 광범위하게 적용할 수 있다. 물론 가끔 캐슈 같은 재료가 첨가될 경우 우드 숙성된 화이트 와인이 페어링에 더 적합할 수도 있다. 표 17-24에는 이러한 음식들과 어울리는 와인에 중점을 둔 페어링을 소개했다.

달콤한 음식, 디저트, 페이스트리

힌두-우르드어로 미타이는 '달콤한 음식'을 의미한다. 인도 아대륙의 디저트와 달콤한 음식은 매 끼니에서 빠질 수 없는 부분이다. 하지만 단순히 단맛을 즐기는 것만을 목적으로 하지는 않는다. 이곳 사람들은 종종 소화를 돕고 아주 매운 음식을 먹은 다음 이를 달래며 미각의 평화를 되찾기 위해 단 음식을 섭취한다. 불이 날 것 같은 빈달루를 먹은 다음 찹쌀과 코코넛푸딩에 로즈 워터와 건포도를 곁들여 먹으면 매운맛의 화끈거림을 감지하는 혀의 3차 신경을 너무나도 쉽게 안정시킬 수 있다.

단 음식의 기본 재료로는 우유, 연유, 그리고 설탕이 있으며, 이들은 종종 다른 재료와 함께 우아하게 장식된다. 여기에는 카르다몸, 색을 넣은 사탕 스프링클, 건포도,

표 17-25 인도 디저트와 와인 페어링

국가	음식	가장 잘 어울리는 와인 스타일(예)	대체할 수 있는 와인 스타일(예)
인도	로소골라(설탕과 우유로 만든 시럽에 잰 피스타치오를 곁들여 내는 가당 생치즈)	스위트 : 파시토(사모스 머스캣)	스위트 : 강화 앰버(올로소 둘세 셰리)
인도	할바(강판에 간 당근에 우유, 기, 설탕, 건포도, 카르다몸, 얇게 썬 아몬드를 곁들여 내는 음식)	스위트 : 강화 앰버(시실리 마르살라)	스위트 : 아이스와인(나이아가라 페닌슐라 비달, 오크 숙성)
인도	바르피(카르다몸, 기, 정향, 설탕, 우유로 만드는 피스타치오 케이크)	스위트 : 귀부 와인(부르겐란트 베렌아우스레제)	스위트 : 레이트 하비스트/파시토(시실리 모스카토)
파키스탄	아크로트 카 할와(연유, 사프란을 넣고 퓌레처럼 만든 호두 케이크)	스위트 : 귀부 와인(토카이 아수 5 푸토뇨스)	스위트 : 강화 앰버(파트라스산 마드로다프테)
파키스탄	바스 부사(코코넛, 아몬드를 넣은 세몰리나 케이크)	스위트 : 귀부 와인(소테른)	스위트 : 강화 레드(터니 포트)
스리랑카	웰라와훔(카르다몸, 황설탕을 넣고 코코넛으로 속을 채운 크레페)	스위트 : 파시토(산토리니 빈산토)	스위트 : 귀부 와인(부르겐란트 아우스브루흐)

아몬드, 피스타치오, 캐슈넛, 그리고 구아바, 파인애플, 망고, 멜론, 오렌지, 체리 등의 건조 과일이 포함된다. 인기가 높은 디저트로는 연유와 설탕, 피스타치오로 만들어지는 달콤한 과자인 바르피, 설탕 시럽에 담그는 튀긴 배터(밀가루에 물이나 우유, 달걀, 설탕, 샐러드유 등을 섞은 걸죽한 반죽-역주)인 잘레비, 우유나 크림을 얼린 다음 설탕과 향신료로 풍미를 낸 쿨피 등이 있다. 표 17-25에는 인도식 디저트와 페어링할 수 있는 와인의 목록이 담겨 있다.

chapter

18

칠리의 땅 : 멕시코와 남아메리카

제18장 미리보기

- 진정한 멕시코 음식과 와인 페어링
- 남아메리카의 음식과 와인 페어링

라틴아메리카는 미국과 맞닿은 국경 지대부터 남반구의 파타고니아까지 이어진 지역을 말한다. 특이하게도 포르투갈어를 사용하는 브라질과 영어, 프랑스어, 네덜란드어를 사용하는 캐리비안 지역을 제외한 곳에서는 스페인 식민지였던 역사 때문에 주로 스페인어가 사용된다. 유럽적 배경을 지니고 있지만 아르헨티나, 우루과이, 칠레 등 일부 국가를 제외하고 와인은 저녁식사에 가장 먼저 떠올리는 술이 아니다. 하지만 진정한 와인 문화가 수반되지 않은 채 발전한 다른 음식과 마찬가지로 라틴아메리카 음식과 와인의 페어링을 즐기지 못할 이유가 없다.

직접 이 지역을 여행할 때, 특히 대도시와 리조트에서 벗어나면 선택할 수 있는 적절한 와인을 찾기 어려울 수도 있다. 하지만 다행히 많은 라틴아메리카 전통 음식이 세계 곳곳에 진출했다. 북아메리카는 물론 다른 곳까지 특산품 매장과 레스토랑이 생겨나고 있으며, 그 덕에 활기찬 라틴아메리카 국외 거주자와 모험심 많은 지역 주민 모두에게 음식과 문화를 제공하고 있다. 그러므로 집에서 가까운 곳에서도 라틴 음식과 와인 페어링을 마음껏 즐길 수 있다. 이번 장에서는 멕시코와 남아메리카의 전통 음식을 집중적으로 다룰 것이다.

멕시코

진짜 멕시코의 멕시코 음식은 산뜻하고 색이 선명하며 자극적인 풍미를 지닌 것으로 유명하다. 사실 '멕시코 음식'은 지역 고유의 음식 스타일이 복잡하게 얽히고설킨 것인 만큼 이 용어는 약간 잘못 인식되고 있다. 가장 일반적으로 사용되고 모든 공식 업무에 사용되는 언어는 스페인어지만 멕시코 정부가 확인한 바에 따르면 적어도 68가지의 남아메리카 원주민 언어가 존재한다. 그저 이 나라가 얼마나 복잡한 구조와 음식문화유산을 지녔는지 보여주기 위해 한 말이다.

멕시코에서는 음식에 곁들여 주로 맥주와 데킬라, 다른 말로 메스칼, 그리고 데킬라를 베이스로 만든 칵테일을 마신다. 이는 문화적인 영향 때문이기도 하지만 음식에 적합하기 때문이라고 추측된다. 실제로 멕시코 음식은 와인과 잘 어울린다. 대부분의 음식이 지닌 매운맛이라고 해봐야 많은 아시아 음식처럼 불이 붙은 것 같은 경우는 드물다. 또한 치즈, 크림, 다른 화염 방지용 재료 덕분에 저절로 완화된다. 멕시코에서는 침샘을 자극하는 신맛을 이용해서 풍미를 산뜻하게 만들고 미각을 신선하게 만들기 위해 셀 수 없이 많은 음식에 라임을 곁들인다. 이렇듯 도처에 라임을 사용한다는 사실을 감안하면 이와 같은 역할을 할 산도가 높고 크리스프하며 차게 식힌 와인이 파고들 여지가 있다. 크리스프한 리슬링, 소비뇽 블랑, 오크 발효나 숙성을 거치지 않은 샤르도네, 그리고 이와 비슷한 스타일의 모든 와인을 떠올린다면 제대로 찾아간 것이다. 치즈나 크림을 듬뿍 넣은 음식은 물론 생선과 돼지고기를 사용한 영양가가 풍부한 음식에는 바디감이 더 강하고 크리미하며 심지어 오크 숙성된 화이트 와인까지 잘 어울릴 것이다.

레드 와인의 경우 호화로운 남부 론 스타일의 레드 블렌드는 물론 비교적 부드러운 뉴 월드 스타일의 피노 누아와 프루티한 진판델도 오븐이나 그릴에 구운 육류, 그리고 콩류와 감칠맛이 있고 약간 쓴맛을 지닌 재료로 만들어진 소박한 채식 요리와 꽤 잘 어울릴 것이다. 다른 매운 음식과 마찬가지로 엄청나게 매운 고추가 음식의 중요한 재료라면 섬세하고 떫은맛을 지녔으며 린한 올드 월드 스타일의 본-드라이 레드 와인은 다음을 기약하는 것이 바람직하다.

애피타이저 : 수프, 샐러드, 스타터

음식의 종류는 지역마다 다를지 몰라도 특정한 재료, 특히 라임, 토마토, 양파, 고수, **케소 프레스코**(주로 우유나 염소젖, 또는 두 가지 모두로 만들어졌으며 각종 토르티야 위에 얹는 향이 강하지 않고 부드러운 신선한 치즈) 등은 멕시코 음식에 언제나 등장한다. 그 가운데 치즈는 칠리의 강한 매운맛을 누그러뜨리는 지방을 함유하고 있기 때문에 가루로 만들어서 수프와 샐러드에 섞어 먹는다. 칠리 고추는 멕시코에서 몇십 가지 종류가 재배되지만 그 가운데서 가장 유명한 할라페뇨가 가장 유명한데, 이러한 고추 역시 멕시코 음식 레퍼토리에서 없어서는 안 되는 재료다.

전통적인 멕시코 식사에서 몇 가지 음식이 식탁 위에 차려지는 것은 흔한 일이다. 이럴 때, 단 한 가지 와인을 마셔야 한다면 다용도 가운데 하나를 선택하라. 표 18-1을 찬찬히 살펴보면 일반적으로 식탁 위에 올라오는 멕시코 스타터와 여기에 페어링하기 좋은 와인을 발견하게 될 것이다.

표 18-1 멕시코 애피타이저와 와인 페어링

음식	가장 잘 어울리는 와인 스타일(예)	대체할 수 있는 와인 스타일(예)
과카몰리(양파, 토마토, 할라페뇨, 고수, 라임을 넣은 으깬 아보카도)	화이트 : 라이트웨이트, 크리스프, 스토니(말보로 소비뇽 블랑)	화이트 : 풀바디, 소프트, 우드 숙성(카르네로스 샤르도네)
칠리 엔 노가다(잘게 썬 닭고기를 채운 코블라노 칠리에 석류 씨, 호두 크림 소스와 곁들여 내는 음식)	화이트 : 아로마틱, 프루티, 라운드(아로마틱 화이트 블렌드)	화이트 : 풀바디, 소프트, 우드 숙성(사우스오스트레일리아 리슬링)
칠리 렐레노스(케소 프레스코 치즈, 얇게 썬 돼지고기로 속을 채운 칠리 페퍼에 옥수수 가루를 입힌 음식)	화이트 : 아로마틱, 프루티, 라운드(오스트리아 그뤼너 벨트리너)	화이트 : 아로마틱, 프루티, 라운드(알자스 게뷔르츠트라미너)
포솔레(아보카도, 레드 어니언, 고수와 함께 말린 옥수수, 돼지고기, 닭고기를 넣고 끓인 수프)	화이트 : 아로마틱, 프루티, 라운드(칠레 비오니에)	강화 : 드라이 화이트(피노 셰리)

표 18-1 멕시코 애피타이저와 와인 페어링(계속)

음식	가장 잘 어울리는 와인 스타일(예)	대체할 수 있는 와인 스타일(예)
플라우타스(닭고기나 쇠고기, 블랙 빈, 케소 치즈로 속을 채워 튀겨낸 토르티야 롤)	레드 : 미디엄-풀바디, 균형 잡힌, 중간 수준의 타닌(파소 로블레스 진판델)	레드 : 미디엄-풀바디, 균형 잡힌, 중간 수준의 타닌(리베라 델 두에로 템프라니요)
타말리(옥수숫가루로 만든 빵에 돼지고기로 속을 채운 다음 옥수수 껍질에 싸서 쪄내는 음식)	드라이 로제 : (타벨 그르나슈)	화이트 스파클링 : 라이트웨이트, 크리스프, 스토니(스페니시 카바)
엠파나다(뼈를 제거한 쇠고기, 그린 피, 케소로 속을 채워 반으로 접은 다음 익힌 페이스트리)	레드 : 미디엄-풀바디, 균형 잡힌, 중간 수준의 타닌(멘도사 말벡)	레드 : 미디엄-풀바디, 균형 잡힌, 중간 수준의 타닌(사우스오스트레일리아 쉬라즈/비오니에)
고르디타(치즈, 고기, 콩, 감자로 속을 채운 다음 튀겨낸 마사하리나[익힌 옥수수를 갈아 만든, 글루텐을 함유하고 있지 않은 녹말질 가루-역주] 페이스트리 옥수수 케이크)	화이트 : 풀바디, 소프트, 우드 숙성(화이트 보르도 세미용)	화이트 : 라이트웨이트, 크리스프, 스토니, 스파클링(트래디셔널 메소드 스파클링)
엔살라다 데 노팔스(토마토, 케소 아네호[데킬라의 일종-역주], 고수, 라임, 양파, 올리브 오일을 넣은 선인장 샐러드)	화이트 : 라이트웨이트, 크리스프, 스토니(카사블랑카 밸리 소비뇽 블랑)	화이트 : 아로마틱, 프루티, 라운드(캄파니아 팔랑기나)
엔살라다 데 아과카테 콘 나랑하(고수를 곁들인 아보카도와 오렌지 샐러드)	로제 : 오프-드라이(소노마 화이트 진판델)	화이트 : 라이트웨이트, 크리스프, 스토니(나파 밸리 소비뇽 블랑)

육류와 해산물

북부 지역에서는 쇠고기 역시 인기가 높지만, 멕시코 전역에서 가장 흔하게 섭취하는 육류는 돼지고기다. 또한 쉽게 추측할 수 있듯이 태평양과 카리브해 해안선을 따라 위치한 대도시, 소도시, 마을은 신선함 그 자체인 해산물을 재료로 사용한다. 가메나 바르베라같이 라이트하고 제스티하며 프루티한 레드 와인을, 특히 약간 차게 서빙했을 때 토마토와 스위트 페퍼(베라크루즈 스타일)를 기본 재료로 사용한 육류와 생선 요리 모두와의 페어링에 적합하다. 표 18-2는 인기 있는 멕시코 육류 및 해산물 요리와 와인의 페어링을 제시했다.

탄수화물, 콩류, 곡물, 채소

멕시코에서 주요 탄수화물원은 콩과 옥수수이며, 옥수수 오일은 말할 것도 없고 다양한 종류의 조리용 가루, 페이스트, 반죽, 빵, 그리고 식사를 만드는 데 사용된다. 채

표 18-2 멕시코 육류 및 해산물 요리와 와인 페어링

음식	가장 잘 어울리는 와인 스타일(예)	대체할 수 있는 와인 스타일(예)
카브리토(라임, 올리브 오일, 소금으로 양념한 새끼 염소 스테이크 BBQ)	화이트 : 아로마틱, 프루티, 라운드(소노마 소비뇽 블랑)	레드 : 라이트바디, 브라이트, 제스티, 낮은 타닌(키안티 산지오베제)
믹시오테(파시야 고추, 커민, 마조람, 마늘, 정향으로 양념하여 핏 로스팅으로 통째로 구워 깍둑썰기한 닭 요리)	화이트 : 풀바디, 소프트, 우드 숙성(칠레 비오니에)	화이트 : 라이트웨이트, 크리스프, 스토니(루에다 베르데호)
비리아(건조해서 구운 고추와 양고기로 만들어 옥수수 토르티야, 양파, 고수와 곁들여 먹는 스튜)	레드 : 미디엄-풀바디, 균형 잡힌, 중간 수준의 타닌(센트럴 코스트 시라)	레드 : 미디엄-풀바디, 균형 잡힌, 중간 수준의 타닌(바로사 쉬라즈)
알본디가스(채소와 함께 토마토 육수에 내는 송아지 및 양고기 미트볼)	레드 : 라이트바디, 브라이트, 제스티, 낮은 타닌(키안티 산지오베제)	레드 : 미디엄-풀바디, 균형 잡힌, 중간 수준의 타닌(시실리 네로 다볼라)
카르니타스(토마토, 고수, 아보카도, 익혀서 튀긴 콩, 고수, 라임을 넣은 돼지고기 찜 소프트 타코)	화이트 : 라이트웨이트, 크리스프, 스토니(모젤 리슬링 카비네트)	화이트 : 아로마틱, 프루티, 라운드(알자스 피노 그리)
아툰 콘 마리나다 데 칠레 이 헨히브레(칠리 양념에 재서 그릴에 구워 생강과 함께 내는 참치 스테이크)	로제 : 드라이(그르나슈 베이스)	레드 : 라이트바디, 브라이트, 제스티, 낮은 타닌(나이아가라 페닌슐라 피노 누아)
트루차 엔 마카다미아(마카다미아 소스를 곁들여 내는 구운 송어)	화이트 : 아로마틱, 프루티, 라운드(센트럴 코스트 샤르도네, 오크 숙성 거치지 않음)	화이트 : 라이트웨이트, 크리스프, 스토니(루아르 밸리 슈냉 블랑, 오프-드라이)
아로스 베라크루스 아 라 룸바다(새우, 문어, 게, 백합, 양파, 토마토, 파슬리를 넣고 만든 베라크루즈 해산물 밥)	레드 : 라이트바디, 브라이트, 제스티, 낮은 타닌(리베라 델 두에로 호벤 템프라니요)	레드 : 미디엄-풀바디, 균형 잡힌, 중간 수준의 타닌(과달루프 밸리 진판델)
파르고 로호 엠파펠라도스(마늘, 토마토, 고수, 올리브 오일을 넣고 양피지에 싼 황적퉁돔 요리)	화이트 : 라이트웨이트, 크리스프, 스토니(비오비오 밸리 리슬링)	화이트 : 라이트웨이트, 크리스프, 스토니(말보로 소비뇽 블랑)
페스카도 엔 베르데(그린 칠리-고수 살사 소스와 곁들여 한 마리를 통째로 내는 바다 농어 요리)	화이트 : 아로마틱, 프루티, 라운드(아르헨티나 토론테스)	화이트 : 라이트웨이트, 크리스프, 스토니(비노 베르데 라우레이로)
바칼라오 아 라 비스카이나(토마토, 올리브, 칠리를 넣은 대구 요리)	화이트 : 라이트웨이트, 크리스프, 스토니(리아스 바이사스 알바리뇨)	화이트 : 아로마틱, 프루티, 라운드(알토 아디제 피노 그리지오)
새먼 피빌 유카탄(향신료인 아치오테, 오렌지, 커민, 계피, 마늘, 올스파이스와 함께 바나나 잎에 싸서 익히는 연어 요리)	화이트 : 풀바디, 소프트, 우드 숙성(칠레 비오니에)	레드 : 라이트바디, 브라이트, 제스티, 낮은 타닌(베네토 발폴리첼라)

표 18-3 멕시코 채소 요리와 와인 페어링		
음식	가장 잘 어울리는 와인 스타일(예)	대체할 수 있는 와인 스타일(예)
프리홀레스 네그로스(양파, 후추, 칠리, 고수를 넣어 익힌 블랙빈 요리)	레드 : 라이트바디, 브라이트, 제스티, 낮은 타닌(윌래밋 밸리 피노 누아)	레드 : 미디엄-풀바디, 균형 잡힌, 중간 수준의 타닌(코트 뒤 론)
렌테하스 오악스케냐스(마늘, 양파, 파인애플, 토마토, 올스파이스를 넣은 오악사카 스타일의 렌틸콩 스튜)	화이트 : 아로마틱, 프루티, 라운드(컬럼비아 밸리 리슬링)	화이트 : 아로마틱, 프루티, 라운드(알자스 피노 그리)
프리홀레스 레프리토스(양파, 밀랍, 칠리를 넣고 만든 핀토 빈 퓌레)	레드 : 미디엄-풀바디, 균형 잡힌, 중간 수준의 타닌(시농 카베르네 프랑)	레드 : 라이트바디, 브라이트, 제스티, 낮은 타닌(말보로 피노 누아)
아로스 로호 콘 케소 이 라하스(포블라노 칠리, 허브의 일종인 에파소테, 잭 치즈를 넣은 레드 라이스 캐서롤)	화이트 : 아로마틱, 프루티, 라운드(오스트리아 그뤼너 벨트리너)	화이트 : 풀바디, 소프트, 우드 숙성(바로사 비오니에)
파타타스 엔 마구아카테 비나그레타 데 리몬(아보카도 라임 비네그레테, 고수, 칠리와 함께 익힌 감자 요리)	화이트 : 라이트웨이트, 크리스프, 스토니(사우스오스트레일리아 리슬링)	화이트 : 아로마틱, 프루티, 라운드(알자스 게뷔르츠트라미너)
엠파나다스 데 파파(치즈, 근대, 고수를 넣고 만든 감자 패티)	화이트 : 풀바디, 소프트, 우드 숙성(카사블랑카 밸리 샤르도네)	화이트 : 아로마틱, 프루티, 라운드(알자스 피노 그리)
타코스 콘 세타스, 에스피나카스, 이 케소(케소, 에파소테, 마늘, 레드 몰 칠리 소스를 넣은 버섯과 시금치 타코)	레드 : 라이트바디, 브라이트, 제스티, 낮은 타닌(리오하 호벤 템프라니요/가르나차)	레드 : 라이트바디, 브라이트, 제스티, 낮은 타닌(나이아가라 페닌슐라 피노 누아)
칠레스 포블라노스 콘 살사(토마토, 옥수수 살사를 곁들인 구운 포블라노 칠리)	화이트 : 풀바디, 소프트, 우드 숙성(나파 밸리 비오니에)	레드 : 라이트바디, 브라이트, 제스티, 낮은 타닌(레이다 밸리 피노 누아)

소 요리에는 풍부한 채소가 사용되는데, 그 가운데서도 가장 흔한 것은 감자, 다양한 종류의 칠리 고추, 버섯이다. 표 18-3은 일반적인 멕시코 채소 요리와 와인 페어링을 추천했다.

디저트와 달콤한 음식

다양한 맛을 지닌 멕시코 음식답게 이곳 디저트는 색마저도 다채롭다. 실제로 쌀, 아보카도, 호박, 고구마 등의 재료가 감칠맛에서 단맛까지 넘나들며 맛을 연출해 내는 것을 종종 볼 수 있다. 이는 몰레 소스에 들어가는 초콜릿처럼 일반적으로 단맛을 낸

표 18-4 멕시코 디저트와 와인 페어링

음식	가장 잘 어울리는 와인 스타일(예)	대체할 수 있는 와인 스타일(예)
엘라도 데 아구아카테(아보카도 아이스크림)	스위트 : 레이트 하비스트(아우스레제) (모젤 자르 리슬링)	스위트 : 강화 화이트 와인(화이트 포트)
플란 데 칼라바사(호두, 바닐라를 넣은 호박 플란)	스위트 : 파시토(시실리 모스카토 디 판텔레리아)	스위트 : 강화 화이트 와인, 숙성(부알 마데이라)
파이 데 리몬 콘 테킬라(잘게 부순 크래커를 뿌린 데킬라 라임 파이)	스위트 : 스파클링 화이트 와인(모스카토 다스티)	스위트 : 레이트 하비스트 귀부 와인(소테른 세미용/소비뇽)
부딘 데 카모테(코코넛바닐라크림을 넣은 고구마 푸딩)	스위트 : 파시토(투스카니 빈산토)	스위트 : 레이트 하비스트(부르겐란트 아우스레제)
피냐 이 프레사 드레페스 둘세스(레몬 소스를 곁들인 파인애플과 딸기로 속을 채운 달콤한 크레페)	스위트 : 스파클링 와인(프로세코 드라이)	로제 : 라이트웨이트, 크리스프, 스토니(피에몬트 브라케토 다퀴)
파카나 타르타 콘 페차스(대추, 계피, 바닐라, 커피, 꿀 시럽을 넣은 피칸 타르트)	스위트 : 레이트 하비스트(토카이 아수 5 푸토뇨스)	스위트 : 강화 앰버(올로로소 둘세 셰리)
부딘 데 판 데 플라타노(잣, 초콜릿 드리즐[음식에 소스 등을 조심스럽게 부어 알맞은 농도를 유지하는 것-역주]과 함께 만든 클랜틴 바나나 빵)	스위트 : 강화 레드 와인(바늄 또는 토니 포트)	스위트 : 강화 숙성 셰리(올로로소 둘세 셰리)
부뉴엘로스 데 만사나 콘 카넬라 바나 나수카르(계피, 설탕, 할라페뇨 캐러멜을 넣은 사과 바나나 프리터)	스위트 : 아이스와인(나이아가라 페닌슐라 비달 아이스와인)	스위트 : 레이트 하비스트(모젤 리슬링 베렌아우스레제)

다고 인식되는 재료가 감칠맛까지 내는 것과 같은 이치다. 모든 종류의 스위트 와인이 멕시코 디저트와 훌륭한 페어링을 이루지만 잘 숙성된 와인이나 강화 와인, 혹은 잘 숙성된 강화 와인이 가장 흔들림 없이 식탁에서 제몫을 해낼 것이다. 표 18-4는 일반적인 멕시코 디저트와 와인의 페어링을 소개했다.

남아메리카 : 감자와 아보카도, 날생선, 방목한 소

남아메리카는 대부분이 울창한 열대우림, 또는 험준한 안데스 산맥같이 높은 산봉우리로 이루어져 있다. 대표적인 예외라고 하면 비옥한 땅을 지닌 농업 천국 칠레의 광활한 센트럴 밸리, 대규모 소목장의 본고장인 브라질 남부, 그리고 아르헨티나의 팜파스가 있다. 옥수수, 콩, 칠리 고추, 견과류, 아보카도, 토마토, 퀴노아, 유카, 열대 과일, 수십 종의 토마토가 식탁에 늘 오르는 주요 토종 재료다. 하지만 16세기, 올드 월드와 뉴 월드가 융합되기 시작한 이래 유럽의 음식 재료와 철학이 모두 이곳으로 유입되었다. 여기에 훗날 아프리카와 다른 아메리카 대륙으로부터 유입된 이민자들의 재료와 철학까지 혼합되었다. 그리고 이번 섹션에서는 이 거대한 대륙과 이러한 세상의 융합 때문에 탄생한 이곳 고유의 음식 가운데 상징적인 것을 탐험할 것이다. 그 어느 때보다 음식문화는 글로벌화된 오늘날, 남아메리카 음식을 제공하는 레스토랑들이 전 세계에 퍼져 '누에보 라티노(Nuevo Latino)'라는 21세기에서 가장 인기 있는 음식 트렌드를 대중화하고 있다.

와인 분야에서 남아메리카는 중요한 '선수'다. 아르헨티나, 칠레, 우루과이, 브라질 모두 내수를 감당하고도 수출할 수 있을 만큼 많은 **비노**(vino), 즉 와인을 생산한다.(아르헨티나는 그해 수확량에 따라 4, 5위를 오가는 와인 생산 강국이다). 또한 전체적으로 올드 월드만큼 음식과 와인 페어링이 발전하지는 않았지만, 아르헨티나와 우루과이를 제외하고 1인당 와인 소비량이 상대적으로 낮은 만큼 페어링 감각을 제대로 발휘하지 않는 것일 수도 있다. 이는 와인 문화가 발전하는 동안 나아질 문제다.

칠레 센트럴 밸리에 위치한 비옥한 포도밭과 고산 지대에 있는 아르헨티나 멘도사 주의 포도밭에서는 포도가 햇살을 마음껏 흡수하며 자란다. 그런 만큼 안데스의 경치만큼이나 극적이고 볼드하며 프루티한 풍미를 지니고 원숙하며 매우 균형이 잡힌 바디감을 지닌 와인을 생산한다. 이러한 스타일의 와인은 신선하고 산뜻하며 정직하지만 확실한 색을 띤 남아메리카의 전통 음식의 풍미와 잘 어울린다. 풍부하고 달콤한 과일 풍미와 허브의 미묘한 향 역시 **치미추리**와 생으로 먹는 적당한 매운맛을 지닌 채소, 그리고 허브를 베이스로 한 **로조** 등의 신선한 소스와 잘 어울린다. 이 두 가지 소스는 오븐이나 그릴에서 구운 육류와 생선에 종종 곁들인다. 와인 생산자들은 코스탈 칠레, 아르헨티나 북부의 고산 지대인 파타고니아, 굽이치는 우루과이의 산악 지대, 그리고 브라질 북부까지 기후가 더 찬 지역으로 재배지를 확장하고 있으므로 다양한 스타일과 풍미를 지닌 와인이 앞으로도 개발될 것이다. 이렇듯 은은한 과일 풍미를 지닌, 더 신선하고 크리스프한 와인은 남아메리카의 풍부한 해산물, 샐러드, 기타 제스티한 요리에 페어링할 때 찾아야 하는 와인이다.

수프, 세비체, 샐러드, 스타터

남아메리카 음식을 통틀어 가장 상징적인 것은 바로 세비체다. 세비체는 생선이나 조개 등 해산물을 날것인 상태에서 라임즙이나 레몬즙으로 잰 다음 만드는 음식이다. 그런 만큼 신선도가 매우 중요하다. 세비체의 기원이 자신이라고 주장하는 나라는 많지만 아직까지 그 결론에 대해서는 의견이 분분하다.

세비체는 나라별로 수백 가지 종류가 있으며, 형태와 상관없이 고추, 양파, 고수, 소금, 생야채, 그리고 물에서 헤엄치고 사는 모든 것을 재료로 한다. 기름기가 적고 상큼한 세비체는 여름철에 안성맞춤인 음식이다. 특히 남아메리카에서 비교적 최근, 기후가 더 찬 지역에 개발된 포도밭에서 생산된 크리스프하고 오크 숙성 및 발효를 거치지 않은 화이트 와인과 함께 먹는다면 더욱 그러하다. 표 18-5에는 일반적인 남

표 18-5 남아메리카 스타터와 와인 페어링

국가	음식	가장 잘 어울리는 와인 스타일(예)	대체할 수 있는 와인 스타일(예)
브라질	살라다 드 바타타 콤 아툰(참치, 마요네즈, 파슬리를 넣은 토마토 샐러드)	화이트 : 라이트웨이트, 크리스프, 스토니(카사블랑카 밸리 소비뇽 블랑)	화이트 : 아로마틱, 프루티, 라운드(말보로 피노 그리)
아르헨티나	엔살라다 데 팔미토스 프리마베라(잘게 썬 달걀, 비트를 넣은 야자열매 샐러드)	화이트 : 풀바디, 소프트, 우드 숙성(멘도사 샤르도네)	화이트 : 풀바디, 소프트, 우드 숙성(나파 밸리 비오니에)
페루	셀비체 데 아툰 콘 리몬(칠리, 라임, 고수, 옥수수를 넣은 참치 요리)	화이트 : 라이트웨이트, 크리스프, 스토니(칠레 레이다 밸리 소비뇽 블랑)	화이트 : 라이트웨이트, 크리스프, 스토니(파타고니아 소비뇽 블랑)
페루	셀비체 페스 에스파다(붉은 양파, 고수, 라임 주스를 넣은 절인 황새치 요리)	화이트 : 라이트웨이트, 크리스프, 스토니(카사블랑카 밸리 소비뇽 블랑)	화이트 : 라이트웨이트, 크리스프, 스토니(비노 베르데 알바리뇨)
페루	셀비체 데 코르비나(양파, 샐러리, 칠리 페퍼, 고수를 넣은 절인 바다 농어 요리)	화이트 : 라이트웨이트, 크리스프, 스토니(비오비오 밸리 리슬링)	화이트 : 라이트웨이트, 크리스프, 스토니(산토리니 아시르티코)
베네수엘라	크로케타스 데 아툰(라임, 마요네즈를 곁들이는 참치 크로켓)	화이트 : 라이트웨이트, 크리스프, 스토니(비오비오 밸리 리슬링)	화이트 : 라이트웨이트, 크리스프, 스토니(리마리 밸리 소비뇽 블랑)
칠레	셀비체 페스 에스파다(붉은 양파, 아보카도, 라임, 고수를 넣은 황새치 세비체)	화이트(카사블랑카 밸리 소비뇽 블랑)	화이트 : 라이트웨이트, 크리스프, 스토니(핑거 레이크 리슬링)
에콰도르	셀비체 데 풀포(오렌지, 라임, 붉은 양파를 넣은 절인 문어 샐러드)	화이트 : 아로마틱, 프루티, 라운드(레이다 밸리 소비뇽 블랑)	화이트 : 아로마틱, 프루티, 라운드(알자스 피노 그리)

아메리카 스타터와 와인 페어링 몇 가지를 담았다.

육류와 해산물

육류와 해산물 모두 남아메리카 음식에서 중요한 역할을 한다. 특히 태평양 가장자리에 위치한 칠레와 페루는 해산물로 잘 알려져 있다. 이 지역은 매우 찬 훔볼트 해류를 따라 셀 수 없이 다양한 생선이 몰려드는 곳이며 가장 대표적인 어종은 농어다.

아르헨티나, 우루과이, 브라질은 고기를 먹을 줄 아는 나라다. 아사도는 붉은 육류,

표 18-6 남아메리카 육류 및 해산물 요리와 와인 페어링

국가	음식	가장 잘 어울리는 와인 스타일(예)	대체할 수 있는 와인 스타일(예)
브라질	페이조아다(마늘, 각종 양념을 넣고 토기에서 익힌 쇠고기, 돼지고기, 콩 요리)	레드 : 미디엄-풀바디, 균형 잡힌, 중간 수준의 타닌(브라질 메를로/블렌드)	레드 : 미디엄-풀바디, 균형 잡힌, 중간 수준의 타닌(캘리포니아 진판델)
브라질	바칼라우 아오 포르노(소금에 절여 토마토, 올리브, 양파와 함께 익힌 대구 요리)	화이트 : 풀바디, 소프트, 우드 숙성(멘도사 샤르도네)	레드 : 미디엄-풀바디, 균형 잡힌, 중간 수준의 타닌(칠레 카르메네레)
아르헨티나	코스틸라스 콘 치미추리(치미추리를 넣고 만든 소갈비찜)	레드 : 미디엄-풀바디, 균형 잡힌, 중간 수준의 타닌(멘도사 말벡)	레드 : 라이트바디, 브라이트, 제스티, 낮은 타닌(파타고니아 피노누아)
페루	메힐로네스 콘 칼 이 칠레스(칠리, 라임, 옥수수와 함께 토마토 육수에 넣고 익힌 홍합 요리)	화이트 : 라이트웨이트, 크리스프, 스토니(비오비오 밸리 리슬링)	화이트 : 라이트웨이트, 크리스프, 스토니(리아스 바이사스 알바리뇨)
페루	세르도 소시도 콘 세르베사 이 실란트로(레드 페퍼, 고수를 넣고 맥주에 쪄낸 돼지 어깨 살 요리)	화이트 : 라이트웨이트, 크리스프, 스토니(카사블랑카 밸리 소비뇽 블랑)	레드 : 라이트바디, 브라이트, 제스티, 낮은 타닌(루아르 밸리 카베르네 프랑)
베네수엘라	파르고 알 오르노 콘 실란트로(레몬-고수 소스를 넣고 익힌 황적퉁돔)	화이트 : 라이트웨이트, 크리스프, 스토니(엘퀴 밸리 소비뇽 블랑)	화이트 : 라이트웨이트, 크리스프, 스토니(루에다 베르데호)
칠레	쿠란토(홍합, 백합, 소시지, 감자를 토마토 육수에 넣고 만든 스튜. 마늘빵과 함께 낸다.)	레드 : 미디엄-풀바디, 균형 잡힌, 중간 수준의 타닌(마이포 밸리 메를로)	레드 : 라이트바디, 브라이트, 제스티, 낮은 타닌(발폴리첼라 코르비나/론디넬라)
에콰도르	비체 데 페스카도(병아리콩, 땅콩, 옥수수, 유카를 넣고 만든 생선 스튜)	화이트 : 아로마틱, 프루티, 라운드(칠레 아로마틱 화이트 블렌드)	화이트 : 라이트웨이트, 크리스프, 스토니(부브레·슈냉 블랑)

[쇠고기에 대한 논쟁 : 방목해서 풀을 먹인 소 대 곡물 먹인 소]

방목한 소의 고기가 곡물을 먹인 소의 고기보다 건강에 이롭다는 것이 통념이다. 포화지방 함량은 적은 대신 오메가-3 지방산은 더 많기 때문이다. 또한 기름기가 적어 마블링이 있는 곡물 먹인 소보다 조리 시간이 짧다. 가장 중요한 것은 기름기가 적지만 감칠맛이 풍부해서 곡물을 먹인 쇠고기의 근육 내 지방에 파묻혀버릴 라이트하고 제스티한 레드 와인부터 그을린 풍미의 배럴과 그을린 풍미의 고기 사이의 시너지를 만들 완전히 터보차지된 레드 와인까지 다양한 스타일의 와인과 잘 어울린다는 점이다. 풀 먹인 쇠고기는 크리스프한 화이트 와인과도 그렇게 나쁜 페어링은 아니다. 와인이 지닌 신맛이 전통적으로 아사도에 곁들이는 살사, 치미추리에 반드시 넣어야 되는 소량의 화이트 와인 식초나 레드 와인 식초와 비슷하기 때문이다.

그 가운데서도 방목해서 풀을 먹인 소의 고기와 소시지, 다른 재료를 모닥불이나 화로에 파릴라라는 그릴을 올려 구워 먹는 것을 말하며, 아르헨티나 사람들은 고기란 당연히 이렇게 먹어야 한다고 생각한다. 그리고 여기에 반드시 알코올 함량이 높은 레드 말벡을 엄청나게 많이 마신다. 브라질에서 아사도는 슈하스코라고 불리며 레스토랑에서는 종종 로디지오라는 이름으로 메뉴에 오르는데, 주문을 받은 웨이터가 꼬치에 끼운 고기를 가져와 손님을 위해 테이블에서 썰어준다. 더 이상 먹을 수 없어 항복을 선언할 때까지 접시는 계속 채워진다. 표 18-6에 일반적인 남아메리카 육류 및 해산물 요리와 와인 페어링을 담았다.

엠파나다, 아레파, 기타 간식

엠파나다는 든든한 간식이며 사람들은 때에 구애받지 않고 엠파나다를 먹는다. 또한 남아메리카 전역에서 피에스타에 즐기기도 한다. 엠파나다라는 이름 자체는 빵으로 감싼다는 의미의 스페인어 엠파나르에서 유래했다. 스페인 식민지 지배자들이 엠파나다를 남아메리카로 전파시켰지만 스페인 고유의 방식으로 만든 음식이라기에는 무리가 있다.

남아메리카에서 엠파나다(브라질에서는 파스텔이라고 불린다) 때문에 지역끼리 날을 세우기도 한다. 각자 엠파나다가 자신들의 고유 음식이고, 자신들의 형태가 더 우수하다고 우기기 때문이다. 그 가운데서도 가장 치열한 논쟁을 일으키는 것은 적절한 육즙 함량이다. 반면 크기나 조리법은 같은 나라라 해도 지역마다 다양하다. 엠파나다의 안

표 18-7 남아메리카 간식과 와인 페어링

국가	음식	가장 잘 어울리는 와인 스타일(예)	대체할 수 있는 와인 스타일(예)
브라질	엠파나디나스 드 팔미토(야자 속을 넣은 엠파나다)	화이트 : 풀바디, 소프트, 우드 숙성(센트럴 밸리 샤르도네)	화이트 : 라이트웨이트, 크리스프, 스토니(모젤 리슬링)
아르헨티나	엠파나다 멘도시나(간 쇠고기, 올리브, 완숙란을 넣은 멘도사 스타일 엠파나다)	레드 : 라이트바디, 브라이트, 제스티, 낮은 타닌(파타고니아 피노 누아)	레드 : 미디엄-풀바디, 균형 잡힌, 중간 수준의 타닌(멘도사 말벡)
페루	우미타스 콘 파스타 데 아히(토마토 칠리 페퍼 페이스트를 넣은 생옥수수 타말리)	화이트 : 풀바디, 소프트, 우드 숙성(리마리 밸리 샤르도네)	화이트 : 아로마틱, 프루티, 라운드(루에다 베르데호)
베네수엘라	아레파 데 파벨론 크리올로(콩, 쌀, 플란틴 바나나로 속을 채우고 잘게 찢은 쇠고기를 넣은 옥수수 케이크)	레드 : 미디엄-풀바디, 균형 잡힌, 중간 수준의 타닌(라펠 밸리 카르메네레)	화이트 : 아로마틱, 프루티, 라운드(칠레 론스타일 화이트 블렌드)
칠레	엠파나다 콘 피노(쇠고기, 양파, 건포도, 블랙 올리브, 완숙란으로 만든 칠레식 엠파나다)	화이트 : 아로마틱, 프루티, 라운드(레이다 밸리 소비뇽 블랑)	레드 : 미디엄-풀바디, 균형 잡힌, 중간 수준의 타닌(엘퀴 밸리 시라)

을 채우는 소 역시 천차만별이며 수많은 재료 가운데 몇 가지만 꼽자면 채소, 해산물, 간 쇠고기, 완숙 달걀, 건포도, 올리브가 있다.

아레파는 베네수엘라와 콜롬비아의 고유 음식이다. 이는 옥수숫가루나 밀가루로 반죽한 다음 발효하지 않고 만든 파이이며, 오븐이나 그릴에 굽거나 튀기거나 심지어 끓인 다음 다양한 재료로 속을 채우거나 그 위에 얹는 경우도 있다.

표 18-7에 나와 있는 간식과 어떤 와인을 함께 마셔야 할지 너무 걱정할 필요는 없다. 엠파나다와 아레파는 가볍게 먹는 음식이다. 또한 길거리에서, 피에스타 시간 동안, 식사 사이에 간단한 간식으로 먹는 음식이다. 그래도 와인과 페어링할 수 있으며, 이때 고려할 수 있는 와인들을 몇 가지 소개했다. 여기에는 남아메리카 전역에서 접할 가능성이 높은 몇 가지 지역적 고유 음식도 포함되어 있다.

채소, 탄수화물, 곡물

음식 분야에서 남아메리카가 가장 크게 공헌한 것 두 가지를 고르라면 감자와 토마토일 것이다. 감자는 페루 남부와 볼리비아 북서부가 기원이며, 집 근처 슈퍼마켓에서 구할 수 없을지는 몰라도 이곳에서는 여전히 1,000가지나 되는 감자가 재배되고 있다. 대부분의 음식에서 감자는 감칠맛을 내는 것이라기보다 늘 밥상에 오르는 탄수화물원으로 여겨지지만 실제로는 놀랄 정도로 다양한 풍미와 질감을 지니고 있다. 또한 다른 재료를 돋보이게 하는 비교적 중립성을 지닌 배경 정도로 취급되기도 하지만 감자 하나만 놓고 보면 많은 스타일의 와인과 행복한 페어링을 이룰 수 있다.

토마토 역시 원산지는 페루 고산 지대지만 라틴아메리카 전역으로 급속도로 전파되었다고 여겨진다. 수많은 품종의 토마토가 공통적으로 지닌 특징은 바로 상대적으로 산도가 높고 단맛과 신맛 사이에 정교한 균형이 이루어진다는 것이다. 토마토를 베이스로 하는 음식은 대부분 토마토 이상의 산도를 지닌 와인과 페어링하는 것이 가장 바람직하다. 부드럽고 산도가 낮은 와인은 대부분 제스티한 토마토 요리에

표 18-8 남아메리카 채소 요리와 와인 페어링

국가	음식	가장 잘 어울리는 와인 스타일(예)	대체할 수 있는 와인 스타일(예)
브라질	아로스 콘 페퀴(페퀴 열매를 넣은 브라질식 밥)	레드 : 라이트바디, 브라이트, 제스티, 낮은 타닌(파타고니아 피노 누아)	레드 : 라이트바디, 브라이트, 제스티, 낮은 타닌(키안티 산지오베제)
아르헨티나	브레네나스 엔 에스카베체(오레가노, 마늘, 식초로 잰 가지 요리)	화이트 : 아로마틱, 프루티, 라운드(파타고니아 소비뇽 블랑)	화이트 : 라이트웨이트, 크리스프, 스토니(알토 아디제 피노 그리지오)
아르헨티나	토마테스 렐레노스 콘 아로스(완두콩, 올리브, 파슬리와 함께 쌀로 속을 채운 토마토)	레드 : 라이트바디, 브라이트, 제스티, 낮은 타닌(멘도사 보나르다)	레드 : 라이트바디, 브라이트, 제스티, 낮은 타닌(피에몬테 바르베라)
페루	라 퀴노아 콘 페피노, 토마테 이 멘타(오이, 토마토, 민트, 파슬리, 칠레를 넣은 퀴노아)	화이트 : 라이트웨이트, 크리스프, 스토니(엘퀴 밸리 소비뇽 블랑)	화이트 : 라이트웨이트, 크리스프, 스토니(상세르 소비뇽 블랑)
베네수엘라	카라오타스 네그라스(토마토, 양파, 칠리, 고수를 넣은 블랙 빈 요리)	레드 : 미디엄-풀바디, 균형 잡힌, 중간 수준의 타닌(라펠 밸리 카르메네레)	레드 : 라이트바디, 브라이트, 제스티, 낮은 타닌(산타바바라 피노 누아)
칠레	포로토스 케브라도스(그린 빈, 호박, 옥수수를 넣은 스튜)	화이트 : 아로마틱, 프루티, 라운드(칠레 비오니에)	화이트 : 풀바디, 소프트, 우드 숙성(카사블랑카 밸리 샤르도네)
칠레	리마 기소 데 후디아스(토마토, 옥수수, 후추를 넣은 리마 빈 캐서롤)	화이트 : 라이트웨이트, 크리스프, 스토니(비오비오 밸리 리슬링)	화이트 : 풀바디, 소프트, 우드 숙성(서던 론 화이트 블렌드)

곁들이면 너무 심심하게 느껴지기 때문이다. 표 18-8에 소개한 음식은 몇 가지 인기 있는 콩, 쌀, 퀴노아, 기타 메인 코스로 섭취하거나 육류 및 해산물에 곁들여 내는 것이다.

디저트와 달콤한 음식

남아메리카, 특히 아르헨티나 사람들은 단 음식, 그 가운데서도 이탈리아 스타일의 아이스크림을 좋아한다. 남아메리카 고유의 디저트를 한 가지 더 소개하자면 알파호레가 있다. 알파호레는 단맛이 강한 비스킷 두 조각 사이에 캐러멜 크림 등 잼이나 초콜릿을 바른 다음 전체를 다시 화이트 초콜릿이나 다크 초콜릿으로 입힌 음식으로, 스페인-무어인들에게서 그 기원을 찾을 수 있다. 엠파나다와 마찬가지로 알파호

표 18-9 남아메리카 디저트와 와인 페어링

국가	음식	가장 잘 어울리는 와인 스타일(예)	대체할 수 있는 와인 스타일(예)
브라질	카사타 드 아바카시(레이디핑거[손가락 모양의 카스텔라식 과자-역주], 코코넛, 연유를 사용한 파인애플 카사타)	스위트 : 레이트 하비스트(알자스 게뷔르츠트라미너 방당주 타르디베)	스위트 : 레이트 하비스트
브라질	쿠카 드 바나나(바닐라를 첨가한 바나나 버터밀크 케이크)	스위트 : 아이스와인(나이아가라 페닌슐라 리슬링 아이스와인)	스위트 : 파시토(토스카나 빈산토)
아르헨티나	부뉴엘로스 데 만사나(설탕 아이싱을 뿌린 사과 프리터)	스위트 : 레이트 하비스트	스위트 : 아이스 사과주
아르헨티나	아로스 콘 레체(건포도, 계피, 크림을 넣은 쌀 푸딩)	스위트 : 강화 화이트	스위트 : 강화 앰버(시실리 말바시아 델레 리파리)
페루	엘라도 데 루쿠마(페루 고유의 열대 과일인 루쿠마 아이스크림)	스위트 : 스파클링(모스카토 다스티)	스위트 : 강화 화이트(뮈스카 드 봄 드 브니스)
베네수엘라	둘세 데 레치(캐러멜 아이싱을 올린 젤리 롤 스펀지케이크)	스위트 : 귀부 와인(토카이 아수 5 푸토뇨스)	스위트 : 강화 앰버(도루 밸리 토니 포트)
칠레	밀 오하스 데 만하르(페이스트리 크림을 곁들인 캐러멜 라즈베리 밀푀유)	스위트 : 강화 레드(도루 밸리 레이트 보틀드 빈티지 포트)	스위트 : 강화 레드(바뉼 그르나슈)
아르헨티나	알파오레스(바닐라, 밀크캐러멜로 속을 채운 쇼트브레드 샌드위치 쿠키)	스위트 : 파시토(레치오토 디 소아베)	스위트 : 파시토(사모스 머스캣)

레는 라틴아메리카 전역에서 지역마다 다양한 형태로 만들어진다. 라틴아메리카에서는 스위트 와인이 생산되지 않지만 구할 수는 있다. 표 18-9에 전 세계에서 생산되는 와인 가운데 라틴아메리카의 달콤한 음식과 페어링할 수 있는 목록을 적었다. 물론 해당 지역에서 비슷한 스타일의 와인을 찾아볼 수도 있다. 이런 경우 나라면 새로운 페어링에 도전해 볼 것이다.

chapter

19

풍부한 음식문화유산 : 중동과 북아프리카

제19장 미리보기

- 이스라엘, 레바논, 터키 음식과 와인 페어링
- 모로코, 알제리, 튀니지, 이집트 음식과 와인 페어링

중동 및 북아프리카 국가들은 풍부한 음식문화유산을 지니고 있다. 1,000년까지는 아니더라도 이미 몇 세기 동안 와인을 생산한 역사를 지닌 곳도 있다. 다양한 사회경제 및 종교적 이유 때문에 오늘날 이 지역 국가들, 특히 이슬람교를 국교로 하는 곳에서 와인은 사람들에게 거의 관심을 받지 못한다. 물론 그렇다고 이 지역의 전통 음식이 페어링에 대한 경쟁력이 떨어진다는 의미는 전혀 아니다. 얼마든지 훌륭한 페어링을 즐길 수 있다. 이 지역의 많은 국가가 드러내놓고 와인을 서빙하지는 않지만 중동에서 영감을 받은 다른 지역의 테이크아웃 매장은 물론 레스토랑에서 이러한 페어링을 만끽할 수 있다.

이번 장에서는 지중해 남쪽과 동쪽 전 지역의 음식을 골고루 살펴보는 동시에 지금껏 내가 경험한 최고의 페어링을 소개할 것이다. 지금까지 살펴본 다른 장과 마찬가지로 가능할 경우 해당 지역의 최고의 페어링을 소개하고 가능하지 않을 경우 다른

지역에서 생산하는 와인 가운데 최고의 페어링을 제시할 것이다.

비옥한 초승달 지대

지중해 동부를 둘러싼 반달 모양의 지역은 농사가 잘되는 기름지고 비옥한 토양 때문에 한때 비옥한 초승달 지대라고 불렸다. 아시아에서 서쪽으로 향한 유목민들이 처음으로 영구 정착한 곳이라고 추측된다. 밀가루, 피스타치오, 무화과, 석류 등 많은 중요한 음식 재료의 기원이 이곳이다. 하지만 내가 아는 한 이 지역이 세상에 가장 크게 기여한 것은 바로 약 7,000년 전 발효를 발견한 일이었다. 그리고 그 순간 와인과 맥주 모두 이곳에서 세상에 데뷔를 한 셈이다.

단순한 샤와르마, 팔라펠, 케밥에서 더 복잡한 것까지 이제 중동 음식은 전 세계에서 사랑받고 있다. 중동 음식은 맛있을 뿐 아니라 건강에도 도움이 된다. 연구에 따르면 곡물과 채소가 중심인 중동 음식은 심장 관련 질환, 암, 알츠하이머 등의 발병위험을 줄여준다.

와인 생산지로 그다지 잘 알려지지 않았지만 이스라엘과 레바논, 터키는 모두 로컬 와인 생산이 활발한 곳이다. 또한 중동 음식은 대부분 와인 친화적이다. 신선하고 감칠맛이 있으며 소박한 풍미를 지닌 데다 전형적인 북아프리카 칠리 페퍼 소스인 하리사를 제외하고 매운 향신료를 많이 사용하지 않아 다양한 종류의 화이트 와인, 로제 와인, 레드 와인과 페어링할 가능성이 많다. 볼드하고 프루티한 풍미를 지닌 뉴월드 스타일 와인이 특히 생명력 넘치는 중동 음식의 풍미와 잘 어울린다.

다음 섹션에서는 인기 있는 중동 및 북아프리카 음식과 와인 페어링을 소개할 것이다. 이는 기억에 남을 만한 페어링이 될 것이다.

스타터, 수프, 애피타이저

이 지역에서는 간단한 식사를 하러 레스토랑에 가더라도 식탁에 한꺼번에 다양한 음식이 나오는 것이 너무도 당연한 일이다. 이번 섹션에서 소개하는 음식들을 선택하

표 19-1 비옥한 초승달 지대 스타터와 와인 페어링

국가	음식	가장 잘 어울리는 와인 스타일(예)	대체할 수 있는 와인 스타일(예)
레바논	파투시(로메인, 토마토, 오이, 후추, 양파, 민트를 넣은 피타)	화이트 : 라이트웨이트, 크리스프, 스토니(사우스오스트레일리아 리슬링)	화이트 : 아로마틱, 프루티, 라운드(카사블랑카 밸리 소비뇽 블랑)
레바논	파타예르(삼각형 필로[나뭇잎 모양의 페이스트리-역주] 안에 시금치, 잣, 버터를 넣은 음식)	화이트 : 풀바디, 소프트, 우드 숙성(버건디 샤르도네)	화이트 : 라이트웨이트, 크리스프, 스토니(말보로 소비뇽 블랑)
터키	키말리 이하나 사르마시(쌀로 속을 채운 콜라드 그린에 간 쇠고기, 토마토, 파슬리를 곁들인 음식)	화이트 : 라이트웨이트, 크리스프, 스토니(리아스 바이샤스 알바리뇨)	레드 : 라이트바디, 브라이트, 제스티, 낮은 타닌(키안티 클라시코 산지오베제)
터키	타부크 시게리 카부르마시(레몬, 카이옌으로 양념한 다음 튀긴 닭 간 요리)	화이트 : 오프-드라이, 라이트웨이트, 크리스프, 스토니(모젤 리슬링 슈페트레제)	드라이 : 로제 와인(타벨 그르나슈 또는 생소)
이스라엘	거필터(맛초[유월절에 유일하게 먹을 수 있는 밀가루 음식-역주], 달걀, 양파를 넣고 졸인 생선 만두)	화이트 : 아로마틱, 프루티, 라운드(이스라엘리 비오니에)	화이트 : 아로마틱, 프루티, 라운드(스텔렌보쉬 슈냉 블랑)

면 제대로 된 한 끼가 될 것이다. 평소 여러 사람과 함께 격식을 갖추지 않고 식사할 경우 이에 대한 전략은 제4장에서 다루었다. 표 19-1에는 레바논, 터키, 이스라엘의 일반적인 스타터 음식과 이에 어울리는 와인 페어링을 정의했다.

육류

중동에서는 생후 12개월 이하인 어린 양, 즉 램과 24개월 이상인 양, 즉 머튼이 주된 육류 재료이며 그다음으로는 닭고기를 많이 섭취한다. 이슬람교와 유대교 모두 엄격하게 제한하는 돼지고기는 거의 섭취하지 않는다. 꼬챙이에 끼워 구운 고기 요리인 케밥과 미트볼인 카프타를 주로 먹는다. 표 19-2에 이곳에서 흔히 먹는 육류 음식, 그리고 여기에 페어링하기 좋은 와인을 담았다.

채소, 곡류, 쌀

아시아 지역과 마찬가지로 중동은 주식으로 밀과 쌀을 이용한다. 다양한 빵과 더불

표 19-2 비옥한 초승달 지대 육류 요리와 와인 페어링

국가	음식	가장 잘 어울리는 와인 스타일(예)	대체할 수 있는 와인 스타일(예)
레바논	루비(그린 빈, 쌀, 계피, 토마토를 넣고 익힌 양고기 스튜)	레드 : 라이트바디, 브라이트, 제스티, 낮은 타닌(발폴리첼라)	화이트 : 아로마틱, 프루티, 라운드(산토리니 아시르티코)
레바논	카프타(파슬리, 카이엔, 올스파이스로 양념하여 간 양고기로 만든 미트볼)	레드 : 미디엄-풀바디, 균형 잡힌, 중간 수준의 타닌(알리아니코 델 타부르노)	화이트 : 풀바디, 소프트, 우드 숙성(콘드리유 비오니에)
레바논	샤와르마(토마토, 양배추, 요거트, 타히니[중동에서 널리 사용하는 참깨 소스-역주] 마늘, 파슬리, 레몬, 양파와 함께 닭고기를 만 음식)	화이트 : 풀바디, 소프트, 우드 숙성(나이아가라 페닌슐라 샤르도네)	로제 : 오프-드라이(카베르네 로제)
터키	피스티클리 케밥(커민, 칠리 파우도를 넣은 양고기와 피스타치오 미트볼)	레드 : 미디엄-풀바디, 균형 잡힌, 중간 수준의 타닌(파소 로블레스 진판델)	레드 : 라이트바디, 브라이트, 제스티, 낮은 타닌(리오하, 크리안자 템프라니요)
터키	키로미테 타북(고추, 마늘과 함께 진흙 타일에 구운 닭 요리)	화이트 : 라이트웨이트, 크리스프, 스토니(오스트리아 리슬링)	레드 : 라이트바디, 브라이트, 제스티, 낮은 타닌(센트럴 코스트 피노 누아)
터키	에틀리 바클라(파바 빈, 마늘, 요거트를 넣고 만든 양고기 스튜)	레드 : 라이트바디, 브라이트, 제스티, 낮은 타닌(카르네로스 피노 누아)	화이트 : 풀바디, 소프트, 우드 숙성(마콩 샤르도네)
이스라엘	촐런트(감자, 파프리카, 달걀, 양파, 보리를 넣고 만든 소 가슴살 스튜)	레드 : 라이트바디, 브라이트, 제스티, 낮은 타닌(이스라엘리 갈릴리 바르베라)	화이트 : 풀바디, 소프트, 우드 숙성(나파 밸리 샤르도네)
이스라엘	키슈카(맛초 가루, 향신료를 넣고 만든 쇠고기 소시지)	레드 : 라이트바디, 브라이트, 제스티, 낮은 타닌(이스라엘리 피노 누아)	로제 : 드라이(코트 드 프로방스)

어 보리, 으깬 밀, 쿠스쿠스(세몰리나로 만든 음식)가 식탁에서 빠지지 않는다. 그 밖에 우유, 요거트, 치즈, 다양한 향신료, 견과류, 콩, 두류, 그리고 토마토, 가지, 양파, 고추, 호박, 양배추 등의 채소가 자주 사용된다. 표 19-3은 채소, 곡물, 쌀로 만든 몇 가지 음식과 여기에 어울릴 만한 와인의 페어링을 보여준다.

달콤한 음식

이 지역의 디저트는 전형적인 북아메리카 디저트보다 대부분 단맛이 조금 덜하고, 크림과 달걀에 대한 의존도가 확실히 낮다. 대신 견과류와 이국적 향신료가 돋보이

표 19-3 비옥한 초승달 지대 채소 요리와 와인 페어링

국가	음식	가장 잘 어울리는 와인 스타일(예)	대체할 수 있는 와인 스타일(예)
레바논	팔라펠(마늘, 커민, 고수, 파슬리를 넣고 만드는 튀긴 병아리콩 볼)	화이트 : 아로마틱, 프루티, 라운드(바하우 그뤼너 벨트리너)	화이트 : 라이트웨이트, 크리스프, 스토니(리아스 바이사스 알바리뇨)
레바논	말포프 메시(파프리카, 마늘, 민트, 커민, 석유와 함께 쌀로 속을 채운 양배추 롤)	화이트 : 아로마틱, 프루티, 라운드(알토 아디제 피노 그리지오)	레드 : 미디엄-풀바디, 균형 잡힌, 중간 수준의 타닌(시농 카베르네 프랑)
터키	카박 파타테스 무크베리(애호박과 감자로 만든 프리터)	화이트 : 라이트웨이트, 크리스프, 스토니(산토리니 아시르티코)	화이트 : 스파클링, 라이트웨이트, 크리스트, 스토니(트래디셔널 스파클링)
터키	쿠스콘마스 카부르마시(달걀, 양파, 블랙 페퍼를 넣은 아스파라거스 요리)	화이트 : 라이트웨이트, 크리스프, 스토니(프랑켄 실바너)	화이트 : 아로마틱, 프루티, 라운드(오스트리아 그뤼너 벨트리너)
이스라엘	쿠겔(감자, 에그 누들, 애호박 캐서롤이 들어간 음식)	화이트 : 라이트웨이트, 크리스프, 스토니(리아스 바이사스 알바리뇨)	화이트 : 아로마틱, 프루티, 라운드(알자스 피노 그리)
이스라엘	라트카(양파, 사워크림, 애플 소스를 곁들이는 감자 팬케이크)	화이트 : 스파클링, 라이트웨이트, 크리스프, 스토니(트래디셔널 메소드 스파클링)	화이트 : 아로마틱, 프루티, 라운드(서던 프랑스 비오니에)

며, 이 때문에 병에 담기 전에 장기간 우드 숙성되어 고유의 이국적 스파이시 너티 풍미가 만들어진 스위트 와인과 아주 훌륭한 페어링을 이룬다. 표 19-4에 이 지역의 디저트와 와인의 페어링을 제시했다.

표 19-4 비옥한 초승달 지대 디저트와 와인 페어링

국가	음식	가장 잘 어울리는 와인 스타일(예)	대체할 수 있는 와인 스타일(예)
레바논	마할레비(피스타치오, 계피 시럽을 넣은 우유와 옥수수 푸딩)	스위트 : 파시토(파시토 디 판텔레리아)	스위트 : 귀부 와인(소테른)
레바논	나모라(요거트, 아몬드, 레몬 아이싱을 곁들인 코코넛 케이크)	스위트 : 레이트 하비스트(모스카토 데 세투발)	스위트 : 레이트 하비스트(부르겐란트 화이트 블렌드 아우스레제)
레바논	스포프(터메릭, 잣을 넣고 세몰리나 밀가루와 우유로 만든 케이크)	스위트 : 파시토(레치오토 디 소아베 가르가네가)	스위트 : 강화 앰버(시실리 말바시아 델레 리파리)
터키	세제리에(헤이즐넛, 코코넛, 당근을 넣은 터키식 디저트)	스위트 : 강화 앰버(헤레스 올로로소 둘세)	스위트 : 강화 앰버(리브잘트 앙브르)

표 19-4 비옥한 초승달 지대 디저트와 와인 페어링(계속)

국가	음식	가장 잘 어울리는 와인 스타일(예)	대체할 수 있는 와인 스타일(예)
터키	무할레빌리 인시르 타틀리시(쌀가루, 호두, 바닐라를 넣고 만든 건조 무화과 밀크푸딩)	스위트 : 강화 레드 와인(토니 포트)	스위트 : 아이스와인(나이아가라 페닌슐라 비달)
터키	우주믈루 세비즐리 케크(오렌지, 계피, 호두, 체리 시럽을 넣고 만든 건포도 호두 케이크)	스위트 : 귀부 와인(토카이 아수 5 푸토뇨스)	스위트 : 강화 레드 와인(바뉼 그르나슈)
이스라엘	루겔러흐(크림치즈, 호두, 살구 설탕 졸임, 계피를 넣고 만든 반원형 파이)	스위트 : 레이트 하비스트 파시토(파시토 디 판텔레리아)	스위트 : 강화 레드 와인(토니 포트)
이스라엘	할바(참깨가루 페이스트를 곁들이는 빵)	스위트 : 파시토(토스카니 빈산토 디 토스카나)	스위트 : 파시토(사모스 그랑 크뤼 머스캣)

모로코, 이집트, 알제리, 튀니지

북적이는 향신료 시장, 수많은 바위로 이루어진 해안선, 사막의 오아시스, 그리고 줄지어 늘어선 야자수를 머릿속으로 그릴 수 있는가? 이는 마그레브 연합이라고 알려진 지역의 모습이다. 모로코, 이집트, 알제리, 튀니지 등 북아프리카의 음식은 나일강 서쪽의 북아프리카 원주민인 베르베르족 전통 음식과 아랍의 영향이 혼합된 결과물이다. 또한 이 지역은 수많은 지중해 침략자와 유럽 상인, 그리고 여행객들의 영향을 받았고, 이러한 사실은 오늘날까지 다양한 재료와 조리법이 사용된다는 점을 보면 알 수 있다. 예를 들어 이집트 음식의 경우 오스만 제국과 터키로부터 지대한 영향을 받은 점이 드러나는 반면 알제리와 튀니지는 프랑스와 이탈리아로부터 더 많은 영향을 받았다는 사실을 보여준다. 그보다 서쪽으로 가면 스페인과 포르투갈에 영향을 받은 모로코 음식이 있고, 이것이 세계적으로 가장 잘 알려진 북아프리카 음식이 되었다.

달콤하고 풍미 있는 맛의 조합을 지닌 북아프리카 음식은 볼드하고 프루티한 뉴 월드 스타일 레드 와인, 화이트 및 로제 와인과 매우 잘 어울리는 경우가 많다. 하지만 본-드라이, 타닌이 많은 레드 와인이나 산도가 높은 화이트 와인을 단맛을 지닌 음식과 페어링해서는 안 된다. 와인이 더 타트하거나 떫게 느껴지기 때문이다. (제대로

표 19-5 북아프리카 스타터와 와인 페어링

국가	음식	가장 잘 어울리는 와인 스타일(예)	대체할 수 있는 와인 스타일(예)
모로코	얇게 썬 닭고기, 생강, 아몬드, 터메릭, 계피를 넣어 필로 페이스트리로 만든 미트파이	화이트 : 아로마틱, 프루티, 라운드(알토 아디제 피노 그리지오)	화이트 : 풀바디, 소프트, 우드 숙성(나파 밸리 샤르도네)
모로코	마늘, 후추, 파슬리, 고수, 커민 러브를 넣은 쇠고기 케밥	레드 : 라이트바디, 브라이트, 제스티, 낮은 타닌(노던 론 시라)	레드 : 미디엄-풀바디, 균형 잡힌, 중간 수준의 타닌(멘도사 말벡)
모로코	마늘, 레몬즙, 토마토, 블랙 올리브를 넣고 만든 가지 샐러드	로제 : 드라이(방돌 로제)	레드 : 라이트바디, 브라이트, 제스티, 낮은 타닌(리오하 크리안자, 템프라니요)
이집트	계피, 카르다몸, 옻, 마늘, 파슬리를 넣고 만든 닭고기와 쌀 수프	화이트 : 아로마틱, 프루티, 라운드(센트럴 코스트 화이트 론 블렌드)	로제 : 드라이(타벨 그르나슈, 생소)
알제리	사프란, 아몬드, 고수, 파슬리, 레몬과 함께 달걀, 미트볼을 넣고 만든 수프	화이트 : 풀바디, 소프트, 우드 숙성(카네로스 샤르도네)	화이트 : 라이트웨이트, 크리스프, 스토니(상세르 소비뇽 블랑)
튀니지	토마토, 오레가노, 마늘, 페타 치즈 가루를 넣은 참치와 가지 샐러드	화이트 : 라이트웨이트, 크리스프, 스토니(사우스오스트레일리아 리슬링)	로제 : 드라이(프로방스 로제)

옮길 수 없는 관계로 이곳의 토속 음식의 이름은 생략했다.)

스타터, 수프, 애피타이저

표 19-5는 북아프리카의 스타터와 와인의 페어링을 담고 있다.

육류, 생선, 야생 동물 고기

마그레브의 주 단백질원은 쇠고기, 어린 양, 염소 등이며 주로 쿠스쿠스, 대추, 견과류, 다양한 오일, 각종 과일 및 채소를 곁들여 낸다. 그리고 커민, 카르다몸, 계피, 파프리카, 생강, 옻, 너트메그, 민트, 파슬리 등 향신료와 양념을 듬뿍 사용한다. 전반적으로 아주 매운 음식은 드물지만 악명 높은 하리사는 예외다. 이는 후추, 마늘, 칠리, 고수, 캐러웨이를 재료로 만든 매운 페이스트다. 또한 한 가지 음식이 단맛과 감칠맛을 모두 지니는 경우가 많다. 살구, 대추, 건포도 등의 건조 과일은 종종 육류와 함께 조리되는 재료인데, 조리 용기인 원뿔형 토기에서 이름을 따온 타진이라는 이 지역의

표 19-6 북아프리카 육류 및 생선 요리와 와인 페어링

국가	음식	가장 잘 어울리는 와인 스타일(예)	대체할 수 있는 와인 스타일(예)
모로코	살구, 건포도, 설탕에 절인 레몬, 사프란, 파프리카, 향신료인 라스 엘 하누트를 넣고 뭉근하게 끓인 양고기 타진(모로코 전통 스튜-역주)	레드 : 풀, 딥, 로부스트, 터보차지, 츄이한 질감(파소 로블레스 진판델)	화이트 : 아로마틱, 프루티, 라운드(센트럴 코스트 비오니에)
모로코	레몬과 소금으로 양념한 양 통구이	레드 : 미디엄-풀바디, 균형 잡힌, 중간 수준의 타닌(쿠나와라 카베르네 소비뇽)	레드 : 라이트바디, 브라이트, 제스티, 낮은 타닌(나우사 시노마브로)
모로코	당면, 토마토를 곁들인 새우, 황새치, 오징어 요리	화이트 : 아로마틱, 프루티, 라운드(프리울리 피노 그리지오)	레드 : 라이트바디, 브라이트, 제스티, 낮은 타닌(바르베라 다스티)
이집트	마늘, 양파, 너트메그, 올스파이스, 계피, 빵가루와 함께 만든 고구마 쇠고기 파이	레드 : 미디엄-풀바디, 균형 잡힌, 중간 수준의 타닌(나파 밸리 메를로)	레드 : 라이트바디, 브라이트, 제스티, 낮은 타닌(윌래밋 피노 누아)
이집트	파슬리, 커민, 잣, 요거트, 레몬을 넣고 만든 양고기 미트볼	레드 : 풀, 딥, 로부스트, 터보차지, 츄이한 질감(바로사 쉬라즈)	레드 : 미디엄-풀바디, 균형 잡힌, 중간 수준의 타닌(보르도 생테밀리옹)
이집트	올스파이스, 마늘, 칠리, 호두, 석류를 넣고 만든 로스트 치킨	화이트 : 아로마틱, 프루티, 라운드(피아노 디 아벨리노)	화이트 : 라이트웨이트, 크리스프, 스토니(그리스 모스코필레로)
알제리	마늘, 병아리콩, 계피, 애호박, 후추, 순무, 카이엔을 넣은 닭고기 쿠스쿠스	레드 : 라이트바디, 브라이트, 제스티, 낮은 타닌(보졸레 빌라주 가메)	화이트 : 아로마틱, 프루티, 라운드(바하우 그뤼너 벨트리너)
튀니지	감자, 하리사, 토마토, 파슬리, 민트, 마늘을 넣고 만든 뱅어 스튜	로제 : 드라이(코트 드 프로방스)	화이트 : 아로마틱, 프루티, 라운드(사우스아프리카 슈냉 블랑)

상징적인 음식이 그 좋은 예다. 표 19-6은 일반적인 북아프리카 육류 및 생선 요리와 와인의 페어링을 보여준다.

채소, 전분, 곡물

대부분의 지중해식 음식처럼 이곳에서도 매일의 식사 대부분은 채소와 전분, 곡물로 이루어지는 반면 동물성 단백질을 섭취하는 경우는 그보다 드물다. 또한 허브, 오일, 향신료가 절묘하게 조합되어 감탄할 만한 풍미를 자아내며, 그 결과 와인과도 마법을 이룬다. 표 19-7에 북아프리카 채소 요리와 와인의 페어링 몇 가지를 담았다.

표 19-7 북아프리카 채소 요리와 와인 페어링

국가	음식	가장 잘 어울리는 와인 스타일(예)	대체할 수 있는 와인 스타일(예)
모로코	당근, 고추, 병아리콩, 올리브 오일, 레몬으로 만든 스튜와 곁들이는 쿠스쿠스	레드 : 라이트바디, 브라이트, 제스티, 낮은 타닌(보졸레 빌라주 가메)	화이트 : 아로마틱, 프루티, 라운드(바하우 그뤼너 벨트리너)
모로코	레몬, 파슬리, 올리브 오일, 파프리카를 곁들인 파바 빈 요리	화이트 : 라이트웨이트, 크리스프, 스토니(말보로 소비뇽 블랑)	화이트 : 아로마틱, 프루티, 라운드(알자스 피노 그리)
모로코	커민, 사프란, 마늘, 고수와 함께 토마토 소스를 넣고 끓인 렌틸콩 스튜	레드 : 라이트바디, 브라이트, 제스티, 낮은 타닌(바르베라 다스티)	화이트 : 라이트웨이트, 크리스프, 스토니(알토 아디제 피노 그리지오)
이집트	부추, 요거트, 마늘, 딜, 파슬리를 넣고 만든 파바 빈과 병아리콩 패티	화이트 : 라이트웨이트, 크리스프, 스토니(컬럼비아 밸리 리슬링)	화이트 : 풀바디, 소프트, 우드 숙성(리마리 밸리 샤르도네)
이집트	올리브 오일, 파슬리, 옻을 넣은 레몬 갈릭 감자와 콩 샐러드	화이트 : 아로마틱, 프루티, 라운드(루아르 밸리 슈냉 블랑)	화이트 : 라이트웨이트, 크리스프, 스토니(소노마 소비뇽 블랑)
알제리	커민, 파프리카, 렌틸콩, 토마토 페이스트를 넣고 만든 토마토 스튜	화이트 : 아로마틱, 프루티, 라운드(윌래밋 밸리 피노 그리)	화이트 : 아로마틱, 프루티, 라운드(바하우 그뤼너 벨트리너)
튀니지	토마토 페이스트, 마늘, 레몬을 넣은 근대, 렌틸콩, 병아리콩 요리	화이트 : 라이트웨이트, 크리스프, 스토니(샤블리 샤르도네)	레드 : 라이트바디, 브라이트, 제스티, 낮은 타닌(나이아가라 피노 누아)

디저트

이 지역은 달콤한 디저트가 잘 발달해 있다. 디저트에는 대부분 견과류, 건조 과일, 꿀이 포함되며 종종 아주 얇고 가벼운 필로 같은 페이스트리로 씌우기도 한다. 표 19-8은 북아프리카 디저트와 와인 페어링을 요약한 내용이다.

표 19-8 북아프리카 디저트와 와인 페어링

국가	음식	가장 잘 어울리는 와인 스타일(예)	대체할 수 있는 와인 스타일(예)
모로코	아몬드, 계피, 꿀과 함께 필로로 싼 바나나와 살구	스위트 : 강화 화이트 와인(뮈스카 드 리브잘트)	스위트 : 파시토(시실리 파시토 디 판텔레리아)
모로코	요거트, 계피, 바닐라, 참깨, 오렌지 즙을 넣고 만든 대추 케이크	스위트 : 강화 레드 와인(토니 포트)	스위트 : 레이트 하비스트/귀부 와인(토카이 레이트 하비스트)
모로코	으깬 피스타치오, 장미수를 넣고 만든 아몬드 밀크푸딩	스위트 : 아이스와인(나이아가라 페닌슐라 비달)	스위트 : 강화 화이트 와인(사모스 넥타)
이집트	대추, 건포도를 넣은 코코넛 아몬드 파운드케이크	스위트 : 강화 앰버(헤레스 올로로소 둘세)	스위트 : 강화 앰버(루터글렌 머스캣)
이집트	코티지 치즈, 꿀을 넣은 살구 무스	스위트 : 파시토(레치오토 디 소아베)	스위트 : 파시토(리오 파트라스 머스캣)
알제리	바삭하게 구워 레몬 꿀 시럽과 설탕 아이싱을 곁들이는 도넛 볼	스위트 : 스파클링 화이트 와인(모스카토 다스티)	스위트 : 레이트 하비스트(나이아가라 페닌슐라 리슬링 레이트 하비스트)
튀니지	꿀에 포칭한 무화과, 살구, 카르다몸, 호두를 넣고 층층이 쌓은 필로	스위트 : 귀부 와인(토카이 아수 5 푸토뇨스)	스위트 : 강화 레드 와인(캘리포니아 진판델 포트 스타일)

남아프리카공화국의 와인 : 350년 된 어린 와인

남아프리카공화국은 최근 와인 생산 350주년을 맞이했다. 얀 반 리벡의 일기에 따르면 케이프타운에서 처음 포도 압착이 이루어진 것은 1659년 2월 2일이었다. 리벡은 당시 네덜란드 식민지 총독으로서 1682년 케이프타운을 건설한 인물이다. 수 세기 동안 우여곡절을 겪은 끝에 남아프리카공화국 와인 산업은 마침내 현대 시대로 접어들게 되었다. 이는 1994년 최초의 민주적 선거가 이루어진 뒤 해제된 반 아파르트헤이트 정부를 대상으로 한 엄격한 국제 무역 제재가 거둬진 다음에 가능했다.

케이프 주의 와인 생산지를 처음 방문한 사람이라면 그 지역의 숨 막힐 듯한 절경에 넋이 나갈 것이다. 이곳은 세계 와인 생산지 가운데서도 가장 그림 같은 풍경을 지닌 장소다. 폴스 만에서 고작 몇십 킬로미터 떨어진 곳, 거친 화강암 봉우리가 있는 산들이 부서진 고대의 셰일과 사암 위에 자리 잡고 1,000미터 가까이 솟아 있는 장관을 볼 것이다. 서쪽 지평선 너머에는 누구라도 한눈에 알아볼 랜드마크인 테이블마운틴이 있고 영원할 것 같은 한 무리의 구름이 그 우뚝 솟은 산봉우리를 덮고 있다. 이는 1960년대 비틀즈의 몹-톱(중간 길이의 헤어스타일로 비틀즈 멤버들이 이 스타일을 해서 유행했다-역주)처럼 보인다. 케이프 식물구계계는 세계 6대 식물구계계 가운데 가장 규모가 작지만 가장 풍부한 자원을 보유한 곳이다. 케이프 주 한 곳에만 약 9,600가지 고유종을 보유하고 있으며, 이는 북반구 전체보다 생물학적 다양성이 높다는 의미다.

남극해와 인도양, 2개의 바다가 작렬하는 아프리카의 태양을 식혀준다. 끊임없이 불어오는 산들바람은 매일 오후면 포도밭을 식혀준다. 최고 5억 년 된 세계에서 가장 오래된 포도밭에서 포도가 자라는 것이다. 이곳에서 생산되는 와인의 절반 이상이 레드 와인이며, 남아프리카공화국 와인의 국제적 명성을 이끄는 곳은 바로 스텔렌보쉬 지역이다. 남아프리카공화국은 뛰어난 품질의 카베르네 소비뇽, 그리고 보르도 스타일의 블렌드와 밀접한 연관이 있다. 이곳에서 생산되는 카베르네 소비뇽과 보르도 블렌드는 뉴 월드 스타일 레드 와인이 지닌 볼드한 프루티함과 올드 월드 와인이 지닌 절제된 구조 및 흙 내음 같은 풍미 사이에 세련된 모습으로 존재한다. 독특한 남아프리카공화국 특산 피노타주는 물론 레드 론과 화이트 론이 특히 아프리카어로 브라아이라 불리는 바비큐 불을 지폈을 때 시도해 볼 만한 페어링이다.

활력이 넘치고 제스티하며 그린 페퍼 향이 나는 소비뇽 블랑은 콘스탄티아, 워커 베이같이 케이프에서 가장 날씨가 찬 지역과 아프리카 최남단 아굴라스 곶 인근에서 발견할 수 있다. 하지만 현지인이라면 슈냉 블랑을 선택할 것이다. 한때 브랜디 생산을 위해서만 사용되던 광활한 올드 빈야드는 이제 놀라운 깊이와 농도, 풍미를 지닌 와인을 빚어내고 있다. 이곳의 슈냉 블랑은 대부분 배럴 숙성되므로 상당 기간 우드 숙성된 화이트 와인에 적합한 음식에는 이를 페어링하는 것도 고려해 볼 만하다.

chapter 20

고전적인 페어링 : 와인과 치즈

제20장 미리보기

- 치즈가 지닌 모든 점을 음미한다.
- 각각의 치즈 유형과 와인 페어링
- 와인과 치즈를 위한 파티

흔히 생각하는 것과 달리 와인과 치즈는 그다지 좋은 조합이 아니다. 아니, 지뢰밭이라고 하는 편이 정확할지도 모른다. 많은 치즈가 지방 함량이 높고 짭짤하며 자극적인 프로파일을 지녀, 그 앞에서 너무도 많은 와인이 금방이라도 무너질 듯 위태로운 처지에 놓인다. 치즈 보드에는 주로 부드러운 것에서 냄새가 고약한 것, 산양유로 만든 것에서 우유로 만든 것까지, 한꺼번에 다양한 치즈가 놓인다. 물론 치즈 보드라면 당연히 그래야 하지만 어쨌든 소믈리에의 삶을 고달프게 만드는 건 분명하다. 그러므로 식탁을 지휘하고 모든 치즈를 행복하게 만들 단 한 가지 유형의 와인을 찾는 일은 일찌감치 포기하는 것이 낫다.

이번 장에서는 도사리고 있는 함정을 피하는 동시에 와인과 치즈를 제대로 페어링하는 방법을 자세하게 다룰 것이다. 그러기 위해 나는 엄청나게 광범위한 치즈 분야를

'슬라이스'해서 감당할 수 있는 크기로 나누었다. 여기에는 치즈의 주요 스타일과 각각 추천할 만한 일반적인 와인 스타일, 그리고 특정한 와인이 담겨 있다. 치즈 스타일들을 일종의 시작점으로 삼아 그 어떤 치즈라도 페어링에 적합한 와인을 찾을 수 있는 길로 나아가라.

또한 그대로 따라 할 수 있는 와인과 치즈 파티 두어 가지를 제안할 것인데, 하나는 격식을 갖추지 않은 것, 다른 하나는 격식을 갖춘 것이다. 어떤 치즈와 와인을 구입해야 하는지, 어떻게 해야 초보 티를 내지 않을 수 있는지 알려줄 것이다.

와인과 치즈 : 복잡하면서도 모순적인 관계

먹을 수 있는 것 가운데 와인과 치즈만큼 비슷한 점이 많은 것도 드물다. 두 가지 모두 몇천 년 전에 우연히 발견되었고 그 이후로 사람들은 이를 완벽한 것으로 승화시키기 위해 부단히 노력해 왔다. 또한 두 가지 모두 포도즙과 동물의 젖이라는 비교적 단순한 원재료가 변신하여 일일이 열거할 수 없을 정도로 다양한 풍미를 지녀 놀랍도록 복잡한 음식이 된 경우다. 어디서 생산되었는지에 따라 최종 결과물이 크게 달라지고, 결국 와인과 치즈 모두 수많은 사람의 손길을 거쳐야 제대로 된 제품으로 탄생할 수 있다. 그러므로 와인과 치즈가 '동종'인 건 사실이지만, 서로를 더 돋보이게 해줄 수도 있고 서로를 파괴할 수도 있다.

와인과 치즈 분야는 매혹적이고 복잡하다. 나는 와인에 평생을 헌신해 온 사람만큼 치즈에 일생을 바친 사람을 많이 알고 있다. 그러므로 보잘 것 없는 이 책에서 그 모든 가능성을 다룰 수 없다. 우선 치즈의 맛, 질감, 풍미에 영향을 주는 요소들을 살펴본 다음 치즈의 주요 스타일을 분류하고 각각의 스타일에 페어링할 수 있는 와인에 대해 조언할 것이다.

치즈의 복합성을 제대로 만끽하자

와인처럼 치즈 역시 너무나도 복합적이어서 몇 년을 공부해도 그저 어렴풋이 아는 것이 전부일 것이다. 너무나도 많은 변수가 치즈를 엄청나게 다양한 제품으로 만들기 때문에 약간의 기본적인 정보를 얻는다 해도 제대로 음미하기까지 먼 길을 가야 할 것이다. 와인처럼 치즈의 풍미 프로파일에 영향을 미치는 주요 요소는 다음과 같다.

- ✔ 재료
- ✔ 제조 방법
- ✔ 숙성

다음 섹션들에서 이 세 가지 요소들을 조금 더 상세하게 설명할 것이다.

무엇부터 시작해야 할까

치즈와 관련한 변수를 몇 가지만 고려해 보자. 우선 어떤 동물의 젖으로 만드는지가 다르다. 소, 양, 산양, 물소, 심지어 야크까지 다양하다. 또한 오전에 젖을 짤 수도, 밤에 짤 수도 있고 두 가지를 섞을 수도 있다. 고산 지대의 목초지에서 방목하며 여름에 짠 젖일 수도, 겨울철 우사에서 짠 젖일 수도 있다. 지방 성분을 제거한 젖일 수도, 반대로 첨가한 젖일 수도 있다. 원유의 풍미에 영향을 미치는 요소에는 원유의 품질, 영양가, 함유된 산 성분, 동물의 품종 등이 포함된다.

그다음으로 해야 할 일은 무엇인가

치즈라는 분야를 복잡하게 만드는 변수 가운데는 제조 방법도 있다. 원유를 응고시키기 위해 치즈 제조에 사용되는 추출물인 렌넷(rennet)의 사용량, 살균 과정을 거쳤는지의 여부, 압착 방식, 커드의 가열, 온도, 염도, 숙성 기간 동안 치즈를 뒤집은 횟수, 숙성 기간 및 장소, 치즈를 브러시로 닦았는지, 겉면을 긁어냈는지, 또는 물로 씻었는지, 풍미를 더해줄 다양한 재료를 섞었는지의 여부가 영향을 미친다. 그 가운데 풍미를 더하기 위해 첨가할 수 있는 것으로는 와인, 맥주, 증류주, 향신료, 재, 허브, 각종 식물의 잎 등 다양하며 치즈의 향, 풍미, 질감에 중요한 영향을 미칠 수 있다. 그리고 결국 가장 잘 어울리는 와인 스타일에도 영향을 미친다.

다음 섹션에서 추천한 페어링이 완벽하지 않을 때를 대비해서 이 모든 변수들을 간략하게 설명할 것이다. 완벽하지 않다고 해도 그건 나의 잘못이 아니라 변수 때문에 치즈가 달라진 것이다.

표피, 먹을 것인가 말 것인가

치즈 분야의 미식가들 사이에서도 표피를 먹어야 하는지 말아야 하는지는 논쟁의 대상이다. 하지만 이구동성으로 말하는 한 가지는 밀랍, 천, 나무껍질, 플라스틱, 기타 이물질 등 먹을 수 없는 유형의 것은 섭취를 피하라는 것이다(별 걸 다 걱정한다고 웃을지 몰라도 실제 자기 몸을 대상으로 실험한 사람들이 있었다). 하지만 이를 제외하고는 전문가들조차 의견을 통일하지 못하고 있다. 맛과 관련한 모든 일에서와 마찬가지로 표피를 먹을지의 여부는 치즈의 유형, 표피의 유형, 그리고 개인의 맛에 대한 선호에 달려 있다. 숙성된 파르메산의 표피처럼 오랜 기간 숙성되는 과정에서 자연스럽게 형성된 표피 가운데도 너무 딱딱해서 먹을 수 없는 것들도 있다.

브리와 카망베르처럼 먹을 수 있는 곰팡이 포자를 치즈 표면에 뿌려 만들어지는 흰곰팡이 표피는 대부분 상당히 맛이 온화하여 사람들 대부분이 이를 기꺼이 먹는다. 반면 뮌스터, 에푸아스, 림베르거, 탈레지오같이 표피 세척 치즈의 표피는 주로 훨씬 강한 풍미를 지닌다. 바로 이 때문에 다양한 종류의 소금물로 치즈를 반복해서 세척하는 것이다. 칠리 고추를 사랑하는 사람이 있는 반면 그 매운맛을 견디지 못하는 사람이 있듯이 이러한 풍미를 불쾌하게 느끼는 사람이 있는가 하면 그 자극적인 풍미를 좋아하는 사람도 있다. 나의 경우는 치즈가 얼마나 숙성되었는지에 따라 호불호가 갈린다. 브리에 있는 흰곰팡이 표피도 치즈 자체가 숙성되면 꽤 자극적으로 변한다. 또한 치즈를 와인과 페어링할 때 생기는 문제의 대부분은 표피 때문에 생긴다. 그러므로 와인과 치즈 사이에 더 높은 시너지를 만들고 싶을 때는 표피를 잘라내고 안에 있는 부드러운 부분만 먹는다. 특히 암모니아 냄새가 나기 시작한다면 이는 매우 숙성되었다는 의미이므로 와인과 곁들이지 않는 것이 좋다. 하지만 와인을 마실 때가 아니라면 저절로 흐물흐물해질 때까지 표피를 그대로 둔다.

치즈가 얼마나 숙성되었는지에 따라 풍미의 강도는 크게 달라진다. 나이가 많을수록 냄새가 고약하다(하지만 암모니아 냄새가 난다면 쓰레기통으로 직행이다). 농장에서 살균하지 않은 원유로 직접 만든 수제 치즈가 살균한 원유로 만든 슈퍼마켓용 치즈보다 훨씬 강한 풍미 프로파일을 지녔다. 그러므로 와인을 선택할 때도 여기에 맞게 강도를 높여야 한다. 예를 들어 어리고 순하며 살균한 체다는 적당한 복합성을 지닌 부드럽고 저렴한 레드 와인과 잘 어울릴 것이다. 반면 중후하고 숙성이 잘 되었으며 살균하지 않은 원유로 농장에서 만든 체다는 가장 견고한 레드 와인을 제외한 모든 와인을 압도해 버릴 것이다. 강 대 강, 약 대 약의 방식으로 페어링한다고 생각하면 된다.

현재 세계적으로 몇천 종의 치즈가 생산되고 있으며, 해마다 각 지역의 농장에서 수제치즈가 등장하고 있다. 이 책에서 그 모든 치즈를 언급할 수는 없다. 따라서 '흰곰팡이 연질 치즈' 카테고리에 브리나 카망베르를 넣는 것처럼 고전적이고 널리 알려진 유형의 치즈 몇 가지만 다루었다. 그러므로 다음의 각 섹션에서 소개하는 목록에 당신이 갖고 있는 치즈의 이름이 없고 어떤 카테고리에 속하는지 확신할 수 없다면 판매상에게 확인해 보라. 어떤 유형인지 대답을 듣고 나면 최고의 페어링을 위해 어떤 와인 카테고리를 살펴봐야 할지 알 수 있을 것이다.

치즈와 페어링한다고 하면 흔히 사람들은 레드 와인을 먼저 떠올린다. 하지만 화이트 와인, 심지어 오프-드라이나 미디엄 스위트 와인, 그리고 스파클링 와인이 더 다재다능하며, 일반적으로 더 나은 페어링을 이룬다. 다양한 치즈와 단 한 가지 와인을 페어링할 생각이라면 슈냉 블랑이나 리슬링 같은 오프-드라이 와인이 안전한 선택이 될 것이다.

만들어진 지 얼마 안 돼 신선한 소프트 치즈와 와인 페어링

신선한 소프트 치즈에는 코티지 치즈, 리코타, 프로마주 블랑, 프로마주 프레, 그리고 퀘소 프레스코 등이 있다. 신선한 치즈는 온화한 풍미를 지니고 있으므로 대부분의 와인과 잘 맞을 것이다. 적어도 충돌하지는 않을 것이다.

신선한 치즈와 가장 잘 어울리는 스타일의 와인은 무게감이 가볍고 크리스프하며 스토니한 화이트 와인이나 라이트바디의 투명하며 제스티하고 타닌 함량이 낮은 레드 와인이다.

산양유 치즈와 와인 페어링

신선한 것에서 단단한 것까지, 다양한 유형의 산양유 치즈가 판매되고 있다. 하지만 산양유에는 우유보다 많은 지방산 성분이 함유되어 있어 전반적으로 강렬한 신맛을 지닌다. 그러므로 산양유 치즈에 속하는 크로탱 드 샤비뇰, 상모레, 샤비슈, 또는 셰브르(염소라는 뜻-역주)가 붙은 모든 치즈는 그에 상응하는 생생한 신맛을 지닌 와인을 페어링해야 한다. 라이트웨이트, 크리스프, 스토니한 화이트 와인처럼 오크 숙성 과정을 거치지 않은 화이트 와인이 가장 적합하다. 산양유 치즈로 유명한 루아르 밸리에서는 여기에 너무나도 잘 어울리는 크리스프한 화이트 와인이 다양하게 생산된다. 또한 상세르와 푸이 퓌메처럼 소비뇽 블랑으로 만드는 거물급 와인도 잘 어울리지만 뢰이, 퀸시, 또는 소비뇽 드 투렌처럼 상대적으로 가격대가 낮은 많은 와인 역시 적합하다. 슈냉 블랑으로 만드는 드라이 부브레, 그리고 전 세계에서 생산되는 이와 유사한 와인들 역시 괜찮은 조합이다.

단단하고 잘 숙성된 산양유 치즈의 경우 같은 구역에 머물러도 되지만 뉴질랜드 말보로에서 생산되는 소비뇽 블랑처럼 강도가 더 센 와인을 선택하는 것도 좋은 방법이다. 크로탱 드 샤비뇰과 상세르가 바로 대표적인 지역 페어링이다.

소프트한 흰곰팡이 치즈와 와인 페어링

카망베르, 브리, 엑스플로라퇴르, 샤오스 등 잘 숙성된 소프트 치즈는 이로운 곰팡이를 치즈 위에 분사하거나 뿌린 다음 숙성되게 놔두는 방식으로 만들어진다. 이러한 치즈는 각기 다른 양의 지방을 함유하고 있으며, 주로 싱글 크림은 버터 지방 함량이 50퍼센트, 더블 크림은 60퍼센트, 트리플 크림은 70퍼센트인 치즈를 말한다.

흰곰팡이 소프트 치즈와 가장 잘 어울리는 와인 스타일은 미디엄에서 풀바디의 소프트하고 우드 숙성된 화이트 와인이나 라이트바디의 투명하고 제스티하며 타닌 함량이 낮은 레드 와인이다. 치즈의 지방 함량이 높을수록 와인 역시 리치하고 풀바디에 가까워야 한다. 브리와 카망베르는 소프트하고 라운드하며 약간 버터 향이 나는 샤르도네와 프루티한 드라이 로제 와인과 잘 어울린다. 가메 보졸레, 뉴질랜드, 온타리오, 칠레 등의 뉴 월드 피노 누아같이 가볍고 소프트하며 프루티한 레드 와인 역시 대체로 잘 어울린다. 더 무르고 숙성이 많이 된 치즈의 경우 소노마, 카네로스, 오리건 피노 누아로 강도를 높여 페어링하거나 더 소프트하고 젠틀하며 오키한 메를로를 선택하라. 트리플 크림 엑스플로라퇴르는 블랑 드 블랑 샴페인과 페어링하면 좋다. 샤블리와 샤오스 역시 고전적인 지역 페어링이다.

표피를 세척한 연질 치즈

표피 세척 치즈는 숙성 기간 동안 정기적으로 소금물, 맥주, 사과주, 와인, 브랜디, 오일 등으로 닦아준 치즈를 말한다. 이는 밖에서 안으로 치즈가 숙성하도록 도와주는 세균의 성장을 돕는 과정이다. 부드러운 풍미를 지닌 표피 세척 연질 치즈로는 바슈랑 몽 도르, 리바로, 퐁레베크, 르블로숑, 탈레지오 등이 있다. 반면 강한 풍미를 지닌 것으로는 에푸아스, 뮌스터, 림베르거, 리더크란츠 등이 있다.

풍미가 부드러운 유형과는 게뷔르츠트라미너, 리치한 피노 그리, 비오니에, 또는 프랑스 남부의 화이트 블렌드 와인처럼 풀바디의 복합적이고 아로마틱하며 라운드하고 스파이시한 화이트 와인을 페어링하라. 풍미가 강한 세척 연질 치즈와 와인을 페어링하고 싶다면 메를로, 올드바인 진판델, 남부 론 밸리의 블렌드, 시라처럼 미디엄-풀바디의 레드 와인을 선택하라. 그보다 더 강렬한 풍미를 지닌, '보이지는 않아도 냄새로 존재를 알 수 있는' 유형의 치즈는 모든 확실하고 정교한 와인을 무찔러버린다. 이런 치즈는 대부분의 경우 페어링하기 어려운 대상이다. 부브레나 레이트 하비스트인 알자시안 방당주 카르디프 등 오프-드라이나 세미 스위트 와인을 시도해 보라. 뮌스터와 알자시안 게뷔르츠트라미너가 전통적인 지역 페어링이 되겠지만 매우 리치한 게뷔르츠와 어리고 그다지 자극적이지 않은 뮌스터도 정말 잘 어울린다. 에푸아스처럼 매우 숙성되고 냄새가 고약한 치즈의 경우 와인은 일찌감치 포기하고 맑은 과일 증류주인 프뤼 오드비 같은 증류주로 방향을 선회하는 것이 낫다. 하지만 뭘 좀 아는 사람들의 비책은 바로 마르 드 부르고뉴다.

숙성된 치즈일수록 치즈 표피의 풍미도 강해진다. 세균이 만들어낸 표피의 자극적인 풍미를 즐기는 사람도 있지만 표피가 없는 치즈를 좋아하는 사람도 있다. 하지만 어떤 경우든 와인과 충돌하는 것은 부드러운 풍미를 지닌 페이스트 자체가 아니라 표피다. 그러므로 표피 때문에 페어링이 망할 것 같은데 여전히 와인과 함께 치즈를 먹고 싶다면 표피를 잘라내라.

반연질 치즈와 와인 페어링

반연질 치즈에는 다양한 종류가 있으며, 주로 맛과 향이 부드럽고 견과류 같은 것에서 가끔 폰티나, 하바티, 모르비에, 야르슬베르크, 에멘탈, 몬테레이 잭, 포르 살뤼, 오카, 하우다, 에담 등 자극적이고 향이 강렬한 것까지 포함된다. 더 부드러운, 즉 더 어린 반연질 치즈는 와인에 꽤 친화적이며, 소프트하고 프루티한 레드 와인과 좋은 페어링을 이룬다. 섬세하게 오크 숙성된 메를로, 피노 누아, 진판델 같은 뉴 월드 스타일, 이와 비슷하고 미디엄-풀바디의 프루티하고 균형이 잡혔으며 적절한 타닌을 함유된 레드 와인을 시도해 보라. 미디엄바디의 소프트하고 프루티한 화이트 와인을 선택하는 것도 한 가지 방법이다.

반경질 및 경질 치즈와 와인 페어링

반경질 치즈와 경질 치즈는 매우 묵직하고 품질이 높으며 숙성된 레드 와인을 뽐낼 수 있는 기회를 제공한다. 이러한 치즈에는 만체고, 페코리노, 파르미지아노 레지아노, 크로토네제, 하우다, 체다, 톰, 라클레테, 콩테, 캉탈, 프로볼로네, 그뤼에르, 미몰레트 등이 있다. 이런 치즈는 적절한 지방 함량이 날카롭고 자극적인 풍미, 그리고 부스러지는 질감이 조합되어 카베르네 소비뇽과 그 블렌드, 아마로네 델라 발폴리첼라, 바롤로나 바르바레스코, (브루넬로 디 몬탈치노), 도루 밸리 레드 와인, 그리고 리오하와 리베라 델 두에로에서 생산된 템프라니요를 베이스로 한 와인 등 풀바디의 깊고 로부스트하며 츄이하고 타닌 함량이 높으며 터보차지된 레드 와인을 페어링해야 한다. 이제 이러한 유형의 치즈가 실제로 어떻게 타닌이 강한 레드 와인을 부드럽게 만들어 더 매끄럽고 크리미한 질감을 만들어내는지 알 것이다. 이야말로 윈-윈 페어링이다. 올로로소, 마르살라 베르지네 같은 드라이 강화 앰버 와인도 특이하지만 굉장한 페어링을 만들어준다.

치즈의 나이가 많을수록 질감이 단단해지고 감칠맛이 더 강해진다. 아주 오래된 치즈는 매우 숙성된 와인, 특히 배럴에서 오랜 세월을 보내서 그 자체로 견과류 같은 풍미와 감칠맛이 생겨난 나이 든 강화 와인과 근사한 페어링을 이룬다. 드라이 아몬티라도, 올로로소 셰리와 12개월 된 만체고의 페어링이라면 더할 나위 없는 조합이 될 것이다. 견과류 풍미를 지닌 올드 빈티지 샴페인은 뜻밖에도 숙성된 파르미지아노-레지아노와 근사한 페어링을 이룬다.

푸른곰팡이 치즈와 와인 페어링

스틸턴, 로크포르, 고르곤졸라, 카브랄레즈, 생타귀르같이 강렬한 짠맛과 자극적인 풍미를 지닌 블루치즈는 드라이 화이트 와인과 드라이 레드 와인을 완전히 무용지물로 만든다. 하지만 스위트 와인과는 뛰어난 대조 페어링을 이룬다. 레드든 화이트든, 강화 와인이든, 또는 레이트 하비스트, 즉 귀부 와인이든 모든 스위트 와인이 해당된다. 치즈의 짠맛과 풍미가 강할수록 와인의 단맛이 강해야 한다. 아이스와인을 시도해 보라. 레이트 하비스트 와인을 선택해 보는 것도 좋다. 코트 뒤 레이용, 부브레이 무엘, 소테른, 토카이 아수, 포트, 바뉼 등 스위트 슈냉 블랑으로 만든 레이트 하비스트 와인, 리브잘트나 봄 드 브니즈 같은 프랑스 남부에서 생산된 강화 머스캣, 또는 호주 루터글렌에서 생산된 건포도 같은 머스캣을 선택해 보라. 로크포르와 소테른, 그리고 포트 와인과 스틸턴은 최고의 전통이자 교과서적인 페어링이다.

와인과 치즈 파티

사람들과의 모임을 개최하는 일을 좋아하지만 정확히 어떤 치즈와 와인을 서빙해야 할지 감조차 잡지 못하는 사람들을 위해 도움이 될 만한 내용을 이제부터 소개할 것이다. 여기에는 와인과 치즈를 주제로 친목을 위한 모임과 격식을 갖춘, 즉 '제대로 해야 하는' 유형의 두 가지 파티를 어떻게 준비할지에 대한 지침이 담겨 있다.

모임의 성격과 상관없이 치즈를 구입할 때는 가능하면 전문 매장으로 가라. 일반 슈퍼마켓에서 와인을 구입할 때 실패의 위험이 따르듯 그저 갖춰 놓는 것이 목적인 매장에서 치즈를 구입한다면 최고의 결과를 기대하기 어렵다. 또한 치즈는 항상 상온으로 서빙해야 한다. 와인을 너무 차게 서빙하면 전체 향과 풍미 대부분이 깨어나지 못하는 것처럼 냉장고에서 바로 꺼내 서빙하면 치즈가 지닌 풍미 가운데 일부만 전달된다.

깊이 고민하지 않아도 되는 와인과 치즈 파티 : 격식을 갖추지 않은 모임

치즈의 세계란 와인의 세계만큼 광활하고 다양한 모습을 지니고 있다. 그러므로 뻔한 함정에 빠지지 않도록 주의해야 한다. 그 한 가지는 파티에서 너무 많은 종류의 치즈를 내놓아 단 하나의 와인으로는 페어링할 수 없는 상황을 만드는 것이다. 그렇다고 각각의 치즈에 맞는 와인을 일일이 페어링하자니 대부분의 경우 이것 역시 그다지 현실적인 일이 아니다. 그러므로 다음의 요령을 잘 활용하여 격식을 차리지 않으면서도 성공적인, 즉 천재지변이 아닌 와인과 치즈 파티를 열기 바란다.

- ✔ 몇 가지 기본적인 카테고리를 포함한 4~5가지 종류의 치즈를 준비한다. 단, 완전히 숙성되고 무른 카망베르가 아니라 어리고 부드러운 흰곰팡이 표피 치즈를, 드라이하고 단단하며 부스러지고 자극적인 대량생산 체다가

아니라 어린 반경질 체다를 선택하는 것처럼 각 카테고리에서도 더 어리고 맛과 풍미가 부드러운 쪽을 선택하라.

✔ 두세 가지 와인을 내놓아 손님들이 직접 좋은 페어링과 나쁜 페어링을 발견할 기회를 준다. 다행히 진짜 나쁜 페어링이란 없다. 단지 어떤 조합이 다른 것보다 나을 따름이다. 일반적으로 치즈와는 화이트 와인이 여러 모로 더 잘 어울리므로 오프-드라이 리슬링, 소비뇽 블랑, 오크 숙성되지 않거나 부드러운 오크 향을 지닌 샤르도네, 알자스 스타일 피노 그리, 부브레 데미섹 등 크리스프한 드라이, 혹은 오프-드라이 화이트 와인을 준비해야 한다. 레드 와인도 갖추는 것이 좋으므로 스페니시 템프라니뇨, 남부 론 블렌드, 혹은 더 부드러운, 즉 저렴한 뉴 월드 카베르네, 메를로, 말벡 등 부드럽고 소프트하며 프루티하고 대중이 즐길 수 있는 레드 와인을 선택하라.

적합한 와인과 치즈 페어링

격식을 갖춘 자리를 제대로 만들고 싶다면 각각 다른 치즈와 와인을 페어링하여 배치한다. 이렇게 해서 손님들이 파티가 열리는 장소를 돌아다니며 각기 다른 와인과 치즈의 조합을 경험해 보는 것이다.

사과 한 조각 먹고 사고, 치즈 한 조각 먹이고 팔아라

오래된 보르도 속담 가운데 음식과 와인 페어링 이론의 핵심을 찌르는 것이 있다. "사과 한 조각 먹고 사고, 치즈 한 조각 먹이고 팔아라"다. 보르도의 와인 판매상들은 자신의 지역에서 생산되는 최고의 와인을 식별하는 법, 그리고 간단한 음식과 와인 페어링을 요령으로 삼아 소비자에게 와인을 더 매혹적인 것으로 보이게 만들어 판매하는 법을 알아냈다. 달콤한 사과는 모든 와인을 더 쓰고 타트하게 느껴지게 만들고, 보르도는 특히 어릴 때 실제로 타닌 함량이 많아 쓰고 비교적 산도가 높은 와인이다. 따라서 판매상들은 시음하기 전에 사과를 한 조각 먹었다. 그런 다음에도 샘플 와인의 맛이 '여전히' 좋다면 이는 살 가치가 있는 것이다.

반대로 염분과 지방, 단백질 성분 때문에 적절한 치즈는 특히 타닌이 강한 레드 와인을 부드럽게 만드는 효과가 있다. 그러므로 소매 고객에게 치즈 한 조각과 함께 와인을 서빙하는 것은 모든 와인이 더 풍부하고 라운드하며 부드럽고 매력적으로 느껴지게 만들 수 있는 확실한 방법이었다. 거래란 은밀할수록 좋은 것이다.

이 책에서 추천하는 대로 손님들이 시도해 보는 것이 바람직하지만 너무 강요해서는 안 된다. 스탠드업 모임에서는 사람 수보다 많은 잔이 필요하다는 사실을 명심하라. 다른 와인을 마실 때마다, 특히 빅한 레드 와인을 마신 다음 가벼운 화이트 와인을 마실 때 새 잔을 원하는 사람도 있다. 의자에 앉아서 하는 디너파티에서는 모든 사람에게 한 가지 와인에 한 가지 잔을 따로 준비해 주고 각각의 치즈에 어떤 와인을 마셔야 할지 확실하게 알려줘야 한다.

이런 모임에서는 완벽을 기해야 하므로 최고 품질의 수제 치즈를 선택해야 한다. 비닐 포장된 슈퍼마켓 치즈는 제발 참아주기 바란다. 인근 지역에서 생산된 비살균 농장 치즈 역시 자리를 한층 더 빛나게 해줄 것이다.

고전적인 테이블 설정은 다음과 같다.

- **테이블 1** : 반경질 산양유 치즈와 상세르(또는 다른 크리스프한 드라이 소비뇽 블랑)
- **테이블 2** : 브리나 카망베르처럼 흰곰팡이 표피 연질 치즈와 마콩 빌라주, 또는 가볍게 오크된 샤르도네
- **테이블 3** : 르블로숑이나 뮌스터처럼 부드럽고 표피를 세척한 치즈와 알자스 게뷔르츠트라미너 같은 아로마틱한 풀바디 화이트
- **테이블 4** : 파르미지아노 레지아노 같은 경질 치즈와 아마로네, 또는 다른 풀바디 레드 와인
- **테이블 5** : 로크포르, 블루 도베르뉴, 고르곤졸라 같은 블루치즈와 포트 와인, 또는 소테른이나 아이스와인 같은 다른 스위트 와인

친구들과의 파티 또는 전문가를 위한 페어링

"이 와인은 흙 느낌이 나지만 라이트하고,
블랙베리와 바닐라, 스카치가드* 향이 은은하게 납니다."

* 직물이나 카펫에 때가 타지 않도록 하는 방오가공 화학약품-역주

제5부 미리보기

- 다양한 장소, 다양한 상황에서 음식과 와인을 즐길 수 있다. 제5부에서는 외식할 때 어떻게 하면 가장 만족스러운 음식과 와인을 경험할 수 있는지, 집에서 파티를 열거나 저녁 만찬을 주최할 수 있는지를 살펴볼 것이다. 그러기 위해 와인에 정통한 레스토랑을 어떻게 알아보는지, 내부로 들어간 다음에는 어떻게 와인 목록을 최대한 활용하고 서빙하는 사람에게서 최대한의 정보를 이끌어내 가장 적합한 와인을 주문할지를 설명할 것이다. 또한 소믈리에의 머릿속을 잠시 들여다보는 시간을 가질 것이다. 이를 통해 당신은 페어링이 주는 더 큰 기쁨을 만끽할 수 있을 것이다.

- 어떤 유형의 와인을 서빙해야 할지, 어떤 스타일, 지역, 색의 와인을 골라야 할지, 얼마나 많은 와인을 장만해야 할지, 여러 가지 와인을 어떤 순서로 서빙해야 하는지, 또한 와인의 서빙을 언제 멈춰야 하는지 등 파티와 관련된 질문에 대한 답을 찾을 수 있을 것이다. 대규모 모임에서 친밀한 가족 모임까지, 각각의 상황마다 그 대답은 조금씩 달라진다. 여기에는 소믈리에, 그리고 모임을 주최하는 사람이라면 술을 대접하기 위해 알아야 할 사항들도 포함되어 있다.

- 소믈리에라는 직업에 관심이 있는 사람을 위해 소믈리에가 되는 방법을 소개할 것이다. 이 장에서 당신은 소믈리에가 어떤 일을 하는 사람인지, 어떤 자격을 갖춰야 하는지, 그리고 소믈리에가 된 다음 어떤 가능성을 기대할 수 있는지를 알게 될 것이다. 새로운 직업의 세계가 당신을 기다리고 있을지도 모른다.

chapter

21

외식할 때 : 와인을 제대로 취급하는 레스토랑 찾기

제21장 미리보기

- 와인에 정통한 레스토랑을 찾는다.
- 와인 목록과의 힘겨운 싸움에서 승리한다.
- 소믈리에를 충분히 이용한다.

집 밖에서 훌륭한 페어링을 이룬 음식과 와인을 맛보기 위해서는 적합한 장소에 가야 한다. 더할 나위 없는 음식을 제공하는 레스토랑은 수없이 많지만 와인 프로그램이 우선순위에서 밀려나거나 되는대로 그저 모아놓은 수준인 경우가 종종 있다. 그렇다고 좋은 페어링을 경험할 수 없는 것은 아니지만 가능성은 매우 낮다. 또한 진지한 자세로 와인에 중점을 둔 레스토랑과 바에서 형편없는 음식을 제공하기도 한다. 물론 와인에 대해 진지한 사람들은 음식에 대한 조예도 깊기 때문에 좋은 와인을 서빙하는 레스토랑에서 형편없는 음식을 내놓을 확률은 매우 낮다. 음식과 서비스의 질은 레스토랑 안으로 걸어 들어가는 짧은 시간 안에 확실히 파악하기 힘들다. 하지만 나는 지금까지 수많은 레스토랑과 바를 다니며 피하는 것이 상책인 장소임을 알려주는 확실한 신호는 물론 와인을 제대로 취급하는 음식점, 즉 당신이 훌륭한 페어링을 경험할 확률이 높은 음식점을 식별하는 방법을 알게 되었다. 그리고 이번 장에서 그러한 비결들을 함께 나눌 것이다.

괜찮아보이는 레스토랑에 일단 들어간 다음에는 적절한 와인을 주문해야 한다. 끝이 보이지 않는 와인 목록이 낯선 이름과 장소, 품종으로 가득 찼다면 어디서부터 시작해야 할까? 최고의 가치를 제공할 와인을 어떻게 알아보고 주머니 사정에 가장 적합한 와인을 찾아낼까? 이번 장은 어떤 와인을 마시고 싶은지 모르는 상태에서 자리에 앉은 사람을 위한 내용이 될 것이다. 여기에는 외식할 때 최고의 음식과 와인 페어링을 경험할 수 있는 비결로 가득 차 있다. 수십 가지의 와인 목록을 종합하여 나는 와인 목록을 어떻게 읽어야 하는지, 가장 적합한 와인을 어디서 찾아야 하는지에 대한 수많은 비결을 발견했다. 그리고 현장에서 직접 근무하는 동안 손님들이 가장 행복하게 마실 와인을 페어링하기 위해 손님에게 어떤 질문과 정보를 얻고자 했는지 공유할 것이다.

와인에 정통한 레스토랑을 어떻게 알아볼까?

나는 전 세계를 돌아다니며 많은 시간을 보냈고 낯선 도시에서 외식도 많이 해보았다. 외식할 장소를 고를 때 최고의 전략은 믿을 수 있는 현지인에게 묻는 것이다. 특히 와인 생산자들은 최고의 정보원이다. 훌륭한 와인 생산자들은 좋은 와인만이 아니라 대부분 좋은 음식을 먹기 때문이다. 소믈리에 역시 마실 것에 대한 지식과 서비스 분야의 훈련을 받은 전문가인 만큼 대부분 기꺼이 같은 마을이나 지역의 다른 레스토랑을 추천해 줄 것이다. 자신이 외식을 할 때 주로 가는 장소를 소개하는 만큼 이러한 곳은 가볼 만한 가치가 있을 것이다.

신뢰할 만한 사람에게 추천을 받지 못한다면 어떻게 해야 할까? 와인에 정통한 레스토랑이라는 신호를 포착하는 것도 그러한 레스토랑에서 먹고 마실 확률을 높일 수 있는 방법이다. 이번 섹션에서 나는 오랜 경험을 통해 다른 곳보다 와인 프로그램을 조금 더 진지하게 운영하는 레스토랑을 알아볼 수 있는 실마리를 발견했고, 이를 함께 나누고자 한다.

걸어 지나가면서 와인에 대한 실마리를 찾아라

와인에 중점을 두고 운영되는 레스토랑은 대부분 잠깐 배경을 알아보거나 심지어 길에서 20초 정도 지나가며 훑어보아도 쉽게 알아볼 수 있다. 기본적으로 다음 사항을 이행하는 레스토랑을 찾아야 한다.

소믈리에나 와인 담당 직원을 따로 고용한다

추가의 인건비를 지출하며 와인 전담 소믈리에나 와인 담당 직원을 고용하는 레스토랑이라면 와인에 대해 진지한 곳이 틀림없다. 또한 음식과 마실 것을 판매하는 전체 전략에서 와인이 핵심적인 부분을 차지할 확률도 높다. 소믈리에를 고용한 레스토랑은 주로 이러한 사실을 와인 목록이든 웹사이트든 어딘가에 광고한다. 또한 셰프의 이름과 더불어 전반적인 홍보 자료에 소믈리에나 와인과 관련한 내용을 싣는다. 아니면 그 레스토랑에서 소믈리에를 따로 고용했는지 간단하게 묻거나 소믈리에가 포도송이나 로마 신화에 등장하는 와인의 신 바쿠스의 얼굴 등 포도주를 모티프로 한 핀 같은 공인 소믈리에를 상징하는 표식을 장착하고 있는지 살펴보라.

세련된 고급 잔에 와인을 서빙한다

레스토랑 밖을 지나가면서, 혹은 창문 너머로 테이블에 놓인 식기나 뒤편의 바 부분 공간을 슬쩍 살펴보라. 아니면 레스토랑의 홈페이지에 실린 이미지를 봐도 된다. 무엇이 보이는가? 테이블 위에 와인 잔이 배치되어 있는가? 바에 글라스 웨어가 다량 구비되어 있는가? 그렇지 않다면 가던 길을 계속 가라. 반면 테이블 위나 바 뒤편에 글라스 웨어가 갖춰졌다면 어떤 모습을 하고 있는지 살펴보라. 수준이 높은 글라스 웨어는 그 레스토랑이 와인을 중요하게 취급한다는 사실을 보여주는 가장 눈에 띄고 분명한 신호 가운데 하나다. 제8장에서 와인을 서빙하는 잔의 유형에 따라 실제로 와인의 맛과 향이 다르게 느껴진다는 사실을 다룬 적이 있다. 그리고 영리한 레스토랑 관계자들은 이 사실을 알고 있다.

아름답고 수려한 크리스털 스템이야말로 와인을 마시는 경험을 더욱 멋진 것으로 만들어주는 가장 효과적인 요소다. 또한 그저 평범하게 보이던 것, 그리고 평범하던 맛까지 조금 더 특별한 것으로 만들어준다. 훌륭한 글라스 웨어는 가격이 결코 만만치 않다. 만찬에 사용되는 대량생산된 평범한 와인 잔의 4~5배, 혹은 그 이상이 될 수도 있는 데다 서빙하는 사람이 부주의하게 다룰 경우 파손되는 경우까지 생각하면 그보다 가격이 더 높은 셈이다. 고급 글라스 웨어를 갖췄다는 것은 상당한 금액을 지속적으로 투자한자는 의미다. 그러므로 제대로 된 스템 웨어, 즉 몸통 부분인 볼이 큼지막하고 입구인 위로 올라갈수록 좁아지며 가장자리인 림을 롤링하지 않은, 길고 우아한 잔에 상당한 금액을 지출하는 레스토랑이라면 와인을 제대로 취급하기 위해 진지하게 노력하는 곳이다.

와인 목록을 게재한다

관심을 두고 있는 레스토랑이 건물 외부에 진열된 메뉴나 홈페이지에 와인 목록 전체, 또는 일부를 게재하는지를 살펴보라. 이렇게 한다는 것은 그 레스토랑이 공개적으로 와인 목록을 선보이고자 할 정도로 자부심을 지니고 이를 이용해서 고객을 끌어 모으려 한다는 의미다. 반대로 네 가지 와인을 '엄선'한 한심한 목록은 사람들이 발길을 되돌리게 만들 것이다.

와인 목록을 게재하는 일은 가격 역시 적절하다는 의미다. 터무니없이 높은 가격을 책정한 레스토랑은 실외에서 와인 목록을 볼 수 있게 해놓는 경우가 극히 드물다. 요즘 같은 시대에는 즉석에서 가격을 확인, 참고할 수 있는 정보에 너무나도 쉽게 접근할 수 있기 때문이다. 또한 자리에 앉아 이미 식사하기로 마음먹은 상태에서 와인 목록을 보고 자리에서 일어날 가능성이 매우 낮다는 사실을 알고 있다. 반면 적당한 가격을 내세우는 레스토랑은 이 사실을 이용해서 잠재적 고객을 끌어 모으는 현명한 방법을 선택할 것이다.

와인을 시각적으로 매우 돋보이게 전시한다

바깥이 눈에 띄는 장소에 와인 선반이나 상자, 캐비닛, 유리로 짜인 전시 저장고, 그리고 750밀리리터짜리 매그넘이든 더블 매그넘이든 그 이상이든 대규모로 와인 병들이 배치되어 있는 것을 직접 눈으로 볼 수 있다면 고객이 와인을 주문할 확률은 훨씬 높아진다. 레스토랑 고객들은 자신이 뭘 원하는지 잘 모르는 것으로 정평이 나 있다. 그저 자신이 배가 고프고 목이 마르다는 사실을 알 뿐 정확하게 자신이 무엇을 먹고 마실지 미리 생각하는 경우는 드물다. 그러므로 말로 암시를 주는 것만큼 시각적으로 매우 강력한 영향을 미칠 수 있다.

품질이 좋은 와인으로 가득 찬 저장고가 돋보이게 전시되어 있다면 고객은 와인을 주문해야겠다는 생각을 하게 된다. 레스토랑 경영진이 테이블 몇 개를 놓을 자리를 희생하더라도 어떤 형태로든 고가의 와인을 전시할 정도로 영리하다면 적절한 와인으로 저장고를 채우기 위해 돈과 노력을 투자하고 시간을 들여 어떤 와인이 어떤 음식과 가장 잘 어울릴지를 숙고했을 확률이 높다.

저장과 보관에 신경을 쓴다

온도 조절 와인 냉장고나 저장고를 갖췄다는 사실만큼 와인을 제대로 취급하고 있다는 메시지를 확실하게 보여주는 것은 없다. 또는 이노매틱 장비나 르 베르 드 뱅 등 마개를 연 와인이 너무 빨리 산화되는 것을 방지하는 와인 보존 및 디스펜스 장비를 갖춘 것도 마찬가지다. 와인을 보존하기 위한 조치를 취한다는 것과 더불어 제대로 저장하고 적절한 온도로 서빙하는 것은 매우 좋은 신호다.

메뉴에 음식과 함께 마실 만한 추천 와인이 적혀 있다

비록 찬성할 수 없는 것이라 해도 페어링할 와인을 표시한 메뉴를 보면 나는 언제나 안심이 된다. 각각의 메뉴에 페어링을 만들어내는 일에는 추가로 시간과 노력, 돈을 들였다는 의미다. 또한 와인이 입고되거나 매진되는 등 변동 사항에 따라 자주 메뉴를 바꿔야 한다는 의미이기도 하다. 즉, 누군가 애써 페어링에 대해 심사숙고하고 어쩌면 적절한 페어링을 찾기 위해 시험을 하며 손님들이 쉽고 확실하게 와인을 선택하는 것은 물론 레스토랑에 머무는 내내 더 즐거운 시간을 갖게 만들고자 노력한다는 의미이기도 하다. 물론 와인을 더 많이 팔기를 원하는 것도 사실이다. 와인에 정통한 레스토랑만이 이렇듯 공들인 서비스를 갖출 수 있다.

와인을 함께 주문할 경우 균일 가격으로 식사를 제공한다

와인 페어링을 추가 옵션으로 완전한 균일 가격 메뉴(특정한 코스로 구성된 세트 번호)를 구성하기 위해서는 노력이 필요하다. 반면 식사를 위해 레스토랑을 찾은 사람들에게 이는 각각의 음식과 어울리는 적절한 와인을 고르기 위한 무시무시한 과정을 피할 수 있는 아주 좋은 방법이다. 레스토랑에서 "저희를 믿으십시오"라고 할 때 나는 종종 이 말을 따라본다. 적어도 한 번쯤은 말이다.

여러 가지 와인을 잔 단위로 판매한다

다양한 와인을 잔 단위로 판매하는 데는 경영상의 위험이 따른다. 마개를 연 와인이 제시간 안에 판매되지 않으면 상하게 되고, 이는 말 그대로 이익을 싱크대에 따라 버려야 한다는 의미다. 잘 훈련된 직원들을 갖추고 와인에 정통한 레스토랑의 자신감 있는 소믈리에만이 확실한 잔 단위 프로그램을 성공시킬 수 있다. 바로 이런 레스토랑을 찾아야 한다. 또한 따로 숙제를 할 필요가 없는 와인 코스처럼 새로운 와인을 마셔보고 발견할 수 있는 매우 훌륭한 방법이기도 하다.

홈페이지나 칠판에 중요한 와인의 목록을 게재한다

칠판은 계속해서 새로운 내용을 첨가하거나 인쇄된 진짜 와인 목록을 보완할 수 있는 간단하고 저렴하지만 효과적인 수단이다. 칠판을 소믈리에의 놀이터라고 생각하면 된다. 현대식 칠판은 전자 목록이 될 수 있고, 제대로 구성만 한다면 소믈리에에게 최고의 도구가 될 것이다.

소믈리에는 정기적으로 해야 할 일이 있기 마련이다. 그 가운데서도 와인 목록에 한 치의 오차도 없이 정확하게 최근 입고된 와인을 추가하고 다 팔린 와인을 제외하는 일이 가장 큰 골칫거리다. 목록이 길수록 두통은 심해진다. 이는 너무나도 부담스러운 임무인 까닭에 소믈리에가 실제로 목록을 교체하려 하지 않는 일도 발생한다. 정기적으로 입고되는 유명 브랜드만 목록에 올리거나 같은 와인만 계속해서 주문하는, 혹은 두 가지 실수를 모두 하는 함정에 빠지고 만다. 이것이 꼭 나쁜 일이라고는 할 수 없지만 정기적으로 모든 시장에 새로운 와인이 출시되며 와인 분야는 끊임없이 변화하고 발전하고 있다. 소믈리에의 업무 내용 가운데 새롭고 흥미로운 와인과 음식 페어링을 찾아내서 손님과 공유하는 일이 포함된다면 수정할 수 없는 와인 목록은 이들의 일에 방해가 된다.

소셜 미디어를 이용하여 새로운 와인이 입고되었다는 사실을 광고한다

"장소를 만들면 사람들이 올 것이다"라는 홍보 전략 때문에 수많은 레스토랑이 문을 닫았다. 와인을 제대로 다루는 레스토랑이라면 사람들에게 이 사실을 알려야 한다! 잔 단위로 판매하며 새로운 와인을 홍보하거나 최근 입고된 와인, 새로운 페어링, 기타 음식과 와인에 대한 것이면 뭐든 페이스북 페이지나 트위터, 기타 모든 현대적 형태의 의사소통 경로를 통해 홍보하는 레스토랑이 있다면 진지한 자세로 와인 프로그램의 내용을 구성한다는 의미이므로 충분히 방문해 볼 가치가 있는 곳이다.

어떤 위험 신호를 알아봐야 할까

아주 훌륭한 와인(그리고 음식)을 맛볼 수 있으리라고 전혀 기대할 수 없는 곳은 의외로 쉽게 알아볼 수 있다. 흥미롭고 사려 깊으며 최선을 다해 와인 목록을 구성한 곳이 가야 할 레스토랑인 만큼 다음과 같은 장소는 피해야 한다.

- **코팅한 플라스틱 메뉴를 내놓는 곳** : 코팅된 와인 목록은 죽음의 키스와 같다. 메뉴를 다시 만드는 데 비용이 든다는 사실은 잘 알고 있다. 이전에 사용한 사람이 끈적거리는 갈비 양념을 묻힌 메뉴를 보고 좋아할 사람은 없을 것이다. 그러므로 손을 사용해서 음식을 먹어야 하는 레스토랑에서는 코팅한 플라스틱 메뉴를 사용하는 것이 상식적일 수 있다. 하지만 내가 볼 때 이것은 기대할 것이 아무것도 없다는 신호다. 이런 레스토랑에서는 이렇게 말하는 것이나 다름없다. "여기 와인 목록이 있고, 이건 바뀌지 않아요. 우리는 더 좋은 와인을 갖추거나 좋은 페어링을 찾는 일 따위는 포기했고 굳이 무언가를 새로 발견해서 당신과 공유할 생각이 없어요." 뭔가를 코팅한다는 것은 암석에 목록을 새겨넣는 것처럼 당분간 바꿀 의사가 없다는 것이다. 그리고 레스토랑은 새롭고 흥미로운 것을 발견했을 때 이를 고객에게 제공할 수 있는 유연성을 잃는다. 돌에 새겨진 목록, 즉 고정된 목록은 죽음의 목록이다.
- **빈티지 표시가 없는 와인 목록** : 포도가 재배된 해를 의미하는 빈티지는 와인에서 중요한 의미를 지닌다. 물론 전 세계 포도 재배지의 각 해의 날씨를 안다는 건 대부분의 사람에게 불가능한 일이고 그럴 필요도 없다. 이건 소

믈리에가 해야 할 일이다. 하지만 와인의 이름과 함께 목록에 빈티지를 표시하지 않은 레스토랑은 해마다 스타일과 풍미 프로파일이 다양하게 변화하더라도 신경 쓰지 않는다는 것이다. 아니, 대자연의 도움을 받아 포도밭에서 탄생한 와인이 아니라 회의실에서 디자인된 획일적인 스타일의 브랜드를 대량으로 목록에 올렸을 가능성이 더 높다. 그렇다면 어떤 경우든 해마다 그다지 바뀔 내용이 없다. 또한 이런 레스토랑은 손님이 빈티지를 중요하게 여긴다 해도, 즉 와인을 진지하게 받아들인다 해도 자신들은 별로 개의치 않는 것이다. 와인을 마시며 신나는 경험을 하고 싶을 때는 이런 유형의 장소를 피해야 한다.

✔ **철자와 맞춤법이 잘못되고 정보가 누락된 와인 목록** : 빈티지가 표시되지 않은 것은 물론 여기저기 철자가 틀리고 제조자 이름이 빠졌으며 와인과 지역이 잘못 연결되었다면, 또는 기타 표기에 오류가 있다면 이는 부주의하다는 신호다. 와인에 정통한 손님에게는 위험 신호이기도 하다.

✔ **유명한 주류 제조사의 광고** : 여기에는 브랜드 표시가 된 메뉴 표지, 네온 조명 간판, 와인을 광고하는 브랜드의 테이블 텐트 카드(table tent card, 측면에서 보았을 때 삼각형 모양이 되게 접어 테이블 위에 세워 놓는 일종의 홍보물-역주) 등이 포함된다. 이를 해석하면 이런 말이다. "이 레스토랑은 영혼을 팔았다." 공짜 차양막과 와인 목록 표지는 결코 공짜가 아니다. 우리가 이것을 줄 테니 저것을 달라는 식으로 그만한 대가를 치러야 한다. 그리고 대부분 어떤 형태로든 거래가 이루어졌다는 의미고 한 가지 예로 일정 수 이상의 '배치'를 들 수 있다. 이는 광고주인 브랜드 제품이 정해진 횟수 이상 와인 목록에 들어가거나 잔 단위 판매 목록에 들어가는, 혹은 두 가지 모두에 들어간다는 의미다. 레스토랑 인테리어와 일상적인 운영비에 대해 자신이 선호하는 공급자의 도움을 약간 받는 일이 도저히 있어서는 안 될 일은 아니다. 이런 비용도 만만치 않기 때문이다. 하지만 이런 거래는 와인 프로그램을 좌우하는 다른 누군가가 존재한다는 의미다. 그리고 그 누군가가 목표로 하는 어젠다는 단 하나, '자신의 브랜드 제품을 더 많이 판매하는 것'이다. 이들이 판매하는 와인이 해당 레스토랑에 적합한지, 또는 음식과 잘 어울리는지와 전혀 상관이 없다. 다른 모든 경우와 마찬가지로 와인 프로그램을 중간 판매상이나 광고주의 손아귀에 넘겨준 레스토랑은 훌륭한 음식

과 와인을 맛보기 위해 가고 싶은 곳이 아니다.

와인 목록 제대로 읽기 : 카지노와 레스토랑의 공통점

와인에 관심이 있어 보이는 레스토랑을 찾았다. 그리고 자리에 앉아 정말 훌륭한 와인과 음식을 맛볼 준비를 하고 있다. 그런데 와인 목록이 길어도 너무 길다. 잘 아는 이름도 있지만 어렴풋이 들어본 기억만 나는 이름도 있다. 아니, 지금껏 듣도 보도 못한 이름이 수두룩하다. 그렇다면 이제 어떻게 해야 할까?

와인 목록을 확실하게 이해하는 최고의 방법 가운데 하나는 와인 목록을 소믈리에와 같은 방식으로 읽는 것이다. 소믈리에는 레스토랑의 수익을 최대화하면서도 손님들을 행복하게 만드는 동시에 와인에 대한 열정을 만족시킬 선별된 와인을 제공하기 위해 목록을 구성해야 한다. 훌륭한 와인 목록을 구성하는 것은 예술에 가까운 일이다. 이제 소개할 섹션을 통해 당신은 와인 목록을 어떻게 구성하는지, 최고의 와인을 어디서 찾을 수 있는지, 그리고 최고의 가치를 추구할 때 하지 말아야 할 '게임'은 무엇인지에 대해 내부자의 시선으로 바라보게 될 것이다. 완벽하게 맞아떨어지는 비유는 아니지만 와인 프로그램과 카지노는 공통점을 지니고 있다.

레스토랑의 목록에서 와인을 선택하는 일은 카지노에서 도박을 하는 일과 매우 흡사하다. 영리한 도박사들이 판돈을 걸고 어떤 게임을 피해야 최고의 결과를 얻을 수 있는지 그 전략적인 방법을 아는 것과 마찬가지로 영리한 다이너들은 와인 리스트에 대한 해박한 지식 없이도 가격 대비 최고의 와인을 고를 확률을 높일 수 있다. 와인 프로그램이 어떻게 구성되는지에 대해 내부인의 지식만 약간 갖춘다면 더 영리하고 성공적인 다이너가 되기 위한 험난한 여정을 완성할 수 있다.

카지노와 마찬가지로 레스토랑은 유흥을 위한 사업장이며, 손님들로부터 수익을 창출한다. 카지노는 도박의 스릴을, 레스토랑은 먹고 마시는 즐거움을 제공한다. 그리고 스릴과 즐거움은 각각 다양한 형태로 제공된다. 카지노는 다양한 게임을, 레스토랑은 다양한 음식 메뉴를 제공하는 것이다.

[최대한 '본전'을 뽑자]

카지노에서 각각의 게임은 본질적으로 하우스에 유리하게 되어 있다. **하우스 에지**라고 부르는 이러한 현상은 카지노가 각각의 게임에서 무엇을 얻을 거라고 기대하는지를 의미하며, 그 기대치는 게임마다 다르다. 예를 들어 기본적인 통계 분석에 따르면 키노(keno)는 하우스 어드밴티지가 자그마치 25퍼센트다. 이는 하우스가 전체 판돈 100달러 가운데 25달러의 이익을 취한다는 의미다. 반면 더블오즈 크랩과 블랙잭의 경우 도박꾼이 판돈을 건다. 그러므로 하우스 에지가 더블오즈 크랩의 경우 0.6퍼센트, 블랙잭의 경우 0.8퍼센트이며, 판돈 100달러를 기준으로 환산하면 이는 고작 60센트와 80센트에 불과하다. 또한 전문 도박꾼들은 노련한 블랙잭 플레이어가 하우스 에지를 제거하는 것은 물론 자신에게 유리하게 에지를 바꿀 수도 있다는 사실을 안다.

마찬가지로 레스토랑 메뉴에 명시된 모든 음식과 마실 것에는 '하우스 에지'가 있다. 각각의 메뉴는 수익을 내기 위해 가격이 책정되지만 수익의 퍼센티지는 제각각이다. 비용 대비 수익이 높은 메뉴도 있지만 낮은 메뉴도 있다. 지금 여기서 말하고 있는 것은 '하우스'가 가져가는 퍼센트, 즉 비율이다. 예를 들어 잘 숙성시킨 700그램짜리 뼈 있는 갈비 스테이크가 60달러라면 비싼 것처럼 보일지 몰라도 같은 메뉴판에 있는 것 가운데서는 상대적으로 가장 저렴한 음식일 것이다. 재료의 도매가는 아마도 30달러 정도일 것이고, 이는 실질 비용이 50퍼센트라는 의미이며 식음료 분야 기준에서 매우 높은 편이다. 이 레스토랑은 고기의 도매가의 고작 두 배로 가격을 책정했고, 이는 다른 운영비는 전혀 포함되지 않은 수치다. 즉, 손님이 지불하는 금액의 절반이 고스란히 고기를 구입하는 데 사용된다. 반면 한 접시에 15달러짜리 스파게티를 살펴보자. 스테이크보다 싸지만 상대적 가치는 훨씬 낮다. 아마도 재료비로 3달러도 안 들 것이고, 이는 실질 비용이 고작 20퍼센트라는 의미다. 그러므로 손님이 지불한 돈의 대부분은 스파게티가 아니라 하우스, 즉 레스토랑 경영진에게 돌아간다.

밖에서 식사할 때는 전문가든 아니든 동등한 조건에 놓인다. 나 역시 와인 목록에서 상대적으로 가장 가치가 높은 와인을 마시려고 한다. 또한 지불한 돈 가운데 가능한 한 많은 부분이 하우스가 아닌 와인에 가기를 바란다. 음식과 마찬가지로 제대로 운영되는 레스토랑에서는 실질 비용이 와인마다 다르다. 낮게는 15~20퍼센트(이는 가격이 실질 비용의 500~600퍼센트라는 의미다)에서 높게는 50퍼센트(가격이 실질 비용의 200퍼센트 미만이라는 의미다)이며, 전자의 경우 가장 공격적으로 높은 가격을 책정한 경우다. 그러므로 어떤 와인이 키노 하우스 어드밴티지를 갖고 있는지, 어떤 것이 블랙잭 하우스 어드밴티지를 갖고 있는지를 알아내는 일이 승패를 좌우한다.

다음 섹션들에서는 와인 목록 작성자가 어떤 것을 염두에 두는지 소개할 것이다. 이를 통해 당신은 그 작성자의 관점에서 목록을 볼 수 있을 것이다. 또한 믿거나 말거나지만 와인 프로그램과 카지노가 어떤 이유에서 공통점을 지닌다는 것인지 보여줄 것이다. 그리고 하우스, 즉 경영진을 이길 수 있는 요령들도 소개할 것이다. 다시 말해서 비용 대비 최고의 결과를 이끌어낼 확률을 최대화하는 방법을 알려줄 것이다.

키노 플레이를 하지 말 것

카지노처럼 모든 와인 프로그램은 수익을 내는 캐시 제너레이터가 필요하다. 일종의 와인 목록의 키노(카지노 게임의 하나-역주)라고 할 수 있다. 인기 있는 주류 품종으로 만들어진 와인 스타일이 여기에 해당되며, 이런 와인은 굳이 홍보를 하지 않아도 저절로 잘 팔리므로 와인 목록에 갖춰야 할 '필수' 와인이다. 잘 운영되는 레스토랑에서 이런 와인은 카지노에서 키노 게임이 그러하듯 가장 큰 하우스 에지(원가에 비해 가장 비싼 판매가)를 만들어내고 다른 와인 프로그램에서 부족한 수익을 메우는 역할을 한다. 물론 그 덕에 레스토랑이 굴러간다. 소믈리에는 이런 와인이 다른 모든 것보다 잘 팔리리라는 사실을 알고 있으므로 바로 여기에서 이익을 극대화하려 한다.

이러한 키노 와인을 알아볼 수 있는 요소들은 다음과 같다.

- ✔ **목록 중 최저 가격의 와인 바로 위 단계에 해당하여 소비자로 하여금 구미가 당기도록 만든다** : 예를 들어 목록에 있는 와인 가운데 가장 저렴한 것이 30달러라면 키노는 35~40달러 정도에 도사리고 있다. 소비자 심리를 살펴보면 가장 싼 물건보다 바로 그 위의 단계의 제품이 더 잘 팔린다. 낮은 가격 순으로 표시된 목록에서 3, 4번째에 위치한 것이 와인 공급업자들이 제발 잘 팔리기를 바라는 와인이다. 그리고 일반적으로 가격대가 가장 낮은 와인은 품질이 형편없을 확률이 가장 높다.
- ✔ **한 번쯤 들어본, 인기 있거나 유행하는 품종, 또는 생산지** : 와인이라고 하면 심리적으로 위축되므로 사람들은 친밀한 무언가를 발견하면 안심하게 된다. 레스토랑은 뭔가 알아볼 수 있고 '유행하는' 것을 이용해서 그러한 당신의 약점을 노린다. 다음 사항에서 지적할 내용에도 불구하고 직관에 반대되는 이러한 전략은 인기 있고 잘 알려진 브랜드에까지 적용되기도 한다. 일반적인 소매가를 알지라도 사람들은 때로 친숙한 것에 과도한 비용을 지불한다.
- ✔ **생산자가 잘 알려지지 않았거나 이에 대한 자료를 즉시 구할 수 없는 와인** : 이것이 핵심이다. 당신은 키노의 가격에 대한 자료를 쉽게 찾을 수 없다. 모든 슈퍼마켓이나 와인 매장 코너에 갖춰지지 않을 것이기 때문이다. 영리한 소믈리에는 피노 그리지오, 샤르도네, 메를로, 카베르네 소비뇽 등 인

기 있는 품종으로 쉽게 자료를 찾을 수 없는 지역에서 생산한 저렴한 와인을 찾아낼 수 있다. 그리고 이러한 와인에 부풀린 가격을 붙인다. 포도 품종의 인기에 기대 수익을 올리는 것이다. 유명한 것을 원한다면 그만한 대가를 치러야 한다.

✔ **인상을 찌푸리는 소믈리에** : 매장의 소유주까지 겸하지 않는 이상 수익성에도 불구하고 소믈리에들은 키노 와인을 깔본다. 어떤 와인을 주문하려는 순간 소믈리에나 서빙하는 사람이 슬쩍 눈을 굴리거나 무시하는 듯한 표정을 감추려 한다면 그것이 키노일 확률이 높다.

실력이 없는 도박꾼들은 키노 게임을 한다. 인기 있는 품종으로 인기 있는 지역에서 생산된 와인, 최저 가격대 바로 위의 단계인 와인, 그리고 주문할 때 알아차릴까 말까 한 경멸을 일으키는 와인을 피하라.

알려지지 않은 것을 찾을 것

방금 언급한 방법으로 키노를 피한다는 것은 뒤집어 생각하면 와인 목록에서 블랙잭을 발견한다는 의미다. 블랙잭은 하우스 에지가 가장 낮으며 '판돈'을 딸 확률이 가장 높다. 주로 이런 와인은 단 한 번도 들어보지 못한 것이다. 이상하고 낯설거나 와인 목록에 있어서는 안 될 것 같은 와인을 찾아라. 이런 와인이 목록에 있는 데는 다 이유가 있다. 아니, 적어도 시도해 볼 만한 가치는 있을 것이다. 소믈리에에게 도움을 청하라(이에 대한 자세한 내용은 나중에 언급할 '소믈리에나 서빙하는 사람에게 의존하라'에서 다룰 것이다).

소믈리에의 심리 상태를 고려하라. 수많은 와인을 시음하느라 많은 시간을 소모하고 인기 있는 주류 브랜드와 인기 있는 품종에 금세 지겨워질 것이다. 언제나 잘 알려지지 않은 품종으로 잘 알려지지 않은 지역에서 생산된 새롭고 독특하며 흥미로운 것을 찾아 헤맬 것이다. 그리고 자신의 한계를 넓히고 열정을 마음껏 발휘할 와인을 원할 것이다. 바로 이 때문에 소믈리에라는 직업이 흥미진진한 것이고 소믈리에는 이럴 때 심장 박동이 빨라진다. 100병째 피노 그리지오의 코르크를 따거나 새벽 3시에 재고 정리하는 데서는 그리 큰 즐거움을 얻지 않을 것이다.

이런 미지의 와인이 더 품질이 좋은 경우도 자주 있다. 즉, 지불하는 가격에 비해 더 풍부한 풍미와 개성을 지녔다는 말이다. 하지만 소믈리에는 이렇게 잘 알려지지 않은 와인의 판매가 저조하다는 사실도 알고 있다. 하지만 소믈리에로서도 어쩔 수 없다. 목록에 올리지 않고는 못 배길 정도로 좋은 와인인 것이다. 결국 목록에 올리지만 이윤의 폭을 매우 합리적으로 조정한다. 재고로 남아 너무 오랫동안 비용과 공간을 잡아먹게 놔두지 않으려면 누군가 이런 와인을 탐험하도록 유혹해야 하기 때문이다. 잘 알려지지 않고 품질이 형편없는 와인을 잔뜩 부풀린 가격으로 목록에 올릴 이유가 없지 않은가? 그리고 부족한 수익은 키노 와인이 메꿔줄 것이다.

팔려야 할 것이 무엇인지 파악하고 이를 피할 것

숨어 있는 기회를 찾아야 한다. 잘 알려진 것이라도 뭔가 어울리지 않는 것 같은 와인 말이다. 먼저 목록에 있는 것이 당연한 와인을 찾아라. 예를 들어 스테이크하우스에서는 빅한 카베르네를, 피자 전문점에서는 키안티나 발폴리첼라를 기대할 것이다. 이런 와인들이 주요 판매 상품이자 수익원이며, 키노 와인일 가능성이 가장 높은 카테고리다. 이 카테고리에서 게임을 한다면 하우스의 손아귀에서 잘 놀아날 것이다.

하지만 잘 큐레이트되고 열정적인 소믈리에가 운영하는 와인 프로그램에는 와인 목록과 레스토랑의 일반적인 주제와 별로 맞지 않는 와인이 있기 마련이다. 소믈리에가 개인적으로 열정을 지녔거나 특히 전문성이 강한 분야에 속하는 와인인 경우, 또는 그냥 지나치기에는 너무나도 좋은 와인인 경우 목록에 오르기도 한다. 스포츠 바의 와인 목록에서 길게 늘어선 샴페인 이름이나 스테이크하우스 목록에 모여 있는 크리스프하고 드라이한 화이트 와인처럼 뭔가 일관성이 없는 와인을 잘 살펴보라. 경영상의 이유로 이런 와인을 목록에 올렸을 리는 없다. 게다가 재고 때문에 공간과 비용까지 잡아먹는다. 그래도 이런 와인이 목록에 있는 것은 누군가 이 와인에 대해 열정을 지니고 있기 때문이다. 그리고 팔기 위해 가격까지 책정했을 것이다. 그렇지 않다면 소믈리에는 일자리를 잃을 것이기 때문이다.

로컬을 구매할 것

장소 불문하고 와인용 포도를 재배하는 지역이라면 목록에 최고의 와인을 제공하고 있을 확률이 더 높아진다. 소믈리에들은 일반적으로 로컬 와인에 자부심이 강하고 손님들과 이를 공유하기를 열렬하게 바란다. 게다가 판매를 촉진하기 위해 가격 역시 매력적일 것이다. 버건디에서 보르도를, 나이아가라에서 나파를 굳이 마시겠다면, 어쩌겠는가. 하우스에 털리더라도 당연하게 여겨야 할 것이다.

몬테카를로에는 가까이 가지 말 것

뻔한 이야기지만 굳이 언급해야 할 사실이 있다. 다른 곳보다 운영에 더 많은 비용이 드는 장소가 있다는 것이다. 예를 들어 몬테카를로의 카지노에서는 거는 돈의 단위가 높다. 최소 베팅 액수가 1달러인 블랙잭 테이블 따위는 없다. 또한 몬테카를로에 머무는 데만도 비용이 많이 든다. 비용을 감당할 수 없거나 꼭 가야 할 이유가 없다면 사람들은 몬테카를로에 가지 않을 것이다. 마찬가지로 와인과 연관된 그 모든 헷갈리는 요소가 아니라 잔 안에 들어 있는 와인의 순수한 가치를 추구한다면 식도락의 궁전은 피해야 한다. 허세가 심한 레스토랑일수록 당신에게 불리할 가능성이 높아진다.

유명 셰프, 발레 파킹, 린넨 테이블보, 크리스털 스템 웨어까지 모든 것을 갖춘 최고 위치의 초호화 레스토랑은 1제곱미터당 필요한 최소 수익이 높다. 따라서 똑같은 와인이라도 도시 외곽에 위치한 부담 없는 와인 바에 비해 이런 곳에서는 가격이 더 높을 수밖에 없다. 고급 레스토랑을 비난하려는 것이 아니라 단지 가치 있는 와인을 찾을 확률을 최대로 높이기 위해 사용해야 하는 전략이라는 것이다.

속도가 느린 식사 = 높은 하우스 에지

가치가 높은 와인을 찾을 확률을 최대로 높이기 위해서는 음식이 천천히 서빙되는 소규모 레스토랑을 피해야 한다. 이런 점을 고려해 보라. 블랙잭은 속도가 빨라서 실력이 좋은 딜러는 1시간에 약 60회의 판을 돌린다. 반면 룰렛의 경우 그에 비해 속도가 느려서 1시간 동안 평균 30라운드밖에 진행되지 못한다. 같은 면적에서 시간당 같은 수익을 올려야 한다고 가정한다면 게임의 속도에 따라 하우스 에지가 달라질 수밖에 없다. 이를 수치로 환산하면 더블 제로 룰렛의 경우 5.6퍼센트, 블랙잭의 경우 0.8퍼센트다. 게임의 속도가 느릴수록 하우스가 매 판에 기대하는 수익이 늘어난다. 레스토랑도 이런 방식으로 운영된다. 그렇지 않으면 도산하고 말 것이다.

몇 시간에 걸쳐 유유자적하며 식사를 즐길 수 있고 레스토랑도 테이블을 회전시킬 생각을 하지 않는다면 이런 곳은 유지에 필요한 수익을 얻기 위해 손님 1명당 최소 수익이 높아야 한다(테이블 회전은 하루 저녁 동안 같은 테이블에서 여러 번 손님을 받는 것을 의미한다). 상대적으로 높은 가치를 지닌 와인을 마시려 한다면 하루에 테이블당 한 번만 손님을 받는 레스토랑은 피해야 한다.

즉, 의도적으로 서빙 속도를 늦추는 레스토랑은 대부분 최악의 가능성을 제공할 수밖에 없다. 식사를 하는 사람의 수가 적기 때문에 한 사람이 지불해야 하는 금액이 높아지는 것이다. 이런 레스토랑은 완벽한 와인 셀렉션, 고급 스템 웨어, 와인에 대한 풍부한 지식을 갖춘 서버 등을 갖춰 이를 상쇄하므로 격식을 차리지 않고 테이블 회전이 빠른 곳(손님을 많이 받아 1명당 올려야 하는 수익을 낮춘 곳)보다 와인의 가격이 높다고 해도 손님들은 여전히 지불한 돈의 가치를 얻는다고 느낀다.

확률을 높이려면 알아야 한다

시간을 들여 이길 확률이 가장 높은 게임이 어떤 것인지 알아낸 다음 여기에 사용되는 기본 전략을 숙지한 도박꾼들이 돈을 따는 사람일 가능성이 높다. 기본적인 확률을 어떻게 계산하는지 모르는 미숙한 도박꾼들은 패배할 것이다. 이들은 키노 게임, 또는 원-암 밴디트(one-arm bandit) 게임을 한다. 원-암 밴디트는 플레이어로부터 엄청나게 많은 동전을 빼앗기 위해 교묘하게 만들어진 도박용 슬롯머신이다. 일반적인 생각과 달리 슬롯머신을 오래 한다고 이길 확률이 높아지는 것은 아니다. 레버를 몇 번을 당기든 이길 확률은 언제나 똑같고 그나마 한 번 터지려면 아주 많이 당겨야 한다. 와인 분야의 최신 트렌드와 중요한 포도 품종, 주요 생산지 와인의 일반적인 가격 책정 방식 등에 정통한 다이너들, 그리고 와인 목록에서 튀는 와인들을 식별할 수 있는 사람들은 가격 대비 최고의 와인을 발견할 확률이 더 높다.

세상에 뻔히 보이는 도박 시스템은 없다. 그리고 언제나 하우스가 이긴다. 여흥을 목적으로 도박을 하는 사람들은 적은 금액으로 참여해도 이를 작은 재미를 위한 대가라고 여기며 이러한 경험을 합리화한다. 하지만 다이너로서 당신의 목적은 지불한 최후의 1페니까지 제값, 혹은 그 이상인 식사를 했다고 느끼며 레스토랑을 나서는 것이어야 한다. 이렇게 되면 당신은 물론 레스토랑도 이기는 것이다.

소믈리에나 서빙하는 사람에게 의존하라

가치 있는 와인을 찾는 또 다른 방법은 서버나 소믈리에에게 직접 와인을 추천해 달라고 요청하는 것이다. 소믈리에에게 말을 걸기 두려워하는 사람들이 많이 있다. 소믈리에가 자신에게서 최대한 많은 돈을 뜯어내려 한다고 여기는 것이다. 한때 그랬던 것이 사실이지만 그럴 확률은 점점 줄어들고 있다.

제대로 된 레스토랑이라면 와인에 대해 잘 알고 도울 의지와 능력을 겸비한 누군가가 매장에 있을 것이다. 다음 섹션들에서는 식견이 탁월한 소믈리에를 알아보고 언제 소믈리에에게 도움을 청해야 하는지에 대한 요령을 소개할 것이다. 또한 소믈리에를 최대한 활용하는 방법, 소믈리에가 당신이 찾는 와인을 발견하는 데 도움을 주거나 당신이 좋아할 만한 새로운 와인을 소개하게 만드는 방법에 대해 조언할 것이다. 서빙에 기술이 있듯이 다이닝에도 기술이 있다. 어떤 질문을 해야 하는지, 어떤 정보를 공유해야 하는지를 안다면 언제든 근사한 경험을 할 수 있다.

소믈리에에게 어떤 질문을 해야 할까

오늘날의 소믈리에는 당신 편이다. 당신을 행복하게 만들어주기 위해 존재하므로 조언을 구하는 데 두려워하지 말라. 내가 아는 대부분의 전문 소믈리에들도 외식할 때는 하우스 소믈리에에게 기꺼이 결정을 맡긴다. 그러니 당신이라고 그러지 않을 이유가 없지 않은가? 목록에 있는 특정한 와인, 그리고 밤마다 그곳에서 근무하는 사람보다 어떤 와인이 각각의 음식과 가장 잘 어울리는지를 잘 아는 이가 누가 있겠는가? 적절한 질문을 하고 도움이 되는 정보를 제공함으로써 당신은 소믈리에를 도울 수 있다. 그러기 위한 요령은 다음과 같다.

가격에 대해 말하는 것을 주저하지 말라

사람마다 부담이 없는 가격대가 다르므로 가격에 대해 이야기하기를 두려워하지 말라. 특히 손님과 함께 있을 때 돈에 대해 이야기하는 것을 부끄러워하는 사람들이 아직도 많다. 하지만 소믈리에인 내 입장에서 보자면 손님이 "나는 얼마에서 얼마 사이의 가격대에서 와인을 고르고 싶다"라는 식으로 합당한 가격대를 말해주면 언제나 안도감이 든다. 이렇게 말하면 손님은 의사를 분명히 밝히고 나중에 당황하는 일을 피할 수 있으며 결국 시간을 절약할 수 있다. 그러므로 부끄러워하지 말라. 자신이 얼마나 많은 돈을 지불할 의사가 있는지 밝히는 것은 전혀 부끄러워할 일이 아니다.

반면 잘 훈련된 소믈리에는 손님이 정보를 제공하지 않는 한 얼마나 많은 돈을 지불할 것인지 직접 묻지 않는 경향이 있다. 일단 돈 얘기 자체가 너무나도 어색한 데다 손님을 기죽게 만들기 때문이다. 대부분의 경우 소믈리에는 당신이 누구와 함께 식사를 하는지, 그들이 가격에 대해 이야기할 정도로 편한 사람들인지를 모르는 상태다. 그럴 때 소믈리에는 몇 가지 은밀한 전술을 사용한다. 예를 들어 세 가지 가격대에서 각각 한 가지씩 와인을 추천한 다음 와인 목록에 표시된 가격을 손가락으로 짚어갈 때 당신이 어디에 집중하는지를 살피고 더 관심을 가는 와인을 확인할 때까지 기다리는 식이다. 이런 일을 경험한다면 당신은 제대로 된 전문가의 도움을 받는 것이다.

당신이 고른 음식에 어울리는 와인을 고를 때 소믈리에에게 전적으로 선택권을 맡긴다면 더욱이 가격 범위를 알려줘야 한다. 만에 하나 가격 제한을 두지 않은 상태에서 다른 의도를 가진 사람의 손아귀에 들어간다면 이는 내 주머니를 털어달라고 요청하는 것과 같다. 돈을 지불하는 것은 당신이므로 주도권도 당신이 쥐고 있어야 한다. 상황을 지배하라.

가능한 한 많은 정보를 제공하라

서버나 소믈리에에게 가능한 한 많은 정보를 제공해야 한다. 자신이 좋아하는 것에 대한 정보를 더 많이 공유할수록 그것을 얻을 확률이 높아진다. 전에 특정한 유형의 와인을 마시고 좋았던 경험이 있다면 알려줘야 한다. '나는 화이트 와인보다 레드 와인을 좋아한다' 같은 기본적인 정보도 최소한 시작점으로서 도움이 된다. 특정한 와인 스타일을 좋아하지 않는다면 '나는 드라이 와인이나 떫은맛이 있는 와인, 또는 산도나 알코올 함량이 높은 와인을 좋아하지 않는다'고 확실하게 말해야 한다. 이는 소믈리에가 당신에게 적합한 와인을 선택하는 데 있어서 핵심적인 정보다.

자신이 주로 어떤 것을 마시는지 서버에게 이야기하라

다이너는 대부분 와인에 대한 이야기에 위축되고 와인 전문가들이 자주 쏟아내는 복잡하고 난해한 전문 용어를 불편하게 여긴다. 바보처럼 보이는 위험을 감수하느니 아예 입을 닫는 쪽을 택한다. 자신이 원하는 와인 스타일을 설명하느라 고군분투할 필요가 없다. 그저 자신이 마시고 싶은 특정한 와인을 소믈리에에게 알려주기만 하면 이런 상황을 피할 수 있다. "나는 2009년 보르도산 샤토 ○○가 좋았다"는 식으로 기억나는 특정한 빈티지와 명칭을 상세히 말해줄 수도 있지만 "나는 캘리포니아 카베르네나 소비뇽 블랑을 아주 좋아한다"는 식으로 일반적인 정보를 제공해도 된다. 특정한 와인이나 품종을 기억하기 어렵다면, 또는 발음 때문에 말하기 곤란하다면 휴대전화의 사진으로 자신이 가장 좋아하는 와인의 라벨을 찍어 소믈리에에게 보여주어라.

훌륭한 소믈리에라면 이 귀중한 정보를 즉시 이용하여 당신을 옳은 길로 인도할 것이다. 반면 소믈리에가 어리둥절한 표정을 짓거나 멍한 눈을 한다면 문제가 생긴 것이다. 와인에 대해 잘 아는 서버를 불러달라고 하거나 앞서 '와인 목록 제대로 읽기 : 카지노와 레스토랑의 공통점'에서 언급한 전략으로 후퇴해야 한다.

소믈리에를 흥분하게 만드는 것이 무엇인지 물어보라

소믈리에가 적당하게 자신감과 열정이 있어 보인다면 가장 최근에 찾아낸 것이 무엇인지 물어보라. 자신이 좋아하는 것에 대해 이야기할 기회보다 소믈리에를 행복하게 만들 수 있는 것은 없다. 동시에 당신을 그저 목적 달성을 위한 수단으로 여길 위험도 줄어든다. 즉, 그날 밤 주머니에 더 많은 현찰을 넣을 수 있는 기회로 여기지 않을 것이라는 말이다. 열정을 지닌 소믈리에는 자신을 흥분시킨 것, 즉 최근 발견한 와인, 새로운 빈티지, 생산자, 지역, 품종에 대해 이야기하는 낙으로 산다. 이는 당신이 무료로 약간의 교육을 받을 수 있는 기회이기도 하다. 누가 아는가, 혼자서는 주문할 생각조차 하지 않았을 새로운 무언가를 발견할지.

언제나는 아니지만 종종 소믈리에는 흥미롭고 평범하지 않으며 목록의 다른 와인과 이질감이 드는 와인을 합리적인 가격으로 추천할 것이다. 적어도 가격에 비해 훌륭한 가치를 지닌 와인일 것이다.

소믈리에가 바로 목록에서 가장 비싼 와인을 추천하며 가장 최근에 자신이 좋아하는 것이라고 말한다면 상황에 대한 통제권을 되찾고 가격에 대해 확실한 지침을 줘야 한다.

자신이 주문한 음식에 와인을 페어링해 달라고 소믈리에에게 요청하라

소믈리에에게 와인에 대한 지식과 완벽한 페어링을 만들 능력을 마음껏 뽐낼 기회를 준다면 당신이 근사한 경험을 할 확률은 높아진다. 손님에게 깊은 인상을 주겠다는 목표를 달성하기 위해 소믈리에는 뭐든 할 것이다. 여기에는 목록 가운데 가장 가치 있는 와인을 추천하거나 음식과 와인의 적합성에 대해 무료로 교육을 하거나 심지어 평소 같으면 잔 단위로 판매하지 않는 와인의 병을 따는 일이 포함된다. 이전에 설명한 경우와 마찬가지로 당신은 가격 범위와 어떤 특징을 지닌 와인을 싫어하는지 솔직하게 말해줘야 한다.

유인책을 알아보는 방법 : 경고 신호

모든 수단을 동원하여 당신에게 그저 비싼 와인을 팔려고 작정한 돈에 눈이 먼 서버의 유인책을 식별하기 어려울 때도 있다. 게다가 이런 사람들은 당신이 자신의 의도대로 움직이지 않으면 엉뚱한 와인을 추천할 수도 있다. 추가로 살펴봐야 할 위험 신호는 다음과 같다.

✔ **자기 말만 하고 당신의 이야기에는 귀를 기울이지 않는 서버, 바텐더, 소믈리에** : 서비스업이나 호스피털리티 업계에 종사한 적이 있는 사람이라면 다른 사람의 말을 경청하는 법을 안다. 당신과 꽤 돈독한 관계에 있고 이미 당신이 어떤 것을 좋아하는지, 가격의 안전지대가 어디인지 아는 경우를 제외하고 서버가 이러한 정보를 알아내는 유일한 방법은 드러나지 않게 몇 가지 질문을 하고 대화를 이끌어낸 다음 당신이 하는 말에 귀를 기울이는 것이다. 당신의 말을 듣지 않고 그 어떤 질문도 하지 않은 채 자신의 말만 한다면 이는 우려해야 할 상황이다. 내가 무엇을 좋아하는지, 얼마나 많은 돈을 지불할 의사가 있는지를 서버가 어떻게 알 수 있단 말인가?

이전 섹션인 '소믈리에에게 어떤 질문을 해야 할까'에서 언급한 그 어떤 정보도 제공하지 않고 와인을 추천해 달라고 하는데 서버가 당신에게 더 이상의 정보를 요구하지 않은 채 "당신에게 꼭 맞는 와인이 있다"고 말한다면 이 와인은 서버가 당신에게 팔고 싶은 것일 가능성이 높다.

✔ **오직 한 가지 와인만 추천하는 서버, 바텐더, 소믈리에** : 특히 가격 범위가

아직 명확하지 않은 상황에서 좋은 소믈리에는 여러 가지 와인을 추천한다. 손님에게 선택의 여지를 줘야만 스타일은 물론 가격 면에서 안전지대를 은밀하게 알아낼 수 있기 때문이다. 또한 소믈리에가 와인 목록을 충분히 숙지하고 있는지도 알 수 있다. 한 가지 와인만 추천하는 서버와 바텐더는 자신들이 제공하는 것에 대해 모를 가능성이 높다. 제대로 훈련받지 않은 직원은 언제나 모든 사람에게 같은 와인을 추천하는 경향이 있다. 이는 주로 그들이 유일하게 아는 와인이거나 근무를 교대한 뒤 즐겨 마시는 와인이기 때문이다. 그렇다고 이들이 추천하는 유일한 와인이 나쁜 선택이고 손님이 이를 즐기지 않을 것이라는 의미는 아니다. 하지만 바람직한 결말이 날 가능성은 낮다.

✔ **말을 꾸며내는 서버, 바텐더, 소믈리에** : 무식해 보이고 싶은 사람은 없다. 하지만 아무리 그렇더라도 호스피털리티 분야에서 기본적인 원칙 가운데 하나는 결코 손님에게 거짓말을 해서는 안 된다는 것이다. 좋은 서버, 또는 바텐더는 손님의 질문에 대한 대답을 모를 때 양해를 구하고 이를 아는 누군가를 찾도록 교육을 받은 사람들이다. 핑계는 다양하다. 유난히 바쁜 날일 수도, 알아볼 시간이 없었을 수도, 팁을 못 받을까 봐 그랬을 수도 있다. 하지만 그 어떤 것도 변명이 될 수 없다. 서버가 거짓말을 하고 있다는 사실이 항상 분명하게 드러나는 것은 아니지만 눈에 띄게 주저하거나 눈을 마주치지 않으려 하거나 체중을 한쪽 발에서 다른 쪽 발로 계속 옮기거나 모호하고 핵심을 벗어난 대답을 하는 등의 힌트가 있는지 살펴봐야 한다. 이러한 신호 가운데 어떤 것이라도 눈에 띈다면 그 서버는 아마도 거짓말을 하고 있거나 적어도 충분한 자질을 갖추지 못한 것이다. 서버가 정확하지 않은 내용에 대해 말하고 있다는 느낌이 들면 다른 누군가와 이야기하게 해달라고 요청하거나 다른 전략으로 되돌아가야 한다.

chapter 22

집에서 식사할 때 : 완벽한 호스트가 되는 법

제22장 미리보기

- 파티에서 마실 적합한 와인을 구입한다.
- 파티 주최자에게 적절한 와인을 선물한다.
- 와인을 몇 병 구입해야 하는지 파악한다.
- 와인 서빙 순서를 완벽하게 계획한다.
- 누가 과음했는지 파악한다.

집에 사람을 초대한다는 건 결코 쉬운 일이 아니다. 친구, 가족, 또는 다른 손님이든 누군가를 초대했다면 미리 생각하고 계획해야 성공적인 디너파티를 열 수 있다. 그리고 성공하기 위한 약간의 기술 그 이상이 필요하다. 음식을 만드는 일이나 청소에 대해서는 내가 도와줄 것이 없지만 와인에 대해서라면 몇 가지 조언을 해줄 수 있다.

이번 장에서는 다양한 사람들이 모인 자리에서 어떤 와인을 서빙해야 하는지 살펴볼 것이다. 그러기 위해서는 모임마다 다른 와인이 필요하다는 사실을 알아야 한다. 또한 격식을 차리지 않는 스탠드업 칵테일파티에서 자리에 앉아 여러 가지 코스로 진행되는 격식을 차린 디너까지 다양한 유형의 파티에서 와인을 서빙하는 요령도 소개할 것이다. 그리고 초대를 받아 다른 사람의 집에 저녁을 먹으러 갈 때 와인을 지참하는 일, 또는 와인 대신에 어떤 것을 가져가야 할지에 대한 조언도 제공할 것이다.

훌륭한 모임의 주최자가 되는 일은 책임감 있는 주최자가 된다는 의미기도 하다(그리고 훌륭한 손님 역시 책임감이 있어야 한다). 따라서 나는 다양한 술잔의 표준적인 크기가 정해진 배경을 설명할 것이다. 이를 바탕으로 자신의 혈중알코올농도를 계산하고 술에 취함에 따라 나타나는 시각적 신호를 인지할 수 있을 것이다. 잘 훈련된 서버, 바텐더, 소믈리에는 모두 이러한 교육을 받으며 독자들에게도 기본적인 지식을 갖출 만한 내용이 될 것이다.

손님과 와인을 페어링하자

파티에는 자유분방함이 필요하다. 그리고 파티를 제대로 열기 위해서 여러 가지 와인을 준비해야 한다. 하지만 어떤 음식은 페어링에 적합한 와인이 정해져 있는 것처럼 사교 모임의 성격에 따라 다른 와인을 선택해야 한다. 적절한 양과 스타일, 그리고 가격 모두 어떤 모임에 어떤 사람들이 오는지에 따라 달라진다. 다음 섹션에서는 몇 가지 일반적인 시나리오를 짚어보며 직접 주최한 파티에서 근사한 소믈리에가 될 수 있는 몇 가지 요령을 소개할 것이다.

대규모 모임을 위해 와인 선택하기

대규모 행사, 기업 행사, 사무실 친목회, 결혼식, 그리고 참석한 손님 가운데 절반은 이름을 모르거나 기억하지 못하는 모든 형태의 행사에서는 안전하게 해야 한다. 그리고 독특하거나 지나치게 극적인 것을 모두 배제하고 주류를 따라라. 개성이 강한 와인일수록 싫어하는 사람이 있을 가능성이 높아진다.

오크 향, 알코올 도수, 산도, 타닌이 과하거나 극도로 아로마틱한 와인은 피하라. 잘 알려진 지역과 품종이 열쇠다. 손님들이 왜 그렇게 희한한 와인을 선택했는지 궁금해한다면 곤란하지 않겠는가. 레드 와인의 경우 난온대기후의 카베르네 소비뇽, 메를로, 시라/쉬라즈, 또는 말벡 등 풀바디에 가까운 와인을 선택한다면 화를 면할 수 있을 것이다. 화이트의 경우 오크 숙성되지 않거나 약간만 숙성된 샤르도네, 피노 그리지오, 소비뇽 블랑이 안전한 선택이 될 것이다. 샴페인의 경우 와인 값을 벌기 위해 초과 근무를 해야 하는 상황만 벌어지지 않는다면 카바, 또는 프로세코가 적절할 것이다. 결국 예산과 서빙될 음식의 유형을 근거로 특정한 유형의 와인을 선택해야 한다.

크게 한 판 따고 싶다면 와인에 대한 예산을 약간 줄이는 대신 글라스 웨어에 조금 더 투자하라. 림이 두툼하고 풍선처럼 둥근 고루한 스타일의 유리잔에 꽤 괜찮은 와인을 마시는 것보다 평범한 와인을 고전미 넘치는 잔에 담아 마시는 것이 더 바람직한 경험이 된다(기본적인 스템 웨어 유형과 크기, 모양에 대해서는 제8장에서 다루었다). 격식을 갖추지 않은 스탠드업 모임에서는 한 사람당 1.5개의 잔을 준비해야 한다. 이는 리셉션 유형의 행사에서 손님 100명이 모일 경우 150개의 잔이 필요하다는 의미다. 그리고 계속해서 세척하며 다시 사용해야 한다. 반면 격식을 갖추고 자리에 앉아 다양한 와인을 마시며 진행되는 행사에서는 한 사람이 한 가지 와인당 1개의 잔을 사용할 수 있게 준비해야 한다.

친구나 가족과의 친밀한 모임을 위해 와인 구입하기

소수의 친구나 가족을 초대해서 친밀한 모임을 가질 예정이라면 와인에 정통한 모임 주최자로서 찬란하게 빛날 수 있다. 안전한 선택 따위는 창밖으로 던져버리고 자신이 최근 발견한 최신 와인으로 친구와 가족을 매혹시켜라.

미리 약간의 조사를 하고 몇 가지 제3자 검토로 무장하라. 와인 병을 딸 때 누군가 당신이 섬세하게 선택한 최신 와인에 시비를 걸 때에 대비하라는 것이다. 또한 귀한 와인이어야 한다든지 최신 와인이어야 한다든지 하는 고집을 버려라. 진정 탐험을 위한 밤을 보내고 싶다면 뻔한 품종과 지역의 와인은 선택하면 안 된다.

스파클링 와인의 경우 유명 브랜드는 접어두고 직접 포도를 재배하는 사람들이 생산하는 그로우어 샴페인, 또는 잘 알려지지 않은 지역에서 트래디셔널 메소드로 생산된 스파클링 와인을 선택하라. 화이트 와인의 경우 내부자의 선택을 살펴보라. 오스트리아의 그뤼너 벨트리너, 스페인의 알바리뇨나 베르데호, 캐나다의 샤르도네,

아르헨티나의 토론테스, 프랑스 남부 루시용의 화이트 블렌드, 포르투갈의 알렌테호, 호주 남부의 클레어나 이든 밸리 리슬링, 그리고 이탈리아 북동부 프리울리에서 암포라(amphora, 고대 그리스, 로마 시대에 가장 널리 쓰였던 항아리의 한 형식-역주)에 넣어 제조되는 그 기괴한 오렌지색 와인을 고려해 보라.

레드 와인의 경우 재미를 위해 몇 가지 제안을 하자면, 멘도사, 센트럴 코스트 캘리포니아 론스타일 블렌드, 그리스의 아기오르기티코나 시노마브로, 태즈메이니아 피노 누아, 조지아의 사페라비도 괜찮겠지만 대신 루아르 밸리 카베르네 프랑, 보졸레, 그 가운데서도 생산자의 간섭을 최소화하는 내추럴 와인 운동을 통해 만들어진 와인을 시도해 보라. 또한 파타고니아에서 생산된 말벡도 좋은 선택이 될 것이다. 신뢰할 수 있는 판매상을 통해 구입한다면 다른 사람들도 이 와인들을 좋아하게 될 것이다.

이런 모임은 새로운 것을 함께 나누고 뭔가를 배우는 것을 목적으로 해야 한다. 모든 사람이 모든 와인에 만족할 가능성은 낮지만 적어도 초대된 사람들은 당신이 자신에게 뭔가 다른 것을 소개하기 위해 더 많은 노력을 기울였다는 사실은 인정해 줄 것이다. 독특하고 정체를 알 수 없는 와인 역시 애호가들 사이에서는 높은 점수를 딸 것이다.

초대를 받았을 때 어떤 와인을 가져가야 할까

친구가 저녁식사에 당신을 초대했다. 그런데 답례로 어떤 유형의 와인을 가져가야 할지 확신이 서지 않는다. 초대한 친구가 어떤 와인을 좋아하는지 모른다면 클래식 와인 가운데서 선택하는 것이 바람직하다. 이런 와인이 안전하고 언제나 사람들에게 인정을 받기 때문이다.

그렇다면 클래식이란 무엇일까? 한 번도 들어본 적이 없는 이름의 와인이라면 이는 아마도 클래식이 아닐 것이다. 자칭 진지한 와인 애호가들 절대 다수는 레드 와인으로 마시므로 레드 와인을 고려해 보라. 가장 확실한 선택은 나파 밸리 카베르네 소비뇽, 아마로네, 키안티 클라시코, 브루넬로, 바롤로, 바로사 밸리 쉬라즈, 버건디, 보르도 같은 제조사의 풀바디의 빅 와인이다('B'로 시작되는 와인이면 일단 한 수 이기고 들어간다는 사실을 명심하라). 이 와인들은 레드 와인 세계에서 블루칩에 해당한다.

[와인을 가져갈 때 지켜야 할 에티켓은 무엇일까?]

저녁식사에 초대 받아 누군가의 집에 가져갈 와인을 선택하는 것은 파티를 주최하는 것만큼이나 걱정스러운 일이다. 친한 친구가 주최자라면 훨씬 쉽게 적절한 와인을 가져갈 수 있다. 서로 잘 아는 만큼 거리낌 없이 미리 의견을 주고받고 계획을 세울 수 있기 때문이다. 그 결과 주최자가 어떤 유형의 와인을 좋아하는지 꽤 확실하게 알 수 있을지도 모른다. 하지만 잘 모르는 사람이 주최하는 모임에 간다면 예의를 차리기 위해 어떻게 해야 하는지 그만큼 모호해진다. 더욱이 전혀 모르는 사람의 초대로 저녁식사를 하러 갈 경우 어떻게 해야 적합한 와인을 갖고 갈 수 있을지 알아내기에는 둘 사이의 접점이 없는 상황에 빠진다. 얼마나 많은 돈을 써야 할까? 한 병이면 될까? 아니, 두 병은 갖고 가야 할까? 당신도 한 잔 마시기를 바랄 것이므로 음식과 어울리지 않아도 가져간 특별한 와인을 그날 밤 열자고 주장해야 할까?

와인을 가져가야 하는 상황이라면 한 병의 가격이 고급 레스토랑 메인 코스의 평균에 상응하는 와인을 준비해야 한다. 그보다 비싼 와인을 가져가면 모임의 주최자는 어색함을 느낄 것이다. 더 저렴한 와인을 서빙하려 했다면 당신이 가져간 것보다 수준이 떨어지기 때문이다. 물론 당신이 그보다 저렴한 와인을 가져간다면, 뭐, 그냥 저렴한 와인을 가져간 것이다. 한 가지 명심할 점은 주최자가 인터넷으로 별 어려움 없이 쉽게 가격을 확인할 수 있다는 것이다. 가격을 결정했다면 이제 몇 병을 가져갈 것인지의 문제가 남는다. 2명 당 한 병꼴로 가져가라. 그날 저녁 내내 당신이 마실 양이 대략 반 병 정도 될 것이기 때문이다. 그 이상 마신다면 '부어라, 마셔라'를 목적으로 한 것처럼 보일 것이다. 하지만 자신이 가져간 와인을 마실 거라는 기대는 버려라. 대신 그 와인은 주최자를 위한 선물이니 열어서는 안 된다고 주장하라. 너그럽고 멋진 주최자라면, 특히 자신이 서빙하는 것보다 좋아 보일 경우 어쨌든 그 병을 열 것이다. 그렇지 않을 경우 어떤 일이 일어날지도 알아야 한다. 당신이 가져간 와인을 정말 마시고 싶다면 두 병을 가져가라. 각각 다른 유형의 와인이 더 바람직하다. 또한 한 병은 그날 밤 함께 마실 와인이고 다른 한 병은 주최자가 나중에 즐기라는 의미에서 가져왔다는 사실을 명확히 밝혀야 한다.

그래도 도저히 어떤 와인을 가져가야 할지 모르겠다면 모든 와인의 딜레마에서 벗어나는 방법이 있다. 와인 대신에 화분을 가져가라. 꽃다발은 시들지만 화분은 두고두고 주최자가 당신이 얼마나 사려 깊은지 되새기게 만들어줄 것이다. 또한 쉽게 부패하지 않는 것 가운데 특산품인 먹을거리를 가져갈 수도 있다. 이국적인 엑스트라-버진 올리브 오일, 귀한 와인 식초, 싱글 오리진 초콜릿(적어도 카카오 함량이 66퍼센트는 돼야 한다) 같은 것 말이다. 또한 막 볶은 커피 홀 빈도 좋은 선물이 될 수 있다. 이때 주의해야 할 점은 절대 분쇄해서 가져가면 안 된다는 것이다. 주최자가 활동가일 경우를 대비해서 잘 알려지지 않은 국가에서 생산되어 공정무역을 통해 수입된 것이라면 더 바람직하다. 티백이 아닌, 특매용 루즈 리프 티(loose leaf tea), 프리미엄 잼 역시 좋은 선택이 될 것이다. 더 이국적이고 독특할수록 당신은 더 멋져 보일 것이다.

기포가 올라오는 와인을 그다지 좋아하지 않는 사람들조차 즐길 수 있는 스파클링 와인을 가져갈 수도 있다. 더 품위 있어 보이기 때문이다. 이럴 때는 샴페인을 선택하라(개인적으로 진짜 샴페인을 건네받았을 때 얼굴을 찌푸리는 사람은 지금껏 보지 못했다). 프리미엄 캘리포니아 스파클링 와인이나 평판이 좋은 트래디셔널 메소드 스파클링 와인 역시 알맞은 선택이 될 것이다.

초대한 사람이 화이트 와인을 선호한다면 상세르, 화이트 버건디, 가격대가 높은(20달러 이상) 캘리포니아 샤르도네, 평판이 좋은 로컬 와인을 선택하라. 사람들은 당신이 품질을 갖춘 로컬 와인 제조자를 지원한다는 사실을 긍정적으로 볼 것이다.

와인을 선물할 때는 가치가 있는 와인보다 사람들을 경탄하게 만들 '와우 팩터(wow factor)'를 지닌 와인을 선택해야 한다. 아무리 대단한 가치를 지녔다 해도 유명하지 않은 와인은 멀리하라. 파티 주최자가 그 와인이 얼마나 큰 가치를 지니는지 알아보지 못하고 그저 당신이 싸구려 와인을 선물했다고 생각할 수도 있다. 하지만 주최자가 와인 애호가라면 당신이 새로운 와인을 소개했을 때 기뻐할 것이다. 어떤 와인을 가져가든 배경까지 조금 설명해 준다면 더 큰 감동을 줄 것이다. 그 와인에 대한 리뷰나 와인 제조자의 홈페이지에서 수집한 정보까지 선물로 가져가는 셈이다. 이런 노력을 기울인다는 건 결코 쉽지 않은 일인 만큼 당신을 초대한 사람에게 감동까지 선사할 것이다.

가져갈 와인의 양과 색 정하기

소믈리에가 갖춰야 할 기술 가운데는 특정한 유형의 파티를 위해 구매해야 할 와인의 양을 판단하는 것도 있다. 이는 때로 매일 파티를 주최하는 파티 플래너에게도 쉽지 않은 일이다. 그러므로 얼마나 많은, 어떤 유형의 와인을 사교 모임에 가져가야 할지 판단하기 위해서는 얼마나 많은 사람이 모이는지, 어떤 성격의 모임인지를 고려해야 한다. 또한 와인이 얼마나 많이 소모될지도 판단해야 하는데, 이는 모임의 성격에 따라 달라진다. 오후에 진행되는 가든파티와 야간에 진행되는 결혼식에서 같은 양의 와인이 소모될 리는 없다. 모임에 참석하는 사람들의 유형과 평균 연령 역시 반드시 고려해야 한다. 그리고 넉넉한 양을 가져가라. 와인이 남는 것이 모자란 것보다 훨씬 낫다.

모든 사람이 만족하고 행복감을 느끼게 만들되 그 누구도 과하게 취하거나 과음하지 않도록 조절하고 모든 상황을 관찰하려면 줄타기를 잘 해야 한다. 반대로 술이 떨어지면 파티는 일찍 끝나게 마련이다. 물론 사람들을 일찍 돌려보내는 전략으로도 사용할 수 있다. 적절한 구매량을 판단하는 것이 어려운 까닭은 실제로 사람마다 알코올 분해 능력과 내성, 마시고자 하는 욕구가 다르다는 데 있다. 정말 진심으로 모두가 즐겁게 먹고 마시는 선에서 그치고 싶다면 전문적인 교육을 받아 '그만!'이라고 말하는 눈빛 등 미묘한 신호와 보디랭귀지를 알아볼 수 있는 서버나 소믈리에를 파티에 고용하는 것이 현명한 방법이다.

다음 섹션에서는 몇 가지 일반적인 유형의 모임을 살펴보고, 나의 경험상 각각 필요한 와인의 양은 얼마인지, 레드 와인과 화이트 와인의 비율은 얼마나 되어야 하는지에 대한 지침을 제공할 것이다. 술을 즐기는 문화가 있는 반면 금하는 문화도 있으므로 나라에 따라 여기에서 제시하는 양이 맞지 않을 수 있다는 사실을 명심하라. 술을 마시는 것이 삶의 방식인 곳도 있지만 매우 특별한 경우에만 술을 마시는 곳도 있다.

스탠드업 칵테일파티와 리셉션

스탠드업 칵테일파티와 리셉션에는 주로 맥주, 와인 등 각종 음료가 제공되는 바를 갖추고 두어 시간만 진행된다. 제공되는 음식 역시 기껏해야 전채 요리나 최소한의 요깃거리, 또는 이 두 가지다. 이러한 상황에서는 한 사람당 1/4~1/3병의 와인을 준비해야 한다. 남성이 많을 경우 와인보다 맥주가 더 많이 소모되는 반면 여성이 많을 경우는 그 반대다. 서빙되는 술이 와인 한 가지라면 한 사람당 1/3병 이상으로 양을 늘려야 한다.

모인 사람들의 평균 연령 역시 고려해야 할 요소다. 술을 마시고자 하는 욕구는 물론 인체의 알코올 대사 능력은 나이가 들수록 떨어진다. 그러므로 30대를 대상으로 할 경우 양을 늘려야 한다. 베이비 붐 세대라면 섭취량을 조금 줄여서 잡으면 된다.

앉아서 식사하는 자리

의자에 앉아 진행되는 모임은 풀코스로 오랜 시간 동안 이어진다. 이는 사람들이 스탠드업 칵테일파티에서보다 더 많은 양의 와인을 마신다는 의미다. 서빙되는 와인의 종류가 몇 가지인지에 관계없이 식사가 시작돼서 끝날 때까지 보통 한 사람당 와인 1/2병을 예상하면 된다. 물론 정말 와인을 좋아하는 사람들이라면 이보다 조금 더 마실 거라고 예상해야 한다.

각 코스마다 특정한 와인을 서빙하려 한다면 모든 사람이 제대로 맛을 보기 위해서는 한 사람당 60밀리리터 정도씩 마셔야 한다. 단, 각각의 와인을 서빙하는 양을 잘 조절해서 식사가 끝날 때까지 마시는 와인의 양을 약 355~415밀리리터로 맞춰야 한다. 와인 한 병이 보통 750밀리리터인 점을 감안하면 이는 와인 1/2병에 해당하는 양이다. 예를 들어 세 가지 코스로 된 식사를 서빙하고 각 코스마다 와인을 곁들이려 한다면 약 120밀리리터짜리 잔 3개를 준비해야 한다. 일곱 가지 코스로 된 식사의 경우 60밀리리터짜리로도 충분하다.

사람들은 언제나 처음 서빙되는 음료를 가장 빨리 마시는 경향이 있고 두 잔 이상을 마실 수도 있으므로 처음 서빙되는 와인은 더 많이 준비해야 한다는 사실을 명심하라. 대체로 메인 코스는 양이 가장 많고 먹는 데 시간이 오래 걸리며 중간에 더 많은 와인을 마시므로 메인 코스를 위한 와인은 더 많은 양을 준비해야 한다. 반면 애피타이저, 수프, 샐러드는 단시간 내에 먹는 만큼 이러한 코스에 페어링할 와인은 그보다 적은 양을 준비해야 한다. 식사가 끝날 무렵, 혹은 디저트와 함께 약 60밀리리터의 스위트 와인을 서빙한다면 대체로 충분하다.

레드 와인과 화이트 와인의 비율을 조절하라

각 코스마다 특정한 와인이 미리 정해진 세트 메뉴가 아니라면 자신이 직접 따라 마시는 형태나 오픈 바 유형의 모임에서는 화이트 와인보다 레드 와인을 많이 준비해야 한다. 모임에 입고 가기에 적절한 의상이 린넨이나 서머드레스라면 화이트 와인이나 로제 와인 대 레드 와인을 1 대 2로 맞춰라. 스파클링 와인도 서빙할 예정이라면 모든 사람에게 제대로 된 150밀리리터짜리 잔을 채워줄 수 있는 양을 준비해야 한다. 이는 손님 5명당 한 병에 해당한다.

서빙 온도를 맞추는 일도 잊지 말라(계획된 온도로 와인을 서빙하는 방법은 제8장에서 다루었다). 특히 모임이 더운 여름에 야외에서 개최된다면 비교적 서빙 온도가 높은 레드 와인의 경우에도 얼음 양동이(또는 냉장고)가 필요할 것이다.

사람들이 술에 취했을 때 드러나는 신호를 알아봐야 한다

알코올은 사교 모임에서 일정한 역할을 하고 중요한 요소로 작용한다. 이는 분명 인간이 고통이 아니라 쾌락을 추구하도록 프로그램되어 있다는 사실과 깊은 관련이 있을 것이다. 또한 알코올의 긍정적인 효과인 신체의 긴장을 완화한다는 점과도 밀접한 연관이 있을 것이다. 알코올의 영향을 받으면 인간의 뉴런은 알파파 형태로 전기 신호를 전달하는데, 이는 명상을 하지 않은 상태에서 신체가 이완되었을 때 관찰되는 것과 유사한 현상이다.

술은 선천적으로 내성적이거나 자신감이 부족한 사람들에게도 영향을 미칠 수 있다. 혈중알코올농도가 0.03~1.2퍼센트에 달하면 전반적으로 기분이 좋아지고 행복감이 증가하며, 자신감과 사교성이 향상될 수 있다. 특히 사교 모임에서 사람들은 이를 긍정적인 영향이라고 여긴다.

하지만 모임의 주최자가 된다는 것은 책임을 지는 사람이 된다는 의미이기도 하다는 사실을 명심해야 한다. 그리고 그 책임 가운데 아주 큰 부분이 손님들 가운데 과음하는 사람이 없게 해야 한다는 것이다. 단순히 불쾌한 정도로 끝나지 않는 상황이 발생하면 대부분의 나라에서 모임의 주최자가 자신의 손님에 대한 법적 책임을 지게 되어 있다. 술을 몇 잔 마셔야 과음 상태라고 하는지는 물론 알코올이 인체에 미치는 영향에 대해 어느 정도 파악해야 과음의 신호를 알아볼 수 있다(술과 관련한 전문 서버 대부분은 법적으로 과음을 주제로 한 교육 코스를 이수하게 되어 있다). 이번 섹션에서는 미국에서 표준 한 잔이 어떻게 규정되는지, 혈중알코올농도를 대략 계산하는 방법은 무엇인지, 다양한 도수의 술을 마실 때 관찰할 수 있는 영향은 어떤 것이 있는지를 설명할 것이다.

혈중알코올농도 계산하기

혈중알코올농도는 혈류에 얼마나 많은 알코올이 함유되어 있는지를 나타내는 수치다. 간이 알코올을 대사하여 인체 시스템에서 제거하는 능력보다 알코올 섭취 속도가 빠를 때 혈중알코올농도가 증가한다. 혈중알코올농도는 혈액 내에서 알코올이 차지하는 부피를 퍼센트로 환산해서 계산된다. 예를 들어 혈중알코올농도 0.10퍼센트는 인체의 혈액 내에 0.10퍼센트, 알코올이 함유되어 있다는 의미다. 미국에서 법적으로 운전이 허용되는 혈중알코올농도는 0.08퍼센트다. 정확한 수치는 성별, 체중, 인종, 섭취 속도, 술의 종류 등 다양한 요인에 의해 영향을 받으므로 개인마다 크게 달라질 수 있다. 또한 술과 함께 음식을 섭취했다면 그 양이 얼마인지도 영향을 미치는 요소다(음식을 많이 먹을수록 알코올이 혈류로 흡수되는 속도를 늦춰준다).

가장 효과적인 숙취 예방법은 미리 예방하는 것이다. 숙취를 일으키는 것은 알코올의 배뇨 작용이다. 배뇨 작용이 활발해지면 탈수가 일어나고 이는 다시 뇌 조직의 수축을 야기한다. 그 결과 두통 등 수많은 불쾌한 증상이 나타나는 것이다. 술을 표준 잔으로 한 잔 마실 때마다 물을 한 잔 마시는 것이 숙취를 예방할 수 있는 최고의 전략이다.

지극히 일반적인 지침을 한 가지 소개하자면, 인체는 표준 잔으로 한 잔 분량의 알코올을 제거하는 데 약 1시간이 걸린다. 이보다 빨리 마신다면 혈중알코올농도는 증가한다. 예를 들어 1시간 안에 약 150밀리리터짜리 잔으로 샴페인 두 잔을 마시면 취기가 오르는 정도지만 한 잔을 더 마신다면 혈중알코올농도는 대부분의 국가에서 법적으로 운전이 금지되는 수준인 0.05퍼센트를 초과한다.

알코올이 미치는 영향을 관찰하라

모임 주최자는 참가자들이 어떻게 행동하는지를 주의 깊게 살펴봐야 한다. 눈으로 보고 혈중알코올농도를 알 수 있는 사람은 없다. 하지만 행동에 변화가 생긴 사람이 있다면 모임의 주최자로서 그 원인이 술인지 식별할 수 있어야 한다. 혈중알코올농도에 따른 행동의 변화로는 다음과 같은 것들이 있다.

- ✔ 0.010~0.029퍼센트 : 평균 성인은 정상적으로 보인다.
- ✔ 0.030~0.059퍼센트 : 약간 취기가 돌고 긴장이 완화되며 유쾌해지고 말이 많아진다. 충동, 욕구 등에 대한 억제력이 감소한다.
- ✔ 0.06~0.09퍼센트 : 감각이 둔해지고 충동을 제대로 억제하지 못하며 외향적으로 변한다.
- ✔ 0.10~0.19퍼센트 : 표현이 과장되고 감정 기복이 심해진다. 분노나 슬픔이 강해지며, 난폭하고 떠들썩해진다. 성욕이 감퇴한다.

- ✔ 0.20~0.29퍼센트 : 지각이 마비되고 이해력이 떨어지며 감각 기능이 매우 떨어진다.
- ✔ 0.30~0.39퍼센트 : 심각한 중추신경계 우울증이 생기고 무의식 상태에 빠지며 사망에 이를 수도 있다.
- ✔ 0.40~0.49퍼센트 : 전반적인 행동 장애, 무의식이 발생하며 사망에 이를 수도 있다.

점점 술에 취해가는 손님을 발견할 경우 술을 천천히 마시거나 술 대신 물, 또는 무알코올 음료를 마시라고 정중하게 권하라. 두 가지 모두 권해도 좋다. 혈중알코올농도가 자연적으로 안전한 수치로 떨어질 때까지 시간을 벌 수는 있어도 통념과 달리 커피, 차 등 카페인이 함유된 음료는 혈중알코올농도를 줄여 술을 깨게 만들지는 못한다. 그 손님이 운전을 해야 한다면 차를 놓고 택시를 이용하라고 권하라. 극단적이기는 하지만 중간에 술이 떨어지게 만드는 간단한 방법도 있다. 레스토랑에서는 서버, 바텐더, 경영자가 술에 취한 고객에게 술을 제공하지 못하도록 법적으로 명시되어 있다. 그리고 파티 주최자에게도 같은 법이 적용된다.

chapter

23

소믈리에가 되고 싶다면

제23장 미리보기

- 21세기형 소믈리에가 된다.
- 소믈리에로서 어떤 직업에 종사할 수 있는지 탐험한다.
- 소믈리에, 또는 마스터 소믈리에가 되는 과정을 하나씩 짚어본다.
- 진지한 자세로 여행하고 음식을 먹으며 와인을 마신다.

소믈리에가 된다는 것이 진정 어떤 의미인지 궁금한 사람도 있을 것이다. 세계에서 가장 유명한 와인 생산지를 여행하고 언제나 좋은 와인을 마시고 좋은 음식을 먹으며 멋진 사람들과 만나고 록스타처럼 사는 화려한 삶을 살 거라고 생각하는 사람도 있을 것이다. 하지만 별로 그렇지가 않다. 내가 아는 소믈리에 가운데 자신의 직업에 대해 불평하는 사람은 드물지만 직무 내용에는 힘들고 지루한 업무, 긴 근무 시간, 관리상의 잡무가 포함된다. 그저 잔을 돌린 다음 와인을 홀짝이는 일이 전부가 아니란 소리다.

하지만 다행히도 지난 20년 동안 소믈리에라는 직업은 매우 극적으로 진화했다. 지극히 한정된 역할만 하던 소믈리에라는 직업은 전 세계, 다양한 일을 할 수 있는 기회로서 꽃을 피웠다. 20년 전, 그 이름이 대부분의 사람에게 생소하던 시절에 비해 이제는 공인 소믈리에에게 훨씬 많은 가능성이 열려 있다. 소믈리에에 대한 대중의 인지 역시 크게 변했다. 턱시도를 입고서 손님의 지갑에서 최대한 많은 돈을 뽑아내려는 속물 늙은이라는 이미지에서 와인과 음식에 대한 애정을 나누고 최선을 다해 손님의 행복을 추구하며 가장 기억에 남을 만한 식사를 경험할 수 있게 도와주는 열정적인 젊은이라는 이미지로 바뀐 것이다.

좋은 소식은 누구나 소믈리에가 될 수 있다는 것이다. 엄청난 후각과 미각을 지녀야 시험에 통과할 수 있다고 잘못 알고 있는 사람도 있다. 하지만 소믈리에가 되기 위해서는 실제로 와인을 맛보며 느끼는 수많은 향과 질감을 감지하고 인지하며 묘사할 수 있게 훈련해야 하며, 이는 오히려 노력과 원칙, 좋은 기억력이 중요하다는 의미다. 미각이 유난히 민감한 사람인 슈퍼테이스터일 경우 소믈리에가 되기에 유리할 수도 있지만(더 자세한 내용은 제2장에서 언급했다) 충분히 연습하지 않는다면, 특히 경험을 쌓지 않는다면 수많은 향과 맛의 배경을 이해하거나 기억하지 못해 실제로 최고 수준에 도달할 수 없을 것이다. 좋은 소식은 이러한 '참고 정보은행'을 만들기 위해 해야 하는 숙제가 그다지 나쁜 것이 아니라는 사실이다.

이번 장에서는 오늘날 소믈리에가 된다는 것이 어떤 의미인지 속속들이 살펴볼 것이다. 세계 최고의 와인 교육 및 인증기관인 마스터소믈리에협회의 다양한 자격 등급을 획득하는 데 필요한 것, 그리고 최고 등급에 도달하기 위해 필요한 것도 설명할 것이다. 이번 장을 거의 다 읽을 무렵이면 지금 하는 모든 것을 중단하고 당장 내일 소믈리에 과정을 신청할 준비가 되어 있을지 모른다(내가 지금까지 가르친 학생 중에는 이미 한두 가지 직업을 거친 사람도 많이 있었다.)

오늘날의 소믈리에란 무엇인지 이해하자

소믈리에라는 단어는 그 직업에 종사하는 사람들까지도 어김없이 잘못 발음하는 프랑스어로(올바른 발음은 소멜리아이[so-meh-lee-ay]다), 마실 것에 대한 지식과 서비스, 음식과 음료의 페어링에 대해 교육받고 주로 레스토랑에서 근무하는 사람들을 가리키는 말이다. 이 단어의 기원에 대한 이론은 몇 가지 있지만 가장 신빙성이 있는 것은 프로방스어 '소말리에르(saumalier)'에서 유래했다는 설이다. 원래 동물의 무리를 몰던 몰이꾼을 의미하던 이 단어가 훗날 동물의 무리를 이용해서 프랑스 궁정으로 물품을 운반하는 관리라는 의미로 변했다. 왕실에 와인을 정기적으로 공급하는 일이 얼마나 중요할지는 각자 상상에 맡기겠다. 그리고 그 와인을 운반하는 것이 바로 소말리에르였다.

소믈리에라는 명칭을 듣자마자 와인이 떠오르는 것은 사실이지만 실제로는 더 많은 업무를 담당한다. 제대로 교육받은 소믈리에는 세계 주요 와인 재배 지역, 포도 품종, 와인 스타일, 주요 생산자, 빈티지에 대한 실질적인 지식은 물론 맥주의 유형, 증류주, 전통적인 칵테일, 사케, 커피, 차, 심지어 미네랄워터에까지 정통해야 한다. 한 발 더 나아가 현대의 소믈리에는 때로 화장실 청소와 분리수거를 하는 것은 말할 것도 없고 제품 조달 및 보관, 재고 관리, 다른 직원의 감독과 교육, 고객 서비스와 판매 기술까지 갖춰야 한다. 하지만 소믈리에의 궁극적인 목적은 고객이 만족하게 만드는 동시에 레스토랑의 수익을 최대화하는 것이다.

다음 섹션들에서 오늘날 소믈리에가 가질 수 있는 다양한 직업, 그리고 소믈리에와 마스터 소믈리에의 차이에 대해 심도 있게 설명할 것이다.

소믈리에가 된다는 것은 어떤 가능성을 갖게 된다는 뜻일까?

오늘날 자격을 갖춘 소믈리에는 다양한 직책과 업무를 선택할 수 있다. 레스토랑에 근무하며 와인 프로그램을 관리하며 홀에 직접 나가 와인을 판매, 서빙하는 것이 기존의 소믈리에에 대한 인식이며, 이는 오늘날까지도 크게 변하지 않았다. 하지만 이제 제대로 교육받고 와인에 대한 지식이 뛰어난 소믈리에에게 열린 가능성은 상당히 많아졌다. 레스토랑에서 근무하는 전통적인 역할을 넘어 오늘날 시장에서 소믈리에가 가질 수 있는 다양한 역할과 직업은 다음과 같다.

- ✔ **와인 배급사나 와인 제조사 판매인** : 여기에 해당하는 소믈리에는 와인 수입 및 배급사를 위해 일하며 다른 직원들을 대상으로 와인에 대한 훈련과 교육을 담당한다. 또한 레스토랑에서 근무하는 다른 소믈리에나 구매자에게 와인을 판매한다.

- ✔ **와인 디렉터** : 이는 수석 소믈리에나 와인 디렉터의 직위를 의미하며, 몇 년 전까지만 해도 존재하지 않던 직종이다. 수석 셰프가 음식 서비스 경영 전체를 책임지면서 실제로 음식을 만드는 경우는 드문 것처럼 와인 디렉터는 조직 전체를 관리하고 레스토랑, 또는 레스토랑이나 호텔 체인의 음료 프로그램 전체를 감독한다. 실제로 홀에서 일하는 경우는 드물다.
- ✔ **레스토랑 또는 와인 생산 컨설턴트** : 많은 소믈리에가 레스토랑에 서비스를 제공하는 컨설턴트로서 일하며 레스토랑에서 시장의 수요에 맞게 음료 프로그램을 만들고 직원을 교육하는 일을 돕는다. 또한 와인 생산자가 다른 와인이나 블렌드, 브랜드를 만드는 일을 돕는다.
- ✔ **와인 생산자** : 많은 소믈리에가 직접 와인 생산에 뛰어든다. 이들은 포도 품종과 지역, 와인 스타일은 물론 시장과 소비자 선호도, 그리고 음식의 친화성에 대한 방대한 지식을 응용하여 품질이 좋은 고유의 와인을 성공적으로 개발했다.
- ✔ **작가, 리뷰어, 호스트** : 신문과 잡지 사설에 와인에 대한 후기, 기사를 기고하는 작가로 활동하는 소믈리에의 수가 증가하고 있다. 또한 와인, 음식과 와인 페어링, 기타 와인과 관련한 주제로 책을 집필하는 소믈리에도 늘고 있다. 뿐만 아니라 와인, 음식, 여행을 주제로 한 라디오와 TV 프로그램을 진행하는 소믈리에도 있다.
- ✔ **여행 가이드** : 와인 생산국가로의 여행에 대한 관심이 급격하게 늘어나고 있으며, 이러한 경향을 이용하여 전 세계 와인 생산 지역으로 여행을 주선하고 안내하며 와인에 대한 교육과 여흥을 제공하는 소믈리에도 있다.
- ✔ **강연가, 엔터테이너** : 많은 소믈리에가 기업 및 개인 그룹을 위해 시음회와 만찬을 주최하는 역할로 고용된다. 또한 회의와 와인 축제에서 강연이나 연설을 하는 소믈리에도 있다.

이 밖에도 소믈리에에게 열린 가능성은 아주 많다. 그리고 그 어느 때보다 많은 직업적 기회가 소믈리에에게 주어지고 있다. 지금만큼 와인 분야에 뛰어들기 좋은 때도 없다.

[마스터소믈리에협회의 기원을 찾아서]

마스터소믈리에협회는 호텔과 레스토랑의 음료에 대한 지식과 서비스를 향상시키기 위해 설립되었다. 당시 교육기관으로 받은 협회의 설립 허가는 지금까지 유지되고 있다. 1969년 영국에서 최초로 마스터 소믈리에 시험이 성공적으로 열렸다. 그리고 1977년 4월에 이르러 협회는 최고 권위의 국제 심사 기관으로 지위를 확립했다.

마스터 소믈리에 자격증 과정을 모두 성공적으로 이수한 사람은 마스터소믈리에협회의 허용 윤리 및 기준을 준수해야 한다. 자격증 취득자는 마스터 소믈리에로서의 윤리 및 행동 강령을 준수할 것에 동의한다고 서명해야 한다.

마스터소믈리에협회에 따르면 마스터 소믈리에 자격증은 잠재적 고용인에게 이를 보유한 지원자가 업계에서 가장 뛰어난 자질을 갖추었고 뛰어난 맛의 감별 및 평가 기술, 그리고 와인에 대한 지식과 서비스 및 음료 분야 경영에서 뛰어난 능력을 보유했다는 사실을 보장한다. 현재 전 세계적으로 약 200명만이 마스터 소믈리에 자격증을 보유하고 있다.

소믈리에와 마스터 소믈리에는 어떻게 다를까?

공통된 국가 표준이 적용되는 의사나 회계사와 달리 소믈리에라는 전문직 명칭 하나만으로는 아무것도 보장되지 않는다. 전 세계 수많은 기관과 조직이 소믈리에 교육 과정을 제공하고 그 가운데 공신력을 갖춘 곳도 분명 존재한다. 하지만 소믈리에라는 이름은 기본적으로 그 이름을 얻은 곳에서만 유효하다. 실제로 전문 교육을 전혀 받지 않은 사람이 자신을 소믈리에라고 칭해도 전혀 법에 저촉되지 않는다.

반면 마스터 소믈리에라는 칭호는 법에 의해 국제적으로 보호되는 상표권이 있는 이름이다. 마스터소믈리에협회의 최종 시험을 통과한 사람만이 이 직함을 거머쥘 수 있다. 그러므로 이 이름은 와인 업계에서 황금 기준이다. 마스터 소믈리에라는 타이틀을 보유한 사람들은 와인 분야에서 같은 수준의 실력과 숙련도를 성취한 것이다. http://www.mastersommeliers.org에서 그 기준과 전망 등 마스터소믈리에협회에 대한 더 깊이 있는 정보를 확인할 수 있다.

어떤 노력을 해야 할까 : 상세한 내용을 깊이 파고들자

이제는 소믈리에가 되면 다양한 기회를 얻을 수 있다. 그렇다면 이러한 기회를 이용할 수 있는 무대에 어떻게 오를 수 있을까? 다른 가치 있는 행동과 마찬가지로 그 답은 노력이다. 다음 섹션에서는 소믈리에의 표준 직무 요건을 살펴볼 것이다. 여기서는 마스터소믈리에협회의 실제 요건과 네 단계로 나뉘는 자격시험에 관한 내용을 다룬다.

첫 번째 잔을 채우기 전에 : 시작 단계

먼저 준비를 확실히 한 다음 소믈리에로 향하는 여행을 떠나야 한다. 길에 나서기 전에 알아두면 좋은 내용은 다음과 같다.

- ✔ **와인에 대해 진실한 열정을 지녀야 한다** : 소믈리에가 되기 위해 갖춰야 할 유일한 자격이 바로 진정한 열정이며, 와인과 관련한 것이면 뭐든 좋아해야 한다. 다양한 지역에서 다양한 철학과 기술적 전문성을 바탕으로 와인에서 추출해 낸 너무나도 다양한 향과 풍미, 맛 정도는 기본으로 좋아해야 한다.
- ✔ **과학적 기본 지식을 갖춰야 한다** : 식물이 어떻게 자라는지를 이해한다면 다양한 기후, 토질, 재배법이 포도에, 그리고 궁극적으로 와인에 어떤 영향을 미치는지 이해할 수 있다. 발효는 화학 분야의 작용이므로 와인이 발효 탱크 안에 들어간 뒤 화학적으로 어떤 일이 일어나는지, 숙성되는 과정에서 어떤 일이 일어나는지를 이해한다면 각각의 와인 제조법이 와인의 스타일에 미치는 영향을 이해하는 데 도움이 된다. 지질학적 지식을 갖춘다면 어떤 조건에서 포도나무가 뿌리를 내릴 수 있는지, 토양과 심토는 지역마다, 심지어 포도밭마다 어떻게 달라지는지에 대한 통찰력을 얻을 수 있다.
- ✔ **역사와 지리학에 대한 견고한 배경 지식을 갖춘다** : 역사가 와인과 무슨 상관인지 의아한 사람도 있을 것이다. 하지만 특정한 품종이 특정한 지역에서 재배되는 이유, 고전적인 와인 스타일이 탄생하기까지의 과정, 그리고 와인과 음식이 서로 얽히고설켜 문화가 된 과정을 설명하는 데 큰 역할을 한다. 물론 지리학도 중요하다. 나의 지리학적 지식은 포도 재배 지역을 중심으로 한다. 포도가 재배되지 않는 지역에 대해서는 뭐가 어디에 있는지 확실하게 모르는 경우도 많다.
- ✔ **기본적인 외국어를 구사한다** : 프랑스어, 스페인어, 이탈리아어, 독일어 등 외국어에 대해 기본적인 이해를 갖춘다면 소믈리에가 되는 데 도움이 될 수

> 있다. 전 세계 와인의 상당 부분이 이러한 언어를 구사하는 국가에서 생산되기 때문이다. 몇 가지 언어로 와인 레벨을 읽을 수 있다면 분명 도움이 된다.

자, 이제 독자들도 소믈리에가 살구나 체리의 향을 인지하는 것보다 훨씬 복잡한 분야라는 사실을 알 것이다.

마스터 소믈리에로 향하는 네 단계 자격

기관마다 조금씩 차이는 있지만 대다수는 몇 단계의 자격시험을 제공하고 있다. 마스터소믈리에협회의 경우 다음 네 단계를 통과해야 한다.

소믈리에 입문 과정

마스터 소믈리에가 되기 위해 밟아야 하는 네 단계 가운데 첫 번째는 입문 과정이다. 이 과정에 갖추기 어려운 사전 조건은 없지만 3년 이상 와인 업계나 서비스 분야에서 종사한 경험이 강력하게 권장된다. 마스터 소믈리에 팀은 입문 과정 지원자에게 이틀 동안 강도 높은 평가 과정을 실시한다. 여기에서는 와인 서비스, 특히 와인 블라인드 테이스팅은 물론 와인과 증류주 분야를 다룬다. 지원자는 두 번째 날 과정을 모두 마친 다음 70문항으로 된 선다식 이론 시험을 치른다. 이 과정은 와인 및 호스피털리티 전문가들이 견고한 와인 테이스팅 능력을 갖추고 와인 및 증류주 분야에 대해 철저하게 복습하여 최고 수준에 도달하는 것을 목적으로 한다.

잠깐! 이 과정을 통과했다고 자신을 공인 소믈리에라고 불러도 된다는 의미는 아니다. 공인 소믈리에라는 명칭을 사용하기 위해서는 2단계를 완수해야 한다.

공인 소믈리에 시험

공인 소믈리에 시험은 두 가지 와인에 대한 블라인드 테이스팅, 이론에 대한 필기시험, 서비스 실기시험의 세 가지 부분을 하루에 치르게 된다. 이 시험 과정에는 강의나 테이스팅 수업이 제공되지 않는다. 각자 알아서 시험에 대비하고 전문 와인 서비스 종사자로서 적절한 복장과 장비를 갖춰야 한다.

테이스팅 시험의 경우 두 가지 와인을 묘사하고 식별해야 한다. 이때 사용되는 와인은 전통적인 지역 스타일과 포도 품종으로 대변될 수 있지만 기본적으로 세계 모든 와인이 대상이다. 필기시험에서는 와인, 증류주, 맥주, 칵테일, 사케, 그리고 서비스 분야의 이론을 다룬다. 여기에서 중요한 것은 전 세계 와인 제조사 및 제조자의 이름과 이들이 와인을 생산하는 포도 품종이다. 실기시험에서는 스파클링 와인 서빙이나 디캔팅 기술을 테스트한다. 또한 지원자의 의사소통과 판매 능력은 물론 아페리티프(식전에 마시는 술-역주), 칵테일, 음식과 와인 페어링, 적절한 와인 및 음료의 서빙 온도에 대한 지식도 평가된다.

고급 소믈리에 시험

이 단계가 되면 적당히 해서는 절대 통과할 수 없다. 이제 키워드 등이 적힌 큐 카드, 포스트잇, 끝없는 차트, 표, 도식, 기타 암기에 도움이 되는 수단을 총동원해야 할 때가 온 것이다. 고급 소믈리에 시험을 주최하기 위해 협회의 시험 위원회와 교육 소장은 신청서를 보고 선발 과정을 통해 자격을 갖춘 지원자를 가려낸다. 물론 지원자는 공인 시험을 통과한 상태여야 한다. 또한 주류 관련 업무에 대한 상세한 내용, 추천서, 짤막한 설문에 대한 답을 제출해야 한다.

공인 소믈리에 시험에서와 비슷한 분야의 전문성이 고급 소믈리에 시험에서도 평가된다. 하지만 난이도는 정말 훨씬 높다. 이 시험은 와인 서비스 업계에서 광범위한 경험을 한 사람들을 대상으로 만들어진 시험이다. 강도 높은 강의와 테이스팅이 3일간 이어지고, 다음 이틀 동안 세 분야로 나뉜 시험을 치른다. 레스토랑에서의 실전 와인 서비스와 판매 수완, 필기 이론, 여섯 가지 와인을 대상으로 하는 구술 블라인드 테이스팅을 테스트한다.

세 부분 모두 60퍼센트 이상의 점수를 획득해야 통과된다. 고급 소믈리에 시험을 통과하고 나면 다음 단계, 바로 마스터 소믈리에 자격증에 도전할 수 있다.

마스터 소믈리에 자격증

마스터 소믈리에 자격증은 세계 최고의 전문 자격증이다. 자격시험은 세 부분으로 구성된다. 구술 이론 시험, 여섯 가지 와인을 대상으로 하는 구술 블라인드 테이스팅, 그리고 실전 와인 서비스 시험이다. 그리고 모든 시험은 마스터 소믈리에 감독관

들 앞에서 치러진다.

자격증 단계와 고급 단계의 차이가 크듯이 마스터 자격증 시험은 차원이 또 다르다. 서비스 및 호스피털리티 분야와 관련된 것이면 뭐든 시험에 나온다. 지원자들은 전문성에 맞는 복장을 갖추고 코르크 따개 등 업무에 필요한 도구를 반드시 소지하고 시험장에 입장한다. 시험이 치러지는 동안 '높은 수준의 기술 및 사교 기술을 증명'하고 '마스터 소믈리에다운 예의범절과 매력을 시범'보여야 한다. 판매 기술 역시 업무에서 중요한 부분을 차지하므로 에스키모에게 얼음이라도 팔 수 있어야 한다. 아니면 적어도 샤블리가 굴과 좋은 페어링을 이룬다고 몇몇 마스터 소믈리에를 설득할 수 있어야 한다.

고급 과정의 시험을 통과해야 마스터 소믈리에 시험에 응시할 수 있다. 하지만 당도하기에는 너무나도 먼 곳이다. 최종 마스터 소믈리에 자격증 시험의 합격률은 고작 10퍼센트 정도다.

이제 역사, 지리학, 화학, 생물학, 지질학, 언어, 문화 등의 분야에 대한 전반적인 지식을 제외하고 마스터 소믈리에 자격증을 획득하기 위해 무엇이 필요할지 세 부분으로 나눠 확실하게 살펴볼 것이다. 상세한 전체 내용이 궁금하다면 이곳을 방문하라. www.mastersommeliers.org/Pages.aspx/Master-Sommelier-Diploma-Exam

파트 1 : 레스토랑의 와인 서비스 및 판매 수완

마스터 소믈리에 자격증을 취득하기 위해 필요한 첫 번째 부분은 레스토랑의 와인 서비스와 판매 수완에 초점을 맞춘다. 이와 관련해서 갖춰야 하는 능력은 다음과 같다.

- ✔ 아페리티프에 대해 설명하고 추천하며 서빙할 수 있어야 한다. 그 과정에서 정확한 방법으로 서빙하는 것은 물론 아페리티프의 재료와 제조 방법에 대한 해박한 지식을 보여주어야 한다.
- ✔ 라운지, 레스토랑, 또는 개인 집무실에서 모든 음료를 서빙할 때 필요한 글라스 웨어를 선택, 준비, 배치해야 한다.
- ✔ 메뉴의 내용과 와인 목록에 대해 설명하고 다양한 음식에 맞게 와인을 추천할 수 있어야 한다. 그리고 와인, 와인의 빈티지, 특성에 대한 견고한 지

식을 보여주어야 한다.

- ✔ 매우 효과적이고 능숙하게 와인을 선보이고 제공하며 준비하고 필요할 경우 디캔팅을 하며 서빙한다.
- ✔ 한 잔의 브랜디, 리큐어, 기타 증류주의 적절한 양을 정확하게 알고 이런 술을 선보이고 제공하며 준비하고 서빙한다.
- ✔ 품위와 원칙을 지키며 기술적으로 질문과 불만에 응대한다.

파트 2 : 이론

마스터 소믈리에 자격증을 취득하기 위해 필요한 두 번째 부분은 이론과 소믈리에에게 필요한 지식에 초점을 맞춘다. 이와 관련해서 갖춰야 하는 능력은 다음과 같다.

- ✔ 전 세계 와인 분야의 권위자와 이들이 생산하는 와인에 대해 이야기를 나눈다.
- ✔ 와인 제조에 사용되는 주요 포도 품종과 이 품종들이 재배되는 지역에 대한 지식을 갖춘다.
- ✔ 와인과 관련한 각 나라의 법에 대한 질문에 대답한다. 여기에는 유럽연합, 미국, 호주 등 전 세계 와인 생산지가 포함된다.
- ✔ 강화 와인, 강화 와인의 다양한 제조법, 저장, 취급 방법에 대한 지식을 보여준다.
- ✔ 맥주와 사과주의 제조 과정 및 각각의 제품이 다른 스타일을 지니는 원인은 물론 다양한 증류법, 증류주와 리큐어 제조 방법을 설명한다.
- ✔ 여송연, 특히 하바나산 시가에 대해 이해한다.
- ✔ 모든 음료, 여송연 등의 제품을 최고의 상태로 유지하는 보관 방법을 설명한다.

파트 3 : 실전 테이스팅

테이스팅 시험은 지원자가 언어를 이용해서 25분 동안 여섯 가지 와인을 명확하고 정확하게 묘사하는 능력을 평가하는 것이다. 와인 스타일을 묘사하는 것 외에도 지원자는 와인과 관련하여 다음 사항을 식별해야 한다.

- ✔ 포도 품종(한 가지 혹은 그 이상)
- ✔ 기원 국가

- ✔ 기원 지역과 명칭
- ✔ 빈티지
- ✔ 품질 수준

여행하고 와인을 맛보며 음식을 먹자 : 그리 어려운 일은 아니다

소믈리에가 되기 위한 과정을 통과하기 위해서는 엄청나게 열심히 공부해야 한다. 하지만 일단 합격만 하면 여행을 많이 다니고 여기에서 큰 즐거움을 얻을 수 있다. 실제로 직접 경험보다 나은 것은 없다. 여기에서 경험이란 많은 것을 보고 느끼며 헌신적으로 여행한다는 말이다. 또한 사람들이 별로 주의를 기울이지 않을 것에 조금 더 관심을 가지며 음식을 먹고 와인을 마시는 일을 의미하기도 한다. 물론 자격증 시험 같은 것을 치르지 않고도 와인을 탐험하며 즐길 수 있다. 자격증 없이도 풍요로운 경험에 나설 수 있다.

전 세계 와인 생산지를 여행하라

소믈리에가 되면 정기적으로 와인 생산 지역을 여행해야 한다. 이것도 업무의 일부다. 누구보다 먼저 변화하고 발전하는 데 직접 가보는 것보다 좋은 방법은 없다. 와인의 세계는 끊임없이 변화한다. 생산자는 등장했다가 사라지고 새로 포도밭이 조성되는 곳이 있는가 하면 오래된 곳은 폐쇄되기도 한다. 또한 새로운 재배 지역이 발견되거나 오래된 품종이 복원되고, 최첨단 기술이 개발되거나 고대 기술을 다시 수용하는 일도 일어난다. 물론 해마다 와인의 품질과 스타일을 결정하는 기후 조건도 변화한다. 소믈리에는 언제나 배워야 한다. 와인은 평생 공부해도 모자란 분야다.

아무리 책이나 자료를 많이 읽는다 해도 직접 포도밭을 걸으며 포도나무를 보고 발로 흙을 밟으며 산들바람을 느끼고 태양의 각도를 관찰하며 포도를 재배하고 이를 와인으로 변신시키는 사람들과 직접 이야기를 나누는 경험만 못하다. 소믈리에든 아니든 와인에 대해 조금 더 많은 것을 알고 즐기고자 하는 사람이 있다면, 이런 조언을 해주고 싶다. "가능한 한 자주, 많이 여행하라." 진심으로 와인에 대해 진지하게 생각하는 사람이라면 수확철에 와이너리에서 일해 보는 것이 좋을 것이다. 이는 그 무엇과도 바꿀 수 없는 경험이 될 것이다. 또한 와이너리는 공짜로 사람을 쓰는 경우가 거의 없다(그래도 굳이 말해두자면 삯이 많을 거라고는 기대하지 말라!).

음식을 먹고 와인을 마실 때 세심하게 주의를 기울여라

자신이 먹고 마시는 것에 조금 더 주의를 기울이는 습관을 들인다면 더 나은 소믈리에가 되는 데 도움이 될 수 있다. 이는 너무나도 뻔한 조언처럼 들리겠지만 먹는 데 열중해서 자신의 입안에서 정확히 어떤 일이 벌어지고 있는지 제대로 관심을 갖지 못하기 쉽다. 잠시만이라도 말이다.

먹고 맛보는 일을 그저 일상으로 두지 말라. 적어도 정보와 경험의 자료 은행을 구축하는 데 도움이 될 정도로 충분히 시간을 갖고 자신의 코와 미뢰에 정신을 집중하라. 이렇게 하면 앞으로 음식과 와인 페어링에 대해 직관적으로 선택할 때 더 나은 결정을 할 수 있을 것이다. 그러니 나아가라. 근사한 식사를 하고 좋은 와인을 한 병 열기 위한 완벽한 핑곗거리가 있지 않은가. 당신은 지금 학업에 열중하고 있는 것이다.

이것만은 알아두자 : 와인과 음식 톱 10

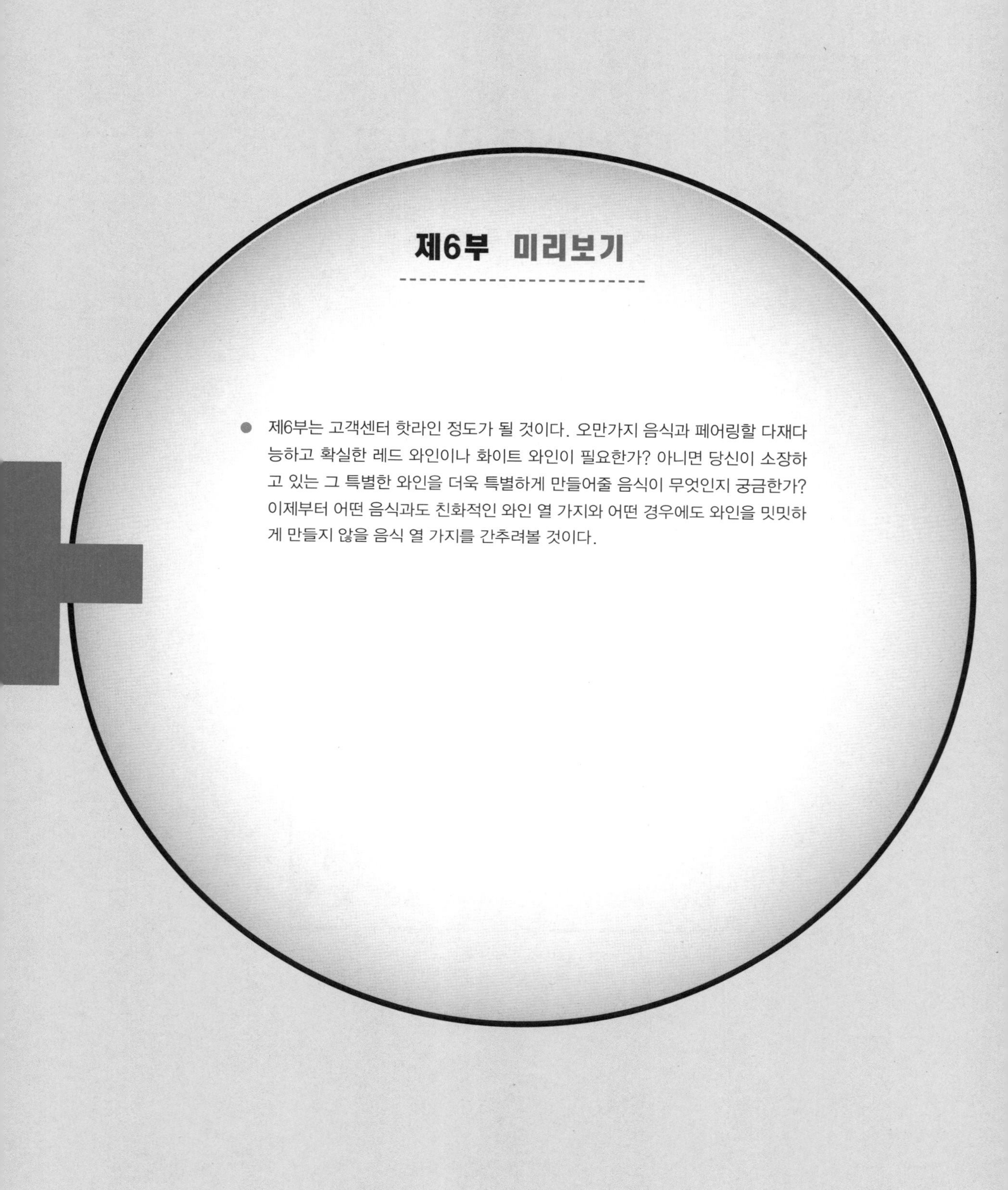

제6부 미리보기

- 제6부는 고객센터 핫라인 정도가 될 것이다. 오만가지 음식과 페어링할 다재다능하고 확실한 레드 와인이나 화이트 와인이 필요한가? 아니면 당신이 소장하고 있는 그 특별한 와인을 더욱 특별하게 만들어줄 음식이 무엇인지 궁금한가? 이제부터 어떤 음식과도 친화적인 와인 열 가지와 어떤 경우에도 와인을 밋밋하게 만들지 않을 음식 열 가지를 간추려볼 것이다.

chapter

24

음식에 친화적인 와인 톱 10

제24장 미리보기

- 인기 있는 다용도 화이트 와인
- 응용할 수 있는 레드 와인
- 로제 와인에 기대를 걸어본다.

이번 장에서는 식탁에서 거의 항상 음식과 잘 어울리는 포도 품종 및 와인, 또는 품종인 동시에 와인인 것 열 가지를 소개할 것이다. 별 어려움 없이 인근 와인 매장에서 구할 수 있는 제품들이다. 이 품종들은 전 세계 음식과 와인 페어링을 소개한 제4부에서 이미 소개한 바 있다. 이는 다양한 전채요리가 나오는 파티, 각종 음식이 쌓여 있는 뷔페, 또는 다양한 음식으로 한 상 차려진 가족 모임을 열 때처럼 각각의 음식에 특정한 와인을 페어링하는 것이 현실적으로 불가능할 때 아주 유용한 와인들이다.

흔히 생각하는 것과 달리 가격이 저렴할수록 용도가 다양하다. 비싼 와인은 개성과 복합성, 맛과 향, 풍미, 질감 등을 지니고 있다(그리고 구매자는 그럴 것이라고 기대한다). 하지만 더 독특하고 다양한 맛과 향, 풍미, 질감, 구조를 지닌 레드 와인이나 화이트 와

인일수록 호불호가 갈리기 마련이다. 그러므로 민망해하지 말고 다음 추천한 내용을 참고로 저렴한 와인을 구매해서 집으로 가라.

오크 숙성되지 않은 샤르도네

샤르도네는 가장 적응성이 뛰어난 포도 품종 가운데 하나다. 라이트바디의 시트러스 향이 나는 린한 것에서 풀바디의 리치하고 버터와 오크 향이 나는 것까지, 수많은 스타일로 제련할 수 있다. 그 가운데 프랑스 샤블리처럼 바디감이 가장 약한 와인의 경우 음식과 친화성이 가장 높다. 샐러드, 해산물, 조개, 가금류, 돼지고기, 신선한 연질 숙성 치즈 모두 이런 와인의 페어링 대상이다. 뉴질랜드, 태즈메이니아, 캐나다, 미국 캘리포니아 주의 소노마 코스트, 오리건, 칠레 해안 지역 등 냉온대기후 지역에서 생산된 샤르도네 역시 선택을 고려해 볼 만하다.

피노 그리(피노 그리지오)

이탈리아에서는 피노 그리지오라고 알려진 피노 그리는 전 세계에서 가장 인기 있는 화이트 품종 가운데 하나다. 알자시안 그리 스타일은 더 리치하고 바디감은 풀에 가까워 리슬링과 게뷔르츠트라미너 중간쯤에 해당되며, 가끔 약간의 단맛을 지닌 경우도 있다. 이러한 특성 때문에 동남아시아의 그린앤옐로 커리처럼 약간 매운맛을 지닌 음식이나 중국의 매콤 달콤한 음식과 훌륭한 페어링을 이룬다. 무게감이 어느 정도 있기 때문에 해산물에서 가금류, 돼지고기, 그리고 그보다 묵직한 음식을 로스트나 그릴로 구운 음식까지도 감당할 수 있다. 이탈리아 스타일의 피노 그리지오는 주로 바디감이 그보다 가볍고 린하여 크리스프한 드라이 와인이 필요한 음식까지도 페어링이 가능하다. 산지가 전 세계 어디든 와인 제조가가 추구한 스타일의 개념을 알고자 한다면 그리, 또는 그리지오라는 이름을 따라라(그리지오[grigio]는 회색을 의미한다).

소비뇽 블랑

신선하고 크리스프하며 린하고 깔끔한 화이트 와인 가운데 인기 있는 것을 꼽으라면 역시 소비뇽 블랑이다. 루아르 밸리의 상세르처럼 기후가 찬 지역에서 자랄 경우 특히 그러하다. 대부분 오크 숙성을 거치지 않으며(오크 숙성을 거친 소비뇽 블랑은 루아르 밖에서는 퓌므 블랑이라고 종종 불린다), 제스티한 산도와 매혹적인 허브-시트러스-그린 애플 풍미를 지닌다. 이 때문에 음식에 뿌려 먹는 레몬즙 같은 느낌을 준다. 프랑스 밖에서도 광범위한 지역에서 재배되는 만큼 뉴질랜드나 칠레 해안 마을에서 생산되는 말보로 등 기후가 찬 지역에서 또 다른 음식 친화적 와인을 찾아보라.

리슬링

다양한 용도로 페어링할 수 있는 훌륭한 화이트 와인 가운데는 리슬링, 특히 저먼 리슬링이 있다. 실제로 전 세계에 저먼 리슬링에 은밀하게 열광하는 애호가들이 있다. 바로 '소믈리에'들이다. 나는 한 가닥 한다는 소믈리에 가운데 저먼 리슬링에 대한 편애를 보이지 않는 사람은 지금까지 보지 못했다. 그 원인은 몇 가지 있지만, 우선 저먼 리슬링은 지구상에서 가장 테루아(terroir, 와인을 재배하기 위한 제반 자연조건을 총칭하는 말-역주) 기반적인 와인이다. 즉, 산지의 특성을 잘 담은 맛을 지닌 와인이다. 또한 알코올 함량이 낮아 많이 마시고도 다음 날 근무가 가능하다. 그리고 전 세계에서 가장 다용도인 와인 가운데 하나다. 완전히 잘 익은 과일과 잔여 당이라는 환상적인 조합을 지닌 와인 유형에 대해 언급한 바 있다. 이러한 조합 덕분에 실제로 단맛이 강하다기보다 단 느낌을 주지만 산이 미각을 씻어내는 것과 동시에 사라진다.

아시아나 퓨전 음식처럼 달고 시며 짜고 매운 맛이 두드러지는 현대 음식을 고려한다면 리슬링의 잔여 당과 높은 산도는 최고의 치료제가 될 것이다. 산도가 강한 덕에 미묘하게 풍미를 낸 음식까지도 리슬링의 주문 아래에서 되살아난다. 전 세계에서 수많은 본보기가 있긴 하지만 모젤 카비네트나 슈페트레제 수준으로 잘 익은 것이 모범적인 형태다. 호주 남부의 클레어 밸리와 이든 밸리, 알자스, 오스트리아, 미국 뉴욕 주 핑거 레이크, 캐나다 나이아가라 페닌슐라에서 생산된 드라이 리슬링 역시 음식과 아주 친화적이다.

샴페인

음식과 친화적인 모든 와인의 조상은 바로 프랑스의 샴페인이다. 전 세계 소믈리에에게 상상할 수 있는 모든 음식에 대한 확실한 백업 플랜이 뭔지 묻는다면 절대 다수가 샴퍼스라고 할 것이다. 이는 소믈리에들이 샴페인을 일컫는 말이다. 이 세상 그 어떤 와인도 페어링할 수 없을 것 같은 음식과 맞닥뜨려 전혀 가망이 없어 보이는 상황에 처하더라도 최후의 수단이 있다. 바로 샴페인이다.

음식에 각기 다른 열두 가지 요소가 불협화음을 만들어내더라도 샴페인은 이 모두를 조화롭게 만들 수 있다. 가볍고 린한 바디감과 낮은 알코올 함유량, 그리고 높은 산도에 이스트와 토스트 같은 기분 좋은 풍미가 꽤 강해 독특한 조합을 이루고, 그 모든 것을 이산화탄소가 관통하는 덕에 불협화음을 일으키는 음식에 필요한 오만가지 사항을 만족시킬 요소들이 퍼펙트스톰을 만들어낸다.

샴페인에 딱 한 가지 단점이 있다면 아주 매운 음식과 페어링이 힘들다는 것이다. 이산화탄소 때문에 매운맛의 열기가 악화되기 때문이다. 물론 이런 음식은 그 어떤 와인과도 페어링하기 어렵지만. 하지만 그 밖의 경우라면 샴페인을 마시며 어떻게 행복하지 않을 수가 있겠는가? (샴페인을 구할 수 없는 위기 상황이라면 다른 트래디셔널 메소드 스파클링 와인도 페어링할 수 있다.)

피노 누아

피노 누아는 소믈리에에게 레드 와인계이 홀인원이자 스위스 군용 칼 같은 존재다. 즉, 거의 모든 상황에 대처할 수 있는 와인이다. 지역마다 스타일은 꽤나 다양하지만 산지가 어디든 피노 품종은 상대적으로 타닌 함량이 낮고 산도가 높은 와인을 만들어낸다. 프랑스 버건디 지방은 피노의 성지다. 바디감이 가볍고 린한 스타일이 만들어진 곳이기 때문이다(가격이 비싼 피노 누아는 예외다. 이는 진지한 와인이다). 하지만 재배하기에 기후가 충분히 찬 지역에서라면(그리고 기후가 너무 온화한 많은 지역에서) 어디서든 피노 누아를 찾을 수 있다.

레스토랑에서 4명이 각각 생선, 닭고기, 스테이크, 샐러드를 주문하고 와인 한 병만 주문해서 나눠 마실 때 소믈리에는 어떤 와인을 추천할 것 같은가? 바로 피노 누아다.

가메

가메는 종종 피노 누아의 그림자에 가려진 차선책쯤 되는 포도로 여겨진다. 하지만 그 원산지인 프랑스 동부 보졸레에서 때늦은 르네상스를 맞이해왔다. 그리고 그 품질 역시 지금껏 최고에 도달했다. 전 세계 와인 생산자들 역시 게임에 나설 마음을 먹었다. 최고의 가메는 타닌이 아닌 산을 바탕으로 구축된 구조를 지닌 아주 맛 좋은 레드 와인이며, 사람을 유혹하는 수많은 매력을 지녔다. 더 차별화된 가메를 생산하는 열 군데 소구역인 크뤼 보졸레에서 생산된 와인들은 식탁 위에서 놀랄 정도로 적응성이 뛰어나다. 생선 요리에서 샐러드까지, 그리고 가금류와 붉은 육류까지, 가메가 든든하게 뒤를 받쳐줄 것이다.

바르베라

바르베라는 이탈리아 북부에서 생산되는 제스티한 레드 와인이며 디캔팅을 필요로 한다. 타닌과 향을 만드는 성분을 두 배 강화시킨 특수한 오크 배럴에 숙성하는 짓을 하지 않는 한 타닌은 언제나 낮은 반면 산도가 높다. 그 덕에 식탁에서 다목적으로 사용할 수 있는 완벽한 동반자가 되어준다. 피에몬트의 아스티에서 생산된 와인은 특히 즙이 많다. 약간 더 차게 서빙하면 더욱 다양하게 사용할 수 있다.

발폴리첼라

발폴리첼라는 이탈리아 베네토의 바디감이 가볍고 프루티하며 쉽게 마실 수 있는 레드 와인 중 으뜸이다. 생산자마다 다양한 품종을 사용하지만 일반적으로 코르비나, 론디넬라, 몰리나라 품종의 블렌드로 만들어진다. 다목적 용도를 극대화하려면 표준적인 발폴리첼라를 페어링하라. 더 리치하고 건포도 향이 풍부하며 가격이 비싼 발폴리첼라 리파소는 고려 대상이 아니다.

드라이 로제 와인

크리스프하고 프루티한 본-드라이 로제 와인은 가장 응용성이 높은 와인 가운데 하나다. 핑크 빛을 띤 와인은 모두 부드럽고 달콤하다는 편견만 없었다면 드라이 로제 와인은 훨씬 큰 인기를 누렸을 것이다. 진짜 드라이 로제 와인을 고르기 위해서는 프랑스 남부의 프로방스 지역에서 시작하라. 어떤 품종들을 혼합해서 사용했는지 상관없이 베리와 시트러스, 베리와 사과, 또는 베리와 시트러스와 사과의 풍미로 구성된 독특한 조합을 지니고 있다. 또한 향기로운 지중해 공기 자체를 연상시키는 기분 좋은 허브 향이 은은하게 퍼진다. 그 덕에 레드 와인에 친화적인 음식과 화이트 와인에 친화적인 음식, 그리고 그 사이의 모든 음식과 두루 페어링이 가능하다. 샐러드 비네그레트 정도는 손쉽게 처리하고 적당히 매운 인도 서부의 커리, 아시아와 라틴아메리카의 화끈한 음식을 얼굴 한 번 붉히지 않고 감당할 수 있다. 그 누구도 막지 못하고 그 어느 곳으로든 갈 수 있는 외교 비자가 찍힌 여권 같은 와인이다.

chapter

25

와인을 돋보이게 만드는 음식 톱 10

제25장 미리보기

- 레드 와인을 돋보이게 만들어주는 음식
- 화이트 와인의 장점을 높이는 음식

이번 장에서는 좋은 와인을 더 맛있게 만드는 음식에 대해 알아볼 것이다. 레드 와인을 위한 음식 다섯 가지와 화이트 와인을 위한 음식 다섯 가지다. 이 음식들은 다양한 와인 스타일과 좋은 페어링을 이루지만 여기서 추천하는 특정한 음식과 함께라면 그야말로 천상의 맛을 자아낼 것이다. 그 가운데는 어느 정도 친숙한 음식도 있겠지만 예외적인 경우를 대비해서 몇 가지 특별한 음식도 포함시켰다. 특별한 와인을 최대한 즐기고 싶을 때 평소 고르지 않던 메뉴를 선택한다면 색다른 기분을 맛볼 수 있다는 사실을 명심하라.

레드 와인이 빛을 발할 수 있는 열쇠는 감칠맛이 지니고 있다. 감칠맛은 균형 잡힌 레드 와인의 최고 장점을 이끌어낸다. 제스티한 레드 와인과 아름다운 페어링을 이루는 토마토 소스를 제외하고 산도가 강한 음식은 피해야 한다. 산은 레드 와인을 더 하드하고 드라이하며 떫게 만들기 때문이다. 이는 딱히 돋보이게 만든다고 볼 수 없는 영향이다. 그리고 같은 이유로 단 음식은 물론 미뢰를 마비시키는 엄청 매운 음식도 피해야 한다. 최고의 레드 와인이 지닌 정교한 뉘앙스를 즐길 수 없게 될 것이다.

반면 화이트 와인은 부드럽게 만들 필요가 없으므로 풍미와 질감의 시너지 효과나 대조 효과에 더 많은 초점을 맞출 수 있다. 집에서 페어링을 한다면 먼저 와인을 맛본 다음 조리법을 바꿔보라. 어떤 것이든 와인이 지닌 풍미와 같은 풍미를 음식에 적용하는 것이다. 예를 들어 와인의 특정한 허브 같은 프로파일을 보완하기 위해 로스트 치킨을 허브로 재는 방법이 있다.

와인을 돋보이게 만드는 것이 목적이라면 단순한 음식을 페어링해야 한다. 한 접시에 두세 가지 재료만 사용해도 충분하다. 다양한 재료를 사용해서 다양한 맛과 질감을 지닌 복잡한 음식을 서빙한다면 사람들은 와인에 관심을 갖지 못하고 결국 제대로 음미하지 못할 것이다. 이제 소개할 음식 열 가지 가운데 앞의 다섯 가지는 레드 와인과, 뒤의 다섯 가지는 화이트 와인과 가장 잘 어울리는 것이다.

로스트 비프

주의를 분산시키는 복잡한 소스를 곁들이지 않은, 단백질과 지방, 짠맛, 그리고 감칠맛이 조화를 이룬 로스트 비프는 특별한 레드 와인을 돋보이게 해줄 완벽한 조합이다. 로스트 비프는 특히 숙성된 레드 와인과 함께 했을 때 맛이 좋다. 은은하고 솔직한 풍미를 지녀 숙성된 와인의 섬세함을 해치지 않기 때문이다. 레어 로스트 비프는 더 견고하고 질감이 츄이한 레드 와인까지 감당할 수 있지만 조리 시간이 길어지면 고기의 육즙이 날아가 부드럽고 프루티한 스타일과 더 잘 어울린다.

자연산 버섯 리소토

쌀은 다른 재료를 돋보이게 해주는 뛰어난 중립적 배경이다. 자연산 버섯 리소토의 경우 송로버섯 등 자연산 버섯이 지닌 흙과 나무 같은 풍미 덕분에 레드 와인이 빛을 발한다. 실제로 모든 버섯은 모든 와인의 맛과 향, 풍미를 좋게 만드는 경향이 있다. 버섯에서도 감칠맛이 주인공이다. 감칠맛은 특히 숙성 피노 누아나 바롤로/바르바레스코(이탈리아 피에몬테에서 네비올로를 베이스로 생산된 레드 와인)와 놀랄 정도로 잘 어울린다. 쌀은 너무 죽 같지 않게 제대로 조리하면 크림 같은 질감을 만들어내므로 페어링의 질감 면에도 일정한 역할을 한다. 계속해서 저어줌으로써 전분이 흘러 나와 와인에 떫은맛이 남아 있을 경우 이를 완화하기 때문이다.

붉은 육류 찜

콜라겐이 분해되어 먹음직스럽게 보이는 부드러운 질감을 지닐 때까지 몇 시간이나 뭉근하게 끓인 육류 찜 요리는 대체로 와인과 친화적이다. 양 정강이나 어깨살, 소갈비, 소볼살 등을 두툼하게 썰어 재료로 사용할수록 맛있는 찜이 완성된다. 재료로 자주 사용되지는 않지만 이만큼 맛이 좋은 것이 바로 소꼬리다. 특히 젤라틴이 풍부한 소꼬리는 강도가 높은 단맛과 감칠맛의 조합을 지녀 레드 와인을 부드럽게 감싼다. 타닌이 모두 사라진 숙성된 와인, 또는 어리고 화려하며 부드러운 스타일의 레드 와인이 찜 요리와 잘 어울린다. 육류 자체에 타닌을 다스리는 힘을 이미 잃었기 때문이다. 육류의 지방은 찜 국물에 흡수되고 단백질은 분해된다. 하지만 궁극적으로 육류 찜과 불협화음을 이루는 레드 와인은 없다.

야생 조류 고기 로스트

특별한 와인에는 역시 특별한 음식을 페어링해야 한다. 평일에 먹는 메뉴에서 벗어나는 음식 말이다. 이렇게 하면 음식을 먹고 와인을 마시는 모든 일이 훨씬 더 특별해질 것이다. 오리, 꿩, 자고새, 호로새, 캐나다 꿩, 깍도요, 거위, 야생 칠면조 같은 야생 조류라면 색다른 음식 카테고리에 속할 것이다. 하지만 오븐에 구울 경우 훌륭한 레드 와인을 돋보이게 만들기에 최적인 음식으로 변신한다. 야생 조류 고기는 적당한 누린내, 달콤하면서도 소박한 풍미, 단백질, 주로 껍질에 함유된 지방이 수많은 레드 와인과 시너지 효과를 낼 수 있게 오묘한 조화를 이루고 있는 것 같다. 살코기는 기름기가 적어 조리하기 전에 숙성을 통해 단백질이 분해되게 만들고 너무 많이 익지 않게 조심해서 조리해야 한다. 아니면 오랜 시간 천천히 찜으로 익혀야 한다.

가장 빅하고 잼 같으며 오크 향이 강한 스타일을 페어링했을 때 와인의 장점이 크게 부각되기는 하겠지만 일단 숙성된 레드 와인과 야생 조류 요리를 페어링한다면 정말 근사한 조합이 될 것이다.

파르메산 또는 숙성 만체고 치즈

파르메산, 숙성 만체고 같은 경질 치즈는 로부스트한 레드 와인을 부드럽게 만드는데 아주 훌륭한 음식이다. 치즈에 함유된 소금과 지방이 타닌의 떫은맛을 확실하게 제거해 주어 입안에서 호화롭고 부드러운 느낌을 만들어내고, 결국 프루티한 면이 빛을 발한다. 감칠맛 역시 숙성 레드 와인을 특히 섬세하게 만드는 핵심 맛이다. 너무 나이가 많고 섬세한 것이 아닌 이상 매우 뛰어난 숙성 레드 와인과 아무것도 가미되지 않은 최고 품질의 파르미지아노 한 덩어리보다 더 잘 어울리는 것은 없다. 약간 색다른 것을 원한다면 레드 와인 대신 빈티지 샴페인을 페어링하라. 의외로 잘 숙성된 파르미지아노와 근사하게 어우러진다.

허브 로스트 치킨

소믈리에 세계에는 이런 우스갯소리가 있다. "무엇으로 결정해야 할지 모를 때는 닭고기를 추천하라." 닭고기는 어떤 와인과도 완벽한 페어링을 이룬다는 것이다. 실제로도 닭고기, 특히 가슴살은 지극히 중립적인 단백질 식품이다. 결국 다양한 종류 가운데 어떤 레드 와인 또는 화이트 와인과 어울리는지를 결정하는 것은 조리법이나 재는 양념 또는 함께 곁들이는 소스다.

향기로운 흙 내음이 나는 버섯 소스를 곁들여 굽는다면 흙 내음이 나는 레드 와인과 잘 어울릴 것이다. 하지만 향이 강한 허브, 화이트 와인을 함께 넣은 양념에 잼을 때는 자연스럽게 아로마틱한 화이트 와인과 더 잘 어울린다. 허브를 넣은 로스트 치킨의 경우 섬세한 고기의 풍미 덕분에 와인이 빛이 나는 동시에 허브 덕분에 화이트 와인이 지닌 허브의 뉘앙스가 증폭되어 드러난다. 로즈마리, 베이, 타임 등 수지성 허브는 우드 배럴 숙성된 화이트 와인와 잘 어울리며 바질, 타라곤, 파슬리, 처빌 등 달콤한 향을 지닌 허브는 오크 배럴 숙성되지 않은 화이트 와인과 가장 잘 어울린다.

송아지 슈니첼 또는 스칼로피니

빵가루를 묻혀 튀긴 송아지 고기는 크리스프한 화이트 와인을 잘 감싸주는 포일 음식이다. 송아지 고기는 두드러지지 않는 섬세한 풍미를 지녀 와인의 맛과 향을 방해하지 않고, 튀김옷의 바삭한 질감은 마찬가지로 톡톡 튀고 크리스프한 와인을 필요로 한다. 빈에서는 그뤼너 벨트리너를 돋보이게 해주겠지만 오크 배럴 숙성을 거치지 않거나 거의 거치지 않은 제스티한 화이트 와인 또는 스파클링 와인도 돋보이게 만들 수 있다. 빵가루를 생략하면 거의 모든 와인과 페어링할 수 있다. 시트러스 뵈르블랑을 곁들일 경우 샤블리처럼 시트러스 맛과 향이 강한 화이트 와인과 잘 어울리고 버섯 소스를 곁들일 경우 오크 배럴 발효를 거친 화이트 와인과 잘 어울린다.

가리비, 바닷가재, 랑구스틴

특별한 자리에서 내놓는 호화로운 갑각류라면 최고의 화이트 와인을 꺼내기에 더할 나위 없는 핑계가 되어줄 것이다. 다양한 조리법을 사용할 수 있지만 특히 버터나 크림이 재료로 사용될 경우 이러한 음식이 지닌 풍부하고 은은한 달콤함에는 폴리니-몽라셰, 또는 뫼르소 등의 화이트 버건디처럼 최고 품질의 배럴 발효된 샤르도네, 또는 이에 상응하는 수많은 뉴 월드 와인이 매우 뛰어난 교과서적인 페어링을 이룰 것이다.

새로운 고전을 발견하려면 상자에서 벗어나서 생각해야 한다. 나는 이미 많은 도전을 해보았다. 그 가운데 몇 가지만 예를 들자면 산토리니에서 생산된 배럴 발효 아시르티코, 시실리 에트나 산에서 생산된 미네럴한 화이트 와인, 그리고 남아프리카공화국에서 생산된 올드 바인 슈냉 블랑이 있다.

화이트 와인과 세이지를 넣은 토끼고기 찜

특이하지만 와인 친화적인 단백질 식품으로는 토끼고기도 있다. 닭고기와 마찬가지로 토끼고기는 아무것도 그려져 있지 않은 캔버스 같은 식품이다. 가장 잘 어울리는 와인을 결정하는 것은 조리법이다. 레드 와인을 넣은 찜은 레드 와인과 더 친화적이지만 이 고전적인 화이트 와인과 세이지를 넣은 찜은 오크 향이 가장 강한 화이트 와인과 섬세하게 맞아떨어진다. 개인적으로 토끼고기에는 피노 그리/피노 그리지오, 리슬링처럼 풍미에 있어서 테르펜군과 조화를 이루는 화이트 와인을 페어링할 것이다(테르펜 향과 풍미에 대한 더 자세한 내용은 제5장을 참고하라). 조금 변화를 주고 싶다면 그리스의 모스코필레로나 아르헨티나의 토론테스를 시도해 보라.

고메 그릴 치즈

그릴 치즈 샌드위치를 먹을 때 와인이 바로 떠오르지는 않는다. 하지만 온화한 레드 와인, 그리고 특히 풀바디의 화이트 와인에 놀랍도록 친화적이다. 달걀노른자를 넣어 약간 노란빛을 띠고 폭신한 질감을 지닌 찰라(challah, 유대인들의 전통적인 안식일 빵-역주)에 스위스에서 우유로 만든 반경질 치즈인 그뤼에르처럼 빵보다 풍미가 풍부한 치즈를 곁들이는 것을 강력 추천한다(비닐 포장된 슬라이스 치즈는 제발!). 여기에 소노마 카운티에서 생산된 샤르도네나 고전적인 화이트 버건디처럼 오크 숙성된 풀바디 화이트 와인을 페어링하라. 샌드위치의 바삭거리는 질감이 와인과 근사한 대조를 이룰 것이다. 또한 버터의 풍미(마가린은 제발!)가 와인의 젖산-버터 같은 프로파일을 보완해 줄 것이다. 정말 고급스러운 자리라면 샴페인을 꺼내라.

지은이

존 사보(John Szabo)

전 세계에 200명뿐인 마스터 소믈리에 중 한 명이다. 와인 얼라인, 내셔널포스트, 토론토스탠다드, 〈맥클린스 캐내디언 와인 가이드〉, 〈와인 액세스 매거진〉, 〈그레이프바인 매거진〉 등에 글을 기고하며, 〈시티바이츠 매거진〉의 와인 전문 편집자로 활동하고 있다. 또한 토론토 트럼프 타워와 피어슨 국제공항의 와인 디렉터로서 자문 역할도 하고 있다.

그리고 와인과 관련한 모든 면을 다루고 경험을 완성시키기 위해 그는 직접 J&J 에게르 와인 회사를 경영하며 헝가리 에게르에 포도밭을 소유하고 있다. 여기에서는 음식 친화적인 케크프랑코스를 소량 생산한다.

옮긴이

조윤경

한림대학교 식품영양학과를 졸업하고, 건강, 심리, 과학, 의학, 수의학, 역사 등의 분야에 관심을 갖고 관련 분야 번역에 주력하고 있다. 현재 번역 에이전시 엔터스코리아에서 출판기획 및 전문 번역가로 활동하고 있다. 역서로는 『마음챙김 다이어리 : 스트레스를 없애고 행복을 주는 힐링 노트』, 『빛으로의 여행 : 가시 스펙트럼에서 인간의 눈에 보이지 않는 빛까지』 등 다수가 있다.